"十四五"职业教育国家规划教材

工厂供配电技术
（第3版）

主　编　马桂荣
副主编　何亚楠
主　审　刘建华

北京理工大学出版社
BEIJING INSTITUTE OF TECHNOLOGY PRESS

内 容 简 介

本书从岗位需求分析入手，体现以技能为主线。以相关知识为支撑的编写思路，把技能知识融入理论知识中。本书共分十一个项目，内容包括：常用高低压电气设备、发电厂与电网、供配电系统电气主接线、负荷统计、短路电流计算及电气设备选择、供配电系统的二次回路与自动装置、导线线头的连接、架空线路、供配电系统的保护、防雷及接地和电气安全、电气照明。书中各项目包括任务实施和习题，便于学生练习，学会和巩固所学知识。

本书可作为高等职业院校电力类、机电一体化、矿山机电、电厂、数控技术、电力自动化专业类等相关课程的教材，也可作为相关技术人员资格认证及职工培训用书。

版权专有　侵权必究

图书在版编目（CIP）数据

工厂供配电技术 / 马桂荣主编. —3版. —北京：北京理工大学出版社，2019.9（2023.7重印）

ISBN 978-7-5682-7645-0

Ⅰ．①工… Ⅱ．①马… Ⅲ．①工厂-供电系统-高等学校-教材 ②工厂-配电系统-高等学校-教材 Ⅳ．①TM727.3

中国版本图书馆CIP数据核字(2019)第211301号

出版发行 / 北京理工大学出版社有限责任公司

社　　址 / 北京市海淀区中关村南大街5号

邮　　编 / 100081

电　　话 / (010)68914775(总编室)
　　　　　　(010)82562903(教材售后服务热线)
　　　　　　(010)68944723(其他图书服务热线)

网　　址 / http://www.bitpress.com.cn

经　　销 / 全国各地新华书店

印　　刷 / 涿州市新华印刷有限公司

开　　本 / 787毫米×1092毫米　1/16

印　　张 / 24　　　　　　　　　　　　　　　　　　责任编辑 / 朱　婧

字　　数 / 572千字　　　　　　　　　　　　　　　文案编辑 / 朱　婧

印　　次 / 2019年9月第3版　2023年7月第5次印刷　责任校对 / 周瑞红

定　　价 / 55.00元　　　　　　　　　　　　　　　责任印制 / 施胜娟

图书出现印装质量问题，请拨打售后服务热线，本社负责调换

前言

电能是现代工业生产的主要能源和动力,电能在现代化工业生产及整个国民经济生产中应用极为广泛。党的二十大报告中特别强调,"全方位、全地域、全过程加强生态环境保护,生态文明制度体系更加健全,污染防治攻坚向纵深推进,绿色、循环、低碳发展迈出坚实步伐,生态环境保护发生历史性、转折性、全局性变化"。清洁能源的供应和使用关系整个人类健康和幸福指数。各个电力企业紧紧围绕绿色国电要求,树立了与青山绿水为伴,让青山绿水更美的现代环保文明理念,持续抓好清洁能源如水能,风能,太阳能生物能的开发工作。清洁能源是能源转型发展的重要力量,我国清洁能源产业不断壮大,推进能源产业结构调整,随着人们对环保问题的重视,对能源生产和消费革命的推动具有重大的战略意义。

二十大报告中还提出:"教育、科技、人才是全面建设社会主义现代化国家的基础性、战略性支撑。必须坚持科技是第一生产力、人才是第一资源、创新是第一动力,深入实施科教兴国战略、人才强国战略、创新驱动发展战略,开辟发展新领域新赛道,不断塑造发展新动能新优势"。为适应国家战略要求培养高技能型人才,因此,本教材作为高等院校电力类、机电一体化和矿山机电专业的主干课程教材,从岗位需求分析入手,体现以技能为主线,以相关知识为支撑的编写思路,把技能知识融入到理论知识中。采用项目任务驱动方式教学,打破原来传统章节教学模式,在整个教学中学生是表演者,以"教、学、做"为一体,突出了技能培养,本书以培养学生能力为重点,理论联系实际,体现学以致用的原则,应用性强。

本教材遵循以应用,以必须、够用为度的原则。在编撰的体系结构上,采用基于工作项目导向的教学体系结构,使学生在学习过程中更具有连贯性、针对性和选择性。

本书共分十一个项目,27 个任务。平顶山工业职业技术学院教师马桂荣任主编,编写项目应用、项目二和项目三;任伟副主编编写项目六、项目九;何亚楠副主编,编写项目一、项目十和项目十一;钱松涛编写项目五;张宏羽编写项目四、项目七和项目八。

全教材由平煤神马电务厂高级工程师王朝阳主审。在本教材的整个编写过程中,主审为本教材提出了很多宝贵意见和修改建议,在此表示衷心的感谢。

本书可用手机扫码免费学习电子课件、观看动画视频,项目有习题、试卷及解答等教学资源,使学生课上课下相结合,为培养高素质技能型人才提供更多的教学手段。

由于编者水平有限,教材中难免存在不足之处,恳请读者批评指正。

编者

目 录

项目应用　供电设计实例 …………………………………………………………… 1
项目一　常用高低压电气设备 ……………………………………………………… 25
　　任务一　灭弧方式的选择 ……………………………………………………… 26
　　任务二　电气设备的检调 ……………………………………………………… 30
　　任务三　低压电器的检调 ……………………………………………………… 55
　　思考与练习 ……………………………………………………………………… 70
项目二　发电厂与电网 ……………………………………………………………… 72
　　任务一　电力系统中性点运行方式的合理选择 ……………………………… 73
　　任务二　工厂供配电电压的选择 ……………………………………………… 82
　　思考与练习 ……………………………………………………………………… 87
项目三　供配电系统电气主接线 …………………………………………………… 88
　　任务一　变电所的电气主接线 ………………………………………………… 89
　　任务二　高压配电网的接线 …………………………………………………… 96
　　任务三　低压配电系统接线 …………………………………………………… 102
　　思考与练习 ……………………………………………………………………… 105
项目四　负荷统计 …………………………………………………………………… 107
　　任务一　负荷计算 ……………………………………………………………… 108
　　任务二　变电所中变压器选择 ………………………………………………… 124
　　任务三　功率因数的补偿 ……………………………………………………… 128
　　任务四　导线的选择 …………………………………………………………… 134
　　思考与练习 ……………………………………………………………………… 139
项目五　短路电流计算及电气设备的选择 ………………………………………… 140
　　任务一　短路电流的计算 ……………………………………………………… 141
　　任务二　供配电系统中电气设备的选择 ……………………………………… 177
　　思考与练习 ……………………………………………………………………… 200
项目六　供配电系统的二次回路与自动装置 ……………………………………… 201
　　任务一　供配电系统二次回路的安装与接线 ………………………………… 202
　　任务二　供配电系统的自动装置接线与测量 ………………………………… 226
　　思考与练习 ……………………………………………………………………… 234
项目七　导线线头的连接 …………………………………………………………… 235
　　任务一　导线的连接 …………………………………………………………… 236
　　任务二　导线的敷设 …………………………………………………………… 244
　　思考与练习 ……………………………………………………………………… 250
项目八　架空线路 …………………………………………………………………… 252
　　任务一　低压架空线路的安装 ………………………………………………… 253
　　任务二　电力电缆线路的安装 ………………………………………………… 264
　　思考与练习 ……………………………………………………………………… 270

项目九 供配电系统的保护 ·· 271
    任务一 电力线路继电保护整定计算 ··· 272
    任务二 电力系统主设备继电保护整定计算 ··· 295
    思考与练习 ··· 310

项目十 防雷、接地和电气安全 ·· 311
    任务一 防雷设计与接地保护 ·· 312
    任务二 安全用电 ··· 332
    任务三 触电现场急救 ··· 338
    思考与练习 ··· 347

项目十一 电气照明 ··· 349
    任务一 电气照明灯具布置与照度计算 ··· 350
    任务二 照明供配电系统设计 ·· 369
    思考与练习 ··· 375

参考文献 ··· 376

项目应用　供电设计实例

一、供电设计概述

供配电设计能力对从事电气工程的技术人员来说，是一项必须具备的重要能力。通过设计使学生能综合运用所学知识，分析和解决工矿企业供电设计方面的技术问题，使学生掌握供电设计的方法；熟悉国家有关技术经济方面的方针政策和安全方面的规程和措施；训练学生使用各种规程、设计手册和技术资料的能力；培养学生编写技术文件、绘制图纸的能力；完成电气技术人员供电设计能力的基本训练，提高独立工作的能力。

二、对设计的要求

（1）设计必须符合国家各项技术经济政策和有关规程的各项规定。

（2）设计应尽量采用国家定型的成套设备和系列产品，尽量采用新技术、新产品和国产先进设备，以确保技术的先进性。

（3）设计应在保证供电可靠性、安全性和供电质量的基础上尽量节约投资，减少有色金属消耗量，降低电能损耗和年运行费用，做到既经济合理又安全适用。

（4）设计应从生产实际出发，选择设备时应考虑备品配件的来源和本企业的施工、维护和检修条件。

（5）设计要严肃认真，提倡既有科学严谨的态度又有大胆创新的精神。

三、对设计说明书的要求

（1）设计说明书要反映出基本的设计思想、设计步骤、设计计算结果、方案比较情况、设备选择结果及其技术特征。说明书的前面应有目录，后面应有主要参考资料和必要的附录等。说明书中还应编入收集到的原始资料和工矿企业概况的简要说明等内容。

（2）说明书的文字叙述要层次分明、条理清楚、简明扼要，书写格式要规范统一。说明书的插图应整洁美观，图形及文字符号要符合新的国家标准。

（3）说明书的计算部分应写出公式、代入数据、求出结果、注明单位，避免出现数学运算的中间步骤。对公式中各物理量的含义应予以说明，必要时还应注明公式的来源。公式中的文字符号要前后统一并符合国家标准，公式中物理量的单位应采用法定计量单位。

（4）对设计中的计算和设备选择结果应以表格形式出现。对方案选择比较也应列表分析，并对方案选择结果加以说明。对相同的计算和设备选择内容，为了避免重复，可选一例计算和选择，其余结果可通过表格反映出来。

四、对设计图纸的要求

1. 对设计图纸的一般要求

（1）图纸的幅面、边框尺寸、比例及采用的图形符号均应符合国家标准的规定。图中采用的文字符号、编号应与说明书相符合。

(2) 图纸绘制应线条清晰、整洁美观，图线的型式和宽度应符合国家标准的规定。图中的文字应用长仿宋字书写，标题栏、明细表等规格应统一。

2. 图纸的规定

1) 图纸的幅面和边框尺寸

绘制图纸时，应优先采用表 0 - 1 中规定的幅面尺寸，必要时可以沿长边加长。对于 A0、A2、A4 幅面的加长量应按 A0 幅面长边的 1/8 的倍数增加，对于 A1、A3 幅面的加长量应按 A0 幅面短边的 1/4 的倍数增加，如图 0 - 1 中的细实线部分。A0 和 A1 幅面也允许同时加长两边，如图 0 - 1 中的虚线部分。

表 0 - 1 图纸的幅面尺寸 （单位：mm）

幅面代号	A0	A1	A2	A3	A4	A5
$B \times L$	841×1 189	594×841	420×594	297×420	210×297	148×210
a	25					
c	10			5		
e	20		10			

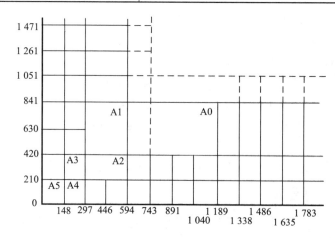

图 0 - 1 图纸的幅面尺寸

图纸的边缘一律画边框线，边框线应用粗实线绘制。当图纸需要装订时，边框的左边框线距图纸左边缘的尺寸按表 0 - 1 中的 a 确定；其余三个边框线距图纸边缘的尺寸按表 0 - 1 中的 c 确定。对不留装订边的图纸，其四个边框线距图纸边缘的尺寸按表 0 - 1 中的 e 确定。

2) 图纸的比例

需要按比例绘制的图纸，一般采用表 0 - 2 中规定的比例绘制。绘制同一物件的各个视图应采用相同的比例，并写在标题栏的比例一栏中。当某个视图需要采用不同比例时，必须另行标注。

表 0 - 2 图纸的比例

与实物相同	1：1
缩小的比例	1：1.5 1：2 1：2.5 1：3 1：4 1：5 1：10 1：1.5×10^n 1：2×10^n 1：2.5×10^n 1：5×10^n
放大的比例	2：1 2.5：1 4：1 5：1 (10×n)：1
注：n 为正整数。	

3）对标题栏的要求

图纸的标题栏应有统一的格式和尺寸，学生设计用标题栏的格式可参考图0-2绘制。现场设计用标题栏可根据工作单位的要求绘制。

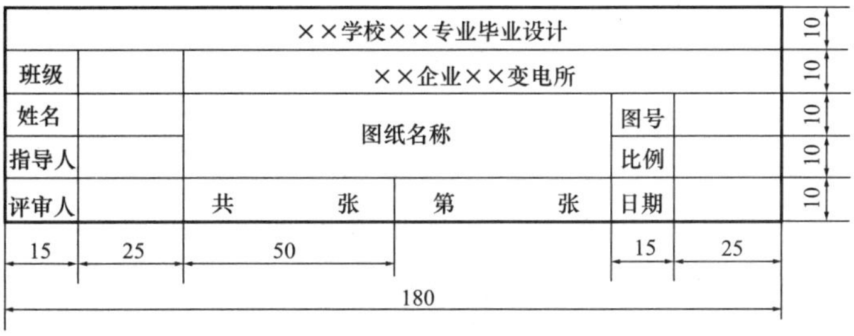

××学校××专业毕业设计			
班级	××企业××变电所		
姓名	图纸名称	图号	
指导人		比例	
评审人	共　张　第　张	日期	

图0-2 标题栏的参考格式

4）对明细栏的要求

装配图或带装配性质的图纸一般要有明细栏，明细栏中一般填写图中各组成部分的序号、代号（或符号）、名称、型号规格、单位、数量及备注等内容。

明细栏应绘制在标题栏的上方，与标题栏连接在一起。明细栏的表头在下方，各栏的内容按自下而上的顺序逐行填写。明细栏的格式可参考图0-3。

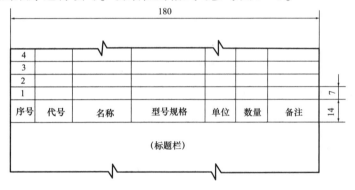

图0-3 明细栏的格式

当明细栏行数的填写位置不够时，可紧贴标题栏的左边再自下而上延续。也可另用A4幅面的图纸竖式专门列出明细表，作为图的续页并使用同一图号。此时明细表的表头在上方，按自上而下的顺序填写。

5）图线的型式及应用

电气图用的图线型式，见表0-3所示。图线的宽度可从0.25 mm、0.35 mm、0.5 mm、0.7 mm、10 mm、14 mm系列中选取。

表0-3 图线的型式及应用

图线名称	图线型式	一般应用
实线	———————	基本线，简图主要内容用线、可见导线、可见轮廓线 电线、电缆、电路、母线等的一般符号
虚线	- - - - - - -	辅助线、屏蔽线、机械连接线、不可见轮廓线、不可见导线、计划扩展内容用线 事故照明线（布置图用）
点划线	—·—·—·—	分界线、结构围框线、功能围框线、分组围框线 控制及信号线路（电力及照明布置图用）

续表

图线名称	图线型式	一般应用
双点划线	 —··—··—	辅助围框线 50 V 及以下电力及照明线路（布置图用）
折断线	 —⋀—	建筑及装置结构图中的断开界线
波浪线	 ∼∼∼	建筑及装置结构图中的断开界线

电气图中一般只选取两种宽度的图线，粗线的宽度应为细线的 2 倍。当需要用两种以上宽度的图线时，线的宽度应以 2 的倍数依次增减。两条平行线之间的间距，应不小于粗线的 2 倍，并不小于 0.7 mm。

6) 字体

图中字体的书写必须做到：字体端正、笔画清楚、排列整齐、间隔均匀。汉字应写成长仿宋体，并采用国家正式公布推行的简化字。斜体字的字头应向右倾斜，与水平线成 75°角。字体的高度应为 20 mm、14 mm、10 mm、7 mm、5 mm、3.5 mm、2.5 mm 七种；字体的宽度约为字体高度的 2/3；数字及字母的笔画宽度约为字体高度的 1/10。上、下角标及分数等的数字与字母，一般采用小一号字体。为了适应微缩的要求，不同幅面图纸推荐字体的最小高度见表 0-4。

表 0-4 不同幅面图纸推荐字体的最小高度

图纸的幅面	A0	A1	A2	A3	A4
字体的最小高度/mm	5	3.5	2.5	2.5	2.5

注：汉字字高不宜采用 2.5 mm。

7) 布置图中的剖面符号

绘制变电所的剖面图时，常用材料的剖面符号应按表 0-5 所规定的符号绘制。

表 0-5 常用材料的剖面符号

材料名称	剖面符号	材料名称	剖面符号
金属材料 （已有规定剖面符号者除外）	 ▨	木质胶合板 （不分层数）	 ≋
非金属材料 （已有规定剖面符号者除外）	 ▩	型砂、填砂	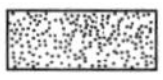 ⋮⋮⋮
砖	 ▨	基础周围的泥土	 ⋎⋎⋎
钢筋混凝土	 ▨	混凝土	 ⋰⋰
木材纵剖面	 ≋	木材横剖面	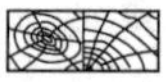 ◎
玻璃及供观察用的其他透明材料	 ⋰⋰	格网 （筛网、过滤网等）	 ⋈

注：剖面符号仅表示材料的类别，材料的名称和代号必须另行注明。

五、设计方案的技术经济比较

供配电设计中为了确定出一种最经济合理的方案,常需要将几种可行方案进行技术经济的比较。通过方案比较,可选择一个符合国家方针政策、在技术上合理的、比较经济的设计方案。供配电设计方案技术经济比较,一般包括以下几个方面。

(1) 技术比较的内容主要有:供配电的可靠性,电能的质量,安装、运行、操作、维护、检修、调度和管理等条件,变电所、线路通道等占地情况,施工条件、建设进度、分期建设的可能性与灵活性,扩建和发展的可能性,临时性工程的多少等。

(2) 经济比较的内容主要有:电气、土建、设计、运输等一切建设中付出的资金,即基建投资费用、年运行费用等。

对需要进行技术经济比较的工程项目,方法如下。

1. 经济比较及其计算

1) 年运行费用的计算

某一工程项目的年运行费用可按下式计算:

$$C_m = C_d + C_s + C_w + C_p + C_1 \qquad (0-1)$$

式中 C_m——年运行费用,万元/年;

C_d——折旧费(表 0-6),万元/年,$C_d = K_d C_b$(K_d 为年折旧费率;C_b 为基建投资费,万元);

C_s——维护费(表 0-6),万元/年,$C_s = K_s C_b$(K_s 为年维护费率);

C_w——投入运行后所需运行、维护及管理等人员的工资总额,万元/年;

C_p——年基本电价费,万元/年;

C_1——年电能损耗费,万元/年。

表 0-6 电力工程的年折旧费和年维护费用 (单位:万元)

工程项目名称	年折旧费	年维护费	总数	备注
变电所的变电设备	6	6	12	
变电所的配电设备	6	8	14	
变电所的控制设备	6	6	12	
木杆架空电力线路	8	4	12	
铁塔电力线路	3.5	1	4.5	砖石混凝结构
混凝土杆电力线路	3.5	1	4.5	
电力电缆线路	4.5	2.5	7	
3~10kV 电力电容器	12	4	16	
380V 电力电容器	10	4	14	
建筑物	3.5			

2) 有色金属消耗量的比较

有色金属消耗量包括变压器和线路两部分。在比较时,可按铝:铜:铅 = 1:0.5:1.25 折算成铝来比较。

3) 经济比较的方法

(1) 当有两种方案,第一种方案基建投资少、年运行费用多,而第二种方案基建投资多、年运行费用少,使得经济方案不便于直接比较时,可按下式计算其折回年限(即计算

出多花费的基建投资,需几年才能由节约的运行费用中收回):

$$Y_{ca} = \frac{C_{bI} - C_{bII}}{C_{mII} - C_{mI}} \quad (0-2)$$

式中　Y_{ca}——折回年限的计算值,年;

C_{bI}、C_{bII}——第一种方案、第二种方案的基建投资费,万元;

C_{mI}、C_{mII}——第一种方案、第二种方案的年运行费用,万元/年。

当折回年限的计算值 Y_{ca} 小于国家规定的折回年限基准值 Y_{da}（一般取 3~5 年）时,应采用基建投资多的方案,否则采用基建投资少的方案。

(2) 多个方案比较时,可用下式求出各方案的计算费用:

$$C_{caI} = \frac{C_{bI}}{Y_{da}} + C_{mI}$$

$$C_{caII} = \frac{C_{bII}}{Y_{da}} + C_{mII} \quad (0-3)$$

式中　Y_{da}——折回年限的基准值,年;

C_{caI}、C_{caII}——各方案的计算费用,万元。

上式计算结果中,计算费用最小的方案,即为最经济的方案。

进行供配电方案的技术经济比较时,还应考虑到由于方案不同可能引起其他方面工程投资和运行费用的变化。所以,应将各种可能引起投资费用变化的因素全面地进行分析和考虑,选择出最经济合理的方案。

2. 方案比较的计算

在供配电设计中一般需要进行技术经济比较的工程项目有:电源系统方案、变电所位置方案、主变压器方案、变电所主接线方案、变电所的布置方案、企业电压等级方案、企业供配电系统方案、企业照明系统供配电等。下面以主变压器方案为例说明方案比较的方法。

1) 变压器的负荷率

变压器的负荷率 β 等于变压器的实际负荷容量 S_T 与其额定容量 S_{NT} 的比值。即:

$$\beta = \frac{S_T}{S_{NT}} \quad (0-4)$$

当 β 满足下式时,变压器的运行最为经济。即:

$$\beta_{ec} = \sqrt{\frac{\Delta P_{iT} + K_{ec}\Delta Q_{iT}}{\Delta P_{NT} + K_{ec}\Delta Q_{NT}}} \quad (0-5)$$

式中　β_{ec}——变压器的经济负荷率;

ΔP_{iT}——变压器额定电压时的空载有功损耗,kW;

ΔQ_{iT}——变压器额定电压时的空载无功损耗,kvar,$\Delta Q_{iT} = \frac{I_0\%}{100}S_{NT}$（$I_0\%$ 为变压器空载电流百分数）;

ΔP_{NT}——变压器额定负荷时的有功损耗,kW;

ΔQ_{NT}——变压器额定负荷时的无功损耗,kvar,$\Delta Q_{NT} = \frac{U_s\%}{100}S_{NT}$（$U_s\%$ 为变压器的短路电压百分数）;

K_{ec}——无功经济当量，kW/kvar。

上述 ΔP_{iT}、ΔP_{NT}、$I_0\%$、$U_s\%$ 可由变压器技术数据中查出。从变压器经济运行角度来考虑，变压器的实际负荷率 β 应与 β_{ec} 尽量接近。

2）变压器的电力损耗

$$\Delta P_T = \Delta P_{iT} + \Delta P_{NT}\beta^2$$
$$\Delta Q_T = \Delta Q_{iT} + \Delta Q_{NT}\beta^2 \qquad (0-6)$$

式中 ΔP_T——变压器的有功损耗，kW；

ΔQ_T——变压器的无功损耗，kvar。

当变压器选择方案确定后，可按上式计算出变压器的有功损耗和无功损耗，填入负荷统计表中。当变压器投入运行时，除变压器自身的有功损耗外，变压器的无功损耗还将使电力系统中的有功损耗增加，所以由变压器引起的总的电力损耗 ΔP 为：

$$\Delta P = \Delta P_T + K_{ec}\Delta Q_T \qquad (0-7)$$

式中 K_{ec}——无功经济当量，kW/kvar。

对于由发电机直接配电用户：$K_{ec} = 0.02 \sim 0.04$；对于经两级变压的用户：$K_{ec} = 0.05 \sim 0.07$；对于经三级及以上变压的用户：$K_{ec} = 0.08 \sim 0.1$。

上述计算的是一台变压器的损耗，当 n 台同型号同容量的变压器并列运行时，其总损耗应为一台损耗的 n 倍。

3）变压器的占地面积

由于变压器的布置方案还未确定，所以此时可根据变压器的外形尺寸和变压器布置时的最小间距要求，计算出变压器的最小占地面积。

4）变压器的基建总投资费

基建总投资费包括设计、施工、运输、试验、调整和检查验收所需的全部工程费用。它是根据已建成工程的决算金额归纳出的统计数字，用"综合经济指标"来表示（见钢铁企业电力设计参考资料或煤矿电工手册）。由于目前各种项目的价格都有所调整，所以该项费用应向有关部门收集现行价格。

5）变压器的年运行费用

变压器的年运行费用可用式（0-1）计算，式中各项费用的计算如下：

（1）变压器的年折旧费和年维护费按式（0-1）说明中的公式计算，式中 C_b 为变压器的基建总投资费，即综合造价。

（2）变压器的年电能损耗费用可用下式计算：

$$C_1 = \Delta E_T C_e \qquad (0-8)$$

式中 C_1——变压器的年电能损耗费用，元/年；

C_e——电能单价，元/(kW·h)；

ΔE_T——变压器的年电能损耗，(kW·h)/年。

变压器的年电能损耗用下式计算：

$$\Delta E_T = \Delta P_{iT} T_T + \beta^2 \Delta P_{NT} \cdot \tau \qquad (0-9)$$

式中 T_T——变压器的年运行时间，一般取 8 760 h，如能准确地确定年运行时间，则应取实际运行时间，h；

τ——年最大有功负荷损失小时数，查图 0-4 中曲线，h。

由图 0-4 可见，其横坐标 T_{max} 为年最大有功负荷利用小时数（各类工厂的 T_{max} 见表 0-7，对矿山地面变电所可取 $T_{max} = 5\,000$ h），功率因数取补偿后的功率因数。

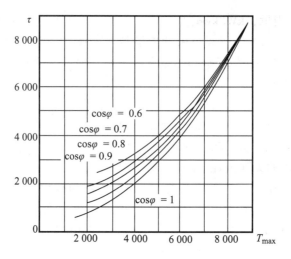

图 0-4 年最大有功负荷利用小时数

表 0-7 工厂的年最大有功负荷利用小时数参考值 T_{max}

工厂类别	年最大有功负荷利用小时数参考值 T_{max}/h
汽轮机制造厂	5 000
锅炉制造厂	4 500
柴油机制造厂	4 500
重型机械制造厂	3 700
重型机床制造厂	3 700
机床制造厂	3 200
石油机械制造厂	3 500
量具刃具制造厂	3 800
工具制造厂	3 800
电机制造厂	3 000
电气开关制造厂	3 400
电线电缆制造厂	3 500
仪器仪表制造厂	3 500
滚珠轴承制造厂	3 800

(3) 基本电费。目前我国对工业企业用电的收费办法采用两部电价制，即基本电价加电度电价。其中基本电价又按两种办法计收：一种是按变电所主变压器额定容量与直接接于电力系统的用电设备的额定总容量之和计收（备用变压器和设备除外）；另一种是按企业最大需用负荷计收。前一种收费办法对变压器方案选择有较大影响，该基本电费应按下式计算：

$$C_p = 12 (C_T S_{NT} + C_M \sum P_N) \quad (0-10)$$

式中 C_p——年基本电费，元/年；

C_T、C_M——分别为变压器、用电设备的月基本电费单价（应收集现行价格），元/(kV·A·月)；

S_{NT}——投入运行的主变压器总额定容量，kV·A；

$\sum P_N$——投入运行的直接接于电力系统的用电设备额定容量之和，kW。

在进行变压器方案比较时，仅计算变压器的基本电费。按企业最大需用负荷收费时，应按变电所受电侧的最大负荷来计算，即：

$$C_p = C_f P_{max} \quad (0-11)$$

式中　P_{max}——企业受电侧最大负荷，kW；
　　　C_f——按最大负荷收费时的年基本电费单价，元/（kW·年）。

（4）人员工资。变压器投入运行后，从事运行、管理和维护等人员的工资额用下式计算：

$$C_w = 12NC_{am} \times 10^{-4} \qquad (0-12)$$

式中　C_w——年人员工资，万元/年；
　　　N——从事变压器运行、管理和维护的职工总人数；
　　　C_{am}——人平均月工资（包括奖金等收入），元/月。

将上述五项费用代入式（0-1）即可求出变压器的年运行费用。

六、某学校供电设计

1. 主要设计步骤

（1）负荷的计算及变压器的选择。
（2）功率因数的计算和无功功率补偿。
（3）主接线方案设计。
（4）短路电流计算。
（5）低压保护电气设备的选择。
① 断路器的选择。
② 负荷开关和隔离开关选择。
③ 电流互感器和电压互感器的选择。
④ 导线型号的选择。
（6）变压器配电系统图。
（7）1~4 号变压器配电系统图，见附图。

2. 学校负荷分析

（1）1~3 号教学楼、行政楼、消防室、路灯。
（2）4~8 号系馆楼、实验楼。
（3）图书馆。
（4）一区宿舍楼、服务楼、食堂、医院食堂、体育器材室、热交换站、二区宿舍楼、锅炉房、开水房。

全校用电负荷均为三级负荷。

3. 负荷的计算及变压器的选择

1）负荷计算

计算负荷是确定供电系统、选择变压器容量、电气设备、导线截面和仪表量程的依据，也是整定继电保护的重要数据。负荷计算主要是确定计算负荷。

负荷计算的常用方法有需要系数法、二项式法、利用系数法。本次设计采用的是需要系数法。

（1）单台用电设备计算负荷。

有功计算负荷　　　$P_{ca} = K_d P_e$　　（kW）
无功计算负荷　　　$Q_{ca} = P_{ca} \tan\varphi$　　（kvar）

(2) 用电设备组的计算负荷。

$$P_{ca(\Sigma)} = K_{\Sigma P} K_d \Sigma P_e$$
$$Q_{ca(\Sigma)} = K_{\Sigma Q} K_d \tan\varphi \Sigma P_e$$
$$S_{ca(\Sigma)} = (P_{ca(\Sigma)}^2 + Q_{ca(\Sigma)}^2)^{1/2}$$
$$I_{ca} = S_{ca} / 1.732 U_N$$

式中 $K_{\Sigma P}$——有功同时系数。对于配电干线所供范围的计算负荷，$K_{\Sigma P}$ 取值范围一般在 0.8~0.9；对于变电站总计算负荷，$K_{\Sigma P}$ 取值范围一般在 0.85~1。

$K_{\Sigma Q}$——无功同时系数。对配电干线计算负荷，$K_{\Sigma Q}$ 的取值范围一般在 0.93~0.97；对于变电站总计算负荷，$K_{\Sigma Q}$ 取值范围一般在 0.95~1。

$P_{ca(\Sigma)}$——车间变电所低压母线上的有功计算负荷；

$Q_{ca(\Sigma)}$——车间变电所低压母线上的无功计算负荷；

$S_{ca(\Sigma)}$——车间变电所低压母线上的视在计算负荷；

K_d——需用系数。

2）变压器选择的原则

(1) 应满足用电负荷对供电可靠性的要求。

(2) 对季节负荷或昼夜负荷变动较大现而宜于采用经济运行方式的变电所，也可考虑采用两台变压器。

(3) 对丁三级负荷集中负荷较大者，虽为三级负荷，也可采用两台以上的变压器。

(4) 在确定变压器台数时，应适当考虑负荷的发展，留有一定的余地。

3）1~3 号教学楼、行政楼、消防室、路灯总计算负荷

1 号教学楼负荷 117.4 kW；2 号教学楼负荷 199.6 kW；3 号教学楼负荷 150.34 kW；行政楼负荷 304.5 kW；消防室负荷 64 kW；路灯 45.36 kW。

总负荷容量：

$P_e = 117.4 + 199.6 + 150.34 + 45.36 + 304.5 + 64 = 881.2$（kW）

需要系数：$K_d = 0.85$；有功同时系数：$K_{\Sigma P} = 0.9$；功率因数：$\cos\varphi = 0.85$，$\tan\varphi = 0.62$。

有功计算功率：$P_{ca} = K_d P_e = 0.85 \times 881.2 = 749$（kW）

无功计算功率：$Q_{ca} = P_{ca} \tan\varphi = 749 \times 0.62 = 464.4$（kvar）

视在计算功率：$S_{ca} = P_{ca}/\cos\varphi = 749/0.85 = 881.2$（kV·A）

$$P_{ca(\Sigma)} = 0.9 \times 749 = 674.1 \text{（kW）}$$
$$Q_{ca(\Sigma)} = 0.97 \times 464.4 = 450.5 \text{（kvar）}$$
$$S_{ca(\Sigma)} = \sqrt{P_{ca(\Sigma)}^2 + Q_{ca(\Sigma)}^2} \sqrt{674.1^2 + 450.5^2} = 788.5 \text{ kV·A}$$
$$\cos\varphi = \frac{P_{ca(\Sigma)}}{S_{ca(\Sigma)}} = 674.1/788.5 = 0.85$$

计算电流：$I_{ca(\Sigma)} = \dfrac{S_{ca(\Sigma)}}{1.732 U_N} = 788.5 \times 10^3 / (1.732 \times 380) = 1\,198$（A）

根据 $S_{ca} = 881.2$ kV·A，考虑到今后的发展选择 S9-1000/10 的变压器一台。

变压器主要技术参数如表 0-8 所示。

表 0-8 变压器主要技术参数

型号	额定容量/(kV·A)	额定电压/kV		额定损耗/kW		阻抗电压/%	空载电流/%	连接组
		高压	低压	空载	短路			
S9-1000/10	1 000	10	0.4	1.72	10	4.5	1.2	Y, yn0

4) 4~8号系馆楼、实验楼计算负荷

4号系馆楼负荷265.8 kW；5号系馆楼负荷185.64 kW；6号系馆楼负荷220.8 kW；7号系馆楼负荷192.6 kW；8号系馆楼负荷210.7 kW；实验楼负荷124.1 kW。

总负荷容量：

$P_e = 265.8 + 185.64 + 124.1 + 220.8 + 192.6 + 210.7 = 1\,199.6$（kW）

需要系数：$K_d = 0.65$；有功同时系数：$K_{\Sigma P} = 0.9$；功率因数：$\cos\varphi = 0.85$，$\tan\varphi = 0.62$。

有功计算功率：$P_{ca} = K_d P_e = 0.65 \times 1\,199.6 = 779.7$（kW）

无功计算功率：$Q_{ca} = P_{ca}\tan\varphi = 779.7 \times 0.62 = 483.4$（kvar）

视在计算功率：$S_{ca} = P_{ca}/\cos\varphi = 779.7/0.85 = 917.3$（kV·A）

$P_{ca(\Sigma)} = 0.9 \times 779.7 = 701.7$（kW）

$Q_{ca(\Sigma)} = 0.97 \times 483.4 = 468.8$（kvar）

$S_{ca(\Sigma)} = 845$ kV·A

计算电流：$I_{ca(\Sigma)} = S_{ca(\Sigma)}/1.732 U_N = 845 \times 10^3/(1.732 \times 380) = 1\,284$（A）

根据 $S_{ca} = 917.3$ kV·A，考虑到今后的发展选择 S9-1000/10 的变压器一台。

变压器主要技术参数如表 0-9 所示。

表 0-9 变压器主要技术参数

型号	额定容量/(kV·A)	额定电压/kV		额定损耗/kW		阻抗电压/%	空载电流/%	连接组
		高压	低压	空载	短路			
S9-1000/10	1 000	10	0.4	1.72	10	4.5	1.2	Y, yn0

5) 图书馆计算负荷

图书馆负荷：1 600 kW；

总负荷容量：$P_e = 1\,600$ kW；

需要系数：$K_d = 0.75$；同时系数：$K_{\Sigma P} = 0.9$；功率因数：$\cos\varphi = 0.85$，$\tan\varphi = 0.62$。

有功计算功率：$P_{ca} = K_d P_e = 0.75 \times 1\,600 = 1\,200$（kW）

无功计算功率：$Q_{ca} = P_{ca}\tan\varphi = 1\,200 \times 0.62 = 744$（kvar）

视在计算功率：$S_{ca} = P_{ca}/\cos\varphi = 1\,200/0.85 = 1\,411.8$（kV·A）

$P_{ca(\Sigma)} = 0.9 \times 1\,200 = 1\,080$（kW）

$Q_{ca(\Sigma)} = 0.97 \times 744 = 721.7$（kvar）

$S_{ca(\Sigma)} = 1\,299$ kV·A

计算电流：$I_{ca(\Sigma)} = \dfrac{S_{ca(\Sigma)}}{1.732 U_N} = 1\,299 \times 10^3/(1.732 \times 380) = 1\,974$（A）

根据 $S_{ca} = 1\,411.8$ kV·A，考虑到今后的发展选择 S9-1600/10 的变压器一台。

变压器主要技术参数如表 0-10 所示。

表 0-10 变压器主要技术参数

型号	额定容量/(kV·A)	额定电压/kV		额定损耗/kW		阻抗电压(%)	空载电流(%)	连接组
		高压	低压	空载	短路			
S9-1600/10	1 600	10	0.4	2.45	14	4.5	1.1	Y, yn0

6）一区宿舍楼、服务楼、食堂、医院食堂、体育器材室、热交换站、二区宿舍楼、锅炉房、开水房计算负荷

宿舍楼负荷 275.8 kW、服务楼负荷 90 kW；食堂负荷 95 kW；医院食堂负荷 20 kW；体育器材室负荷 1.95 kW；热交换站负荷 25 kW；二区宿舍楼负荷 319.2 kW；锅炉房负荷 90 kW；开水房负荷 90 kW。

总负荷容量：

$P_e = 275.8 + 90 + 95 + 20 + 1.95 + 25 + 319.2 + 90 + 90 = 1\ 007$（kW）

需要系数：$K_d = 0.75$；功率因数：$\cos\varphi = 0.85$；$\tan\varphi = 0.62$。

有功计算功率：$P_{ca} = K_d P_e = 0.75 \times 1\ 007 = 755.25$（kW）

无功计算功率：$Q_{ca} = P_{ca} \tan\varphi = 755.25 \times 0.62 = 468.255$（kvar）

视在计算功率：$S_{ca} = P_{ca}/\cos\varphi = 755.25/0.85 = 888.5$（kV·A）

$P_{ca(\Sigma)} = 0.9 \times 755.25 = 679.7$（kW）

$Q_{ca(\Sigma)} = 0.97 \times 530.7 = 454.2$（kvar）

$S_{ca(\Sigma)} = 817.5$ kV·A

计算电流：$I_{ca(\Sigma)} = \dfrac{S_{ca(\Sigma)}}{1.732 U_N} = 817.5 \times 10^3 / (1.732 \times 380) = 997.2$（A）

根据 $S_{ca} = 888.5$ kV·A，考虑到今后的发展，选择 S9-1000/10 的变压器一台。

变压器主要技术参数如表 0-11 所示。

表 0-11 变压器主要技术参数

型号	额定容量/(kV·A)	额定电压/kV		额定损耗/kW		阻抗电压/%	空载电流(%)	连接组
		高压	低压	空载	短路			
S9-1000/10	1 000	10	0.4	1.72	10	4.5	1.2	Y, yn0

4. 功率因数的计算和无功功率补偿

人工补偿提高功率的方法有两种：同步电动机补偿；并联电容补偿。

按照电力部门对企业与学校的要求功率因数应该达到 0.92 以上，所以选取功率因数为 0.92。

1）1 号变压器

有功计算功率：$P_{ca(\Sigma)} = 674.1$ kW

无功计算功率：$Q_{ca(\Sigma)} = 450.5$ kvar

补偿无功功率：$Q_c = P_{ca(\Sigma)}(\tan\varphi_1 - \tan\varphi_2)$

$= 674.1 \times (0.67 - 0.426) = 164.48$（kvar）

选电容器的型号为 BW0.4-13-1，额定容量为 13 kvar。

考虑到三相均衡分配，需装设 15 个电容器，每相装设 5 个。（除以 3 之后选 3 的倍数）

此时并联电容的实际容量为：$Q_c = 15 \times 13 = 195$（kvar）

补偿后的无功容量：

$$Q'_\Sigma = Q_{ca(\Sigma)} - Q_c = 255.5 \text{ kvar}$$
$$S'_\Sigma = [P^2_{ca(\Sigma)} + (Q_{ca(\Sigma)} - Q_c{}^2)^2]^{1/2} = 720.9 \text{ kV} \cdot \text{A}$$
$$\Delta P_T = 0.02 \times 674.1 = 13.5 \text{ (kW)}$$
$$\Delta Q_T = 0.1 \times 255.5 = 25.55 \text{ (kvar)}$$
$$\cos\varphi = P_{ca(\Sigma)}/S'_\Sigma = 674.1/720.9 = 0.935$$

所以这一补偿满足功率因数的要求。

2) 2 号变压器

有功计算功率：$P_{ca(\Sigma)} = 701.7$ kW

无功计算功率：$Q_{ca(\Sigma)} = 468.8$ kvar

补偿无功功率：$Q_c = P_{ca(\Sigma)}(\tan\varphi_1 - \tan\varphi_2)$
$$= 701.7 \times (0.67 - 0.426) = 171.2 \text{ (kvar)}$$

选电容器的型号为 BW 0.4 - 13 - 1，额定容量为 13 kvar。

考虑到三相均衡分配，需装设 15 个电容器，每相装设 5 个。

此时并联电容的实际容量为：$15 \times 13 = 195$ （kvar）

补偿后的无功容量：
$$Q'_\Sigma = Q_{ca(\Sigma)} - Q_c = 273.8 \text{ kvar}$$
$$S'_\Sigma = [P^2_{ca(\Sigma)} + (Q_{ca(\Sigma)} - Q_c{}^2)^2]^{1/2} = 753.22 \text{ kV} \cdot \text{A}$$
$$\Delta P_T = 0.02 \times 701.7 = 14 \text{ (kW)}$$
$$\Delta Q_T = 0.1 \times 273.8 = 27.38 \text{ (kvar)}$$
$$\cos\varphi = P_{ca(\Sigma)}/S'_\Sigma = 701.7/753.22 = 0.932$$

所以这一补偿满足功率因数的要求。

3) 3 号变压器

有功计算功率：$P_{ca(\Sigma)} = 1\,080$ kW

无功计算功率：$Q_{ca(\Sigma)} = 721.7$ kvar

补偿无功功率：$Q_c = P_{ca(\Sigma)}(\tan\varphi_1 - \tan\varphi_2)$
$$= 1\,080 \times (0.67 - 0.426) = 263.5 \text{ (kvar)}$$

选电容器的型号为 BW0.4 - 13 - 1，额定容量为 13 kvar。

考虑到三相均衡分配，需装设 21 个电容器，每相装设 7 个。

此时并联电容的实际容量为：$21 \times 13 = 273$ （kvar）

补偿后的无功容量：$Q'_\Sigma = 721.7 - 273 = 448.7$ （kvar）
$$S'_\Sigma = [P^2_{ca(\Sigma)} + (Q_{ca(\Sigma)} - Q_c)^2]^{1/2} = 1\,169.5 \text{ kV} \cdot \text{A}$$
$$\Delta P_T = 0.2 \times 1\,080 = 21.6 \text{ (kW)}$$
$$\Delta Q_T = 0.7 \times 448.7 = 44.877 \text{ (kvar)}$$
$$\cos\varphi = \frac{P_{ca(\Sigma)}}{S'_\Sigma} = 1\,080/1\,169.5 = 0.923$$

所以这一补偿满足功率因数的要求。

4) 4 号变压器

有功计算功率：$P_{ca(\Sigma)} = 770.4$ kW

无功计算功率：$Q_{ca(\Sigma)} = 514.8$ kW

补偿无功功率：$Q_c = P_{ca(\Sigma)}(\tan\varphi_1 - \tan\varphi_2)$

$$= 770.4 \times (0.67 - 0.426) = 188 \text{ (kvar)}$$

选电容器的型号为 BW 0.4-13-1,额定容量为 13 kvar。
考虑到三相均衡分配,需装设 15 个电容器,每相装设 5 个。
此时并联电容的实际容量为:$Q_c = 15 \times 13 = 195$ (kvar)。
补偿后的无功容量:$Q'_\Sigma = 514.8 - 195 = 319.8$ (kvar)

$$S'_\Sigma = [P_{ca(\Sigma)}^2 + (Q_{ca(\Sigma)} - Q_c^2)^2]^{1/2} = 834.13 \text{ kV} \cdot \text{A}$$

$$\Delta P_T = 0.02 \times 770.4 = 15.4 \text{ (kW)}$$

$$\Delta Q_T = 0.1 \times 319.8 = 31.98 \text{ (kvar)}$$

$$\cos\varphi = \frac{P_{ca(\Sigma)}}{S'_\Sigma} = 770.4/834.13 = 0.923$$

所以这一补偿满足功率因数的要求。

5. 主接线方案设计

主接线可分为有母线接线和无母线接线两大类。有母线接线又可分为单母线接线和双母线接线;无母线接线可分为单元式接线、桥式接线和多角形接线。中、低压系统中主接线要采用单母线接线、单元式接线和桥式接线。

中压系统常见网络结构形式有环式结构、放射式结构和树干式结构。

低压系统常见的网络结构有放射式结构和树干式结构。

对于配电系统,由于总降压变电所位置不同或配电路的路径和结构不同,可以提出很多设计方案,当拟定的各方案按同等的条件经计算得出各项指标后,应尽可能选择投资少,技术性能较好的方案。

如果两种方案在技术上相当,则一般应优先采用投资和年运行费用均较小的方案。由于该大学供电范围小,供电距离短,学校所有负荷都是三级负荷。本设计采用的是单母线接线方式。

6. 短路电流计算

短路电流计算为变压器的保护整定、开关电器和导线的选择校验提供依据。

短路电流计算常用的方法有两种:有名值法和标幺值法。

元件阻抗的计算:主要有架空线路阻抗、电缆线路阻抗、变压器的阻抗和串联电抗器的阻抗的计算。

1)1号变压器的短路电流计算

1号变压器:$U_k\% = 4.5$;电抗器:$X_L\% = 4$,$I_{NL} = 1.4$ kA,$U_{NL} = 0.4$ kV。

(1)高压侧短路电流计算(标幺值法)。

① 作等值电路图如图 0-5 所示。

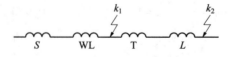

图 0-5 等值电路图

② 选基准容量:$S_d = 100$ MV·A;基准电压:$U_{d1} = 10.5$ kV;$U_{d2} = 0.4$ kV。

电源系统的短路容量 500 MV·A,从上一级变电所到学校距离 5 km。

电源系统电抗标幺值：$X_1^* = \dfrac{S_d}{S_{NT}} = \dfrac{100}{500} = 0.2$

线路电抗标幺值：$X_2^* = X_0 L \dfrac{S_d}{U_{d1}^2} = 0.4 \times 5 \times \dfrac{100}{10.5^2} = 1.81$

变压器的电抗标幺值：$X_3^* = \dfrac{U_k \% S_d}{100 S_{NT}} = \dfrac{4.5}{100} \times \dfrac{100}{1} = 4.5$

电抗器的电抗标幺值：$X_L^* = X_4^* = \dfrac{X_L\%}{100} \dfrac{U_{NL}}{\sqrt{3} I_{NL}} \dfrac{S_d}{U_{d2}^2} = \dfrac{4}{100} \times \dfrac{0.4}{1.732 \times 1.4} \times \dfrac{100}{0.4^2} = 4.12$

总电抗标幺值：$X_\Sigma^* = X_1^* + X_2^* + X_3^* + X_L^* = 0.2 + 1.81 + 4.5 + 4.12 = 10.63$

高压侧短路电流为：$I_{d1}^* = \dfrac{1}{X_{\Sigma 1}^*} = \dfrac{1}{X_1^* + X_2^*} = \dfrac{1}{0.2 + 1.81} = 0.498$

$$I_{d1} = \dfrac{S_d}{1.732 U_{d1}} = \dfrac{100}{1.732 \times 10.5} = 5.5 \text{ (KA)}$$

$$I_{K1} = I_{d1} I_{d1}^* = 5.5 \times 0.498 = 2.74 \text{ (KA)}$$

三相短路冲击电流：$i_{sh}^{(3)} = 2.55 I_{K1} = 2.55 \times 2.74 = 6.99$ (KA)

短路冲击电流有效值 $I_{sh}^{(3)} = 1.51 I_{K1} = 1.51 \times 2.74 = 4.14$ (KA)

短路容量 $S_{k.1}^{(3)} = S_d I_{d1}^* = 100 \times 0.498 = 49.8$ (MVA)

（2）低压侧短路电流计算。

电源系统电抗：$X_1 = \dfrac{U_{av}^2}{S_s} = \dfrac{10.5^2}{500} = 0.22$ (Ω)

现将高压系统的阻抗折算到短路点所在的电压等级下，则电源系统电抗：

$$X_1' = X_1 \left(\dfrac{U_{d2}}{U_{d1}}\right)^2 = 0.22 \times \left(\dfrac{0.4}{10.5}\right)^2 = 0.32 \times 10^{-3} \text{ (Ω)}$$

线路的电抗：$X_2 = X_0 L \left(\dfrac{U_{d2}}{U_{d1}}\right)^2 = 0.4 \times 5 \times \left(\dfrac{0.4}{10.5}\right)^2 = 2.9 \times 10^{-3}$ (Ω)

电抗器电抗：$X_L = X_3 = \dfrac{X_K\%}{100} \dfrac{U_{NL}}{1.732 I_{NL}} = \dfrac{4}{100} \times \dfrac{0.4}{1.732 \times 1.4} = 6.5 \times 10^{-3}$ (Ω)

变压器电抗：$X_T = X_4 = \dfrac{U_K\%}{100} \dfrac{U_{d2}^2}{S_N} = \dfrac{4.5}{100} \times \dfrac{0.4^2}{1} = 7.2 \times 10^{-3}$ (Ω)

一号变压器的总电抗：$X_\Sigma = X_1' + X_2 + X_3 + X_4 = 16.92 \times 10^{-3}$ (Ω)

低压侧三相短路电流：

$$I_{k.2}^{(3)} = \dfrac{U_{d2}}{1.732 X_\Sigma} = \dfrac{400}{1.732 \times 16.92 \times 10^{-3}} = 13.65 \text{ (KA)}$$

三相短路容量：

$$S_{k.2}^{(3)} = 1.732 U_{d2} I_{k.2}^{(3)} = 1.732 \times 400 \times 13.65 = 9.44 \text{ (MVA)}$$

三相短路冲击电流：

$$I_{sh}^{(3)} = 1.84 I_{k.2}^{(3)} = 1.84 \times 13.65 = 25.12 \text{ (KA)}$$

冲击电流有效值：$I_{sh}^{(3)} = 1.09 I_{k.2}^{(3)} = 1.09 \times 13.65 = 14.88$ (KA)

2）2号变压器的短路电流计算

2号变压器：$U_k\% = 4.5$；电抗器：$X_L\% = 4$，$I_{NL} = 1.4$ kA，$U_{NL} = 0.4$ kV。

（1）高压侧短路电流计算。

① 作等值电路图如图0-5所示。

② 选基准容量：$S_d = 100$ MV·A

基准电压：$U_{d1} = 10.5$ kV，$U_{d2} = 0.4$ kV

电源系统电抗标幺值：$X_1^* = \dfrac{S_{da}}{S_{NT}} = \dfrac{100}{500} = 0.2$

线路电抗标幺值：$X_2^* = X_0 \times L \times \dfrac{S_d}{U_{d1}} = 0.4 \times 5 \times \dfrac{100}{10.5^2} = 1.81$

变压器的电抗标幺值：$X_3^* = \dfrac{U_k\%}{100} \dfrac{S_d}{S_{NT}} = \dfrac{4.5}{100} \times \dfrac{100}{1} = 4.5$

电抗器的电抗标幺值：$X_L^* = \dfrac{X_L\%}{100} \dfrac{U_{NL}}{\sqrt{3} I_{NL}} \dfrac{S_d}{U_{d2}^2} = \dfrac{4}{100} \times \dfrac{0.4}{1.732 \times 1.4} \times \dfrac{100}{0.4^2} = 4.12$

总电抗标幺值：$X_\Sigma^* = X_1^* + X_2^* + X_3^* + X_L^* = 0.2 + 1.81 + 4.5 + 4.12 = 10.63$

高压侧短路电流为：$I_{d1}^* = \dfrac{1}{X_{\Sigma 1}^*} = \dfrac{1}{X_1^* + X_2^*} = \dfrac{1}{0.2 + 1.81} = 0.498$

$$I_{d1} = \dfrac{S_d}{1.732 U_{d1}} = \dfrac{100}{1.732 \times 10.5} = 5.5 \text{ (KA)}$$

$$I_{K1} = I_{d1} I_{d1}^* = 5.5 \times 0.498 = 2.74 \text{ (KA)}$$

三相短路冲击电流：$i_{sh}^{(3)} = 2.55 I_{K1} = 2.55 \times 2.74 = 6.99$ (KA)

短路冲击电流有效值：$I_{sh}^{(3)} = 1.51 I_{K1} = 1.51 \times 2.74 = 4.14$ (KA)

短路容量 $\quad S_{k.1}^{(3)} = S_d I_{d_1}^* = 100 \times 0.498 = 49.8$ (MVA)

(2) 低压侧短路电流计算。

电源系统电抗：$X_1 = \dfrac{U_{av}^2}{S_s} = \dfrac{10.5^2}{500} = 0.22$ (Ω)

现将高压系统的阻抗折算到短路点所在的电压等级下，则电源系统电抗：

$$X_1' = X_1 \left(\dfrac{U_{av2}}{U_{av1}}\right)^2 = 0.22 \times \left(\dfrac{0.4}{10.5}\right)^2 = 0.32 \times 10^{-3} \text{ (Ω)}$$

线路的电抗：$X_2 = X_0 L \left(\dfrac{U_{av2}}{U_{av1}}\right)^2 = 0.4 \times 5 \times \left(\dfrac{0.4}{10.5}\right)^2 = 2.9 \times 10^{-3}$ (Ω)

电抗器电抗：$X_L = X_3 = \dfrac{X_K\%}{100} \dfrac{U_{NL}}{1.732 I_{NL}} = \dfrac{4}{100} \times \dfrac{0.4}{1.732 \times 1.4} = 6.5 \times 10^{-3}$ (Ω)

变压器电抗：$X_T = X_4 = \dfrac{U_K\%}{100} \dfrac{U_{d2}^2}{S_N} = \dfrac{4.5}{100} \times \dfrac{0.4^2}{1} = 7.2 \times 10^{-3}$ (Ω)

二号变压器的总电抗：$X_\Sigma = X_1' + X_2 + X_3 + X_4 = 16.92 \times 10^{-3}$ (Ω)

低压侧三相短路电流：

$$I_{k.2}^{(3)} = \dfrac{U_{d2}}{1.732 X_\Sigma} = \dfrac{400}{1.732 \times 16.92 \times 10^{-3}} = 13.65 \text{ (KA)}$$

三相短路容量：

$$S_{k.2}^{(3)} = 1.732 U_{d2} I_{k.2}^{(3)} = 1.732 \times 400 \times 13.65 = 9.44 \text{ (MVA)}$$

三相短路冲击电流：

$$i_{sh}^{(3)} = 1.84 I_{k.2}^{(3)} = 1.84 \times 13.65 = 25.12 \text{ (KA)}$$

冲击电流有效值：$I_{sh}^{(3)} = 1.09 I_{k.2}^{(3)} = 1.09 \times 13.65 = 14.88$ (KA)

3) 3号变压器的短路电流计算

3号变压器：$U_k\% = 4.5$；电抗器：$X_L\% = 4$，$I_{NL} = 1.8$ kA，$U_{NL} = 0.4$ kV。

(1) 高压侧短路电流计算。

① 作等值电路图如图 0-5 所示

② 选基准容量：$S_d = 100 \text{ MV} \cdot \text{A}$

基准电压：$U_{d1} = 10.5 \text{ kV}$，$U_{d2} = 0.4 \text{ kV}$

电源系统电抗标幺值：$X_1^* = \dfrac{S_d}{S_{NL}} = \dfrac{100}{500} = 0.2$

线路电抗标幺值：$X_2^* = X_0 \times L \times \dfrac{S_d}{U_{d1}^2} = 0.4 \times 5 \times \dfrac{100}{10.5^2} = 1.81$

变压器电抗标幺值：$X_3^* = \dfrac{U_k\%}{100} \dfrac{S_d}{S_{NT}} = \dfrac{4.5}{100} \times \dfrac{100}{1.6} = 2.81$

电抗器的电抗标幺值：$X_L^* = \dfrac{X_k\%}{100} \dfrac{U_{NL}}{\sqrt{3} I_{NL}} \dfrac{S_d}{U_{d2}^2} = \dfrac{4}{100} \times \dfrac{0.4}{1.732 \times 1.8} \times \dfrac{100}{0.4^2} = 3.2$

总电抗标幺值：

$$X_\Sigma^* = X_1^* + X_2^* + X_3^* + X_L^* = 0.2 + 1.81 + 2.81 + 3.2 = 8.02$$

高压侧短路电流为：$I_{d1}^* = \dfrac{1}{X_{\Sigma 1}^*} = \dfrac{1}{X_1^* + X_2^*} = \dfrac{1}{0.2 + 1.81} = 0.498$

$$I_{d1} = \dfrac{S_d}{1.732 U_{d1}} = \dfrac{100}{1.732 \times 10.5} = 5.5 \text{ (KA)}$$

$$I_{K1} = I_{d1} I_{d1}^* = 5.5 \times 0.498 = 2.74 \text{ (KA)}$$

三相短路冲击电流：$i_{sh}^{(3)} = 2.55 I_{K1} = 2.55 \times 2.74 = 6.99 \text{ (KA)}$

短路冲击电流有效值：$I_{sh}^{(3)} = 1.51 I_{K1} = 1.51 \times 2.74 = 4.14 \text{ (KA)}$

短路容量 $\quad S_{k.1}^{(3)} = S_d I_{d1}^* = 100 \times 0.498 = 49.8 \text{ (MVA)}$

(2) 低压侧短路电流计算。

电源系统电抗：$X_1 = \dfrac{U_{av}^2}{S_s} = \dfrac{10.5^2}{500} = 0.22 \text{ (}\Omega\text{)}$

现将高压系统的阻抗折算到短路点所在的电压等级下，则电源系统电抗：

$$X_1' = X_1 \left(\dfrac{U_{av2}}{U_{av1}}\right)^2 = 0.22 \times \left(\dfrac{0.4}{10.5}\right)^2 = 0.32 \times 10^{-3} \text{ (}\Omega\text{)}$$

线路的电抗：$X_2 = X_0 L \left(\dfrac{U_{av2}}{U_{av1}}\right)^2 = 0.4 \times 5 \times \left(\dfrac{0.4}{10.5}\right)^2 = 2.9 \times 10^{-3} \text{ (}\Omega\text{)}$

电抗器电抗：

$$X_L = X_3 = \dfrac{X_L\%}{100} \dfrac{U_{NL}}{\sqrt{3} I_{NL}} = \dfrac{4}{100} \times \dfrac{0.4}{1.732 \times 1.8} = 5.1 \times 10^{-3} \text{ (}\Omega\text{)}$$

变压器电抗：$X_T = X_4 = \dfrac{U_K\%}{100} \dfrac{U_{d2}^2}{S_N} = \dfrac{4.5}{100} \times \dfrac{0.4^2}{1.6} = 4.5 \times 10^{-3} \text{ (}\Omega\text{)}$

三号变压器的总电抗：$X_\Sigma = X_1' + X_2 + X_3 + X_4 = 15.7 \times 10^{-3} \text{ (}\Omega\text{)}$

低压侧三相短路电流：

$$I_{k.2}^{(3)} = \dfrac{U_{d2}}{1.732 X_\Sigma} = \dfrac{400}{1.732 \times 15.7 \times 10^{-3}} = 14.7 \text{ (KA)}$$

三相短路容量：

$$S_{k.2}^{(3)} = 1.732 U_{d2} I_{k.2}^{(3)} = 1.732 \times 400 \times 14.7 = 10.2 \text{ (MVA)}$$

三相短路冲击电流：

$$i_{sh}^{(3)} = 1.84 I_{k.2}^{(3)} = 1.84 \times 14.7 = 27.1 \text{ (KA)}$$

冲击电流有效值：$I_{sh}^{(3)} = 1.09 I_{k.2}^{(3)} = 1.09 \times 14.7 = 16.02$ （KA）

4) 4号变压器的短路电流计算

4号变压器 $U_k\% = 4.5$；电抗器：$X_L\% = 4$，$I_{NL} = 1.4$ kA，$U_{NL} = 0.4$ kV。

(1) 高压侧短路电流的计算。

① 作等值电路图如图 0-5 所示。

② 选基准容量：$S_d = 100$ MV·A；基准电压：$U_1 = 10.5$ kV；$U_2 = 0.4$ kV。

电源系统电抗标幺值：$X_1^* L = \dfrac{S_d}{S_{NL}} = \dfrac{100}{500} = 0.2$

线路电抗标幺值：$X_2^* = \dfrac{X_0 L S_d}{U_{d1}^2} = \dfrac{0.4 \times 5 \times 100}{10.5^2} = 1.81$

变压器的电抗标幺值：$X_3^* = \dfrac{U_k\% S_d}{100 S_{NT}} = \dfrac{4.5}{100} \times \dfrac{100}{1} = 4.5$

电抗器的电抗标幺值：

$$X_4^* = \dfrac{X_L\%}{100} \times \dfrac{U_{NL}}{\sqrt{3} I_{NL}} \times \dfrac{S_d}{U_{d2}^2} = \dfrac{4}{100} \times \dfrac{0.4}{1.732 \times 1.4} \times \dfrac{100}{0.4^2} = 4.12$$

总电抗标幺值：$X_\Sigma^* = 0.2 + 1.81 + 4.5 + 4.12 = 10.63$

高压侧短路电流为：$I_{d1}^* = \dfrac{1}{X_{\Sigma 1}^*} = \dfrac{1}{X_1^* + X_2^*} = \dfrac{1}{0.2 + 1.81} = 0.498$

$$I_{d1} = \dfrac{S_d}{1.732 U_{d1}} = \dfrac{100}{1.732 \times 10.5} = 5.5 \text{ (KA)}$$

$$I_{K1} = I_{d1} I_{d1}^* = 5.5 \times 0.498 = 2.74 \text{ (KA)}$$

三相短路冲击电流：$i_{sh}^{(3)} = 2.55 I_{K1} = 2.55 \times 2.74 = 6.99$ （KA）

短路冲击电流有效值 $I_{sh}^{(3)} = 1.51 I_{K1} = 1.51 \times 2.74 = 4.14$ （KA）

短路容量　　　　$S_{k.1}^{(3)} = S_d I_{d1}^* = 100 \times 0.498 = 49.8$ （MVA）

(2) 低压侧短路电流计算。

电源系统电抗：$X_1 = \dfrac{U_{d1}^2}{S_s} = \dfrac{10.5^2}{500} = 0.22$ （Ω）

现将高压系统的阻抗折算到短路点所在的电压等级下，则电源系统电抗：

$$X_1' = X_1 \left(\dfrac{U_{d2}}{U_{d1}}\right)^2 = 0.22 \times \left(\dfrac{0.4}{10.5}\right)^2 = 0.32 \times 10^{-3} \text{ (Ω)}$$

线路的电抗：$X_2 = X_0 L \left(\dfrac{U_{d2}}{U_{d1}}\right)^2 = 0.4 \times 5 \times \left(\dfrac{0.4}{10.5}\right)^2 = 2.9 \times 10^{-3}$ （Ω）

电抗器电抗：$X_L = X_3 = \dfrac{X_K\%}{100} \dfrac{U_{NL}}{1.732 I_{NL}} = \dfrac{4}{100} \times \dfrac{0.4}{1.732 \times 1.4} = 6.5 \times 10^{-3}$ （Ω）

变压器电抗：$X_T = X_4 = \dfrac{U_K\%}{100} \dfrac{U_{d2}}{S_N} = \dfrac{4.5}{100} \times \dfrac{0.4^2}{1} = 7.2 \times 10^{-3}$ （Ω）

四号变压器的总电抗：$X_\Sigma = X_1' + X_2 + X_3 + X_4 = 16.92 \times 10^{-3}$ （Ω）

低压侧三相短路电流：

$$I_{k.2}^{(3)} = \dfrac{U_{d2}}{1.732 X_\Sigma} = \dfrac{400}{1.732 \times 16.92 \times 10^{-3}} = 13.65 \text{ (KA)}$$

三相短路容量：

$$S_{k.2}^{(3)} = 1.732 U_{d2} I_{k.2}^{(3)} = 1.732 \times 400 \times 13.65 = 9.44 \text{ (MVA)}$$

三相短路冲击电流：
$$i_{sh}^{(3)} = 1.84 I_{k.2}^{(3)} = 1.84 \times 13.65 = 25.12 \text{ (KA)}$$

冲击电流有效值：$I_{sh}^{(3)} = 1.09 I_{k.2}^{(3)} = 1.09 \times 13.65 = 14.88$ (KA)

7. 低压保护电气设备的选择

1）低压断路器选择和校验

低压断路器额定电压不低于保护线路的额定电压，其额定电流不小于它所安装的脱扣器的额定电流；低压断路器的类型应符合安装条件、保护性能及操作方式的要求，由此选择其操动机构。

低压断路器断流能力应满足：
$$I_{OC} \geq I_{sh}^{(3)}$$

低压断路器灵敏系数应满足：$S_p = I_{dmin}^{(2)} / I_{op(o)} > 1.5$

（1）1号变压器 S9-1000/10 选择 3WE238 型号的断路器。

变压器二次侧额定电流：$I_{2N} = 1\ 519$ A；

低压侧三相短路冲击电流：$i_{sh}^{(3)} = 25.12$ kA；

低压侧三相短路冲击电流有效值：$I_{sh}^{(3)} = 14.88$ kA；

三相短路容量：$S_k^{(3)} = 9.44$ MV·A

负荷计算电流：$I_{ca} = 1\ 198$ A

3WE238 型号断路器的技术数据如表 0-12 所示。

表 0-12 3WE238 型号断路器的技术数据

型号	固定式	峰值耐受电流/kA	176
额定电流/A	2 500	额定短路分断能力/kA	110/50
额定绝缘电压/V	1 000	1S 短时耐受电流/kA	70
长延时脱扣器电流整定范围/A	1 400~2 500	短延时脱扣器电流整定范围/A	2 000~18 000

对低压断路器校验：

① 低压断路器额定电压 $U_{e.zd} = 1\ 000$ V > 380 V，满足要求。

② 低压断路器额定电流 $I_{e.zd} = 2\ 500$ A > 1 198 A，满足要求。

③ 长延时过电流脱扣器的整定电流，易等于或接近于变压器低压侧额定电流，即
$$I_{op(1)} = K_{rel} I_{2N} = 1.1 \times 1\ 519 = 1\ 670.9 \text{ (A)}$$

④ 短延时过电流脱扣器的整定电流为长延时过电流脱扣器的整定电流的3倍，取 $I_{op(1)} = 2\ 000$ A。于是
$$I_{op(s)} = 3 \times 2\ 000 = 6\ 000 \text{ A}$$

⑤ 尖峰电流 $K_{rel} I_{ca} = 1.3 \times 1\ 198 = 1\ 557.4$ (A)

此时 $I_{op(s)} = 6\ 000$ A > 1 557.4 A，满足要求。

⑥ 校验低压断路器断流能力：
$$I_{oc} = 50 \text{ KA} > I_{sh}^{(3)} = 14.88 \text{ KA，满足要求。}$$

⑦ 校验低压断路器灵敏系数：
$$S_p = I_{dmin}^{(2)} / I_{op(s)} = 0.866 I_{sh}^{(3)} / I_{op(s)} = 0.866 \times 14.88 / 6\ 000$$
$$= 2.1 > 1.5，满足要求。$$

(2) 2号变压器 S9-1000/10 选择 3WE238 型号的断路器。

变压器二次侧额定电流：$I_{2N}=1\,519$ A；

低压侧三相短路冲击电流：$i_{sh}^{(3)}=25.12$ kA；

低压侧三相短路冲击电流有效值：$I_{sh}^{(3)}=14.88$ kA；

三相短路容量：$S_k^{(3)}=9.44$ MV·A

负荷计算电流：$I_{ca}=1\,284$ A

3WE238 型号断路器的技术数据如表 0-13 所示。

表 0-13 3WE238 型号断路器的技术数据

型号	固定式	峰值耐受电流/kA	176
额定电流/A	2 500	额定短路分断能力/kA	110/50
额定绝缘电压/V	1 000	1S 短时耐受电流/kA	70
长延时脱扣器电流整定范围/A	1 400~2 500	短延时脱扣器电流整定范围/A	2 000~18 000

对低压断路器校验：

① 低压断路器额定电压 $U_{ezd}=1\,000$ V > 380 V，满足要求。

② 低压断路器额定电流 $I_{e.zd}=2\,500$ A > 1 284 A，满足要求。

③ 长延时过电流脱扣器的整定电流，易等于或接近于变压器低压侧额定电流，即

$$I_{op(1)}=K_{rel}I_{2N}=1.1\times 1\,519=1\,670.9\text{（A）}$$

④ 短延时过电流脱扣器的整定电流为长延时过电流脱扣器的整定电流 3 倍，取 $I_{op(1)}=2\,000$ A，于是

$$I_{op(s)}=3\times 2\,000=6\,000\text{（A）}$$

⑤ 尖峰电流 $K_{rel}I_{ca}=1.3\times 1\,284=1\,669.2$（A）

此时 $I_{op(s)}=6\,000$ A > 1 669.2 A，满足要求。

⑥ 校验低压断路器断流能力：

$$I_{oc}=50\text{ kA}>I_{sh}^{(3)}=14.88\text{ kA，满足要求。}$$

⑦ 校验低压断路器灵敏系数：

$$S_p=I_{dmin}^{(2)}/I_{op(s)}=0.866I_{sh}^{(3)}/I_{op(s)}=0.866\times 14.88/6\,000$$
$$=2.1>1.5\text{，满足要求。}$$

(3) 3号变压器 S9-1600/10 选择 3WE238 型号的断路器。

变压器二次侧额定电流：$I_{2N}=2\,432$ A；

三相短路冲击电流：$i_{sh}^{(3)}=27.1$ kA；

三相短路冲击电流有效值：$I_{sh}^{(3)}=16.02$ kA；

三相短路容量：$S_k^{(3)}=10.2$ MV·A

负荷计算电流：$I_{ca}=1\,974$ A

3WE238 型号断路器的技术数据如表 0-14 所示。

表 0-14 3WE238 型号断路器的技术数据

型号	固定式	峰值耐受电流/kA	176
额定电流/A	2 500	额定短路分断能力/kA	110/50
额定绝缘电压/V	1 000	1S 短时耐受电流/kA	70
长延时脱扣器电流整定范围/A	1 400~2 500	短延时脱扣器电流整定范围/A	2 000~18 000

对低压断路器校验：

① 低压断路器额定电压 $U_{e.zd} = 1\,000\text{ V} > 380\text{ V}$，满足要求。

② 低压断路器额定电流 $I_{e.zd} = 2\,500\text{ A} > 1\,974\text{ A}$，满足要求。

③ 长延时过电流脱扣器的整定电流，易等于或接近于变压器低压侧额定电流，即

$$I_{op(1)} = K_{rel}I_{2N} = 1.1 \times 2\,432 = 2\,675.2 \text{ (A)}$$

④ 短延时过电流脱扣器的整定电流为长延时过电流脱扣器的整定电流3倍，取 $I_{op(1)} = 2\,800\text{ A}$，于是

$$I_{op(s)} = 3 \times 2\,800 = 8\,400 \text{ (A)}$$

⑤ 尖峰电流 $K_{rel}I_{ca} = 1.3 \times 1\,974 = 2\,566.2 \text{ (A)}$

此时 $I_{op(s)} = 8\,400\text{ A} > 2\,566.2\text{ A}$，满足要求。

⑥ 校验低压断路器断流能力：

$$I_{oc} = 50\text{ KA} > I_{sh}^{(3)} = 16.02\text{ kA}，满足要求。$$

⑦ 校验低压断路器灵敏系数：

$$S_p = I_{dmin}^{(2)}/I_{op(s)} = 0.866I_{sh}^{(3)}/I_{op(s)} = 0.866 \times 16\,020/8\,400$$
$$= 1.65 > 1.5，满足要求。$$

（4）4号变压器 S9-1000/10 选择 3WE238 型号的断路器。

变压器二次侧额定电流 $I_{2N} = 1\,519\text{ A}$；

低压侧三相短路冲击电流：$i_{sh}^{(3)} = 25.12\text{ kA}$；

低压侧三相短路冲击电流有效值：$I_{sh}^{(3)} = 14.88\text{ kA}$；

三相短路容量：$S_k^{(3)} = 9.44\text{ MV·A}$

负荷计算电流：$I_{ca} = 997.2\text{ A}$

3WE238 型号断路器的技术数据如表 0-15 所示。

表 0-15 3WE238 型号断路器的技术数据

型号	固定式	峰值耐受电流/kA	176
额定电流/A	2 500	额定短路分断能力/kA	110/50
额定绝缘电压/V	1 000	1S 短时耐受电流/kA	70
长延时脱扣器电流整定范围/A	1 400~2 500	短延时脱扣器电流整定范围/A	2 000~18 000

对低压断路器校验：

① 低压断路器额定电压 $U_{e.zd} = 1\,000\text{ V} > 380\text{ V}$，满足要求。

② 低压断路器额定电流 $I_{e.zd} = 2\,500\text{ A} > 997.2\text{ A}$，满足要求。

③ 长延时过电流脱扣器的整定电流，易等于或接近于变压器低压侧额定电流，即

$$I_{op(1)} = K_{rel}I_{2N} = 1.1 \times 997.2 = 1\,097 \text{ (A)}$$

④ 短延时过电流脱扣器的整定电流为长延时过电流脱扣器的整定电流3倍，取 $I_{op(1)} = 1\,500\text{ A}$，于是

$$I_{op(s)} = 3 \times 1\,500 = 4\,500 \text{ (A)}$$

⑤ 尖峰电流 $K_{rel}I_{ca} = 1.3 \times 997.2 = 1\,296.4 \text{ (A)}$

此时 $I_{op(s)} = 4\,500\text{ A} > 1\,296.4\text{ A}$，满足要求。

⑥ 校验低压断路器断流能力：

$$I_{oc} = 50\text{ KA} > I_{sh}^{(3)} = 14.88\text{ kA}，满足要求。$$

⑦ 校验低压断路器灵敏系数：

$$S_p = I_{dmin}^{(2)}/I_{op(s)} = 0.866 I_{sh}^{(3)}/I_{op(s)} = 0.866 \times 14\,880/4\,500$$
$$= 2.79 > 1.5,满足要求。$$

2) 隔离开关

高压隔离开关没有灭弧装置，只能在没有负荷电流的情况下分、合电路，主要用来将高压配电装置中需要停电的部分与带电部分可靠地隔离，以保证检修工作的安全；低压隔离开关即作为隔离电源的开关电器，也有的刀开关具有一定的通断能力。隔离开关不能满足选择性和时限的要求，在变压器低压侧引出线不装设隔离开关。

3) 负荷开关

负荷开关是由熔断器和隔离开关组合而成的，由隔离开关断开正常运行电流，由熔断器开断回路故障电流，负荷开关有一定的保护作用。负荷隔离开关是一种将停电部分与带电部分隔离，并造成一个明显的断开点，以隔离故障设备或进行停电检修的。负荷开关不能满足选择性和时限的要求，在变压器低压侧引出线不装设负荷开关和隔离开关，而应装设低压断路器。

8. 导线型号的选择

电力电缆的选择应符合如下条件：
(1) 线缆应满足正常负荷下的长期运行条件；
(2) 应该满足线路电压损失；
(3) 应能承受短路电流的短时作用；
(4) 应满足机械强度的要求；
(5) 应考虑线路的经济运行。

导线型号的选择及技术数据见表 0-16。

表 0-16 导线型号的选择及技术数据

类别	计算电流/A	导线型号	标称截面	电抗/$(\Omega \cdot km^{-1})$
1~3号教学楼	535	TJ-150	150	0.117
实验楼	427	TJ-120	120	0.146
2号系馆楼	298	TJ-70	70	0.251
3号系馆楼	200	TJ-50	50	0.351
行政楼	489	TJ-150	150	0.117
图书馆	1 930	TJ-185	185	0.095
一区宿舍	443	TJ-120	120	0.146
二区宿舍	513	TJ-150	150	0.117
路灯/消防室	149	TJ-35	35	0.822
服务楼/食堂	297	TJ-95	95	0.303
锅炉/开水房	201	LJ-70	70	0.411
其他	75	LJ-16	16	4.7

9. 附图

1~4号变压器配电系统图，如图 0-6~图 0-9 所示。

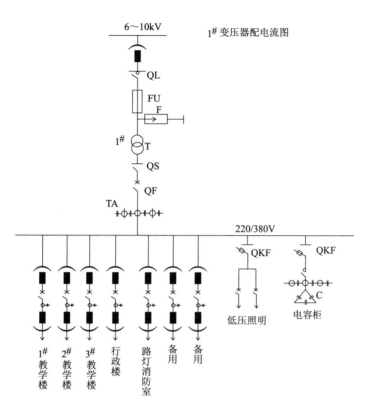

图 0-6　1 号变压器配电系统图

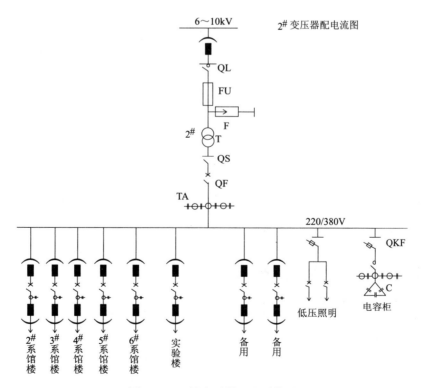

图 0-7　2 号变压器配电系统图

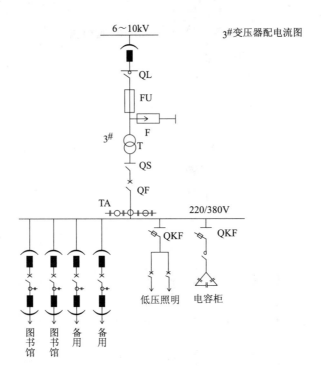

图 0-8　3号变压器配电系统图

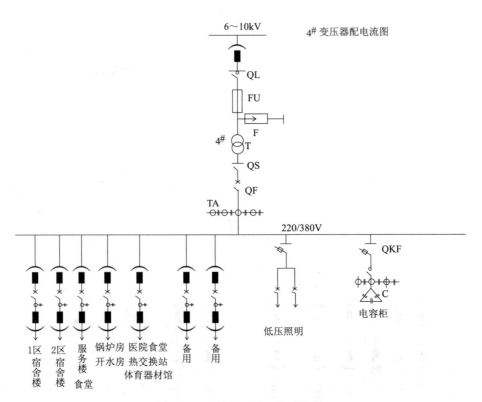

图 0-9　4号变压器配电系统图

项目一　常用高低压电气设备

☞ **项目引入**：

额定电压在 3 kV 及以上的电器是高压电器；额定电压在 1 200 V 或直流额定电压在 1 500 V 及以下的电器是低压电器；它们和用电设备等组成供配电系统，在电路中起通断、保护、控制、调节、转换作用。

通过此项目的学习，认识常用的高低压电器，理解它们在实际电路中的作用，熟悉它们结构的特点，会使用和操作电气设备。

☞ **知识目标**：

(1) 理解高低压电器的原理和作用。
(2) 熟悉高低压电器的结构特点及符号表示。

☞ **技能目标**：

(1) 会使用和操作高低压电器。
(2) 会选用和检修高低压电器。

☞ **德育目标**：

仔细观察电器的结构，安装电器要小心，分析其动作特点，接线要认真仔细，每一个电器要细心测试，严格按安全要求操作，注意安全，要有团结、协作、担当和责任意识。

☞ **相关知识**：

高低压电器工作原理。

☞ **任务实施**：

(1) 灭弧方式的选择。
(2) 高压隔离开关检修。
(3) 低压熔断器的选用及检修。

☞ **重点**：

(1) 常用高低压电器的使用与检修。
(2) 高低压电器的原理和作用。

☞ **难点**：

常用高低压电器的使用与检修。

任务一　灭弧方式的选择

相关知识

一、开关的类型及电弧的产生与熄灭

1. 开关的类型

工厂常用的高压电器有高压开关、电压互感器、电流互感器、高压熔断器和避雷器等。高压开关有高压隔离开关、高压断路器、高压负荷开关。高压开关用于控制高压供配电，工作电压有 6 kV、10 kV、35 kV、110 kV 和 220 kV。低压开关有闸刀开关、断路器等。高低压开关断开负荷时会在触头间产生电弧，特别是高压开关在拉闸时出现的强烈电弧，将引起相间短路，所以为了熄灭电弧，有些开关在结构上专门设计了灭弧装置，这使得开关在结构上比较复杂，价格较贵。

2. 电弧的产生与熄灭

当开关分断电路时，如果触头间电压为 10~20 V，电流为 80~100 mA 时，触头间就会产生电弧，电弧的产生是一个必然现象。电弧燃烧时，其温度高达 10 000 ℃，如不能及时熄灭，会使开关触头烧损，导致触头熔焊，还可能造成弧光短路，形成更严重的事故。所以，研究电弧的产生和熄灭规律，采取有效的灭弧措施，避免电弧的危害是非常必要的。

不带电的中性质点分离为带电的电子和正离子的现象称为游离。在开关切断电路时，触头间绝缘介质的中性质点被游离，被游离的带电质点即自由电子和正离子，在电场力作用下定向运动，形成一条导电通道，从而产生了电弧。电弧在断开的触头之间燃烧，使电路仍处于接通状态，延迟了电路的开断，只有当电弧熄灭后电路才算被断开。

1）电弧的产生与发展

在开关触头分开的过程中，动静触头间的接触压力与接触面积不断减少，使接触电阻迅速增大，导致接触处温度升高，使一部分自由电子由于热运动而逸出金属表面，形成了热电子发射。

在开关触头分断瞬间，由于触头间距很小，其间电压虽然仅有几百伏至几千伏，但电场强度却很大，在电场力作用下自由电子高速奔向阳极，便形成了强电场发射。

高速运动的自由电子与触头间的中性质点发生碰撞，当自由电子的动能足够大时，可使中性质点分离为自由电子和正离子，这种现象称为碰撞游离。新产生的自由电子又会碰撞其他中性质点，产生更多的自由电子和正离子。由于连续不断地碰撞游离，使触头间带电质点大量增加，结果使绝缘介质变成了导体，形成弧光放电。电场强度越大，气体压力越小，越容易发生碰撞游离。

随着触头开距的加大，失去了强电场发射电子的条件，但由于弧隙温度很高，使中性质点由于热运动而相互碰撞，产生新的带电粒子，发生热游离现象，从而使电弧继续燃烧。因此，电弧的产生过程是一个连续的过程。最初由热电子发射和强电场发射提供起始自由电子,然后由碰撞游离导致介质击穿产生电弧,最后靠热游离来维持。可见,强电场是产生电弧的必要条件,碰撞游离是产生电弧的主要原因,热游离是维持电弧的必要因素。

2) 电弧的熄灭

在电弧中不但存在着中性质点的游离过程,而且存在着带电质点不断消失的去游离过程。当游离速度大于去游离速度时,电弧加强;当游离速度与去游离速度相等时,电弧稳定燃烧;当游离速度小于去游离速度时,电弧减弱以致熄灭。因此,要促使电弧熄灭,就必须削弱电弧的游离作用,加强其去游离作用。去游离主要表现在复合与扩散两个方面。

复合是异号带电质点彼此中和为中性质点的现象,复合率与下列因素有关:带电质点浓度越大,复合概率越高;电弧温度越低,弧隙电场强度越小,带电质点运动速度就越慢,复合就越容易。

扩散是指带电质点逸出弧道的现象,扩散速度受下列因素影响:弧区与周围介质的温差越大,扩散越强烈;弧区与周围介质离子的浓度差越大,扩散就越强烈;电弧的表面积越大,扩散就越快。

上述带电质点的复合和扩散,都使电弧中的带电粒子减少,即去游离作用增强,最后导致电弧熄灭。

二、常用的灭弧方式及开关的触头

一切灭弧方法,都是人为地创造有助于去游离而不利于游离的条件,使电弧尽快熄灭。

1. 开关电器常用的灭弧方法

1) 速拉灭弧法

加快触头的分离速度,可迅速拉长电弧,使电弧中的电场强度骤降,从而削弱了碰撞游离、增强了带电质点的复合作用,加速电弧的熄灭。这种灭弧方法是开关电器中普遍采用的最基本的一种灭弧法,通常利用强力储能弹簧迅速释放能量,可使触头的分离速度达到 $4 \sim 5 \text{ m/s}$。

2) 冷却灭弧法

降低电弧的温度,可削弱热游离,并增强带电质点的复合作用,有助于电弧的熄灭。这种灭弧方法在开关电器中应用也比较普遍。

3) 吹弧灭弧法

利用外力(如气流、油流或电磁力)来吹动电弧,使电弧加速冷却,同时拉长电弧,迅速降低电弧中的电场强度,使带电质点的复合和扩散增强,从而加速电弧的熄灭。按吹弧方式来分,有横吹和纵吹两种,如图 1-1 所示。横吹较纵吹效果好,因为横吹能使电弧长度和表面积增大,更有利于电弧的冷却和使带电质点的扩散。按外力的性质来分,有气吹、油吹、电动力吹和磁吹等方式,如图 1-2 所示。

图 1-2 (a) 是利用电弧各部分电流之间相互作用的电动力使电弧移动;图 1-2 (b) 是利用导磁物体影响电弧电流的磁场分布,使电弧在电磁力作用下向磁性材料一边移动;图 1-2 (c) 是利用电弧电流在磁吹线圈中产生的磁场与电弧电流之间产生的电磁力,使电弧沿熄弧角展开方向移动,产生吹弧效果。

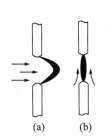 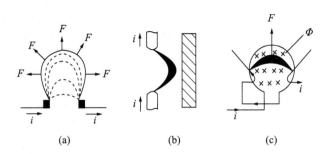

图1-1 吹弧方式　　　　　图1-2 外力吹弧法
(a) 横吹；(b) 纵吹　　　(a) 电动力吹弧；(b) 磁力吹弧；(c) 磁吹弧

4) 狭缝（狭沟）灭弧法

使电弧在固体介质的狭缝中运动，电弧与固体介质紧密接触，一方面加强了冷却与复合作用；另一方面电弧被拉长，弧径被压小，弧电阻增大，促使电弧迅速熄灭。如狭缝灭弧栅和填料式熔断器等，都属于这种灭弧结构。

5) 长弧切短灭弧法

这种方法常用于低压交流开关中。如图1-3所示，触头间的电弧在电磁力作用下，进入与电弧垂直放置的、彼此绝缘的金属栅片内（由 A 处移向 B 处），将一个长弧切割成若干个短弧。在交流电路中，利用近阴极效应：当电流过零时所有短弧同时熄灭，在每一短弧的阴极附近立即出现150～250 V的绝缘强度。由于各段短弧是串联的，所以短弧的数目越多，总的绝缘强度就越高，当总绝缘强度大于外加电压时，电弧就不再重燃。此外，金属栅片也有冷却电弧的作用。

6) 多断口灭弧法

在开关的同一相内制成两个或多个断口，如图1-4所示。当断口增加时，相当于电弧长度与触头分离速度成倍提高，因而提高了开关的灭弧能力。这种方法多用在高压开关中。

除上述灭弧方法外，开关电器在设计制造时，还采取了限制电弧产生的措施。如：开关触头采用不易发射电子的金属材料制成；触头间采用绝缘油、六氟化硫气体、真空等绝缘和灭弧性能好的绝缘介质等。

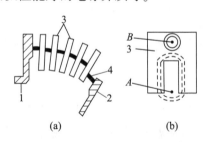 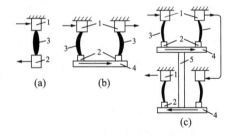

图1-3 将长电弧切割成若干短电弧　　　图1-4 一相多个断口灭弧示意图
(a) 消弧栅侧视图；(b) 消弧片切弧原理图　(a) 一个断口；(b) 二个断口；(c) 四个断口
1—静触头；2—动触头；3—金属栅片；4—电弧　1—静触头；2—动触头；3—电弧；4—触头桥；
　　　　　　　　　　　　　　　　　　　　　　　　5—绝缘拉杆

7) 利用真空灭弧

电弧是气体放电现象，如将触头置于绝对真空中，自然不会产生电弧。

实际上不可能得到绝对真空，在相对的真空中仍然有稀少的气体，所以还存在着产生电弧的条件，但是电弧不容易产生和持续。真空灭弧应用于高电压、大电流、操作频率高的交流接触器和断路器上。

2. 开关的触头

开关是接通和切断电力回路的电器。开关中的触头是直接执行接通和切断的元件,为了保证开关工作的可靠,开关的触头必须满足以下要求:

(1) 热稳定。触头在工作中因电流通过而发热,电流一定时触头的发热情况主要取决于触头的接触电阻。

在长时间工作中,接触电阻过大会造成触头过热,使触头迅速氧化。当电流一定时触头的发热情况主要决定于触头的接触电阻。铜触头的温度超过75℃后会迅速氧化,氧化铜是不良导体,它会使接触电阻显著增高,从而使触头的温度更高,这种恶性循环会导致触头接而不通。因此要求触头在长时间工作中,温度不超过长时最大容许值,即所谓正常状态的热稳定。

当电力回路中发生短路时,短路电流流经开关触头,由于短路电流很大,触头在短时间内温度迅速上升,如果接触电阻过大,触头会超过材料的短时最大容许温度,造成退火而失去弹性以致不能继续使用。因此又要求触头在短路电流通过时,温度不得超过短时最大容许值,即故障状态下的热稳定。

(2) 动稳定。开关在工作时,因电流的电动力作用各载流导体之间均受力。当短路电流通过时,载流体承受的电动力很大,可能使开关自动分断,或者使触头分离。在分离的触头间会产生强大的电弧,电弧的高热使触头表面熔化,当短路故障被排除或短路电流消失时不因电动力而破坏。

(3) 有足够的机械强度,能完成规定的通断次数。

(4) 有较好的耐弧性,不被电弧过度损坏。

 任务实施

开关电器常用的灭弧方式选择及触头的检查。

(1) 说出开关电器常用的灭弧类型,将其填写在表1-1中。

表1-1 开关电器常用的灭弧类型

灭弧类型	1	2	3	4	5	6
适用场合						
灭弧特点						

(2) 低压交流开关触头的检查,并填写表1-2。

表1-2 低压交流开关触头的检查

名称	1	2
各触头对地电阻		
动静触头接触面调整		
触头压力		
触头磨损情况		

评价总结

根据"低压交流开关触头的检查"操作，结合所填写的"开关电器常用的灭弧类型"表和收获体会进行评议，并填写表1-3成绩评议表。

表1-3 成绩评议表

评定人/任务	任务评议	等级	评定签名
自己评			
同学评			
老师评			
综合评定等级			

___年___月___日

任务二　电气设备的检调

变电所起着接受、变电、分配电能的作用；配电所起着接受、分配电能的作用。变配所常用到高低压电器。高压电器是配电变压器高压侧的控制和保护设备。工厂供配电系统由总降压变电所、高压配电线路、车间变电所、低压配电线路及用电设备组成。工厂供配电系统如图1-5所示。

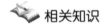

相关知识

一、电力变压器

1. 电力变压器分类及结构

电力变压器是变电所的核心设备，通过它将一种电压的交流电能转换成另一种电压的交流电能，以满足输电、供电、配电或用电的需要。

1）常用电力变压器的种类

（1）按相数分类：有三相电力变压器和单相电力变压器。大多数场合使用三相电力变压器，在一些低压单相负载较多的场合，也使用单相变压器。

（2）按绕组导电材料分类：有铜绕组变压器和铝绕组变压器。目前一般均采用铜绕组变压器。

（3）按绝缘介质分类：有油浸式变压器和干式变压器。油浸式变压器由于价格低廉而得到了广泛应用；干式

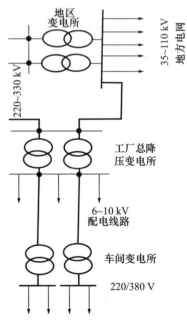

图1-5　工厂供配电系统

变压器有不易燃烧、不易爆炸的特点，特别适合在防火、防爆要求高的场合使用，绝缘形式有环氧浇注式、开启式、六氟化硫（SF_6）充气式和缠绕式等。干式变压器现已在中压等级的电网中逐步得到了广泛的应用，以干式三相的最为常用。

(4) 常用变压器的容量系列。我国目前的变压器产品容量系列为 R10 系列，即变压器容量等级是按倍数确定的，如：100 kV·A、125 kV·A、160 kV·A、200 kV·A、250 kV·A、315 kV·A、500 kV·A、630 kV·A、800 kV·A、1 000 kV·A、1 250 kV·A、1 600 kV·A 等。

2) 变压器的结构

电力变压器不管是单相的或三相的，它们的主体均由铁芯和绕组两部分组成；其次就是由数量众多而又不可缺少的附件组合而成的箱体总体。主体部分置于箱壳内部，箱内通常还注满变压器绝缘油，外形及符号如图 1-6 所示。

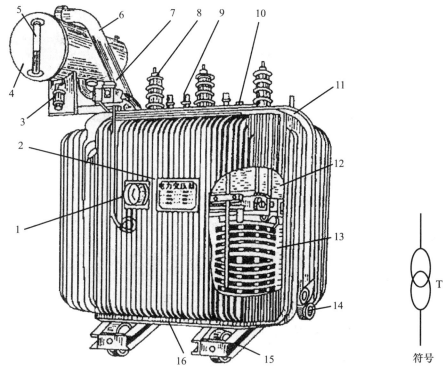

图 1-6 三相油浸式电力变压器的外形及符号
1—信号温度计；2—铭牌；3—吸湿器；4—油枕（储油柜）；5—油位指示器；6—防爆管；
7—气体继电器；8—高压套管；9—低压套管；10—分接开关；11—油箱及散热油管；
12—铁芯；13—绕组及绝缘；14—放油阀；15—小车；16—接地端子

(1) 铁芯。铁芯由铁芯柱和轭铁两部分构成，安装绕组的部分叫做铁芯柱，连接各铁芯柱使铁芯形成闭合磁路的部分叫做轭铁。电力变压器铁芯，单相由 2 个铁芯柱构成，三相由 3 个铁芯柱构成，铁芯柱和扼铁均用厚 0.35 mm 的硅钢片组合而成。为了适应圆筒状绕组需要，通常铁芯柱也都制成圆柱形。铁芯柱的组合方式分交叠式（采用阶梯结构而制成圆柱状）和渐开线式两种，后者工艺比较先进、磁通量较高，能缩小整个变压器的体积和质量。

(2) 绕组。按结构分有高压绕组和低压绕组两种。三相变压器每相高、低压绕组套在同一个铁芯柱上。单相变压器把高、低压绕组各制成两个，分别套装在两个铁芯柱上。为了便于绕组与铁芯柱之间的绝缘处理，往往把低压绕组置于内圈，高压绕组置于外圈。三相变压器的三相高、低压绕组，按输配电线路的设计需要，在箱内连接成形（单相变压器在投入运行前按需要在箱外进行连接），只引出 3 个或 4 个出线柱，供与线路连接之用。

(3) 箱体总成。箱体由油箱（箱壳和箱盖）、高低压绝缘套管、储油柜、分接开关、干燥器、防爆管、气体继电器和温度计等组成，箱壳外还布有散热管及装在底部的放油阀等配件。

绝缘套管就是绕组引出线头的外部接线端子。储油柜起调节和补充箱壳内绝缘油的作用。当变压器投入运行后，油温升高而体积膨胀，多余的油就进入储油柜。柜上还装有干燥器，是箱内绝缘油热胀冷缩时外部空气进入储油柜的正常通路，能吸收进入柜内的外部空气的潮气和酸性等不利于绝缘性能的有害气体。

防爆管、气体继电器和温度计一般用在较大型的电力变压器上。防爆管是安全气道，当变压器内部发生较严重故障而使绝缘油产生大量气体时，压力较高的气体就可冲出防爆管，以保证油箱不引起爆炸。气体继电器是变压器重要保护元件之一，较大型的油浸式变压器都附有气体继电器。如果变压器内部存在不太大的故障电流，当过电流或差动保护装置都无法反映出这种较小的故障时，则必须依靠气体继电器进行保护。

气体继电器分浮筒式和挡板式等多种，其中浮筒式较常用，其结构如图1-7所示。当变压器内部发生较轻故障时，也会产生一些气体（即瓦斯），这些气体聚集在继电器顶盖下方，并迫使油面下降，当油面降到一定程度位置时，上浮筒因失去平衡而下降，附在一起的水银接触开关就接通，于是发出警告信号。当变压器发生较严重故障时，则气体迅速地大量产生，油的体积随之剧增，强烈的油流通过导管而冲击活动下挡板，并使它失去平衡而接通水银接触开关，于是发出跳闸指令而切断变压器电源。

温度计是用来反映变压器工作温度的保护装置，常用的是一种信号温度计，主要由温包、毛细管和压力计组成，其外形结构如图1-8所示。

测量时，温包放在变压器箱盖的专用温度计座内，当变压器油顶层的温度变化时，温包内蒸发液体产生相应的饱和蒸汽压力，此饱和蒸气压力经毛细管传给压力计，压力计中的弹簧变形，从而推动拉杆，带动指针偏转，指示出温度值。

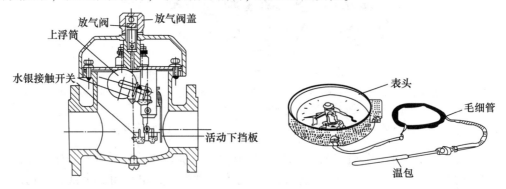

图1-7 浮筒式气体继电器结构　　　图1-8 温度计外形结构

2. 变压器的铭牌

为了使变压器安全、经济、合理地运行，在每台变压器上都安装有一块铭牌，上面标明了变压器的型号及各种额定数据，作为正确使用变压器的依据。如图1-9所示是配电站用的降压变压器铭牌，将10 kV的高压降为400 V的低压，供三相负载使用，铭牌中参数说明如下。

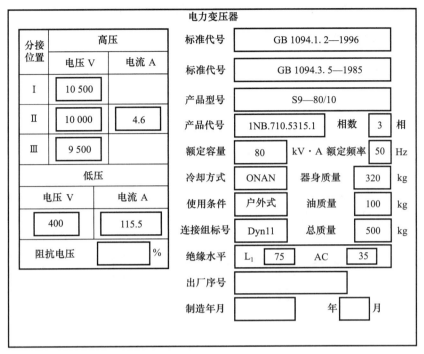

图1-9 降压变压器的铭牌

（1）型号。

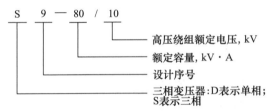

（2）额定容量 S_N。额定容量是指变压器在额定工作状态下，二次绕组的视在功率，其单位为 kV·A。对于单相变压器而言，即变压器二次绕组的额定电压 U_{2N} 与额定电流 I_{2N} 的乘积：

$$S_N = \frac{U_{2N}I_{2N}}{1\,000} \quad \text{kV·A} \tag{1-1}$$

三相变压器的额定容量为：

$$S_N = \frac{\sqrt{3}\,U_{2N}I_{2N}}{1\,000} \quad \text{kV·A} \tag{1-2}$$

（3）额定电压 U_{1N} 和 U_{2N}。额定电压 U_{1N} 是指变压器在额定运行情况下，加在一次绕组上的正常工作电压。它是根据变压器绝缘等级和允许温升等条件规定的；额定电压 U_{2N} 是指在二次绕组上加额定电压后，二次绕组空载时的电压值。

（4）短路电压 U_D。短路电压也称阻抗电压，即一个绕组短路，另一个绕组流过额定电流时的电压值，可以在变压器短路试验中测得。

（5）额定电流 I_{1N} 和 I_{2N}。额定电流是指变压器允许长期通过的电流，它是根据变压器发热的条件而规定的满载电流值。

（6）连接组标号。连接组标号是指三相变压器一、二次绕组的连接方式。Y指高压绕组作星形连接，y指低压绕组作星形连接，D指高压绕组作三角形连接，d指低压绕组作三角形连接，N 指高压绕组作星形连接时的中性线，n 指低压绕组作星形连接时的中性线。

3. 变压器的绕组极性

因为变压器的一、二次绕组在同一个铁芯上，故都被磁通 Φ 交链。当磁通变化时，在两个绕组中的感应电动势也有一定的方向性。当一次绕组的某一端点瞬时电位为正时，二次绕组也必有一电位为正的对应点。这两个对应的端点，我们称之为同极性端或同名端，用符号"●"表示。

（1）交流法。对两个绕向已知的绕组，我们可以从电流的流向和它们所产生的磁通方向判断其同名端，如图 1 – 10（a）中所示，已知一、二次绕组的方向，当电流从 1 端和 3 端流入时，它们所产生的磁通方向相同，因此 1、3 端为同名端。同样，2、4 端也为同名端，同理可以知道图 1 – 10（b）中，1、4 端为同名端。

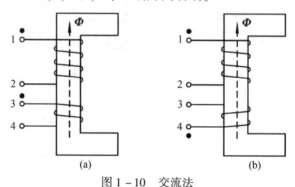

图 1 – 10　交流法
（a）两绕组绕向相同；（b）两绕组绕向相反

（2）直流法。用 1.5 V 或 3 V 的直流电源，按图 1 – 11 所示连接。直流电源接在高压绕组上，灵敏电流计接在低压绕组两端，正接线柱接 3 端，负接线柱接 4 端。当开关合上的一瞬间，如果电流计指针向右偏转，则 1、3 端为同名端；否则电流计指针向左偏转，则 1、4 端为同名端。因为一般灵敏电流计电流从"+"接线柱流入时，指针向右偏转，从"−"接线柱流入时，指针向左偏转。

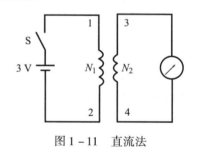

图 1 – 11　直流法

4. 三相变压器绕组的连接

一般三相电力变压器中不论是高压绕组，还是低压绕组，均采用星形连接和三角形连接两种方式。在旧的国家标准中分别用 Y 和 △ 表示。新的国家标准规定：高压绕组星形连接用 Y 表示，三角形连接用 D 表示，中性线用 N 表示，低压绕组星形连接用 y 表示，三角形连接用 d 表示，中性线用 n 表示。

星形连接是将三相绕组的末端 U_2、V_2、W_2（或 u_2、v_2、w_2）连接在一起，构成中性点 N（或 n），而将它们的首端 U_1、V_1、W_1（或 u_1、v_1、w_1）用导线引出，接到三相电源上，如图 1 – 12（a）所示。

三角形连接是把一相的末端和另一相的首端连接起来，形成一个闭合回路，它有两种连接方式，一种是如图 1 – 12（b）所示的逆序方式，一种是如图 1 – 12（c）所示的顺序方式。在对称的三相系统中，当绕组为星形接法时（Y、y），线电流和相电流相等，而线

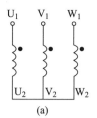 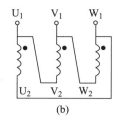 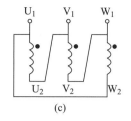

图 1-12 三相绕组的连接方法

(a) 星形连接；(b) 三角形连接（逆序）；(c) 三角形连接（顺序）

电压是相电压的 $\sqrt{3}$ 倍；当绕组为三角形（D、d）接法时，线电压和相电压相等，而线电流为相电流的 $\sqrt{3}$ 倍。

三相变压器的连接组，即高、低压绕组不同的接法组合有：(Y, y)、(YN, d)、(Y, d)、(Y, yn)、(D, y)、(D, d) 等，其中最常用的有三种，即 (Y, yn)、(YN, d) 和 (Y, d)。不同的组合形式，各有优缺点。一般大容量的变压器通常采用 (Y, d) 或 (YN, d) 连接，而容量不太大且需要中性线的变压器，则广泛采用 (Y, yn) 连接。

5. 连接组号

连接组号是三相变压器一、二次绕组之间连接和极性关系的一种代号，它表示变压器一、二次绕组对应电压之间的相位关系，又称接线组别。

三相变压器一、二次绕组根据不同的接线方式连接后，其一、二次电压对应相量存在相位差。这种相位差的表示原来采用时钟法表示，新的标准采用变压器连接组别号表示。它们的表示方法如下：

时钟法：采用线电压相量间的角度，分成 12 个时区，每差 30°为一种号。将一次侧线电压相量定为时钟的分针，定位于 12 时区上，将二次侧线电压相量定位时针，所指的时区数，即为变压器的连接组别号。

连接组别号：相位差表示用一、二绕组对应端与中性点（三角形连接为虚设中性点）间的电压相量角度差。相位差为 30°的倍数，为 0、1、2、3、4、5、6、7、8、9、10、11、12。

为变压器设计制造标准化，连接组别号仅为 0 和 11 两种，分别如图 1-13、图 1-14 所示。

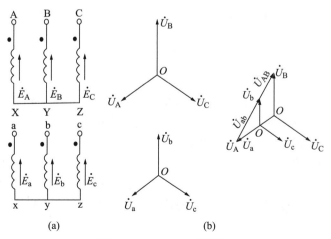

图 1-13 Y, yn0 接线图

(a) 接线图；(b) 相量图

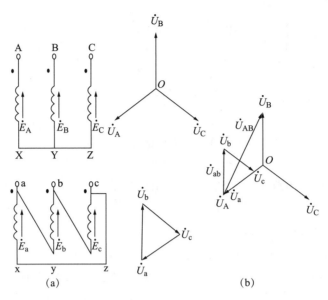

图 1-14 Y，d11（Y/△-11）接线图
(a) 接线图；(b) 相量图

6. 三相变压器的并联运行

三相变压器的并联运行是指将两台或多台变压器高、低压绕组分别接在公共母线上，同时向负载供配电的运行方式，如图 1-15 所示。

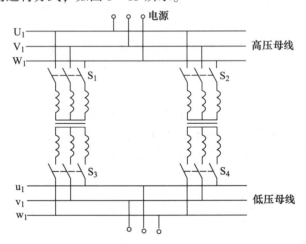

图 1-15 三相变压器的并联运行

并联运行的优点是：提高供配电的可靠性，当某台变压器发生故障或需要检修时，可以将它从电网中切除，启用备用的变压器，以便连续供配电；提高变压器的运行效率，根据负载的变化情况，调整投入并联运行的变压器台数；减少初期投资，随着用电量的增加分批次地安装新的变压器。

当然，并联变压器的台数也不宜太多。在总容量相同的情况下，并联运行变压器的台数太多也不经济。因为一台大容量变压器的造价、基建投资费、占地面积都比多台的少。

（1）变压器并联运行的理想情况是：

① 空载运行时，各变压器绕组之间无环流；

② 负载时，各变压器所分担的负载电流与其容量成正比，使每台的容量得到充分

发挥;

③ 带上负载后,各变压器分担的电流与总的负载电流同相位,当总的负载电流一定时,各变压器所负担的电流最小。

(2) 并联运行的变压器必须满足以下条件:

① 一、二次绕组的额定电压分别相等,即各变压器的变比相等;

② 各变压器的连接组别相同;

③ 短路阻抗(即短路电压)的标幺值应相等。

(3) 变比不等时的并联运行,会形成环流烧毁变压器。设两台同容量的变压器 T_1 和 T_2,连接组别相同,短路阻抗标幺值相等,但变比不同,并联运行,如图 1-16 所示(由于三相对称,因此图中仅画出其中一相)。

其一次绕组接在同一电源 U_1 下,由于变比不同,二次绕组的电动势也有些差别,若 K_2 略大于 K_1,则 $E_1 > E_2$,电动势差值 $\Delta E = E_1 - E_2$ 会在二次绕组之间形成环流 I_c,这个电流称为平衡电流,其值与两台变压器的短路阻抗 Z_{S1} 和 Z_{S2} 有关,等效电路如图 1-16(b) 所示,即

$$I_c = \frac{\Delta E}{Z_{S1} + Z_{S2}} \quad (1-3)$$

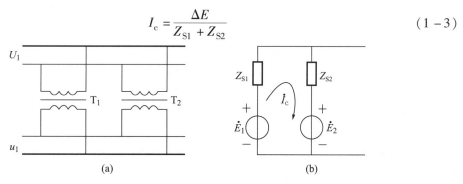

图 1-16 变比不等时的变压器并联运行

(a) 变比不等的变压器连接图;(b) 变比不等的变压器等效电路

由于变压器的短路阻抗一般较小,因此不大的 ΔE 也会产生很大的平衡电流。平衡电流对变压器的并联运行是不利的。空载时平衡电流通过二次绕组,增大了空载损耗。平衡电流越大,空载损耗越大。有负载时,由于存在平衡电流,若负载电流达到两台额定值之和,则二次绕组电动势高的那台变压器输出电流增大,另一台输入电流减小,从而使二次绕组电动势高的输出电流超过其额定值而过载,而另一台处于低负载运行。所以在有关变压器的标准中规定,并联运行的变压器,其变比误差不允许超过 ±0.5%。计算公式为:

$$\Delta K = \frac{K_1 - K_2}{\sqrt{K_1 K_2}} \times 100\% \quad (1-4)$$

(4) 连接组别不同时变压器的并联运行,产生很大的环流使变压器绕组烧坏。如果两台变压器的变比和短路阻抗均相等,但连接组别不同时,其并联运行,后果是十分严重的。如图 1-17 所示,(Y, y0) 和 (Y, d11) 两台变压器并联时,二次绕组的线电压大小相同,但由于组别不同,二次绕组线电压之间的相位相差至少为 30°,这样就会在它们中间产生电压差 ΔU_2,其大小为:

$$\Delta U_2 = 2U_{2N}\sin15° = 0.518U_{2N} \quad (1-5)$$

这样大的电压差作用在变压器二次绕组所构成的回路上,必然产生环流,将变压器绕组烧坏。因此,组别不同的变压器绝对不允许并联运行。

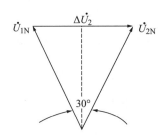

图 1-17 （Y, y0）和（y, d11）两台变压器的并联运行时的电压差

（5）短路阻抗（短路电压）的标幺值不等时变压器的并联运行，容量小的变压器可能过载，容量大的变压器可能欠载。两台变压器容量相同，连接组别相同，变比相等，但短路阻抗有些差别，设 $Z_{S1} > Z_{S2}$，并联运行的等效电路如图 1-18 所示。两台变压器一次绕组接在同一电源下，变压器的变比及连接组相同，故二次绕组的感应电势及输出电压均应相等。但在变压器负载运行时由于短路阻抗不等，因此外特性就不同。由图 1-18 可知 $Z_{S1}I_1 = Z_{S2}I_2$，这表明短路阻抗不等变压器并联运行时，负载电流的分配与各台变压器的短路阻抗成反比，即短路阻抗小的变压器输出的电流大，短路阻抗大的输出电流较小，从而造成容量小的变压器可能过载，容量大的变压器得不到充分利用。因此，国家标准规定：并联运行的变压器其短路阻抗差不应超过 10%。

变压器的并联运行还存在一个容量问题。容量的差别越大，短路阻抗的差别也越大，要求并联运行的变压器最大容量和最小容量的比值不能超过 3∶1。

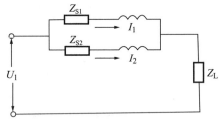

图 1-18 并联运行的等效电路

[例 1-1] 有 A、B 两台变压器并联运行，它们的额定电流分别为 $I_{NA} = 80$ A，$I_{NB} = 40$ A，它们的短路阻抗 $Z_A = Z_B = 0.2$ Ω，总负载电流 $I = 120$ A，求各台变压器的实际负载电流。

[解]
根据公式
$$Z_A I_A = Z_B I_B$$
$$\frac{I_A}{I_B} = \frac{Z_B}{Z_A} = \frac{0.2}{0.2} = 1$$

因为总电流
$$I_A = I_B$$
$$I = I_A + I_B = 2I_A = 2I_B$$
$$I_A = I_B = \frac{1}{2}I = 60 \text{ A}$$

故变压器 A 轻载，而变压器 B 过载。

7. 变压器的维护与检修

1) 变压器的日常维护

为使变压器能长期安全、可靠地运行，必须十分重视变压器的日常维护。通常对变压器的维护应做好以下几点：

（1）检查瓷套管是否清洁，有无裂纹、放电痕迹以及其他现象；

（2）检查油的温度和储油柜油面高度及油色，各密封处有无漏油、渗油现象；

(3) 注意变压器的噪声状况，声响是否正常；

(4) 察看安全气道的玻璃是否完整。检查气体继电器的油面高度，并注意储油柜和硅胶的色变情况；

(5) 检查油箱的接地情况。

2) 电力变压器的检修

(1) 铁芯。铁芯片间绝缘损坏，此时空载损耗增大，油质变坏。处理方法：吊出器身进行外观检查；可用直流电压电流法测片间绝缘电阻。

铁芯片间绝缘老化，有局部损坏，铁芯片局部短路与铁芯局部烧毁。原因：铁芯或铁轭螺杆的绝缘损坏；故障处有金属件将铁芯片短路，片间绝缘损坏严重，接地方法不正确构成短路。处理方法：吊出器身进行外观检查；可用直流电压电流法测片间绝缘电阻。

铁芯接地片断裂。现象：当电压升高时，内部可能发生轻微放电声。检修应吊出器身，检查接地片。

不正常的响声或噪声。原因：铁芯叠片中缺片或多片；铁芯油道或夹件下面有未夹紧的自由端；铁芯的紧固零件松动；接入电源的电压偏高。处理方法：应补片或抽片确保铁芯夹紧；将自由端用纸板塞紧压住；检查紧固件并予以紧固；检查接入一次电压值。

(2) 线圈。线圈匝间短路。现象：油温升高；油有时发出咕嘟声；一次电流略增高；各相电流、电阻不平衡；故障严重时，差动保护动作，如在供配电侧装有过电流保护装置，亦要动作。原因：由于自然损坏，散热不良或长期过载，使匝间绝缘老化；由于变压器短路或其他故障，使线圈受到振动与变形而损伤匝间绝缘；线圈绕制时未发现的缺陷（导线有毛刺，导线焊接不良和导线绝缘不完善），或线匝排列与换位、线圈压装等不正确，使绝缘受到损伤。处理方法：检查时吊出器身，外观检查；测直流电阻；将器身置于空气中，在线圈上施加 10%～20% 额定电压做空载试验，如有损坏点，则会冒烟（做此试验时，应有防火措施）；检查油箱上的冷却管是否堵塞。

线圈断线。现象：断线处发生电弧使油分解，促使气体继电器动作。原因：由于连接不良或短路使引线断裂；导线内部焊接不良。匝间短路，使线匝烧断。检修应吊出器身，如线圈星形接法，可用电流表检查线圈的相电流或直流电阻。如有一相断线，则在三相三次测量中，有两次测得值相等，而另一次为前两次的一倍，即表明该相有故障，如未完全断线，则第三次仅比先两次略大。如线圈三角形接法，可测直流电阻或摇表检查。

对地击穿，此时气体继电器动作。主要是绝缘因老化而有破裂、折断等缺陷；绝缘油受潮；线圈内有杂物落入；过电压的作用；短路时线圈变形损坏。检修用摇表测线圈的绝缘电阻；将油进行简化试验（试验油的击穿电压）；吊出器身检查。

(3) 变压器油。对油质的检查，通过观察油的颜色来进行。新油为浅黄色；运行一段时间后的油为浅红色；发生老化、氧化较严重的油为暗红色；经短路、绝缘击穿和电弧高温作用的油中含有碳，油色发黑。

发现油色异常，应取油样进行试验。此外，对正常运行的配电变压器至少每两年取油样进行简化试验一次；对大修后的变压器及安装好即将投运的新变压器，也应取油样进行简化试验。

(4) 油枕（也叫储油柜）。检修时应先拆除安全气道，再拆下呼吸器，然后拆除储油柜。它们的检修工艺为：

储油柜是一只圆筒形的金属容器，结构如图 1-19 所示。容量稍大的储油柜，都设有端盖，检修时端盖可拆下。

检修时，应拆下端盖 8，打开阀门 10，用清洁的变压器油对储油柜内部进行彻底的清洗。清洗中，注意把集污盒 4 中的污垢清除干净。若筒内有锈迹，则应除锈后用不会溶解于变压器油的清漆进行涂漆。对设在储油柜端面上的油位计，检修时应清洗玻璃管，使它透明。并检查油位计下部阀门关闭的严密性。如果油位计玻璃管破损，应予以更换。

① 安全气道。检修时应重点查看防爆膜是否破损，密封是否良好。必要时对防爆膜或胶垫进行更换。对防爆管内也需用变压器油清洗、除锈、涂漆。对气道上与端盖、储油柜联管相连的法兰面，应检查是否平整。这些结合处装配后应不会漏油。

② 吸湿器。吸湿器结构如图 1-20 所示。它通过上部的连接管 1 与储油柜的呼吸管相连。中部玻璃罩内是氯化铅浸渍过的硅胶（变色硅胶）。该胶干燥时为蓝色，受潮后为红色。受潮后，可取出在 110℃~140℃下烘 8 小时，即可恢复蓝色。吸湿器的下部进气口存有少量变压器油，是过滤用的。变压器油热胀冷缩时，空气进出呼吸器都经变压器油过滤，滤掉灰尘、杂质，使它们不致进入储油柜。在检修更换硅胶时，应清洗呼吸器内部，并更换呼吸器下部的变压器油。吸湿器内的硅胶每年要更换一次。若未到一年，硅胶就吸潮失效（颜色变红），也应取出放在烘箱内，在 110℃~140℃烘干脱水后再用。将硅胶重新加入吸湿器前，使用筛子把直径小于 3~5 mm 的颗粒除去，以防它们落入变压器油中，引起不良后果。

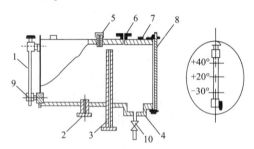

图 1-19 储油柜的构造
1—油位计；2—与气体继电器相连的法兰；3—呼吸管；
4—集污盒；5—注油孔；6—螺栓；7—吊襻；8—端盖；
9，10—阀门

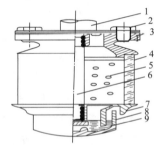

图 1-20 吸湿器
1—连接管；2—螺栓；3—法兰；4—玻璃罩；5—硅胶；6—与防爆管连通的法兰；
7—底座；8—底罩；9—变压器油

检查储油柜上油位计指示的油位是否正常，并观察储油柜内实际油面，对照油位计的指示进行校验。若变压器缺油要及时补充。同时应检查并及时清除储油柜内的油泥和水分。

从储油柜上的油位计检查油位，应在油位计刻度的 1/4~3/4 以内（气温高时，油面在上限侧；气温低时在下限侧）。油面过低，应检查是否漏油。若漏油应停电修理，若不漏油则应加油至规定油面。加油时，应注意油位计刻度上标出的温度值，根据当时气温，把油加至适当油位。

③ 检查防爆管。有防爆管的变压器，应检查防爆膜是否完好。同时，检查它的密封性能。

④ 查看气体继电器是否正常。检查气体继电器是否漏油；阀门的开闭是否灵活；动作是否正确可靠；控制电缆及继电器接线的绝缘电阻是否良好。

（5）接地线检查。检查变压器接地线是否完整良好，有无腐蚀现象，接地是否可靠。

（6）高低压熔断器的检查。检查与变压器配用的保险及开关触点的接触情况、机构动作情况是否良好。采用跌落式保险保护的变压器，还应检查熔断丝是否完整、熔丝直径是否适当。

二、高压电器

1. 高压断路器

高压断路器是一种既能分断和闭合任意大小、各种相角的工作电流，又能自动分断过载或短路等故障电流的高压开关设备，它兼备控制和保护的两大功能。大多数断路器还具备自动重合闸的功能，即被保护的线路或电气设备遇到短暂性的短路故障（如线路因大风混线等）时，断路器就能立即自行动作，及时切断故障电流；当故障自行排除后，它又能自动合闸，接通电源。因此，断路器是一种性能齐全、可靠性较强和使用较为方便的高压开关。凡容量较大或运行安全要求较高的变配电站（所），一般都采用断路器作为线路和变压器等设备或装置的控制和保护电器。

1）高压断路器的分类

断路器的种类较多，有油断路器、空气断路器、真空断路器和六氟化硫（SF_6）断路器等多种，而油断路器又分为少油的和多油的两种。在一般工矿企业的变配电所中，以少油断路器为最常用，型号为 SN 型，额定电压有 6 kV 和 10 kV 等多种，额定电流有 200 A、400 A、600 A 和 1 000 A 等多种。SN10 - 10 型少油断路器外形结构及图形符号如图 1 - 21 所示。

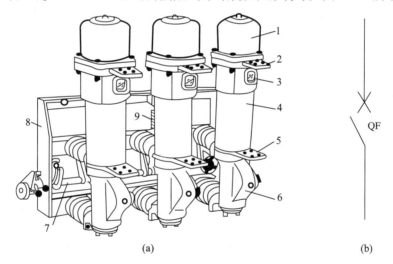

图 1 - 21 SN10 - 10 型少油断路器外形结构及图形符号
(a) 外形结构；(b) 图形符号
1—铝帽；2—上接线端子；3—油标；4—绝缘筒；5—下接线端子；
6—基座；7—主轴；8—框架；9—断路弹簧

目前，以六氟化硫气体作为灭弧介质的六氟化硫断路器，因具有开断性能好、燃弧时间短、不重燃、可频繁操作、机械可靠性高、电寿命长、无火灾和爆炸危险、可开断异相接地故障、可控制高压电机等优点，从而得到较快发展。

2）10 kV 少油断路器（SN10 - 10 型）的调整步骤

（1）全行程的调整（导电杆行程的调整）；

（2）导电杆备用行程的调整，包括内部备用行程和外部备用行程的调整；

（3）油缓冲器的调整；

（4）弹簧缓冲器的调整；

（5）同期调整；

(6) 辅助触点调整与注油。

调整开关前,油箱内注入合格的变压器油,并应手动合闸。调整应注意以下几点:

(1) 导电杆行程调整:

①导电杆行程(行程为250mm±5 mm)若不合格,可调整分闸弹簧、弹簧缓冲器和油缓冲器。

②导电杆备用行程的调整。内部备用行程(行程为25~30 mm)的调整,是将过渡接头螺钉松开,将导电杆过渡端子往里拧或往外拧,可改变导电杆的长短尺寸;外部备用行程的调整,需要改变固定软导电片的过渡接头在导电杆上的固定位置。

(2) 油缓冲器的调整:油缓冲器的调整(行程为24 mm±1 mm)是将压缩杆、杆头拧进或拧出,或把拉紧螺栓增长或缩短来调整。

(3) 弹簧缓冲器的调整:弹簧缓冲器的调整(合闸行程为14 mm±1 mm),需要调整缓冲器的调节螺母,改变杆芯的上下位置,再调整垫圈厚度等。

(4) 同期调整:同期调整的调整方法,同内部备用行程的调整。

2. 高压负荷开关

高压负荷开关主要应用于容量较小的变配电所,作为高压控制设备使用。它具有分断和闭合正常负载电流的功能,也用来分断和闭合变压器空载电流及电容器组的电容电流。带有高压熔断器的高压负荷开关,还能自动切断短路或过载时的故障电流(以烧断熔体得到实现),故能起到保护线路装置、变压器和电容器组等电气设备的作用。因此,高压负荷开关往往应用于被控制和被保护电气设备的前级。

高压负荷开关按使用环境分户内的(FN型)和户外的(FW型)两种,电压等级以6 kV和10 kV为常见,常用额定电流有100 A、200 A和400 A等多种。FN型一般用于容量在630 kV·A及以下的变配电所中,FW型一般用于高压配电架空线路上或作为柱上变压器高压侧的控制电器使用。

户内FN型:通常由框架、闸刀刀片、前后静触头、对地绝缘子和手动操动机构等部分组成。带有高压熔断器的,在后静触头(连接刀片的一端)下方还装有一道支撑熔管用的静触头(连同对地绝缘子)。为了提高灭弧能力,在刀片的分合闸端装有引弧动触头,与之相匹配的弧静触头与前静触头组合成一体,叫做主静触头。用于变配电所的高压负荷开关一般都附有高压熔断器,常用型号为FN3-10RT,其外形及图形符号如图1-22所示。

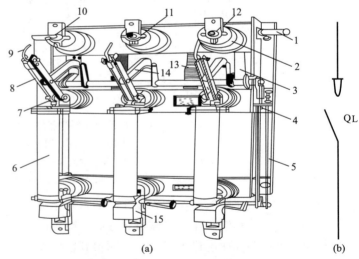

图1-22 FN3-10RT户内高压空气式负荷开关外形及图形符号

(a) 外形;(b) 图形符号

1—主轴;2—上绝缘子兼气缸;3—连杆;4—下绝缘子;5—框架;6—RN1型熔断器;7—下触座;8—闸刀;9—弧动触头;10—绝缘喷嘴(内有弧静触头);11—主静触头;12—上触座;13—断路弹簧;14—绝缘拉杆;15—热脱扣器

户外 FW 型：通常由油箱和箱盖两大部分组成。开关的主体（动静触头和传动装置等）与箱盖连成一体，并用塑料电缆穿过瓷套管后引出开关作为连接引线，瓷套管分布在箱盖两侧。在箱盖的另一侧面，还装有操纵开关分合闸的连杆，在连杆上附有指针，指示开关处于分闸或合闸状态，通常利用操作杆进行开关分合闸操作。油箱内注有绝缘油，油起着触头的绝缘和灭弧作用，故使用时，油面应保持在油面线上。

3. 高压熔断器

高压熔断器按使用场所分户内的（RN 型）和户外的（RW 型）两种，常用的电压等级范围为 3～35 kV，常用的额定电流有 5 A、10 A、20 A、30 A、50 A、75 A、100 A、150 A 和 200 A 等多种。RN 型通常与高压负荷开关构成一体或组合在一起使用，因它具有较大的断流能力，并能在短路电流尚未达到冲击值之前就能完全烧断熔体，因此具有限流作用；同时，也适用于保护较小电流的电气设备，如电压互感器等。RW 型又叫做跌落式熔断器，通常用于 6 kV 或 10 kV 架空线路的电杆上，用来保护电力变压器或线路。

RN 型：由基座、瓷质熔管、弹性夹式触座（连接线端）和对地绝缘子等组成。其中瓷质熔管是主体组件，它由瓷管、金属管帽（导电触点）、熔断指示器、熔丝和石英砂（填料）等组成。为了提高灭弧效果，熔丝往往用几根较细的导线并联而成。其中一根与熔断指示器连接，一旦烧断，熔断指示器就会弹出。RN 型熔断器外形结构及图形符号如图 1-23 所示。

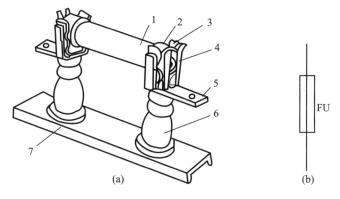

图 1-23　RN 型熔断器外形结构及图形符号
（a）外形结构；（b）图形符号
1—瓷质熔管；2—金属管帽；3—弹性夹式触座；4—熔断指示器；
5—接线端子；6—对地绝缘子；7—铸铁基座

RW 型：由绝缘子（中间装有固定安装板），熔管和上、下静触头等组成。熔管两端分别装有上、下动触头，并在上、下动触头上装有操作环。这种高压熔断器实际上是隔离开关和熔断器的复合元件，既能起隔离作用（使熔管分闸），又能起保护作用（使熔管合闸）。在熔管合闸时，依靠熔管内的熔丝张力维持合闸位置，一旦熔丝烧断，因失去熔丝张力，熔管自动脱离上静触头而悬挂在下静触头上。通常用操作杆进行分合闸的操作。

4. 隔离开关

隔离开关是作为检修线路或电气设备装置时用来隔绝电源的明显分断点。它具有分断或闭合有电压、无电流（即不带负载）的输配电线路的功能，也能用来分断或闭合小容量电力变压器的空载电流，通常应用在负荷开关或断路器的前级，以便能对隔离开关以后所有电气设备和线路装置都起到隔离作用。

高压隔离开关按使用场所分，有户内的（GN型）和户外的（GW型）两种。按电压等级分，一般变配电站（所）最常用的有6 kV和10 kV两种，常用的额定电流有100 A、200 A、400 A、600 A和1 000 A等多种。

高压隔离开关的基本结构由基座、闸刀机构、前后静触头、对地绝缘子和操动机构等部分组成，通过操动机构进行分合闸操作。10 kV及以下的旧式闸刀有采用操作杆进行分合闸操作的。GN8-10型高压隔离开关外形结构及图形符号如图1-24所示。

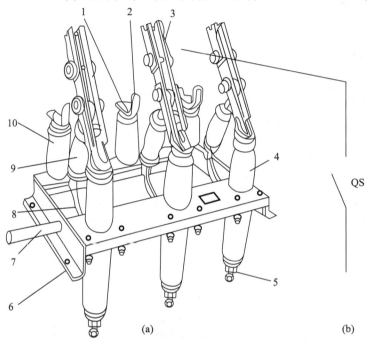

高压隔离开关

图1-24　GN8-10型高压隔离开关外形结构及图形符号

(a) 外形结构；(b) 图形符号

1—接线端子；2—静触头；3—闸刀；4—套管绝缘子；5—下接线端子；
6—框架；7—转轴；8—拐臂；9—升降绝缘子；10—支柱绝缘子

高压隔离开关的检调步骤：

（1）清除绝缘子表面污垢，同时检查有无破损、龟裂等缺陷；铁金只与瓷件黏合牢固，绝缘电阻合格。

（2）检查导电接触面是否平整、有无氧化膜，载流部分有无严重凹陷及锈蚀，视情况进行检修。导电接触面如有轻微烧黑痕迹，可用砂布研磨修理后用汽油清洗，再涂一层凡士林；烧损严重、无法修复的部件应更换。

（3）调节操作机构的扇形板上连接杠杆的位置和连杆的长度，使隔离开关的触刀分合到位。将分、合闸限位螺栓调到相应位置。

（4）调整三相触头合闸同期性，即可合闸时应一致。一般可借助调整触刀中间支撑瓷瓶的高度，使不同期性不超过3 mm。

（5）调整触刀两边压力，使接触情况符合。用0.05 mm×10 mm的塞尺检查，线接触的塞尺应塞不进去；面接触的塞尺深度不超过4mm（接触面为50 mm^{2}及以下）或6 mm（接触面为60 mm^{2}及以下）。

（6）隔离开关调整后，进行3~5次操作，不准有卡住或者其他不正常的现象。然后对传动装置进行润滑。

5. 高压避雷器

高压避雷器有阀式和排气式两种。尤以阀式避雷器应用得最多，它具有性能比较可靠、切断续流能力大和放电电压低且较稳定等特点，常用型号有 FS 型、FZ 型、FCZ 型和 FCD 型等多种。按电压等级分，常用的有 3 kV、6 kV 和 10 kV 等多种。

1）阀式避雷器

阀式避雷器主要的工作元件由火花间隙和阀片电阻两部分组成，它们串接后共同安装在瓷质套管内部。瓷质套管上端装有连接相线的接线端子，下端装有连接地线的接线端子，其中阀片电阻由特种碳化硅制成，属非线性电阻物体，由它制成的电阻，在额定电压作用下，电阻值非常高，工频电流难以通过。当线路上出现雷电过电压时，先击穿火花间隙，然后因阀片电阻承受到较额定电压高的雷电过电压，故阻值大幅下降，雷电电流顺利通过，经接地流入大地，这样就避免了雷电过电压对线路及与之相连的设备的破坏，起到了避雷作用。普通阀式避雷器外形结构及图形符号如图 1-25 所示。

阀式避雷器使用时注意事项为：应先根据被保护的线路或电气设备的额定电压来选相适应的阀式避雷器（即避雷器的额定电压），然后根据保护对象所要求的保护特性，选择不同型号。各种阀式避雷器的适用范围如下：

FS 型：适用于对线路设备（如柱上配电变压器、柱上开关或电缆头等）的防雷保护。

FZ 型：适用于对配电所电气设备的防雷保护。

FCZ 型：适用于对较重要的或绝缘较薄弱的变电设备的防雷保护。

FCD 型：适用于对发电机或电动机的防雷保护。

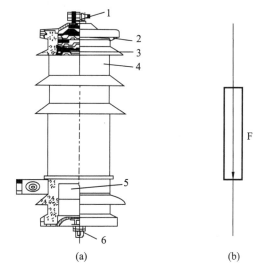

图 1-25 普通阀式避雷器外形结构及图形符号
(a) 外形结构；(b) 图形符号
1—上接线端子；2—火花间隙；3—云母垫圈；
4—瓷质套管；5—阀片；6—下接线端子

2）排气式（管式）避雷器

具有结构简单和放电量大等特点，但切断续流能力较小，常用的型号有 PT 型和 PBT 型两种，电压等级有 6 kV 和 10 kV 两种。

避雷器在投入运行前（指新装或大修后复用）必须经过试验，合格的才可使用。在运行中的，应定期检查和试验有关项目，合格的才可继续使用。检查和试验的主要项目以及周期如下：

绝缘电阻：用于变配电站（所）内的避雷器，应每年测量一次（通常在雷雨季节来临之前，下均同）；用于线路上的应每隔 1~2 年测量一次。

电导电流及串联组合元件的非线性系数差值：用于各种场所，均须每年测量和检查一次（FS 型不进行该项试验）。

工频放电电压：不管用于什么场所，每年均须试验一次（FZ 型、FCZ 型、FCD 型只在解体大修后进行该项试验）。

密封质量：通常在大修后进行检查。

各项试验所得数据，均应符合规定的数据范围（按产品说明书或有关技术指标的规定）；否则，不可投入运行。

目前，以氧化锌阀片为基本元件组装而成的氧化锌避雷器，是更新换代产品。它以氧化锌阀片为基本元件，具有动作迅速、通流容量大、残压低、无续流、对大气过电压和操作过电压都起保护作用、结构简单、可靠性高、寿命长、维护简便等优点。各种氧化锌避雷器的适用范围如下：

Y5W 型：适用于输变电设备、变压器、电缆、开关、互感器等的大气过电压保护，以及限制真空断路器在切、合电容器组，电炉变压器及电动机时而产生的操作过电压等。

Y3W 型：适用于保护相应额定电压的旋转电机等弱绝缘的电气设备。

Y5C 型：适用于中性点不接地的电气系统，保护相应额定电压的电气设备。

高原型和防污型产品是在普通型基础上增强内外绝缘，加大了爬电距离。

6. 仪用互感器

仪用互感器是用来与仪表和继电器等低压电器组成二次回路，对一次回路进行测量、控制、调节和保护的电气设备。仪用互感器具有能使仪表和继电器等电压较低、电流较小的二次电器元件，与电压较高、电流较大的一次回路互相隔离的作用，也具有扩大仪表和继电器等使用范围的作用，如使 100 V 电压表能测量几万伏电压；5 A 电流表能测量数千安培电流等。互感器分电流互感器和电压互感器两大类。电流互感器用来变换电流，能将一次回路中的大电流按比例地变小；电压互感器用来变换电压，能将一次回路的高电压按比例地变低。它们的结构和使用方法分别介绍如下。

1）电流互感器

电流互感器类型很多，按电压等级分，常用的有 0.4 kV、10 kV 和 35 kV 等多种。按精度等级分，常用的有 0.5 级、1.0 级和 3.0 级等多种。按一次绕组的匝数分，有单匝式和多匝式两种，而单匝中以母线式和套管式最为常用，多匝中以线圈式和线环式最为常用。常用电流互感器的图形符号及外形如图 1-26 所示。

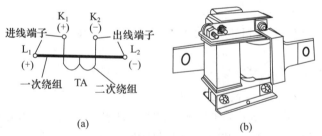

图 1-26 常用电流互感器的图形符号及外形
(a) 图形符号；(b) LGQ-0.5 型

电流互感器的规格，除电压等级外，通常是以一次绕组和二次绕组之间的额定电流之比作为规格的标称，如 100/5、500/5 和 2 000/5 等。因二次额定电流一律规定为 5 A，故实际上是以一次绕组额定电流来划分规格的大小。选用时，就应根据一次回路额定电流来选用适当规格。但是，在读出规格大小时，应把二次额定电流一起读出，如 100/5，应读作"一百比五"。

电流互感器的基本结构与单相变压器类似，由铁芯、一次绕组和二次绕组等组成。但由于使用方法不同，电流互感器的一次绕组和二次绕组的阻抗设计得很小，因为一次绕组是串接在一次回路的导线上的，线圈两端间不允许产生较大的电压降。由于二次绕组外电路配用的仪表内阻往往很小，所以它的负载阻抗也很小，阻抗小是电流互感器的基本特点。

电流互感器的一、二次接线端子都有极性区别，不能接错，否则工作效果会相反或混乱，如与电度表配用，极性接错时就会造成电度表铝盘反向旋转。两个一次接线端子上分别标有"L_1"和"L_2"，二次接线端子分别标有"K_1"和"K_2"。L_1和K_1为同极性，L_2和K_2也为同极性。所谓同极性，就是这两个端头在同一瞬间都处于高电位或都处于低电位；如L_1、K_1同处于高电位时，则L_2、K_2同处于低电位。也就是说，某一瞬间I_1从L_1流入一次绕组，而从L_2流出，则这时I_2由K_1流出二次绕组，经过二次负载由K_2流入二次绕组。

电流互感器投入运行后，其二次回路是不准开路的，其原因是：对变压器来说，负载运行I_1大小决定于I_2的大小，且磁通势$I_1N_1 = I_2N_2$，并互相抵消。但电流互感器在运行时则相反，I_2的大小决定于I_1的大小，而I_1决定于一次回路上的负载大小，负载越大，则I_1也就变大。如果二次回路开路，磁通势I_1N_1就等于零，那么二次磁通势I_2N_2也就等于零，可是一次磁通势I_1N_1依然存在，这样主磁通就大幅度上升。根据安匝平衡原理，电流互感器二次绕组匝数必定比一次绕组多得多，开路后，因主磁通大幅度增加，二次绕组两端的感应电动势E_2也就大幅度升高，往往会升高到威胁安全的程度。因此，电流互感器投入运行后二次侧是不准开路的。

为了防止电流互感器铁芯和金属外壳因意外带电而造成触电事故，铁芯和金属外壳必须进行保护接地。同时，为了防止绝缘损坏时一次侧高压串入二次侧而破坏二次侧设备，二次绕组的一个接线端子（通常是K）也必须进行保护接地，以能使串入二次绕组的高压电流向大地释放。

维护和修理：

① 测量线圈的绝缘电阻，测量值与制造厂值或上次测得的值比较，不应有显著的变化，否则绝缘可能降低（受潮引起），则应考虑干燥绝缘处理。

② 电流互感器在最高气温为35℃时，允许超过其额定电流的10%长期运行。当最高气温高于35℃，但不高于50℃时，允许长期工作电流应按下式计算：

$$I_{\theta_2} = I_{35℃}\sqrt{\frac{80-\theta_2}{45}} \quad (A) \tag{1-6}$$

式中　$I_{35℃}$——最高气温为35℃，电流互感器所允许的工作电流最大值，即电流互感器的额定电流的110%或1.1I_N；

　　　θ_2——环境的实际气温，℃。

③ 电流互感器的二次线圈不能开路，如果一旦开路，必须立即停止运行，并应检查线圈的主绝缘和匝间绝缘的状况，互感器铁芯中产生剩磁进行退磁处理。铁芯退磁处理，一般可采用大负载退磁法或强磁场退磁法。

④ 电流互感器主绝缘和匝间绝缘损坏，须按原样进行修理，其修理工艺同一般变压器检修类似。

2）电压互感器

电压互感器按相数分，有单相和三相的两种；按绝缘结构分，常用的有环氧树脂浇注式和油浸式两种；按电压等级分，常用的有0.4 kV、10 kV和35 kV等多种。目前，10 kV及35 kV级电压互感器，多数已采用单相环氧树脂浇注式，用于三相回路时，以两个或三个同型号、同规格、单相的进行组合连接。

电压互感器的结构和工作原理与变压器的结构和绕组工作原理几乎完全相同,其主体也是由铁芯和一、二次绕组构成,但是电压互感器的二次绕组往往与高阻抗负载连接,二次电流极小。由于 I_2 十分微小,所以一次负载电流 I_1 近似空载电流 I_0。因此,负载运行与空载运行没有多大区别。常用电压互感器的图形符号及外形如图 1-27 所示。

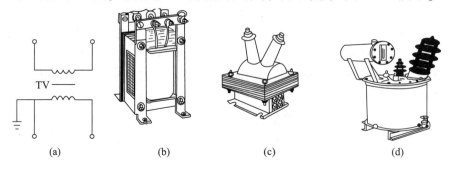

图 1-27 常用电压互感器的图形符号及外形
(a) 图形符号;(b) JDG-0.5 型;(c) JDZJ-10 型;(d) JDJ-35 型

电压互感器是以一次绕组和二次绕组的额定电压之比作为规格的标称,如 400/100、10 000/100 和 35 000/100。因二次额定电压一般都规定为 100 V,所以实际上是以一次额定电压来划分规格的大小,选用时应按一次回路的额定电压来选配相适应的规格。

维护和修理:

① 油浸式电压互感器的油面距离箱面盖一般不得大于 15 mm。对 JDJ 型如果大于 30 mm,间隙太大,则器身与引线已露出油面,此时应该检查互感器是否受潮。

② 互感器绝缘电阻测得值不低于出厂值或前一次的测得值的 70%(按公式 $R_{\theta_2} = R_{\theta_1} \times 1.02^{(\theta_1 - \theta_2)}$ 换标到同一温度时的值)。

③ 互感器次级回路不能短路,如发生短路,应立即停止运行,进行检查试验。

三相三线圈电压互感器(JSJW 系列)空载时,一次相电压平衡,且为额定值,零序回路的端电压应不大于 8 V(用静电电压表或真空电压表测量)。在试验中一次侧应接三相电缆,模拟运行线路实际情况,电缆电容应不大于 0.2 μF。

④ 当线路发生单相接地故障时,只允许连续运行 2 小时,如果超过此限,则互感器线圈有可能过热而烧坏。

⑤ 电压互感器的故障一般是由于绝缘受潮,对地击穿或匝间短路烧坏以及套管损坏等。一般可按原样修复,修理工艺与变压器修理工艺相同。

7. 高、低压开关柜

高、低压开关柜是电器的成套设备,把所需的各种电气元件集装在柜体内,具有安全可靠、使用和维修方便等特点。按柜内所装的主要电气元件(即所起的功能),分为断路器(或负荷开关)柜、隔离开关柜、互感器柜、继电器柜和电容器柜等多种。柜内具体结构按一次方案的不同而不同,每种产品型号各有许多固定的一次方案。用来接受电能、分配电能的电工建筑物称为配电装置,成套配电装置按其电压等级可分为:高压成套配电装置和低压成套配电装置。在一般变配电所中,高压开关柜主要用来控制和保护配电变压器的高压侧及有关设备或装置,通常还要求提供高压计量电能的二次出线系统。低压开关柜主要进行低压电源的配电控制和保护,同时要求具有分路的切换、监视和二次继电保护等功能。低压电容器柜是用来提高功率因数的装置,以充分提高配电变压器容量的利用率,发挥应有的经济效益。补偿电容器的切换方式有自动和手动两种,手动的要求值班人员严格监视表计，按所需补偿功率进行切换，投入运行所需的电容量，不应出现过补偿或欠补偿。过补偿会提高配电系统的电压，欠补偿会造成配电变压器过载。

1）高压成套配电装置

高压成套配电装置也叫高压开关柜。开关柜是金属封闭开关设备的俗称。金属封闭开关设备是指除进出线外，完全被金属外壳包住的开关设备。开关柜按柜子内设置的隔室有铣装式、间隔式和箱式三种类型。

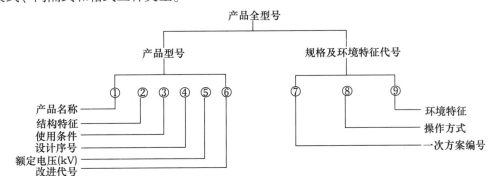

其中，① 产品名称：

　　K——金属封闭铣装式开关设备；

　　J——金属封闭间隔式开关设备；

　　X——金属封闭箱式开关设备。

② 结构特征：

　　G——固定式；Y——移开式。

③ 使用条件：

　　N——户内式；W——户外式。

⑥ 改进代号：

　　A——第一次改进；B——第二次改进。

⑧ 操作方式（操动机构）：

　　S——手动操动；D——电磁操动；T——弹簧操动；

　　Z——重锤操动；Q——气功操动；Y——液压操动。

⑨ 环境特征：

　　TH——用于温热带；TA——用于干热带；G——用于高海拔；F——用于化学腐蚀的场所；H——用于高寒地区。

例如：型号为 JYN2-15B/01D 表示：金属封闭间隔式、移开式、户内安装、设计序号为 2、额定电压 15 kV、第二次改进、一次方案为 01、电磁机构操作的开关设备。

（1）高压开关柜的结构及主接线。高压开关柜内由隔离开关、断路器和电流互感器、仪表等组成。隔离开关、断路器串联配合使用时，必须遵从一定的操作顺序。如图 1-28，送电时，应先送上隔离开关 QS_1，再送高压断路器 QF，最后送下隔离开关 QS_2；停电时，应先断高压断路器 QF，再断下隔离开关 QS_2，最后断上隔离开关 QS_1。如果误操作，会造成短路事故。

我国近年来生产的高压开关柜都是"五防型"的。所谓"五防"是指：

① 防止误分、合断路器；

② 防止带负荷分、合隔离开关；

③ 防止带电挂地线；
④ 防止带地线合闸；
⑤ 防止误入带电间隔。

"五防"柜从电气和机械连锁上采取了措施，实现了高压安全操作程序化，防止了误操作，提高安全性和可靠性。

开关柜一般分为三种类型，即：
① 铠装式：各室间用金属板隔离且接地，如 KGN 型；
② 间隔式：各室间是用一个或多个非金属板隔离，如 JYN 型；
③ 箱式：具有金属外壳，但间隔数少于铠装式或间隔式，如 XGN 型。

以上三种类型的开关柜的共同点是外壳均用金属壳体。间隔式和铠装式均有隔室，但间隔室一般用绝缘板，而铠装式的隔室用金属板。用金属板的好处是，可将故障电弧限制在产生的隔室内，若电弧触及金属板，即被引入大地。而在间隔式中，电弧有可能烧穿绝缘隔板，进入另一间隔。

（2）铠装式开关柜。以 KGN1-10 型开关柜为例。

KGN1-10 型开关柜的框架由角钢和钢板弯制焊接而成，柜内以接地金属隔板分成母线室、断路器室、电缆室、操作机构室、继电器室及压力释放通道。KGN1-10 型开关柜外形及图形符号如图 1-28 所示。

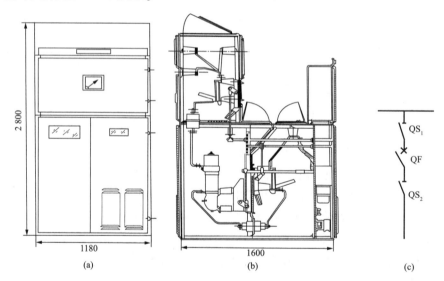

图 1-28 KGN1-10 型开关柜外形及图形符号（单位：mm）
(a) KGN1-10/05D~08D 铠装式；(b) 开关的接线；(c) 符号

母线室在柜体后上部。带接地开关的隔离开关也装在本室，以便于和主母线进行电气连接。断路器室在柜体后下部，断路器传动通过上、下拉杆和水平轴在电缆室与操作机构连接，并设压力释放通道，断路器灭弧时，气体可经排气道将压力释放。

继电器室在柜体前上方，室内的安装板和端子排架，可装各种继电器。门上可安装指示仪表、信号开关、操作开关等。

电缆室在柜体的下部中间，除作电缆连接外，还装有带接地开关的隔离开关。操作机构室在柜前下部，内装操作机构、合闸接触器、熔断器及连锁板等机构，其门上装有主母线带电指示氖灯显示器。

每种型号的高压开关柜，就其安装设备组成的一次接线方案（图 1-29）不同，具有不同编号的系列产品。KGN1-10型的一次接线方案编号为01~78。用户可以根据自己的设计情况选取相应方案的开关柜组成自己的主接线，选用时可查有关手册。

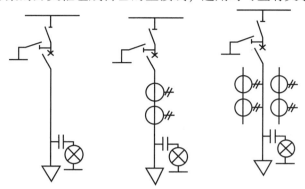

图1-29 铣装式开关柜一次接线方案

（3）间隔式开关柜。以JYN2-10型开关柜为例。

JYN2-10型开关柜的结构用钢板弯制焊接而成，整个柜由固定的壳体和装有法轮的可移开部件（手车）两部分组成，如图1-30所示。

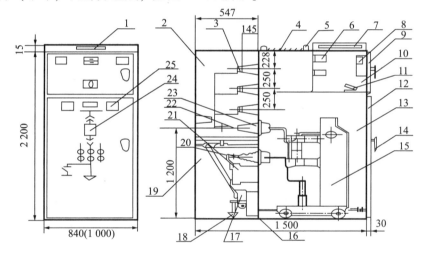

图1-30 JYN2-10型开关柜结构图（单位：mm）

1—回路铭牌；2—主母线室；3—主母线；4—盖板；5—吊环；6—继电器；7—小母线室；8—电度表；9—二次仪表门；10—二次仪表室；11—接线端子；12—手车门；13—手车室；14—门锁；15—手车（图内为真空断路器手车）；16—接地主母线；17—接地开关；18—电缆夹；19—电缆室；20—下静触点；21—电流互感器；22—上静触点；23—触点盒；24—模拟母线；25—观察窗

壳体用钢板和绝缘板分隔成手车室、母线室、电缆室和继电器、仪表室四个部分。壳体的前上部位是继电器、仪表室，下门内是手车室及断路器的排气通道，门上装有观察窗。底部左下侧为二次电缆进线孔，后上部为主母线室，下封板与接地开关有连锁，仪表板上面装有电压显示灯，当母线带电时灯亮，表示不能拆卸上封板。

手车用钢板弯制焊接而成，底部装有四只滚轮，能沿水平方向移动，还装有接地触点导向装置，脚踏锁定机构及手车杠杆推进机构的扣擎。手车分断路器手车、电压互感器手车、电流互感器手车、避雷器手车、所用变压器手车、隔离手车及接地手车七种。JYN2-10型开关柜的一次接线方案如图1-31所示，选用时可查有关手册。

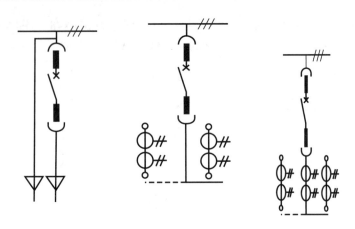

图 1-31 间隔式开关柜一次接线方案

(4) 箱式开关柜。以 XGN2-19 型开关柜为例。

XGN2-19 型开关柜的骨架由角钢焊接而成。柜内分为断路器室、母线室、电缆室、继电器室，室与室之间用钢板隔开，如图 1-32 所示。

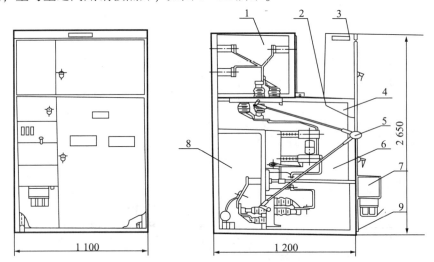

图 1-32 XGN2-19 型开关柜结构图
1—母线室；2—压力释放通道；3—仪表室；4—组合开关室；5—手力操动及连锁机构；
6—主开关室；7—电磁或弹簧机构；8—电缆室；9—接地母线

断路器室在柜体下部，断路器的传动由拉杆和操动机构连挂，断路器上接线端子与电流互感器连接，电流互感器与上隔离开关的接线端子连接，断路器下接线端子与下隔离开关的接线端子连接，断路器室还设有压力通道。

开关柜为双面维护，前面检修断路器室的二次元件，维护操作机构，机械连锁及传动部分，检修断路器。后面维护主母线和电缆终端。在断路器室和电缆室均装有照明灯。前方的下部设有和柜宽方向平行的接地铜母线。

(5) 铠装式中置柜。铠装式中置柜是移开式铠装柜的一种类型。它相对于落地式手车，将断路器车置于中部。这样做带来了许多的优点。

① 手车的装卸在装卸车上进行，手车的推拉在轨道上进行，这样避免了地面质量对手车推进和拉出的影响；

② 手车的推进是在门封闭的情况下进行的，这给操作人员以安全感；

③ 断路器中置后，下面留下宽大的空间，使装电缆更加方便，还可安置电压互感器、避雷器等，充分利用空间，又由于电缆从前面安装，所以中置柜可靠墙放置。

ZS_1 型开关柜由固定的柜体和可抽出的部件（手车）两大部分组成。根据柜内电气设备的功能，柜体用隔板分成四个不同的功能单元，即母线室、断路器室、电缆室、低压室。

手车可配置 VD4 型真空断路器手车、HA 型 SF_6 断路器手车、VRCZC 型熔断器真空器手车、电流互感器手车、电压互感器手车、隔离开关手车等。

开关柜内可装设检测一次回路运行情况的带电显示装置，该装置由高压传感器和显示器部分组成。传感器安装在馈线侧，显示器安装在开关柜的电压室面板上。

由于开关柜的安装与调试均在正面进行，所以开关柜可靠墙安装，以节省占地面积。

2) 低压成套配电装置

低压成套配电装置包括电压等级 1 kV 以下的电压开关柜、动力配电柜、照明箱、控制屏（台）、直流配电屏及补偿成套装置。这些设备广泛应用在电力系统、工矿企业、港口机场和高层建筑等场合作为动力、照明配电及无功补偿之用。

低压成套配电装置有开启式低压配电屏和封闭式低压开关柜两种。开启式低压配电屏的电气元件采用固定安装、固定接线；封闭式低压开关柜的元件有固定安装式、抽屉式（抽屉式和手车式）及固定插入混合安装式几种。目前我国生产的低压配电柜有多种系列，下面介绍 PGL 系列低压配电屏和 BFC 系列抽屉式低压开关柜。

（1）PGL 系列低压配电屏。PGL 系列交流低压配电屏适用于发电厂、变电站、厂矿企业、民用建筑中作为交流 50 Hz，额定工作电压不超过 380 V 的低压配电系统作为动力、配电、照明之用。这种固定式配电屏，技术较先进、结构合理和安全可靠。

图 1-33 为 PGL1、2 型低压配电屏的外形结构图。该配电屏为开启式双面维护的低压配电装置，采用薄钢板及角钢焊接组合而成，屏前有门。屏面上方仪表板，为可开启的小门可装仪表。屏后骨架上方有主母线装于绝缘框上，并设有母线防护罩，中性母线装在屏下方的绝缘子上，有良好的保护接地系统，提高了防触电的安全性。屏面下部有两扇向外开的门，门内有继电器和二次端子等。屏面中部装有开关操作手柄、控制按钮、指示灯等。闸刀开关、熔断器、自动开关、电流和电压互感器等都安装在屏内。根据屏内安装的电气元件的类型和组合形式不同，分为多种一次线路方案，供用户根据需要选用。

PGL3 型低压配电屏是 PGL1、2 型低压配电屏的增容改进产品，其外形与 PGL 型基本相同，但在性能和结构上加以改进，改进后具有以下特点：

① 主母线额定电流由原来的最大 1 500 A、1 000 A 提高到 3 150 A。分断能力由 15 kA 和 30 kA 提高到 50 kA。

② 增设智能化电参数记忆装置。能循环或随时显示或打印系统电参数及有功、无功电能值，在分闸后能记忆显

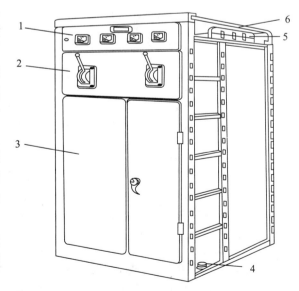

图 1-33 PGL 系列低压配电屏的外形结构图
1—仪表门；2—操作板；3—检修门；
4—中性母线绝缘子；5—母线绝缘框；6—母线防护罩

示分闸时间和分闸时短路电流数值。

③ 屏体为全封闭结构，屏底增加底板，屏后为双开门。屏的前门、后门及顶盖加装百叶窗式通风孔，使空气自然对流。

④ 仪表门、面板均为可开启式。

⑤ 进线与变压器母线出口位置对应。进出线方案灵活多变，有后上、左（右）侧上进线、出线口，使设计选型及施工安装极为方便。

⑥ 母线绝缘框为三相四线母线框。接地、接零系统连续性好。

（2）BFC 系列抽出式低压开关柜。开关柜各单元回路的主要电气设备均安装在抽屉或手车中，当某一单元回路故障时，可立即换上备用单元或手车，以迅速恢复供配电，这样既提高了供配电可靠性，又便于对故障设备进行检修。这种开关柜的密闭性能好、可靠性高、结构紧凑、占地面积少，但与 PGL 比较，结构复杂、钢材耗用多、价格高。

图 1-34 为 BFC-2B 型抽屉式开关柜的结构示意图。它的基本骨架由钢板弯制件与角钢焊接而成，设备装设方式有手车式和抽屉式两种，抽屉式又分为单面抽屉柜和双面抽屉柜两种。单面抽屉柜前部是抽屉小室，装有抽屉单元。抽屉右侧装有二次端子排 23、二次插头座 12、一次出线插座以及从一次插座引至柜底部一次端子室 11 的绝缘线。柜的内部装有立放的三相铜母线，抽屉的一次进线插座 21 直接插在该母线上。柜的前后两面均装有小门，前面抽屉小室的小门上可安装测量表计、控制按钮、空气开关操作手柄等。双面抽屉柜的前后两面均装有抽屉单元，母线立放在柜的中间。

抽屉靠电气连锁装置的压板与轨道配合，可使抽屉处于工作位置及试验位置。抽屉装设的电气连锁装置，用以防止抽屉带负荷从工作位置抽出。

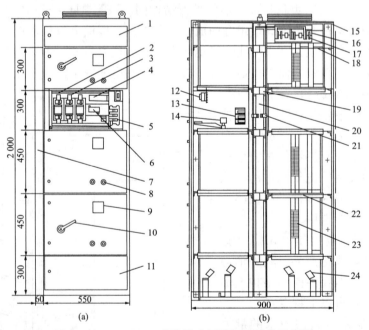

图 1-34 BFC-2B 型抽屉式开关柜的结构示意图

1—主母线室小门；2—抽屉；3—熔断器；4—电流互感器；5—一次出线插座；6—热继电器；
7—侧板；8—按钮；9—电流表；10—空气开关操作手柄；11—一次端子室；12—二次插头座；
13—一次出线插头；14—电气连锁行程开关；15—通风孔；16—主母线夹；17—主母线；18—隔板；
19—支母线夹；20—支母线；21—一次进线插座；22—轨道；23—二次端子排；24—一次端子排

高压隔离开关检修

检修部位：主触头接触面、触头弹簧、导电臂、接线座、接触板、开关接线、机械连锁、绝缘子。

技术要求：

① 主触头接触面无过热，烧伤痕迹，镀银层无脱落现象；
② 触头弹簧无锈蚀，分流现象；
③ 导电臂无锈蚀起层现象；
④ 接线座无腐蚀，转动灵活，接触可靠；
⑤ 接触板应无变形，无开裂，镀层应完好；
⑥ 二次元件及辅助开关接线无松动，端子排无锈蚀，辅助开关与传动杆连接可靠；
⑦ 主刀与接地刀的机械连锁具有足够的机械强度，电气闭锁动作可靠；
⑧ 绝缘子完好，清洁无掉瓷现象，上下绝缘子同心度良好，法兰无开裂，无锈蚀，油漆良好，法兰与绝缘子的结合部位应涂防水胶。

根据"高压隔离开关检修"收获进行评议，并填写成绩评议表（表1-4）。

表1-4 成绩评议表

评定人/任务	任务评议	等 级	评定签名
自己评			
同学评			
老师评			
综合评定等级			

＿＿＿年＿＿＿月＿＿＿日

任务三 低压电器的检调

低压电器有低压配电电器和低压控制电器。包括刀开关、熔断器、接触器、自动空气开关和磁力启动器等。

一、低压电器

1. 刀开关

刀开关也叫闸刀开关，是一种最简单的低压开关，它只能用于手动操作接通或开断电路。闸刀开关的分类方法很多,在结构上可分单极、双极和三极三种;按其操作方法可分为中间手柄、旁边手柄和杠杆操作三种;按用途分有单投和双投两种;按灭弧机构分有带灭弧罩和不带灭弧罩两种。

没有灭弧罩的闸刀开关,不能断开大的负荷电流。带灭弧罩的闸刀开关,可用来切断额定电流。在开断电路时,刀片与触点间产生的电弧因磁力作用而被拉入钢栅片的灭弧罩内,切断成若干短弧而迅速熄灭。图1-35(a)为HD13型闸刀开关的结构图。由于它的额定电流大于600 A,所以每一极有两个矩形截面的接触支座(固定触点),刀刃为两个接触条(动触点),与支座相连的部分压成半圆形突部,使之形成接触。灭弧罩外形如图1-35(b)所示。

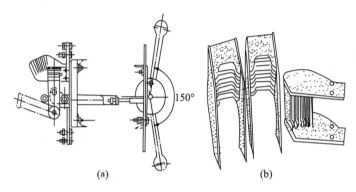

图1-35　HD13型闸刀开关
(a) 外形结构;(b) 灭弧罩外形

在闸刀开关中还有一种新型的组合开关电器——刀熔开关。它是用来代替低压配电装置中闸刀开关和熔断器的一种组合电器。它同时具有熔断器和闸刀开关的基本性能。图1-36是刀熔开关的结构示意图。

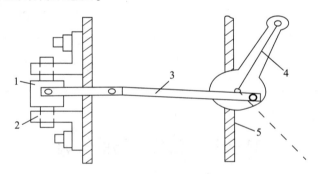

图1-36　刀熔开关的结构示意图
1—RT0型熔断器;2—触点;3—连杆;4—操作手柄;5—低压配电盘板面

1) 闸刀开关的选用

闸刀开关分为两极和三极两种。用于照明和电热负载时,选用额定电压交流220 V或250 V,额定电流不小于电路所有负载额定电流之和的两极开关。开关用于控制电动机的直接启动和停止时,选用额定电压交流380 V或500 V,额定电流不小于电动机额定电流3倍的三极开关。

安装闸刀开关时,应注意将电源进线装在静触点上,将用电负荷接在开关的下出线端上。这样当开关断开时,闸刀和熔丝均不带电,保证更换熔丝安全。闸刀在合闸状态时,手柄应向上，不可倒装或平装，以防误合闸。

2）闸刀开关的检修

闸刀开关的常见故障及处理方法，如表1-5所示。

表1-5 闸刀开关的常见故障及处理方法

种类	故障现象	故障分析	处理方法
开启式负荷开关	合闸后，开关一相或两相开路	静触头弹性消失，开口过大，造成动、静触头接触不良	整理或更换触头
		熔丝熔断或虚连	更换熔丝或紧固
		动、静触头氧化或有尘污	清洗触头
		开关进线或出线线头接触不良	重新连接
	合闸后，熔丝熔断	外接负载短路	排除负载短路故障
		熔体规格偏小	按要求更换熔体
	触头烧坏	开关容量太小，拉合闸动作过慢，造成电弧过大，烧毁触头	更换开关，修整或更换触头，并改换操作方法
封闭式负荷开关	操作手柄带电	外壳未接地或接地线松脱，电源进出线绝缘损坏碰壳	检查后，加固接地线更换导线或恢复绝缘
	夹座（静触头）过热或烧坏	夹座表面烧毛	用细锉修整夹座
		闸刀与夹座压力不足	调整夹座压力
		负载过大	减轻负载或更换大容量开关

2. 低压熔断器

熔断器主要由熔管、金属熔体和固定触点座组成。熔断器串于被保护电路中，能在电路发生短路或严重过负荷时自动熔断，从而切断电源，起到保护作用。

熔断器分为无填料熔断器（管型熔断器）、有填料熔断器（螺旋式、封闭式熔断器）等几种。

带有熔丝装置的闸刀开关

图1-37（a）所示为常用无填料型RM10系列管型熔断器，其额定电压为交流220 V、380 V，直流220 V、440 V，额定电流为5～1 000 A，分断能力为10～12 kA。它的内部熔体采用变截面锌片，以降低熔点和提高分断能力。RM10系列熔断器熔体可自行更换，使用方便。

有填料熔断器常见的有RL1系列和RT0系列熔断器。如图1-37（b）所示为RL1系列螺旋式熔断器，这类熔断器由底座1、瓷帽4、熔管2三部分组成，熔管内装有一组熔丝和石英砂填料，还有一个熔断指示器3。当熔体熔断时，指示器跳出，通过瓷帽可观察，其额定电流为15～200 A，分断能力为20～50 kA。常用于照明回路和中小型电动机的保护。

图1-37（c）所示为RT0系列封闭式熔断器，这类熔断器的管体由高频电瓷制成，具有耐热性强、机械强度高和外表面光洁等性能。其额定电流为10～1 000 A，极限分断能力可达50 kA。RT0系列封闭式熔断器也有一个熔断指示器，便于观察。

熔断器的额定电流是熔断器支持长期允许通过的最大电流；熔体的额定电流是指熔体本身长期允许通过的最大电流。

熔体额定电流I_{RN}可根据负载性质选择：对于一般电阻性负载，熔体的额定电流等于

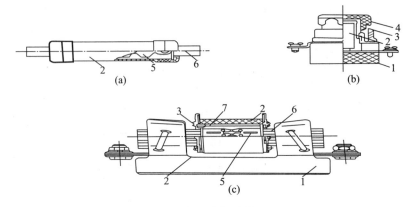

图1-37 熔断器类型

(a) RM10系列管型熔断器；(b) RL1系列螺旋式熔断器；(c) RT0系列封闭式熔断器
1—底座；2—熔管；3—熔断指示器；4—瓷帽；5—熔体；6—触刀；7—石英砂填料

1.1倍的最大负荷电流。当用于感性电动机负载时，应考虑启动电流的影响，在不经常启动或启动时间不长（10 s及以下）的情况下，可按下式计算确定：

$$I_{RN} = I_{st} / (2.5 \sim 3) \tag{1-7}$$

在经常启动或启动时间较长（40 s以上）的情况下，可按下式计算确定：

$$I_{RN} = I_{st} / (1.6 \sim 2) \tag{1-8}$$

式中 I_{st}——电动机启动电流。

熔断器的常见故障及处理方法见表1-6。

表1-6 熔断器的常见故障及处理方法

故障现象	故障分析	处理方法
电路接通瞬间，熔体熔断	熔体电流等级选择过小	更换熔体
	负载侧短路或接地	排除负载故障
	熔体安装时受机械损伤	更换熔体
熔体未见熔断但电路不通	熔体或接线座接触不良	重新连接

3. 接触器

接触器适用于远距离频繁接通和分断额定电压在500 V以下交直流主电路和大容量的控制电路。其主要控制对象为电动机，也可用来控制其他负载。

接触器的种类较多，它们的结构大致相同。图1-38为接触器的基本结构及工作原理图。当电磁线圈失电后，衔铁因自重而下落，将触点分离。

为了自动控制的需要，接触器除了为接通和开断主电路的主触点外，还有为了实现自动控制而接在控制回路中的辅助触点。

接触器按所控制电路的电源种类，可分为交流接触器和直流

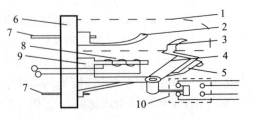

图1-38 接触器的基本结构及工作原理图

1—灭弧罩；2—静触点；3—动触点；4—衔铁；5—连接导线；
6—底座；7—接线端子；8—电磁铁线圈；9—铁芯；10—辅助触点

接触触器两种。

交流接触器的特点是在一部分铁芯上套有一个铜质短路环。使交流电流过零时，磁通不为零，以减小振动和防止衔铁释放。CJ10、CJ12系列的接触器适用于交流380 V，供远距离操作配合与断开线路及频繁启动、停止、反转电机之用。额定电流CJ10系列为5~150 A，CJ12系列为100~600 A。

1) 选用与安装

(1) 接触器主触点的额定电压应大于或等于被控制电路的最高电压。

(2) 接触器主触点的额定电流应大于被控制电路的最大工作电流。用交流接触器控制电动机时，主触点的额定电流应大于电动机的额定电流。

(3) 接触器电磁线圈的额定电压应与被控制辅助电路电压一致。对于简单电路，多用交流电压380 V或220 V；在线路较复杂或有低压电源的场合或工作环境有特殊要求时，也可选用交流36 V、110 V电压等。

(4) 接触器的触点数量和种类应满足主电路和控制电路的要求。

交流接触器的工作环境要求清洁、干燥。应将交流接触器垂直安装在底板上，注意安装位置不得受到剧烈振动，因为剧烈振动容易造成触点抖动，严重时会发生误动作。

2) 接触器的检修

交流接触器的常见故障及处理方法如表1-7所示。

表1-7 交流接触器的常见故障及处理方法

故障现象	故障分析	处理方法
触头过热	通过动、静触头间的电流过大	重新选择大容量触头
	动、静触头间接触电阻过大	用刮刀或细锉修整或更换触头
触头磨损	触头间电弧或电火花造成电磨损	更换触头
	触头闭合撞击造成机械磨损	更换触头
触头熔焊	触头压力弹簧损坏使触头压力过小	更换弹簧和触头
	线路过载使触头通过的电流过大	选用较大容量的接触器
铁芯噪声大	衔铁与铁芯的接触面接触不良或衔铁歪斜	拆卸清洗、修整端面
	短路环损坏	焊接短路环或更换
	触头压力过大或活动部分受到卡阻	调整弹簧、消除卡阻因素
衔铁吸不上	线圈引出线的连接处脱落，线圈断线或烧毁	检查线路及时更换线圈
	电源电压过低或活动部分卡阻	检查电源、消除卡阻因素
衔铁不释放	触头熔焊	更换触头
	机械部分卡阻	消除卡阻因素
	反作用弹簧损坏	更换弹簧

4. 自动空气开关

自动空气开关不仅可以切断负荷电流，而且可以切断短路电流，它是低压电路中性能最完善的开关。常用在低压大功率电路中，如低压变配电所的总开关、大负荷电路和大功率电动机的控制等。

图 1-39 为最简单的单极自动空气开关的工作原理图。动触点 1 靠搭钩 4 维持在合闸位置，弹簧 7 保证搭钩 4 和钩杆 3 可靠地扣合。电磁铁 9 的线圈串联在主电路中，当有过负电流通过它时，虽然衔铁 6 被弹簧 7 拉住，但此时电磁铁 9 的吸力大于弹簧 7 的拉力，衔铁 6 被吸下，于是搭钩 4 绕轴 5 转动而释放钩杆 3，在断路弹簧 2 的作用下，自动空气开关断开。这时搭钩 4 的位置取决于止挡 8。

图 1-39 中直接动作于自动开关搭钩的电磁铁 9 的作用与电磁式过电流继电器相同，在自动开关中，通常称为"过电流脱扣器"。它的动作电流大小可以通过调整弹簧 7 的拉力来调节。图 1-39 所示的自动空气开关的结构，最大缺点是当自动开关接通的电路有故障时，由于手柄被手推在合闸位置而不能自动断开，这样有可能使事故扩大。为了克服这个缺点，自动空气开关一般设有自由脱扣机构。

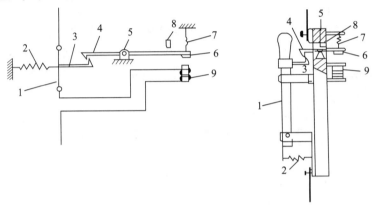

图 1-39 自动空气开关工作原理图
1—动触点；2—断路弹簧；3—钩杆；4—搭钩；5—轴；6—衔铁；7—弹簧；8—止挡；9—电磁铁

自由脱扣机构通常为四连杆系统，如图 1-40 所示。当自动空气开关在合闸位置时，如 1-40（a）所示，铰链 9 稍低于铰链 7 和 8 的连接直线。断路时，跳闸线圈 4 的铁芯 5 上的冲击杆向上顶动连杆系统 6，使铰链 9 的位置移向铰链 7 和 8 的连接直线之上，连杆系统向上曲折，不论手柄 1 的位置如何，自动空气开关都能断开，如图 1-40（b）所示。要使自动空气开关再接通时，必须将手柄沿顺时针方向转动到对应于开关断路的位置，如图 1-40（c）所示，此时铰链 9 处在铰链 7 和 8 的连接直线之下，即可进行合闸操作，使动触点 3 和静触点 2 接通，电路接通。

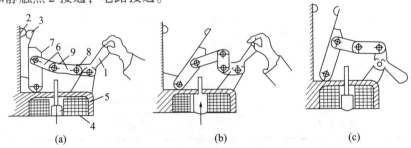

图 1-40 自动空气开关自由脱扣机构的工作原理图
（a）自动空气开关合闸；（b）自动空气开关跳闸；（c）自动空气开关准备合闸
1—手柄；2—静触点；3—动触点；4—跳闸线圈；5—铁芯；6—连杆系统；7，8，9—铰链

图 1-41 为三极自动空气开关的工作原理图。如图所示为合闸状态,此时触点 1 与锁键 2 连在一起,锁键与搭钩 3 锁住,维持合闸位置,此时弹簧 6 处于拉长状态。搭钩 3 可以绕转轴 4 转动,如果搭钩 3 向上被杠杆 5 顶开,即锁键与搭钩脱扣,则触点 1 在弹簧 6 作用下迅速跳开,脱扣动作由各种脱扣器来完成。这些脱扣器有:

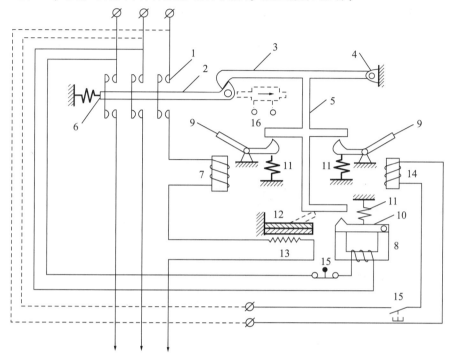

图 1-41 三极自动空气开关的工作原理图

1—触点;2—锁键;3—搭钩(代表自由脱扣机构);4—转轴;5—杠杆;6—弹簧;
7—过电流脱扣器;8—欠压脱扣器;9,10—衔铁;11—弹簧;12—热脱扣器双金属片;
13—加热电阻丝;14—分励脱扣器(远距离切除);15—按钮;
16—合闸电磁铁(DW 型可装,DZ 型无)

(1) 过电流脱扣器 7,当电流超过某一规定值时,开关自动跳开;

(2) 失压(欠压)脱扣器 8,当电压低于某一值时使开关迅速跳闸;

(3) 热脱扣器双金属片 12,主要用于过载保护,它是双金属片结构;

(4) 分励脱扣器 14,供远距离控制使开关跳闸,也可以外接继电保护装置。

需要说明,不是任何自动空气开关都装有这些脱扣器。用户在使用自动空气开关时,应根据自动空气开关按电源的种类,可分为交流和直流自动开关;按结构形式可分为万能式(框架式)和装置式(封闭式或塑料外壳式)两类。万能式自动开关(DW 系列)制成敞开式结构,其保护方案和操作方式较多,额定电流也较大。装置式自动开关(DZ 系列)具有封闭的塑料外壳,除操作手柄和板前接线头露出外,其余部分安装在壳内,具有体积小、外观整洁、使用安全的特点。

1) 自动空气开关的一般选用原则

(1) 自动空气开关的额定电压和额定电流应高于线路的正常工作电压和电流;

(2) 热脱扣器的整定电流应等于所控制负载的额定电流;

(3) 电磁脱扣器的瞬时脱扣整定电流应不小于电动机启动电流的 1.7 倍。

另外,选用自动开关时,在类型、等级、规格等方面要配合上、下级开关的保护特性，不允许因本级保护失灵导致越级跳闸，扩大停电范围。自动空气开关具有操作安全，安装使用方便，工作可靠，动作值可调，分断能力强，兼顾多种保护，动作后不需要更换元件等优点，因此得到广泛应用。

2）自动空气开关的检修

自动空气开关的常见故障及处理方法如表 1-8 所示。

表 1-8 自动空气开关的常见故障及处理方法

故障现象	故障分析	处理方法
不能合闸	欠压脱扣器无电压和线圈损坏	检查施加电压和更换线圈
	储能弹簧变形	更换储能弹簧
	反作用弹簧力过大	重新调整
	机构不能复位再扣	调整再扣接触面至规定值
	热脱扣器双金属片损坏	更换双金属片
电流达到整定值，断路器不动作	电磁脱扣器的衔铁与铁芯距离太大或电磁线圈损坏	调整衔铁与铁芯距离或更换断路器
	主触头熔焊	检查原因并更换主触头
启动电动机时断路器立即分断 断路器闭合后经一定时间自行分断	热脱扣器瞬动整定值过小	调整整定值至规定值
	电磁脱扣器某些零件损坏	更换脱扣器
	热脱扣器整定值过小	调高整定值至规定值
断路器温度过高	触头压力过小	调整触头压力或更换弹簧
	触头表面过分磨损或接触不良	更换触头或整修接触面
	两个导电零件连接螺钉松动	重新拧紧

5. 磁力启动器

启动器分为全压启动器和减压启动器两种。减压启动器有星—三角启动器、自耦减压启动器、电抗减压启动器、电阻减压启动器和延边星—三角启动器等。减压启动器一般用于轻载启动或启动转矩要求不高的场合。直接启动虽然对电源的冲击较大，但因启动转矩大，力矩增加快，所以在很多场合仍需采用直接全压启动。全压启动器由接触器、热（过载）继电器、控制按钮等组成的组合电器，装于有一定防护能力的外壳中，用以控制电动机的启动、停止，并具有过载、失压保护（如熔断器还有短路保护）功能。其优点是：防止电源发生故障后又恢复供配电时引启电动机的误启动；可进行远距离控制。目前常用的全压启动器主要有 QC0、QC8、QC10 和 QC12 等系列。按额定电流等级可分为 5 A、10 A、20 A、40 A、60 A、100 A、150 A 七种，它们可控制 380 V 电动机的功率分别为 2.2 kW、10 kW、20 kW、30 kW、50 kW、75 kW。不带热继电器的全压启动器的操作频率可达 600 次/h，而带热继电器的全压启动器，考虑继电器的恢复时间，其操作频率一般可达到 30 次/h。

1）磁力启动器的选用

（1）根据使用环境选择启动器的结构形式，如开启式（无外壳）或保护式（有外壳）。

（2）根据线路要求确定启动器是可逆式的还是不可逆式的，是有热保护的还是无热保护的。

（3）根据驱动电动机的容量确定选用哪一级启动器。

（4）磁力启动器的操作频率有限制。带热继电器的启动器，操作频率不得超过 60 次/h；不带热继电器的启动器，在通电持续率 JC%≤40%时，额定负载下可达 600 次/h，若降容使用，可增加到 1 200 次/h。

（5）磁力启动器能否起断相保护作用，主要取决于所配用的热继电器是否具有这项保护功能。

2）磁力启动器的检修

（1）检查通过的负荷电流是否在允许容量以内，各部位的电器连接点有无过热现象。

（2）检查灭弧是否损伤，内部附件是否完整清洁。若有损坏，应立即修理或更换。

（3）检查主触头和辅助触头有无烧毛、熔接或过热损坏等现象。

（4）检查主触头的接触压力和三相接触的同期性。

（5）检查磁铁有无过大噪声，铁芯和线圈是否过热，短路环是否损坏。

（6）检查磁铁闭合是否严密，接触面是否错位，磁铁固定螺栓有无松动、位移等现象。

（7）检查保护元件是否损伤或动作失灵。

（8）检查使用地点的环境是否符合该型号磁力启动器的工作要求；检修后，摇测吸引线圈的绝缘电阻（每伏工作电压不低于 1 000 Ω）。

二、低压电器的安装和使用一般应遵循的原则

（1）低压电器应对地垂直安装，特别是油浸减压启动器，为防止绝缘油溢出，油箱倾斜度不应超过 5°；低压电器应使用螺栓固定在支持物上，而不得焊接。

（2）安装位置应便于操作，而手柄与周围建筑物之间应保持一定的距离，不易被碰坏。低压电器应装在无强烈振动的地点，离地面应有适当高度；闸刀开关、铁壳开关等的电源线应接在固定触头上，禁止在闸刀开关上挂接电源线。

（3）低压电器的金属外壳或金属支架应接地（接零）；电器的裸露部分应加防护罩；双投闸刀开关的分闸位置上应有防止自行合闸的装置。

（4）在有易燃、易爆气体或粉尘的车间，电器应密闭安装在车间外；室外装设的电器应有防雨装置，单极开关必须装在相线上；室外有爆炸危险的场所，应安装防爆电器。

（5）运行中应保持电器触头具有足够的压力；触头表面应光滑，接触应紧密，各相触头的动作要一致；灭弧装置要保持完整、清洁。

（6）新安装的低压电器，使用前应清除各接触面上的保护油层；正式投入运行前，应进行几次合、分闸试验。

三、变、配电所值班、维护、操作知识

1. 常用高低压电气设备、电气装置、配电线路的知识

1）高压隔离开关

高压隔离开关停电时，不能带负荷拉高压隔离开关，必须先用高压断路器切断电路后，才能拉开高压隔离开关；送电时，不能用高压隔离开关带负荷合闸，必须在送电时先合高压隔离开关后，再用高压断路器给电路送电。

高压隔离开关和母线长期允许工作温度一般不超过 70℃（环境温度为 25℃），为了便于监视各个接头温度，可贴示测温蜡片或用红外线测温仪测试。

当电路中安装高压断路器时，用高压隔离开关允许进行以下范围的操作。

① 通断空载母线的电容电流。

② 通断正常运行的电压互感器和避雷器。

③ 通断电容电流不超过 5 A 的空载线路。电压在 20 kV 以上的应用三联隔离开关，对 10 kV 空载电缆线路，室内隔离开关可通断 1.5 km 线路，室外隔离开关可通断 4.4 km 线路；对 10 kV 空载架空线路，室内隔离开关可通断 5 km 线路，室外隔离开关可通断 10 km 线路。

④ 通断与断路器并联的旁路电容。

⑤ 通断系统无接地时的变压器中性点和消弧线圈。

⑥ 通断小容量变压器的空载电流。

用单极隔离开关进行停送电操作的顺序要求：停电时，对户内横装的高压隔离开关，应先拉开中间的一相，然后再逐次拉开其他的两个边相；对户外高压隔离开关，应先拉开中间的一相，后拉背风侧的边相，最后拉开迎风侧的边相。送电时的操作顺序与之相反。

2）高压负荷开关

高压负荷开关由于灭弧装置比较简单，所以不能用它来切断短路电流，只能用它来分断一定容量的负荷电流。常用高压负荷开关应串联高压熔断器配合使用，用高压负荷开关来分断不大的负荷电流，用熔断器来切断过负荷电流和短路时的故障电流，广泛使用 10 kV、500 kV·A 及以下电力变压器的保护控制和 10 kV、300 kvar 以下的高压电容器保护控制。

3）高压熔断器

高压熔断器分为户内和户外两种。户内限流式熔断器常用来作为电路和配电设备的过负荷和短路保护。其中 RN2 和 RN4 型 0.5 A 系列，是电压互感器的专用熔断器。一般在停电时进行高压熔断器的更换。

户外跌落式熔断器常用来作为 3~10 kV 电力线路和小容量电力变压器进线侧的过负荷和短路保护。由于消弧管的灭弧效果不好，其断流容量较小，只能分断与接通空载架空线路、小容量空载电力变压器和小容量的负荷电流。在熔丝熔断时，熔化的金属和火焰容易在开口处喷出并伴有响声，一般只能在户外使用。

操作户外跌落式熔断器，除遵守穿戴户外安全规定的安全防护用具外，还应遵守户外高压隔离开关的停、送电操作顺序的规定。

4）高压断路器

高压断路器具有相当完善的灭弧结构和足够的断流能力，能在正常送电运行时，带负荷分断和接通电路，并在严重过负荷和短路故障时与继电保护配合，自动地断开过负荷电流和短路电流，承担着控制和保护的双重任务。大部分断路器能快速进行自动重合闸操作，并能在切除线路临时性故障后及时恢复正常运行。

运行中油断路器的油位，在环境温度为 20℃ 时，应保持在油位计 1/2 处或在两条红线间，冬季约在 1/4 处，夏季约在 3/4 处。油温正常，油色明净，外壳应清洁无漏渗油现象。油标、油盏应完整无破损裂纹。瓷质部分应清洁，无破损裂纹、打火和严重放电、电晕等异常现象。

连接导线应无松股、断股及过紧、过松等异常情况，载流部分接头无过热现象。断路器的通断指示器和红绿灯指示应正常，油断路器内部应无响声、无喷油现象。油断路器允许断路故障的次数，根据断路器安装处的实际短路容量和断路器本身的性能，原则规定如

表1-9所示。

油断路器如有漏油且油标无油时，禁止带负荷给该断路器停送电。对手动操作机构的油断路器、合闸送电时必须操作迅速。对电动操作机构的油断路器，禁止用手动合闸送电。真空断路器灭弧室在触头断开时，屏蔽罩内壁应无红色或乳白色辉光。在正常运行中，应检查六氟化硫开关的漏气闭锁压力是否正常，有无异常情况。

表1-9 油断路器允许断路故障次数

实际短路容量为断路器额定折断容量	10 kV、35 kV 开关
80%	3~4
50%~80%	5~6
50%	8~11

5）电流互感器、电压互感器

电流互感器一般不得过负荷使用。电压互感器承受的电压不得超过其额定电压的5%。

电压互感器的外壳（铁芯）和二次绕组的 V 相要可靠接地。电流互感器的外壳和二次绕组的一端要可靠接地。

电流互感器的二次绕组不得开路。电压互感器的二次绕组不得短路。

35 kV 及以下电压互感器的高压侧和低压侧应安装熔断器。电压互感器、电流互感器必须满足仪表、保护装置的容量和准确度等级的要求。更换互感器时，应核对低压侧相位。

运行中互感器的响声应正常，载流部分接头等应无过热现象。瓷质部分应清洁、无破损裂纹、打火、闪络和严重放电、电晕等异常现象。注油设备应清洁、无渗漏油现象。

6）电力变压器

电力变压器用得最多的是油浸式变压器。运行中内部响声应正常，安全气道薄膜应完好，呼吸器的硅胶干燥剂无变色现象，潮解不得超过1/2，散热器温度或冷却装置应正常。注油设备的油位、油色和瓷质部分及导线连接等要求见高压断路器。为防止绝缘油劣化，规定变压器上层油温最高不超过95℃，而在正常情况下，为使绝缘油不致过速氧化，上层油温不应超过85℃。对强迫油循环水冷和风冷的变压器，上层油温不宜超过75℃。对无载调压变压器，在变换其分接头开关时，应测量绕组的直流电阻，每相之间直流电阻差值不得大于三相中最小值的2%。

7）并联电容器

运行中的并联电容器内部应无异音，外壳无变形，放电监视灯应明亮。油浸式电容器外壳无渗漏油现象。

运行中，并联电容器室的室内温度不得超过40℃；并联电容器运行电压不得超过额定电压的1.1倍；运行电流不得超过额定电流的1.3倍。

在电容器组停电后，应接入放电电阻，在 1 min 内把电容器残留电压降至50 V 以下。停电后进行工作时，在进行充分放电后，必须封挂接地线。

8）避雷器

运行中的避雷器内部应无放电响声，放电记录器数字应清晰。接地电阻值应符合要求。作为大气过电压保护的避雷器，在雷雨季节应投入运行（在华北地区为每年3月15日~11月1日）。

9）直流电源装置

直流系统电压应正常，绝缘良好。硅整流器应无异音、过热和异味，直流母线电压应正常。蓄电池组的浮充电的电流应适当，无过充电或欠充电的情况。

10）配电屏

配电屏上的仪表、继电器、自动装置和音响信号运行应正常，光字牌试验应正常。

2. 在正常情况下的停、送电操作方法

各种不同运行方式的停、送电操作顺序如下。

（1）单一出线操作。停电时，先断开断路器，后断开线路侧隔离开关，最后断开母线侧隔离开关。送电时，先闭合母线侧隔离开关，后闭合线路侧隔离开关，最后闭合断路器。

（2）带联络线或双电源的操作（同一系统或双电源已核相并符合并列、解列条件）。停、送电，要先用断路器并列运行，后用断路器解列运行，切不可用隔离开关进行并列、解列运行。

（3）母线停、送电操作。停电时，电压互感器应最后停电；送电时，先送电压互感器。

（4）停送电操作。停电操作从低压到高压依次进行。送电操作从高压到低压依次进行。如高、低压侧都有断路器和隔离开关的变压器，停电时，应先断开低压侧断路器、隔离开关，后断开高压侧断路器、隔离开关；送电时，应先闭合高压侧隔离开关、断路器，向变压器充电，然后再闭合低压侧隔离开关、断路器，向低压母线充电。

对在低压侧装设刀开关、空气断路器的配电变压器，停电时应先断开低压侧空气断路器、刀开关，后断开高压侧断路器、隔离开关；送电时应先闭合高压侧隔离开关、断路器，向变压器充电，然后闭合低压侧刀开关、空气断路器，向低压母线充电。

对带并联电容器组的高压或低压母线，停电时，应先将高压或低压电容器组从母线断开；送电时，在母线带负荷后再给高压或低压电容器组送电投入运行。

3. 各种继电保护的功能

继电器是组成继电保护装置的基本元件。当输入继电器的物理量达到一定数值时，继电器就动作，通过执行元件发出信号或动作于跳闸。

1）电磁型电流继电器

当被保护设备过电流到达整定值时，准确动作，发出信号或经过中间继电器，迅速地将有关断路器分断，将故障设备从系统中退出运行。常用于线路或设备的过负荷保护或速断保护。如果与时间继电器配合使用，可作为定时限保护。

2）电磁型电压继电器

电磁型电压继电器分为过电压保护和低电压保护两种。常用的一般为低电压保护。正常运行时，电压继电器线圈两端加上工作电压，这时继电器动作将其常闭触头断开，如果电路电压下降达到整定数值时，继电器动作，将其常闭触头恢复到接通状态，并发出信号或经过中间继电器迅速将其控制的断路器分断。常用于变压电所、线路或高压电动机等设备的低电压保护。

过电压继电器的动作原理与低电压继电器相似。常用于高压、低压并联电容器等设备的过电压保护。

3）中间继电器

中间继电器是一种辅助继电器。在继电保护装置中，常利用中间继电器有多对触头和大容量的接点，来闭合或断开几条独立回路，使断路器分断。

4）时间继电器

时间继电器是一种辅助元件。用于各种保护装置和自动装置中的时限元件，使被控元件（设备）达到所需的延时。在保护和控制装置中，利用不同延时而得到有选择性的动作。由于机电型的时间继电器误动机率较高，放在变配电所中，常采用晶体管型的时间继电器替代。

5）信号继电器

信号继电器分为交流和直流两类。信号继电器在继电保护装置中，用来作为整套保护装置或保护装置中某一回路或某个继电器的动作信号，使值班人员能迅速、方便地分析事故或统计保护装置的动作次数。

6）感应型过电流继电器

由电磁元件（速断保护元件）和感应元件（带时限过电流保护元件）两部分组成。如果流入继电器线圈中的电流足够大，达到速断部分的启动电流时，触头瞬时接通，立即动作并发出指示信号。

对继电器的感应元件部分，当通过继电器线圈的电流为动作电流的较小倍数时，其动作时限与电流平方成反比。继电器动作时限随电流的增加而缩短的特性，称为反时限特性。由于感应型过流继电器的触头容量大，不需要时间继电器、中间继电器和信号继电器，即可构成过电流保护和速断保护，因此适用于交流操作保护，在中、小型变电所中获得广泛使用。

7）瓦斯继电器

作为油浸变压器的内部保护，可以保护变压器绕组的相间短路、内部短路和油箱内油位过低的保护。按规定，800 kV·A 及以上的油浸电力变压器必须安装有瓦斯继电器。

4. 根据各监测仪表的正常指示情况或数值，判断故障原因

监测仪表指示及故障原因如表 1–10 所示。

表 1–10 监测仪表指示及故障原因

各监测仪表指示	故障原因
1. 仪表指示异常（如电流冲击，电压不稳）	检查信号装置是否发生故障
2. 仪表不启动或指示不正常	检查同一回路仪表及装置有无变化，以判明仪表或二次回路是否出故障
3. 电压表回零或指示不正常	先检查熔断器，如熔丝熔断，应查明熔断原因
4. 在正常情况下电流表回零	检查仪表回路及电流互感器是否有故障和开路现象
5. 仪表发热或冒烟	应取下熔断器或短路电流互感器二次电流端子，甩开故障仪表
6. 变压器温度计失灵	应立即贴装水银温度计，监视器身温度
7. 绝缘监视电压表一相降低到零，其他两相升高，或出现单相接地警报	表明系统接地，查找是外来电源接地还是厂内线路接地
8. 绝缘监视电压表一相或两相到零，另一相未升高	表明电压互感器熔断器的熔丝熔断

5. 安全技术操作规程

1) 倒闸操作票要求

进行高压变、配电设备操作，必须填写倒闸操作票。倒闸操作必须根据主管负责人、值班调度员或值班负责人的命令或通知单，受命值班人员复诵无误后执行。发布命令应使用正规操作术语和设备双重名称（设备名称和编号），并应准确、清晰。如果使用电话发布，在发布命令前，应先和受令人互报姓名，在发布命令的全过程（包括对方复诵命令）和听取命令的报告时，都要做好记录，有条件的要录音。两人值班的倒闸操作票（记录）由操作人员填写，正值班员校审。单人值班，操作票由发令人（如用电话）向值班员传达，值班员应根据传达，填写操作票，复诵无误，并在"监护人"签名处填入发令人的姓名。每张操作票只能填写一个操作任务。

2) 停电拉闸操作

必须按照断路器—负荷侧刀开关、母线侧刀开关的顺序依次操作，送电合闸操作应按与上述相反的顺序进行。严防带负荷通、断刀开关。

为防止误操作，高压电气设备都应加装防误操作的闭锁装置。闭锁装置的解锁用具（包括钥匙）应妥善保管，按规定使用，不许乱用。机械锁要一把钥匙开一把锁，钥匙要编号并妥善保管，便于使用。所有投入运行的闭锁装置（包括机械锁）不经值班调度员或值班长同意，不得退出或解锁。

3) 写入操作票内项目

应通断的开关和刀开关，检查开关和刀开关的位置，检查接地线是否拆除，检查负荷分配，装拆接地线，安装或拆除控制回路或电压互感器回路的熔断器，切换保护回路和检验是否确无电压等。

4) 不写入操作票内项目

对开关操作手柄加锁，挂上或拆除标示牌、遮拦和穿戴安全用具。

操作票应填写设备名称和编号的双重名称。

5) 填写操作票要求

应用钢笔或圆珠笔填写，票面应清楚整洁，不得任意涂改。操作人和监护人应根据模拟图板或接线图核对所填写的操作项目，并分别签名，然后经值班负责人审核签名。特别重要和复杂的操作还应由值班长审核签名。

6) 模拟预演

开始操作前，应先在模拟图板上进行核对性模拟预演，无误后再进行设备操作。操作前，应核对设备名称，编号和位置；操作中，应认真执行监护复诵制。发布操作命令和复诵操作命令都应严肃认真，声音洪亮清晰。必须按操作票填写的顺序逐项操作。每操作完一项，应检查无误后做一个"√"记号，全部操作完毕后进行复查。

7) 倒闸操作要求

必须由两人执行，其中对设备较为熟悉者作监护。单人值班的变电所倒闸操作可由一人执行。特别重要和复杂的倒闸操作，由熟悉的值班员操作，值班负责人或值班长监护。

8) 操作中要求

操作中发生疑问时，应立即停止操作并向值班调度员或值班负责人报告，弄清问题后再进行操作。不准擅自更改操作票，不准随意解除闭锁装置。

9）绝缘棒通断开关的要求

用绝缘棒通断刀开关或经传动机构通断刀开关和一般开关，均应戴绝缘手套；雨天操作室外高压设备，绝缘棒应有防雨罩，还应穿绝缘靴。接地网电阻不符合要求的晴天，也应穿绝缘靴。有雷电时，禁止进行倒闸操作。

10）装卸高压熔断器要求

装卸高压熔断器应戴护目眼镜和绝缘手套，必要时使用绝缘夹钳，并站在绝缘垫或绝缘台上。

11）开关遮断容量要求

开关遮断容量应满足电网要求，如遮断容量不够，必须将操作机构用墙或金属板与该开关隔开，并设远方控制，重合闸装置必须停用。

12）进入遮栏要求

电气设备停电后，即使是事故停电，在未拉开相关刀开关和做好安全措施以前，不得触及设备去进入遮栏，以防突然来电。

13）临时处理要求

在发生人身触电事故时，为了解救触电人，可以不经许可，自行断开有关设备的电源，但事后必须立即报告上级。

14）下列各项工作可以不用操作票

① 事故处理。

② 通断开关的单一操作。

断开接地刀开关或拆除全厂（所）仅有的一组接地线。上述操作应记入运行记录簿内。

15）写操作票要求

操作票应先编号，按照编号顺序使用。作废的操作票应注明"作废"字样，已操作的操作票应注明"已执行"字样。上述操作票保存三个月。

任务实施

低压熔断器的选用及检修

1. 低压熔断器的选用

常见低压熔断器有哪些种类，适用范围如何？将其填写在表 1-11 中。

表 1-11 低压熔断器的选用

序　号	1	2	3
名称			
适用范围			
结构特点			

2. 低压熔断器的检修

检测 RC1A 或系列低压熔断器，并更换熔体，根据检修操作填写表 1-12。参考操作步骤如下：

（1）检查所给熔断器的熔体是否完好，对 RC1A 型，可拔下瓷盖进行检查；对 RL1 型，应首先看其熔断指示器。

（2）若熔体已熔断，按原规格选配熔体。

（3）更换熔体，对 RC1A 型系列熔断器，安装熔丝时缠绕方向要正确，安装过程不得损伤熔丝。对 RL1 型系列熔断器，熔断管不能倒装。

（4）用万用表检查更换熔体后的熔断器各部分接触是否良好。

表 1-12　低压熔断器的检修

步　骤	工具/仪表	操作
1		
2		
3		
4		
5		

评价总结

根据"低压熔断器的选用和检修"操作，结合所填写的"低压熔断器的选用"表和收获体会进行评议，并填写成绩评议表（表 1-13）。

表 1-13　成绩评议表

评定人/任务	操作评议	等级	评定签名
自己评			
同学评			
老师评			
综合评定等级			

＿＿＿年＿＿＿月＿＿＿日

思考与练习

一、判断题

（1）跌落式熔断器可以安装在室内。（　　）

（2）一般在 110 kV 以上的少油断路器的断口上都要并联一个电容。（　　）

（3）在高压配电系统中，用于接通和断开有电压而负载电流的开关是负荷开关。（　　）

（4）负荷开关主刀片和辅助刀片的动作次序是合闸时主刀片先接触，辅助刀片后接

触,分闸时主刀片先分离,辅助刀片后离开。(　　)

(5) 用隔离开关可以拉、合无故障的电压互感器和避雷器。(　　)

(6) 避雷器的额定电压应比被保护电网电压稍高一些好。(　　)

(7) 对于小电流接地系统,其接地电阻值不应大于。(　　)

(8) 高压电气装备发生接地时,为了防止跨步电压触电,人不得接近故障点。(　　)

二、填空题

(1) 少油开关也称(　　)断路器,这种断路器中的油主要起(　　)作用。

(2) 高压断路器一般采用(　　)灭弧。

(3) 高压断路器的灭弧形式按断路器灭弧原理来划分,可分为(　　)吹灭弧、(　　)吹灭弧、(　　)灭弧、(　　)吹灭弧油自然灭弧和空气自然灭弧。

(4) 负荷开关在断开位置时,像隔离开关一样有明显的(　　),因此也能起隔离开关的(　　)作用。

(5) 隔离开关的安装工序为(　　)、(　　)和(　　)等。

(6) 为防止隔离开关与断路器之间(　　),之所以要连锁装置,要防止在断路器未切断电源以前就去拉隔离开关。

三、简答题

(1) 电弧的危害是什么？简述电弧的形成过程。

(2) 什么是游离、碰撞游离、热游离、去游离？

(3) 什么是断路器？

(4) 什么是隔离开关？

(5) 隔离开关、断路器和负荷开关各有何特点？它们各有什么用途？

(6) 真空断路器有哪些特点？

(7) 负荷开关的灭弧方式有几种？

(8) 为什么高压电路中同时装着隔离开关和断路器,在接通和断开电路时其操作顺序如何,为什么？

(9) 阀型避雷器的工作原理是怎样的？

(10) 电流互感器二次侧为何不能开路？电压互感器二次侧为何不能短路？其二次侧为何必须接地？

(11) 什么是开关柜的五防闭锁？为什么必须使用具有五防闭锁功能的开关柜？

项目二　发电厂与电网

☞ **项目引入**：

发电厂又叫发电站，简称电厂或电站，是生产电力的工厂。按发电厂所用的能源，可分火力发电、水力发电和核能发电等多种。把由发电厂的发电机、电力网内的各种输电线路和升降压变电所以及电力用户组成的统一整体称为电力系统。

现代化电力系统的规模都较大，通常把许多城市的所有发电厂都并联起来，形成大型的电力网络，对电力进行统一的调度和分配。这样，不但能显著地提高经济效益，而且有效地加强了供配电的可靠性。在电力系统中，电力从生产到供给用户使用之前，通常都要经过发电、输电、变电和配电等环节。

通过此项目的学习，能说出电力系统图中的符号表示，电力网的电压等级，供配电过程电力网的选择，供配电电压的确定。

☞ **知识目标**：

(1) 理解电力系统、电力网和并网的概念。
(2) 熟悉电力系统中性点运行方式分类及特点。

☞ **技能目标**：

(1) 能说出电力系统图中各符号的名称。
(2) 会根据电力用户选择电网运行方式。
(3) 会确定工厂供配电电压并根据电网的额定电压确定电气设备的额定电压。

☞ **德育目标**：

变压器、电力开关、保护设备、无功补偿等，这些电气设备各有特点、各司其职，在发挥自身特长的同时共同组成一个集体起到输电的作用。学生是集体中的一员，但都有自己的优势和特长、职责和定位。要确保集体的正常运转，就要做到在其位谋其职，积极发挥个人作用担当责任，又要考虑集体观念发挥团结合作的精神。

☞ **相关知识**：

电力系统中性点运行方式，电网电压等级。

☞ **任务实施**：

(1) 电力系统中性点运行方式的选择及电压的测量。
(2) 工厂供配电电压的选择及电气设备额定电压确定。

☞ **重点**：

(1) 中性点运行方式分类及特点。

(2) 工厂供电电压和电气设备的额定电压。

☞ 难点：

(1) 中性点运行方式的合理选择。
(2) 确定工厂供电电压和电气设备的额定电压。

任务一　电力系统中性点运行方式的合理选择

电力系统中性点的运行方式，是一个涉及面很广的问题。它对于供配电可靠性、过电压、绝缘配合、短路电流、继电保护、系统稳定性以及对弱电系统的干扰等诸多方面都有不同的影响，特别是在系统发生单相接地故障时，有明显的影响。因此，电力系统的中性点运行方式，应根据国家的有关规定，并根据实际情况确定。

📖 相关知识

一、电力的输送

1. 并车与解列

一个电厂的装机容量是电力生产规模大小的标志，用千瓦（kW）或兆瓦（MW）表示。所谓装机容量，是一个电厂拥有发电机组的总功率。一般中、大型电厂，往往由多台机组构成，为了便于电力的集中输出和集中控制，一个电厂所有机组发出的电力通常都并联起来，形成集中的电力输出，把每台发电机发出的电力进行并联，该技术操作叫做并车。并车由专用的并车装置来完成，分自动和手动两种。在现代化电厂中，都采用自动的并车装置。并车的主要技术条件是：需并入电力网的发电机所发出的电力，其频率和相序应与网络上的频率和相序保持一致。把投入并车运行的发电机从电力网上解脱出来，这一技术操作叫做解列。

2. 输送

电力网都采用高电压、小电流输送电力。根据焦耳楞次定律可知，电流通过导体所产生的热量，是与通过导体的电流 I^2 成正比的，所以采用低电压、大电流输送电力是很不经济的。电力系统的容量越大、输电距离越长，就要求把输电电压升得越高。此外，输电电压越高，输电的距离也就可以越长。

目前，在大型电网中，输电距离超过数百千米的已比较普遍。在一般情况下，输电距离在 50 km 以下的，采用 35 kV 电压；在 100 km 左右的，采用 110 kV 电压；超过 200 km 的，采用 220 kV 或更高的电压。具体选用输电电压时，须就输电容量和线路投资等因素综合考虑技术经济指标。

3. 升压

凡并入电网运行的电厂，所发的电力都要经过升压，这是由发电机的绝缘结构和安全等因素所决定的，发电机输出的电压往往不能很高。低压发电机的输出端电压 400 V，高压发电机的输出端电压一般为 6～20 kV。现代电厂的规模都很大，装机容量都在几十万千瓦，有的达几百万千瓦，电网的输电距离也愈来愈长。这样庞大的电力输送，必须经过升压才能把电厂所发的电力馈送出去。

电网的输电线路按电压等级分有高压级和超高压级两种。我国高压输电的标准电压 35 kV，超高压输电电压有 110 kV、220 kV、330 kV 和 500 kV 等多种。输电线路一般都采用架空线路。超高压输电线路通常避免进入市区；35 kV 高压输电线路在市区边缘地带，通常也采用架空线路。电缆线路投资较大，但在跨越江河和通过市区以及不允许采用架空线路区域，则须采用电缆线路。

架空输电线路按不同电压等级采用不同的杆塔。对 35 kV 线路，通常采用混凝土杆单杆架设，用悬式绝缘子或瓷横担来支撑导线。用悬式绝缘子时，一般在每个支撑点用 2～4 个悬式绝缘子串接。对 110 kV 线路，有用铁塔架设的，也有用混凝土杆单杆或双杆（俗称龙门杆）架设的，通常都用悬式绝缘子串接后作为导线的支撑点，一般每个支撑点串接 7～9 个悬式绝缘子。220 kV 及以上线路大多数采用铁塔架设，也用悬式绝缘子串接后作为导线的支撑点，通常每个支撑点串接 13 个及以上数量的悬式绝缘子。220 kV 以上的架空输电线，除采用更高大的铁塔来架设导线外，还改用分裂导线。所谓分裂导线，就是每相架空线不是用单根导线，而是采用数根直径较小的导线，均匀地分布在圆环四周，这样能明显地扩大每相导线占有空间的直径，从而有效地减少产生电晕的损耗。

4. 变电

变电的目的是变换电网的电压等级。要使不同电压等级的线路联成整个网络，需要通过变电设备统一电压等级来进行衔接。在大型电力系统中，通常设有一个或几个变电中心，称为中心变电站。变电中心的使命是指挥、调度和监视整个电网（或一大区域）的电力运行，进行有效的保护，并有效地控制故障的蔓延，以确保整个电网的运行稳定与安全。

变电分为输电电压的变换和配电电压的变换。前者通常称为变电站，或称一次变电站，主要是为输电需要而进行电压变换，但也兼有变换配电电压的设备；后者通常称为交配电站（所），或称二次变电站，主要是为配电需要而进行电压变换，一般只设置变换配电电压的设备。如果只具备配电功能而无变电设备的，则称为配电站（所）。变配电站馈送的电力在到主用户前（或进入用户后），通常还需要再进行一次电压变换。这级变电，是电网中的最后一级变电。电力从电厂到用户，电压要经过多级变换。经过变电而把电压升高的称为升压，把电压降低的称为降压。用来升降电压的变压器称为电力变压器。习惯上把高压配电线路末端变电的电力变压器称为配电变电器（简称配变）。在大型电网中，各级变电构成系统的概况如图 2-1 所示。

5. 配电

电力的分配，简称配电。配电分电力系统对用户的电力分配和用户内部对用电设备的电力分配两种。电力系统的配电是围绕电力供应这一中心为目的的，故也可把配电称为供配电。为配电服务的设备和线路，分别称为配电设备和配电线路，配电线路上的电压等级，简称配电电压。对电力系统来说，也可分别叫做供配电设备、供配电线路和供配电压。这里先介绍电力系统对用户的电力分配。

配电电压的高低，通常决定于用户的分布、用电性质、负载密度和特殊要求等情况。

常用的高压配电电压有 10 kV 和 6 kV 两种，低压配电电压为 380 V 和 220 V。用电量大的用户，也有需要用 10 kV 高压或 35 kV 超高压直接供配电的。大多数用户是由 10 kV 或 6 kV 高压供配电，或 380/220 V 低压供配电。前者称为高压用户，后者称为低压用户。如图 2-1 所示。

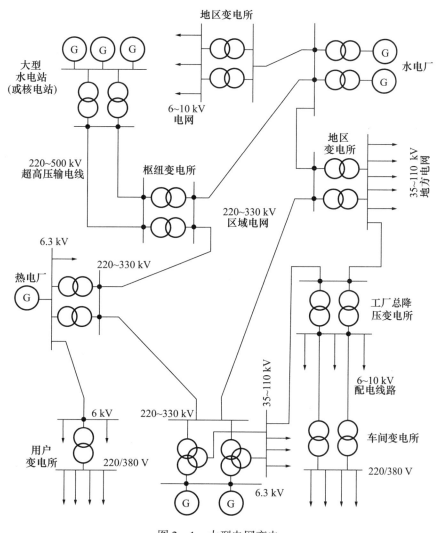

图 2-1　大型电网变电

供配电级别根据用户用电的性质和要求不同，供配电部门把用户的负荷（也称负载）分为三级：

（1）一级负荷。一级负荷用户突然停电，会造成人员伤亡或主要设备遭受损坏且长期难以修复，或对国民经济带来巨大损失，如炼钢厂、石油提炼厂、矿井和大型医院等都属于一级负荷用户。对一级负荷用户所提供的电力，应来自两个一次变电站（至少是来自一个一次变电站的两台变压器）；同时，电力的馈送必须采用双端（即双回路）的专线线路供配电。

（2）二级负荷。二级负荷用户突然停电，会造成大量产品（或工件）报废，或导致复杂的生产过程出现长期混乱，或因处理不当而发生人身和设备事故，或致使生产上遭受重大损失，如抗生素制造厂、水泥厂大窑和化纤厂等都属于二级负荷用户。对二级负荷用户所提供的电力应来自两个二次变电站（至少是来自一个二次变电站的两台变压器）；同时，电力的馈送必须采用双端线路（即双回路）供配电。

(3) 三级负荷。除一、二级负荷以外的其他用户，均属三级负荷。对三级负荷所提供的电力，允许因电力输配电系统出现故障而暂时停电。

在用电量较大的城镇中，高压配电线路的结构类型往往都是环状的，有些地区把低压配电线路也连成环状。环状配电线路有多端电源连接点，且不是同接于一个变电站或同一台变压器，因此不致因某一变电站或某一台变压器发生故障而突然停电。对于用户集中、负荷密度较高的城镇地区，构成环状配电线路是防止事故性停电的较好措施。双端配电线路在一般城镇和负荷密度较高的农村均有较广泛的应用。双端配电线路是在其两端分别与两个变电站或两台变压器进行连接的，这样可显著减少故障停电。单端配电线路一般适用于无法连接两个变电站或两台变压器的地方，它只适用于对三级负荷的用户进行供配电。从变电站或配电变压器中馈送出来的高、低压配电线路，按不同支接形式形成不同的布局，有树干形、放射形和筋骨形等多种，如图 2-2 所示。图中的"1"是变电站或配电变压器，"2"是用户分布点。配电线路不管选用哪种布局形式，都以最短配电距离而能分布到最多的用户为原则。

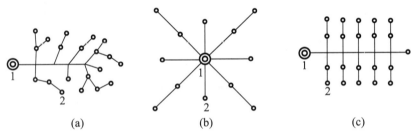

图 2-2 配电线路的布局形式
(a) 树干形；(b) 放射形；(c) 筋骨形

6. 用电申请

凡需取得电网系统的电力供应，必须提前向电业部门提出用电申请。用电提出申请，能使电业部门统一而有计划地分配电力，有效做到安全、节约、合理地为用户提供电力。故用户新装或改装（包括扩大用电量和移动电度表位置），均须事先向电业部门提出申请，经同意后才可引接电源。申请的内容：

(1) 申请用电量。通常是以计算负荷电流提出申请的，而不是以用电设备功率的总和来提出申请。计算负荷电流依据下列三个因素求得：

① 实际装接的用电设备的总功率。

② 用电设备的实际利用率 L，由式 (2-1) 求得

$$L = P_t / P_p \tag{2-1}$$

式中 P_t——同一时间中所启用用电设备的最高总功率（即各启用设备的功率之和）；

P_p——装接的所有用电设备的总功率。

③ 加上 20% 裕度，作为机动，以备增加用电设备时所需。

在计算负荷电流时，要把功率变换成电流。常用低压用电设备（电阻性电热设备、白炽灯和卤钨灯）、功率因数小于 1 的照明设备、电动机、电焊变压器或 X 光机的电流计算公式，分别如表 2-1～表 2-4 所示。

表2-1 电热、白炽灯、卤钨灯（碘钨灯、溴钨灯）的电流计算公式

供配电状况	功率/W	电流/A	计算公式	备注
220 V 单相	1 000	4.5	电流（A）= $\dfrac{功率（W）}{220（V）}$	—
380/220 V 二相三线	1 000	2.3	电流（A）= $\dfrac{功率（W）}{440（V）}$	相线、中线电流相同
380/220 V 三相四线	1 000	1.5	电流（A）= $\dfrac{功率（W）}{1.73 \times 380（V）}$	—
380 V 单相	1 000	2.7	电流（A）= $\dfrac{功率（W）}{380（V）}$	电热有此规定

表2-2 功率因数小于1的照明设备的电流计算公式

供配电状况	计算公式	备注
220 V 单相	电流（A）= $\dfrac{功率（W）}{220（V）\times 功率因数}$	—
380/220 V 二相三线	电流（A）= $\dfrac{功率（W）}{440（V）\times 功率因数}$	相线、中线电流相同
380/220 V 三四相线	电流（A）= $\dfrac{功率（W）}{1.73 \times 380（V）\times 功率因数}$	—

表2-3 电动机的电流计算公式

分类	功率/kW	每相电流/A	备注	计算公式
单相电动机	1	8	功率因数以0.75计算，效率以0.75计算	电流（A）= $\dfrac{功率（kW）\times 1\,000}{220 \times 功率因数 \times 效率}$
三相电动机	1	2	功率因数以0.85计算，效率以0.85计算	电流（A）= $\dfrac{功率（kW）\times 1\,000}{1.73 \times 380 \times 功率因数 \times 效率}$

注：1. 计算公式中，如无功率因数、效率的数据时，单相电动机的功率因数和效率都以0.5计算；三相电动机的功率因数和效率都以0.35计算。
2. 电动机功率以马力计算时，与千瓦的关系如下：1电工马力（HP）= 0.746 kW。

表2-4 电焊机、X光机的电流计算公式

输入电压/V	容量/（kV·A）	每相电流/A	计算公式
220	1	4.5	电流（A）= $\dfrac{容量（kV \cdot A）\times 1\,000}{220}$
380	1	2.7	电流（A）= $\dfrac{容量（kV \cdot A）\times 1\,000}{380}$

注：X光机的铭牌上如注有千伏（kV）、毫安（mA）时，
计算公式中的容量（kV·A）= 千伏（kV）× 毫安（mA）× 10^{-3}。

（2）申报用电设备的额定电压和相数。用电设备分有高压和低压两大类。高压的额定电压分有3 kV、6 kV和10 kV等多种，但以6 kV的最为常用。低压的额定电压分有220 V

和 380 V 两种，其中 220 V 是单相负载，380 V 有双相和三相两种负荷，以三相为大多数。

根据用户提出的用电申请，由电业部门决定供配电方式，如供配电电压、供配电相数和进户方式等。

（3）申报用电级别。根据本单位的实际情况申明生产或服务的行业性质及用电要求，以便电业部门判定用电级别。

所谓变配电，是指电网的末级变电和低压配电。末级变电是指高压级配电电压通过配电变压器（简称配变）降低到用电设备所需的较低电压等级，除少数高压用电设备需要 3 kV 或 6 kV 的以外，绝大多数都是低压用电设备，所需电压为 380 V 或 220 V。凡用电量较大的或有高压用电设备的用户，通常都须自行设立变配电所，电业系统称这类用户为高压用户。凡用电量较小而又没有高压用电设备的用户，通常由电业部门设立公用变配电所，直接提供所需的低压电源，这类用户称低压用户。由此可见，电网末级变电的目的是把电压降低到适合用电所需的电压等级。

二、电力系统中性点运行方式合理选择

电力网是由变电所及各种不同电压等级的输电线路组成。电网是输送电能的设备，按照特征可分为许多种：按电流特征可分为直流电网与交流电网；按负荷性质可分为动力电网和照明电网；按电压等级可分为低压电网（1 000 V 以下）和高压电网（1 000 V 以上）。按线路结构可分为架空线路和电缆线路。架空线路的建设投资远比电缆线路低，并且容易发现故障和便于修理，所以得到广泛采用。架空线路的主要缺点是占用较大的空间，在空间条件不允许的条件下只有采用昂贵的电缆线路。按电网布置形式分为开式电网（只从一个方向向用户供配电）和闭式电网（可从两个或两个以上的方向向用户供配电），如图 2-3 所示。按电网的中性点对地绝缘状态不同，可分为中性点接地系统和中性点对地绝缘系统。

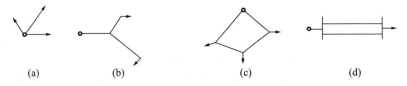

图 2-3　开式电网和闭式电网

(a)、(b) 开式电网；(c)、(d) 闭式电网

导线接地是电网常见的故障。电网的中性点对地绝缘状态，决定着电网导线接地后的运行情况；关系着供配电的可靠性、线路的保护方法、人身安全等重要问题。正确地选择中性点对地的绝缘状态是供配电工作的关键。

电力系统中性点运行方式有中性点直接接地、中性点不接地和中性点经消弧线圈接地三种。

1. 中性点直接接地方式

电压愈高的电网线路愈长，所以接地电流也愈大，同时电压愈高接地点愈容易产生断续的电弧，并且因此而产生的过电压对系统绝缘的威胁也愈大，目前 110 kV 以上的电网，都采取中性点直接接地的方式运行，如图 2-4（a）所示。中性点直接接地后，一线接地造成单相短路，接地电流甚大（所以称为大接地电流系统），立即引起系统中

过电流保护装置动作,将接地线路的电源切断。为了减少因这种原因停电的次数,在中性点直接接地的系统中使用了单独动作的断路器和继电保护装置,并设有自动重合闸装置。因为某些接地故障在断电后会自动消除,因此在短时间断电后重新合闸有继续供配电的可能。如图 2-4(b)所示。

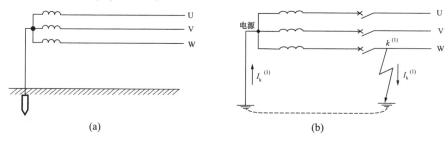

图 2-4 中性点接地方式
(a)中性点直接接地电力系统;(b)中性点直接一线接地电力系统

我国地面的低压电网(380/220 V 系统)也采取中性点直接接地的方式,并且中性点引出,可同时供给 380 V 和 220 V 两种电压。其中性点之所以接地,并非防止电弧接地的危险,而是预防高压串入低压系统的安全措施,中性点直接接地系统发生单相短路时,非故障相对地电压不变,电气设备绝缘水平可按相电压考虑。可以配出中性线 N,即三相四线制,一般民用建筑均采用此种方法。

2. 中性点不接地方式(中性点对地绝缘系统)

中性点不接地方式,如图 2-5(a)所示。C_U、C_V、C_W 代表各相导线对地电容,在三相绝缘良好的情况下,中性点电位与大地电位相等,三相导线对地的电压分别等于三个相电压,图 2-5(b)是对称的三相电压,所以三相导线中的电容电流也是对称的,并且超前于对应的相电压 90°。

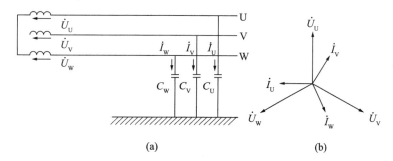

图 2-5 中性点不接地的电力系统
(a)电路图;(b)相量图

当发生一线(设为 W 相)金属性接地时,接地导线将对地电容短接,其对地电压变为零,如图 2-6(a)所示。其他两相导线对地电压等于线电压,较正常情况升高 $\sqrt{3}$ 倍。根据矢量分析可知,接地电流将是正常情况下每相对地电容电流的 3 倍,相位超前接地的那相电压 90°,如图 2-6(b)所示。

应该指出:中性点对地绝缘系统一线接地时虽然出现上述变化,但是系统的线电压仍保持对称,可以继续供配电。我国 35 kV 以下的高压电网都采取中性点对地绝缘方式,就是为了减少因一线接地所造成的停电次数,提高供配电的可靠性。

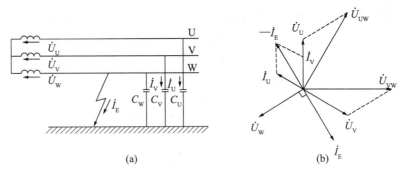

图 2-6 单相接地时中性点不接地的电力系统
(a) 电路图；(b) 相量图

中性点对地绝缘系统一线接地时，非接地线对地电压升高了$\sqrt{3}$倍，对线路中绝缘薄弱处有威胁，可能引起另一线接地而造成两线接地短路。所以在这种系统中出现一线接地时，设在变电所中的绝缘监视装置应发出警报，值班人员应迅速找到故障线路，并将其切除。

3. 中性点经消弧线圈接地方式

电压越高，线路越长时接地电容电流越大。如果接地电容电流超过某一限度（3~10 kV 系统约为 30 A，35 kV 约为 5 A），接地点会发出断续的电弧。由于电网中的电感与对地电容构成振荡回路，断续的接地电弧会引起振荡回路的瞬变过程，结果在系统中产生过电压，这种过电压可达正常电压的 3~4 倍，可能在绝缘薄弱的地方造成绝缘击穿而形成短路故障。所以接地电容电流超过限度的高压电网，不宜采取中性点绝缘的方式运行，而采用中性点经消弧线圈接地方式，如图 2-7 所示。

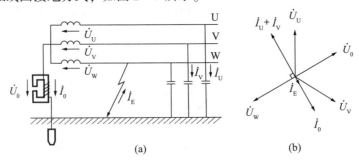

图 2-7 中性点经消弧线圈接地
(a) 电路图；(b) 相量图

消弧线圈是一个铁芯空气间隙可调节的线圈，其电阻很小，感抗很大，在正常情况下，三相对地电压对称而且分别等于相电压，中性点电位与大地电位相等，消弧线圈中无电流。

假设一相发生金属性接地，则中性点对地电压将与 W 相电压大小相等相位相反。此时消弧线圈中有电流通过且滞后 W 相电压 90°与非接地的电容电流的矢量和反相，所以消弧线圈有降低接地电流的作用。如果适当调节消弧线圈的感抗值，就可将接地电流降低到不能建弧的程度。所以这种系统出现一相接地时仍可以继续供配电。上述两种系统的接地电流都较小，因此称小接地电流系统。

中性点接地绝缘系统中的接地电容电流，可用下述经验公式计算：

(1) 架空线路的接地电容电流:

$$I_\text{E} = \frac{UL}{350} \tag{2-2}$$

(2) 电缆线路的接地电容电流:

$$I_\text{E} = \frac{UL}{10} \tag{2-3}$$

式中　U——电网的线电压,kV;

　　　L——同一电压等级中相连线路总长度,km。

消弧线圈对电容电流的补偿可以有三种方式:全补偿;欠补偿;过补偿。在电力系统中一般不采用全补偿的方式,而采用过补偿运行方式。

 任务实施

电力系统中性点运行方式的选择及电压的测量

(1) 常见电力系统中性点运行方式有哪些种类,适用范围如何?将其填写在表 2-5 中。

表 2-5　电力系统中性点运行方式的选择

序号	1	2	3
名称			
适用范围			

(2) 电网电压为 380V 电力系统中性点接地运行方式测量(表 2-6)。

表 2-6　中性点接地运行方式电压的测量

正常运行方式		一相接地故障现象
线电压/V	相电压/V	

 评价总结

根据"电力系统中性点接地运行方式电压的测量",结合所填写的"电力系统中性点运行方式的选择"表和收获体会进行评议,并填写成绩评议表(表 2-7)。

表 2-7　成绩评议表

评定人/任务	任务评议	等级	评定签名
自己评			
同学评			
老师评			
综合评定等级			

　　　　　　　　　　　　　　　　　　　　　　　　___年___月___日

任务二　工厂供配电电压的选择

为了保证用电设备在最佳状态下运行，工厂供配电电压应进行合理的选择。

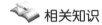相关知识

一、工厂供配电电压的选择

工厂供配电电压主要取决于当地电网的供配电电压等级，同时要考虑工厂用电设备的电压、容量和供配电距离等因素。在同一输送功率和输送距离条件下，供配电电压越高，线路电流越小，使线路导线或电缆截面越小，可减少线路的初投资和有色金属消耗量。表2-8所示为线路的输送容量及输送距离之间的关系。

表2-8　线路的输送容量及输送距离之间的关系

额定电压/kV	传输方式	输送功率/kW	输送距离/km
0.22	架空线	<50	0.15
0.22	电缆	<100	0.2
0.38	架空线	100	0.25
0.38	电缆	175	0.35
3	架空线	100~1 000	1~3
6	架空线	2 000	3~10
6	电缆	3 000	<8
10	架空线	3 000	5~15
10	电缆	5 000	<10
35	架空线	2 000~10 000	20~50
60	架空线	3 500~30 000	30~100
110	架空线	10 000~50 000	50~150

高压配电电压的选择，对中小型工厂采用的高压配电电压为6~10 kV，从技术经济指标来看，最好采用10 kV配电电压。从设备的选型来看，10 kV更优于6 kV。对一些厂区面积大、负荷大且集中的大型厂矿，如厂区环境条件允许，可采用35~220 kV架空线深入工厂负荷中心配电，这样可以分散总降压变电所，简化供电环节，节约有色金属，降低损耗。

低压配电电压的选择，一般采用220~380 V的标准电压等级，但在某些特殊故场合如矿井，因负荷中心远离变电所，为保证负荷端的电压水平，故采用660 V作为配电电压，这样不仅可以减少线路的电压损耗，降低线路有色金属消耗量，而且能增电半径，提高供电能力，简化供配电系统。另外，在某些场合，由于安全的原因，可以采用特殊的安全低电压配电。

1. 电力设备的额定电压

电力设备的额定电压是能使电气设备长期运行时获得最好经济效果的电压。电力系统

中发电机、变压器、电力线路及各种设备的额定电压的确定，与电源分布、负荷中心的位置等因素有关。

电力设备的额定电压分为三类。第一类额定电压为 100 V 以下。直流有 6 V、12 V、24 V、48 V；交流有 36 V。这类电压主要用于安全照明、蓄电池及开关设备的操作电源。交流 36 V 电压，只作为潮湿环境的局部照明及其他特殊电力负荷之用。第二类额定电压高于 100 V，低于 1 000 V，这类电压主要用于低压三相电动机及照明设备。第三类额定电压高于 1 000 V，这类电压主要用于发电机、变压器、输配电线路及受电设备。

2. 电网额定电压

用电设备的额定电压和电网的额定电压一致。因为线路运行时有电压降落，所以要求线路首端电压高而末端电压低，线路电压降落如图 2-8 所示。

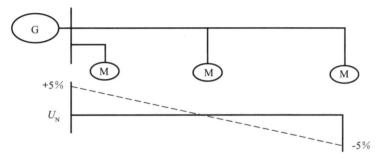

图 2-8 线路电压降落

3. 发电机额定电压

发电机接在线路的首端，发电机的额定电压一般比同级电网的额定电压高出 5%，用于补偿线路上的电压损失。

4. 变压器额定电压

一次绕组的额定电压：当变压器 T_1 直接与发电机相连时，其一次绕组额定电压应与发电机额定电压相同。当变压器 T_1 不与发电机相连而是连接在线路上时，可看做是线路的用电设备，因此其一次绕组额定电压应与电网额定电压相同。

二次绕组的额定电压：变压器二次侧供配电线路较长，如为较大的高压电网时，其二次绕组额定电压应比相连电网额定电压高 10%，其中 5% 是用于补偿变压器满负荷运行时绕组内部的电压降，另外 5% 用以补偿线路上的电压损耗。若二次侧供配电线路不长，直接供配电给高低压用电设备时，仅考虑补偿变压器满负荷运行时绕组内部 5% 的电压降。如图 2-9 所示为电力系统电气设备电压确定。

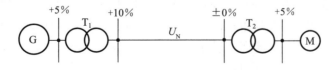

图 2-9 电力系统电气设备电压确定

5. 线路的平均额定电压

线路的平均额定电压指线路始端最大电压（变压器空载电压）和末端用电设备额定电压的平均值。由于线路始端最大电压比电网额定电压高10%，因而线路的平均额定电压比电网额定电压高5%。各级分别为：0.4 kV、3.15 kV、6.3 kV、10.5 kV、37 kV、63 kV、115 kV、230 kV、346 kV、525 kV。

[例2-1] 已知如图2-10所示系统中电网的额定电压，试确定发电机和变压器的额定电压。

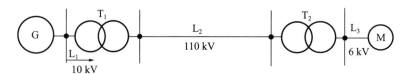

图2-10 系统中电网的额定电压

[解]
变压器直接与发电机相连，供配电距离较短，可以不考虑线路上的电压损失。

变压器 T_1 的一次绕组与发电机直接相连，所以其一次绕组的额定电压取发电机的额定电压。

发电机 G 的额定电压：10.5 kV；

变压器 T_1 的一次绕组的额定电压：10.5 kV；

变压器 T_1 的二次绕组的额定电压：121 kV；

变压器 T_1 的变比为：10.5/121 kV；

变压器 T_2 的一次绕组的额定电压：110 kV；

变压器 T_2 的二次绕组的额定电压：6.3 kV；

变压器 T_2 的变比为：110/6.3 kV。

6. 电能的质量

决定供配电质量的主要指标：电压、频率、波形和供配电的持续性。

1）电压

电压质量对各类用电设备的安全经济运行都有直接的影响。对照明负荷来说，白炽灯对电压的变化是非常敏感的。当电压降低时，白炽灯的发光效率和光通量都急剧下降；当电压升高，白炽灯的寿命将大为缩短。例如，电压额定值降低10%，则光通量减少30%；电压额定值升高10%时，则寿命缩减一半。对电力系统的负荷中大量使用的异步电动机而言，它的运行特性对电压的变化也是非常敏感的。当输出功率一定时，异步电动机的定子电流、功率因数和效率随电压变化而变化。当端电压下降时，定子电流增加很快。这是由于异步电动机的最大转矩是与端电压的平方成正比的，当电压降低时，电机转矩将显著减小，以致转差增大，从而使得定子、转子电流都显著增大，导致电动机的温度上升，甚至可能烧毁电动机。反之，当电压过高时，对于电动机、变压器一类具有激磁铁芯的电气设备而言，铁芯磁密度将增大以致饱和，从而激磁电流与铁耗都大大增加，以致电机过热、效率降低、波形变坏，甚至可能产生高频谐振。对电热装置来说这类设备的功率也与电压的平方成正比，显然过高的电压将损伤设备，过低的电压则达不到所需的温度。

此外，对电视、广播、电传真、雷达等电子设备来说，它们对电压质量的要求更高。电子设备中的电子管、半导体元件、磁心装置等特性，对电压都极其敏感，电压过高或过低都将使元器件特性严重改变而影响正常运行。

由于上述各类用户的工作情况均与电压的变化有着极为密切的关系，故在运行中必须规定电压的容许变化范围，这也就是电压的质量标准。

国家标准规定，用户处的容许电压变化范围为：

（1） 35 kV 及以上电压供配电电压正负偏差绝对值之和不超过额定电压的 10%；

（2） 10 kV 以下的高压供配电的用户和低压电力用户电压允许偏差为 ±7%；

（3） 低压照明用户电压允许偏差为 ±（7% ~10%）。

2）频率

频率的偏差同样将严重影响电力用户的正常工作。对电动机来说，频率降低将使电动机转速下降，从而使生产效率降低，并影响电动机寿命；反之，频率增高将使电动机的转速升高，增加功率消耗，使经济性降低。特别是某些对转速要求较严格的工艺流程（如纺织、造纸等），频率的偏差将大大影响产品质量，甚至产生废品。另外，频率偏差对发电厂本身将造成更为严重的影响。例如，锅炉的给水泵和风机之类的离心式机械，当频率降低时其出力将急剧下降，从而锅炉的出力大大减小，甚至紧急停炉，这样就势必进一步减少系统电源的出力，导致系统频率进一步下降。另外，在频率降低的情况下运行时，汽轮机叶片将因振动加大而产生裂纹，以致缩短汽轮机的寿命。因此，如果系统频率急剧下降的趋势不能及时制止，势必造成恶性循环以致整个系统发生崩溃。

我国的技术标准规定电力系统的额定频率为 50 Hz，电力系统正常频率偏差允许值为 ±0.2 Hz，当系统容量较小时，偏差值可以放宽到 ±0.5 Hz。

在交流电力系统中，任一瞬间全系统的频率值是一致的。在稳定运行情况下，频率值决定于所有机组的转速。而机组的转速则主要决定于输出功率与输入功率的平衡情况。所以，要保证频率偏差不超过规定值，首先应当维持电源与负荷间的有功功率平衡，其次还要采取一定的调频措施，即通过调节使有功功率恢复平衡来维持频率的偏差在规定范围之内。

3）波形

通常，要求电力系统的供配电电压（或电流）的波形应为正弦波。为此，要求发电机首先发出符合标准的正弦波形电压。其次，在电能输送和分配过程中不应使波形产生畸变（例如，当变压铁芯饱和时，或变压器无三角形接法的线圈时，都可能导致波形畸变）。此外，还应注意负荷中出现的谐波源（如整流装置、电弧炼钢炉等）的影响。

当电源波形不是标准的正弦波时，必然包含着谐波成分，对周期性非正弦交流量进行傅里叶级数分解所得到的大于基波频率（50 Hz）整数倍的各次分量，通常称为高次谐波，主要由于电路中非线性元件造成。高次谐波使变压器及电动机的铁芯损耗明显增加、电动机转子发生振动现象影响其正常运行、电力系统发生电压谐振而危及设备的安全运行、对附近的通信设备和通信线路产生信号干扰。

通常，保证严格波形的问题在发电机、变压器等设计制造时便已考虑，并采取了相应的措施。因此，在运行时严格遵照有关规程，注意出现的一些谐波源并及时采取措施加以消除，只有这样才能保证波形质量。

4）供配电的持续性（可靠性）

毫无疑问，供配电的持续性（可靠性）应当是衡量供配电质量的一个重要指标，可将其列在质量指标的首位。一般以全年平均供配电时间占全年时间的百分数来衡量供配电可靠性的高低。例如，某电力用户全年平均停电 48 h，即停电时间占全年时间的 0.55%，则供配电的可靠性为 99.45%。

 **任务实施**

工厂供配电电压的选择及电气设备额定电压确定

（1）到一机修厂了解用电负荷，选择该厂供配电电压，将其填写在表 2-9 中。

表 2-9 机修厂供配电电压的选择

电压等级	输送功率	输送距离	企业附近电源电压等级
1			
2			

（2）确定如图 2-11 所示发电机和变压器的额定电压，并填写在表 2-10 中。

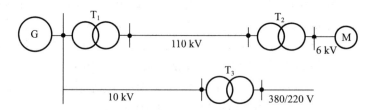

图 2-11 发电机和变压器的额定电压

表 2-10 发电机和变压器的额定电压确定

发电机	变压器 T_1		变压器 T_2		变压器 T_3	
	一次侧	二次侧	一次侧	二次侧	一次侧	二次侧

 评价总结

根据实地考察收集资料，结合所填写的表 2-9、表 2-10 和收获体会进行评议，并填写成绩评议表（表 2-11）。

表 2-11 成绩评议表

评定人/任务	任务评议	等级	评定签名
自己评			
同学评			
老师评			
综合评定等级			

_____年_____月_____日

思考与练习

一、判断题

(1) 在电力系统中,电压升高,电流也随着增大。(　　)
(2) 一类负荷要求有两个独立电源供配电。(　　)
(3) 供配电距离越远、输送功率越大,采用的电压等级越低。(　　)

二、填空题

(1) 中性点接地系统称(　　)电流接地系统,适用于(　　)高压和(　　)系统。
(2) 中性点不接地系统称(　　)电流接地系统,适用于(　　)系统。
(3) 衡量供配电质量的主要指标(　　)、(　　)、(　　)、(　　)。
(4) 电力系统拉闸限电时先断(　　)负荷,必要时断(　　)负荷,保证(　　)的用电。

三、简答题

(1) 什么是电力系统、电力网?
(2) 工矿企业电力负荷如何分类?各类负荷对供配电可靠性有什么要求?
(3) 发电机与变压器的额定电压是如何规定的?为什么要这样规定?
(4) 当小电流接地系统发生一相接地时,各相对地电压和对地电流如何变化?

项目三　供配电系统电气主接线

☞ **项目引入：**

本项目主要介绍了工厂变、配电所的电气主接线的基本接线方式。它直观地表示了变、配电所的结构特点、运行性能、使用电气设备的多少及其前后安排等，对变、配电所安全运行、电气设备选择、配电装置布置和电能质量都起着决定性作用。

☞ **知识目标：**

（1）熟悉电气主接线图中的符号表示。
（2）熟悉高低压配电网接线特点。

☞ **技能目标：**

（1）能根据负荷等级选择电气主接线。
（2）能根据实际情况设计电气主接线方案。

☞ **德育目标：**

供配电系统的基本要求本身包括安全、可靠、优质、经济，主接线方式的选择要考虑负荷的重要程度，电气主接线的运行方式是电气运行人员在电气主接线正常运行、操作及事故状态下分析和处理各种事故的基本依据。培养科学思维方法和职业道德观念，使之成为高素质的、具有电气运行与控制专业知识的劳动者和高级技术专门人才。

☞ **相关知识：**

（1）总降压变电所、车间变电所主接线。
（2）高压配电网、低压配电网接线。

☞ **任务实施：**

（1）35 kV 及以上的大中型工厂供电系统电气主接线选择。
（2）高压配电侧接线选择。
（3）机一车间低压配电侧接线选择。

☞ **重点：**

（1）变电所电气主接线。
（2）低压配电系统接线。

☞ **难点：**

高压配电网的接线。

任务一 变电所的电气主接线

工厂变、配电所的电气主接线是指变电所中各种开关设备、电力变压器、母线、电流互感器以及电压互感器等主要电气设备按照一定的工作顺序和规程要求连接变、配电一次设备的一种电路形式。主电路图又称为一次电路图、主接线图、一次接线图。主电路图中的主要电气设备应采用国家规定的图文符号来表示，由于电力系统称为三相对称系统，所以电气主接线图通常以单线图来表示，使其简单、清晰，它对电气设备选择、配电装置布置等均有较大影响，是运行人员进行各种倒闸操作的事故处理重要依据。

相关知识

一、对主接线的基本要求

工厂变、配电所主接线方案的确定必须综合考虑安全性、可靠性、灵活性和方便性、经济性等多方面的要求。

（1）安全性：符合国家标准和有关技术规范的要求，能充分保证人身和设备的安全。

（2）可靠性：应根据负荷的等级，满足负荷在各种运行方式下对供配电可靠性的要求。

（3）灵活性和方便性：能适应系统所需要运行的各种运行方式，操作维护简便。在系统故障和设备检修时，应能保证非故障和非检修回路继续供配电，能适应负荷的发展，要考虑最终接线的实现以及在场地和施工等方面的可行性。

（4）经济性：在满足以上要求的前提下，尽量使主接线简单，投资少，运行费用低。此外，对主接线的选择，还应考虑受电容量和受电地点短路容量的大小、用电负荷的重要程度、对电能计量（如高压侧还是低压侧计量、动力机照明分别计费等）及运行操作技术的需要等因素。如需高压侧计量电能的，则应配置高压侧电压互感器和电流互感器（或计量柜）；受电容量大或用电负荷重要的或对运行操作要求快速的用户，则应配自动开关机及相应的电气系统操作装置；受电容量虽小，但受电地点短路容量大的，则应考虑保护装置开断短路电流的能力，如采用真空断路器等；一般容量小且不重要的用电负荷，可以配置跌落式熔断器控制和保护。

二、总降压变电所的主接线

1. 线路—变压器组接线

变电所只有一路电源进线，只设一台变压器且变电所没有高压负荷和转送负荷的情况下，常常用线路—变压器组接线。其主要特点是变压器高压侧无母线，低压侧通过开关接成单母线接线供配电。

在变电所高压侧，即变压器高压侧，可根据进线距离和系统短路容量的大小装设隔离开关QS，高压熔断器FU或高压断路器QF_2，如图3-1所示。

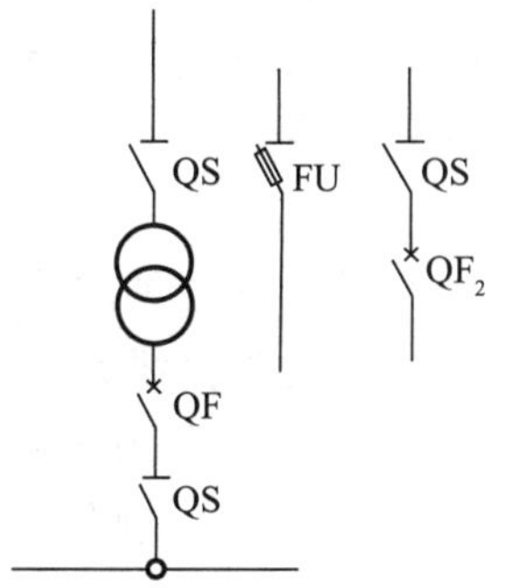

图3-1 线路—变压器组接线

当供配电线路较短（小于2～3 km），电源侧继电保护装置能反应变压器内部及低压侧的短路故障，且灵敏度能满足要求时，可只设隔离开关。如系统短路容量较小，熔断器能满足要求时，可只设一组跌落式断路器。当上述两种接线不能满足，同时又要考虑操作方便时，需采用高压断路器 QF_2。

2. 桥式接线

为保证对一、二级负荷可靠供配电，总降压变电所广泛采用由两回路电源供配电，装设两台变压器的桥式接线。

桥式主接线可分为内桥和外桥两种，图3－2所示为常见内桥主接线图，图3－3所示为常见外桥主接线图。

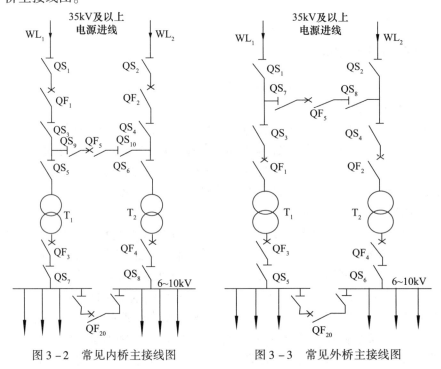

图3－2　常见内桥主接线图　　　图3－3　常见外桥主接线图

(1) 内桥式。内桥式主接线的"桥"断路器 QF_5 装设在两回路进线断路器 QF_1 和 QF_2 的内侧，如桥一样将两回路进线连接在一起。正常时，断路器 QF_5 处于开断状态。

这种主接线的运行灵活性好，供配电可靠性高，适用于一、二级负荷的工厂。

如果某路电源进线侧，例如 WL_1 停电检修或发生故障时，WL_2 经 QF_5 对变压器 T_1 供配电。因此这种接线适用于线路长，故障机会多和变压器不需经常投切的总降压变电所。

(2) 外桥式。在这种主接线中，一次侧的"桥"断路器装设在两回路进线断路器 QF_1 和 QF_2 的外侧，此种接线方式运行的灵活性和供配电的可靠性也较好，但与内桥式适用的场合不同。外桥接线对变压器回路操作方便，如需切除变压器 T_1 时，可断开 QF_1，先合上 QS_4。对其低压负荷供配电，再合上 QF_5，可使两条进线都继续运行。因此，外桥式接线适用于供配电线路较短，工厂用电负荷变化较大，变压器需经常切换，具有一、二级负荷变电所。

3. 单母线和母线分段

母线也称汇流排，即汇集和分配电能的硬导线。母线的色标：A 相—黄色；B 相—绿色；C 相—红色。母线的排列规律：从上到下为 A→B→C；对着来电方向，从左到右为 A→B→C。设置母线可以方便地把电源进线和多路引出线通过开关电器连接在一起，以保证供配电的可靠性和灵活性。

单母线主接线方式如图 3-4 所示，每路进线和出线中都配置有一组开关电器。断路器用于切断和关合正常的负荷电流，并能切断短路电流。隔离开关有两种作用：靠近母线侧的称为母线隔离开关，用于隔离母线电源和检修断路器；靠近线路侧的称为线路侧隔离开关，用于防止在检修断路器时从用户端反送电。防止雷击过电压沿线路侵入，

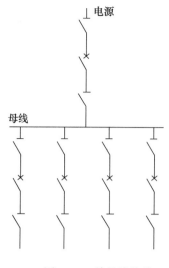

图 3-4 单母线接线

保护维修人员安全。单母线接线简单，使用设备少，配电装置投资少，但可靠性、灵活性较差。当母线或母线隔离开关故障或检修时，必须断开所有回路，造成全部用户停电。这种接线适用于单电源进线的一般中、小型容量的用户，电压为 6~10 kV。

单母线接线分段主接线如图 3-5 所示。为了提高单母线接线的供配电可靠性，在变电所有两个或两个以上电源进线或馈出线较多时，将电源进线和引出线分别接在两段母线上，这两段母线之间用断路器或隔离开关连接。

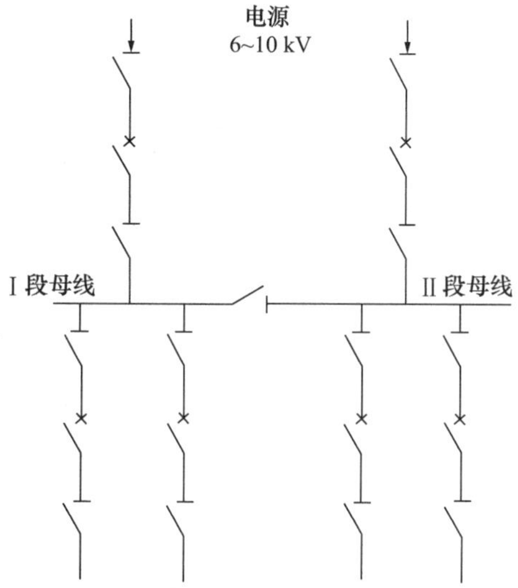

这种主接线运行方式灵活，母线可以分段运行，也可以不分段运行，供配电可靠性明显得到提高。分段运行时，各段母线互不干扰，任一段母线故障或需检修时，仅停止对本段负荷的供配电，减少了停电范围。当任一电源线路故障或需检修时，都可闭合母线分段开关，使两段母线均不致停电。

4. 双母线

单母线和单母线分段有一个缺点是母线本身发生故障或需检修时，将使该母线中断供配电。对供配电可靠性要求很高、进线回路多的大型工厂总降压变电所的 35~110 kV 母线和有重要负荷或有自备电厂的 6~10 kV 母线，如果单母线分段不能满足供配电可靠性要求时，可采用双母线接线方式。双母线主接线如图 3-6 所示。

图 3-5 单母线接线分段主接线

在这种接线中，任一电源或引出线均经一台断路器和两个隔离开关接在两条母线上，两条母线中间用母线联络断路器相连。

双母线接线有两种运行方式。一种方式是一组母线工作，另一组母线备用；另一种方式是两组母线同时工作，互为备用。

双母线由于有了备用母线，因而它的运行灵活性和供配电的可靠性都大大地提高。主

要优点有：

（1）可以不停电轮流检修每一组母线；

（2）一组母线故障，可以将全部负荷切换到另一组母线上，恢复供配电时间较快；

（3）检修任一台出线断路器时，可用母线联络断路器替代，不会长时间中断供配电；

（4）检修任一台母线隔离开关，只需将该电路短时间停电，待隔离开关与母线和线路连线打开后，即可通过另一组母线继续供配电。

为了提高供配电可靠性，可采用双母线分段的接线方式，这是在重要的变电所中常采用的接线方式。

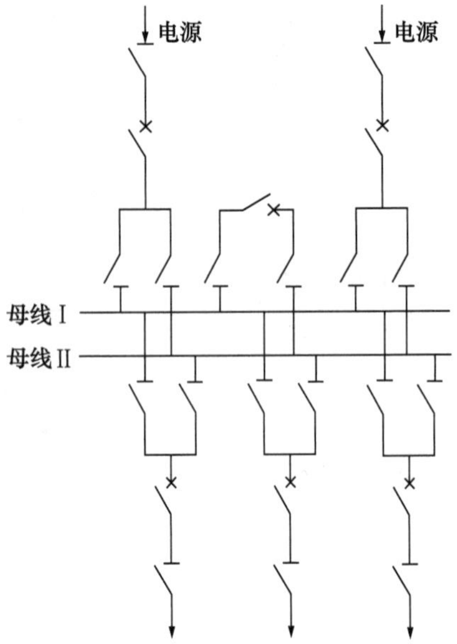

三、车间变电所的一次接线

车间变电所是将 6～10 kV 的电压降为 380/220 V 的电压，直接供给用电设备的终端变电所，如图 3-7 所示。

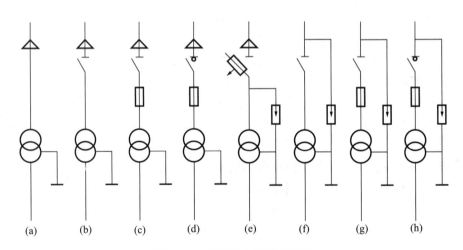

图 3-6 双母线主接线

图 3-7 车间变电所的主接线

(a) 电缆进线，无开关；(b) 电缆进线，装隔离开关；(c) 电缆进线，装隔离开关—熔断器；
(d) 电缆进线，装负荷开关—熔断器；(e) 架空进线，装跌落式熔断器和避雷器；
(f) 架空进线，装隔离开关和避雷器；(g) 架空进线，装隔离开关—熔断器和避雷器；
(h) 架空进线，装负荷开关—熔断器和避雷器

如是架空进线，都需要安装避雷器以防止雷电过电压侵入变电所破坏电气设备。当变压器侧为架空线加一段引入电缆进线时，变压器高压侧仍需安装避雷器。

常见的车间变电所主接线方案。

（1）高压侧装隔离开关—熔断器或跌落式熔断器的变电所主接线如图 3-8 所示。结构简单、经济，供配电可靠性不高，一般只用于 500 kV·A 及以下容量的变电所，对不重要的三级负荷供配电。

（2）高压侧装置负荷开关—熔断器的变电所主接线如图 3-9 所示。结构简单、经济，供配电可靠性仍不高，但操作比上述方案要简便、灵活，也只适用于不重要的三级负荷。

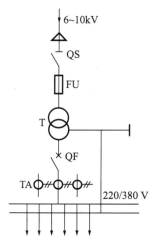

图 3-8 高压侧装隔离开关—
熔断器或跌落式熔断器的变电所主接线

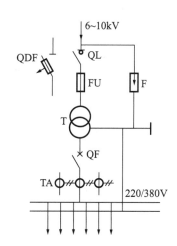

图 3-9 高压侧装置负荷开关—
熔断器的变电所主接线

（3）高压侧采用隔离开关—断路器控制的变电所主接线如图 3-10 所示。这种主接线由于采用了断路器，因此变电所的停电、送电操作灵活方便。但供配电可靠性仍不高，一般只用于二级负荷。

（4）两路进线、两台主变压器、高压侧无母线、低压侧单母线分段的变电所主接线如图 3-11 所示。这种主接线的供配电可靠性较高，可用于一、二级负荷。

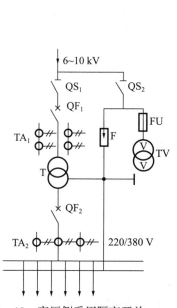

图 3-10 高压侧采用隔离开关—
断路器控制的变电所主接线

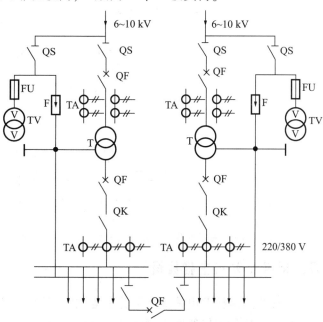

图 3-11 两路进线、两台主变压器、高压侧无母线、
低压侧单母线分段的变电所主接线

（5）一路进线、两台主变压器、高压侧母线、低压侧单母线分段的变电所主接线如图

3-12所示。这种主接线的供配电可靠性也较高,可用于二、三级负荷,如果有低压或高压联络线时,可用于一、二级负荷。

(6)两路进线、两台主变压器、高压侧和低压侧均为单母线分段的变电所主接线如图3-13所示。这种主接线的供配电可靠性高,可用于一、二级负荷。

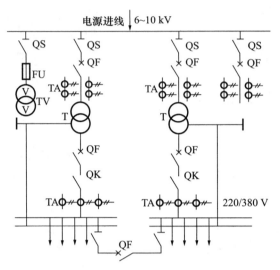

图 3-12 一路进线、两台主变压器、高压侧母线、低压侧单母线分段的变电所主接线

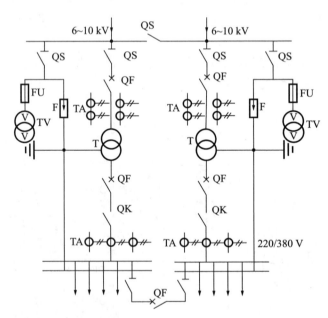

图 3-13 两路进线、两台主变压器、高压侧和低压侧均为单母线分段的变电所主接线

四、配电装置式主接线图

主接线图是按照电能输送和分配的顺序用规定的符号和文字来表示设备的相互连接关系,可以称这种主接线图为原理式主接线图(图3-14)。在工程设计的施工阶段,通常需要把主接线图转换成另外一种形式,即高压或低压配电装置之间的相互连接和排列位置而画出的主接线图(图3-15)。这样才能便于成套配电装置的订货采购和安装施工。

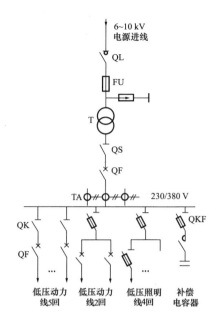

图 3-14 原理式主接线

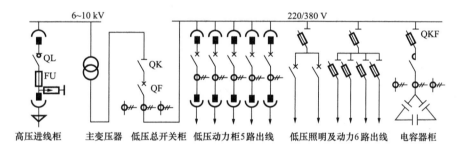

图 3-15 配电装置式主接线

任务实施

35kV 及以上的大中型工厂供电系统电气主接线选择

工厂各个车间负荷的情况（表 3-1）

表 3-1 工厂各个车间负荷的情况

序号	车间名称	设备用量/kW	计算负荷			变压器容量
			P_{ca}/kW	Q_{ca}/kvar	S_{ca}/(kV·A)	
1	空调机房（一）	246.5	172.6	129.4	215.8	1×400
2	厂务公用站房	338.2	236.8	177.6	296	
3	TG 车间	3 704.6	2 963.7	1 837.5	3 486.7	

续表

序号	车间名称	设备用量/kW	计算负荷			变压器容量
			P_{ca}/kW	Q_{ca}/kvar	S_{ca}/（kV·A）	
4	锅炉房	142.6	107	80.2	133.8	1×400
5	水泵房	320.9	208.6	156.5	278.1	
6	污水处理厂	67	53.6	47.2	68.7	
7	TA 车间	2 377.4	951	190.2	970	
8	空压站	607	534.2	470.1	712.3	1×400
9	空调机房（二）	368	257.6	193.2	322	
10	冷冻机（1）	561	392.7	345.6	523.6	
11	冷冻机（2，3）	1 122	785.4	691.1	1 047.2	1×400
12	制冷站	450	315	236.2	393.8	
13	照明用电	634.4	507.5	243.6	243.6	

根据主接线设计依据和主接线基本接线形式，列出几种主接线方案进行比较，最后确定最佳电气主接线方案。

评价总结

根据学生设计方案，采用答辩的形式进行综合评议总结，并填写成绩评议表（表3-2）。

表3-2 成绩评议表

评定人/任务	任务评议	等级	评定签名
自己评			
同学评			
老师评			
综合评定等级			

___年___月___日

任务二 高压配电网的接线

工厂企业内部电力线路按电压高低分为高压配电网络（1 kV 以上的线路）和低压配电网络（1 kV 以下的线路）。高压配电网的作用是从总降压变电所向各车间变电所或高压用电设备供配电，低压配电网的作用是从车间变电所向各用电设备供配电。高压配电网的接线方式通常有三种类型：放射式、树干式和环形。

一、放射式接线

1. 单回路放射式

所谓单回路放射式，就是由企业总降压变电所（或总配电所）6～10 kV 母线上引出的每一条回路，直接向一个车间变电所或车间高压用电设备配电，沿线不分支接其他负荷，各车间变电所之间也无联系，如图 3-16 所示。

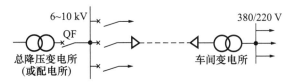

图 3-16 单回路放射式

这种形式的优点是：线路敷设简单，操作维护方便，保护简单，便于实现自动化；其缺点是：总降压变电所的出线多，有色金属的消耗量大，需用高压设备（开关柜）数量多，投资大，架空出线困难。此外，这种接线最大的缺点是当任一线路或开关设备发生故障时，该线路上的全部负荷都将停电，所以单回路放射式的供配电可靠性不高，仅适用于三级负荷的车间。

为了提高供配电的可靠性，可以考虑引入备用电源，采用双回路供配电方式。

2. 双回路放射式

按电源数目双回路放射式又可分为单电源双回路放射式和双电源双回路放射式两种。

（1）单电源双回路放射式

如图 3-17 所示，此种接线当一条线路发生故障或需检修时，另一条线路可以继续运行，保证了供配电，可适用于二级负荷。在故障情况下，这种接线从切除故障线路到再投入非故障线路恢复供配电的时间一般不超过 30 min，对于允许极短停电时间，且容量较小的一级负荷，正常情况下，只投入一条线路，如果两回路均投入，一旦事故发生还需要检查是哪一根电缆故障，对于某些停电时间不允许过长的三级负荷也可采用这种接线。

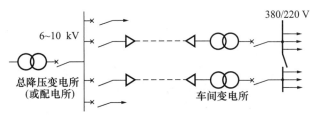

图 3-17 单电源双回路放射式

（2）双电源双回路放射式

两条放射式线路连接在不同电源的母线上。在任一线路发生故障时，或任一电源发生故障时，该种接线方式均能保证供配电的不中断。

双电源双回路交叉放射式接线如图 3-18 所示。一般从电源到负载都是双套设备都投入工作,并且互为备用,其供配电可靠性较高,适用于容量较大的一、二级负荷,但这种接线投资大,出线和维护都更为困难、复杂。

另外,为提高单回路放射式系统的供配电可靠性,各车间变电所之间也可采用具有低压联络线的接线方式,如图3-19所示。此接线方式中电压联络开关可采用自动投入装置,使两车间变电所通过联络线互为备用,使供配电可靠性大大提高,确保各车间变电所一级负荷不停电。

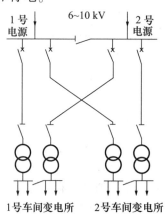
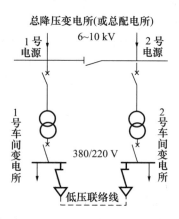

图3-18 双电源双回路交叉放射式接线　　图3-19 采用低压联络线的单回路放射式

这种接线与双电源双回路交叉放射式接线相比,可以大大地节约投资,但联络线的容量受到限制,一般不超过变电所变压器容量的25%。

3. 带公共备用线的放射式

图3-20所示为具有公共备用线放射式系统接线图,正常时备用线路不投入运行。当任何一回路发生故障或检修时,可切除故障线路投入备用线路,"倒闸操作"后,可将其负荷切换到公共的备用线上恢复供配电。这种接线其供配电可靠性虽有所提高,但因投入公共备用线的操作过程中仍需短时停电,所以不能保证供配电的连续性。另外,这种接线投资和有色金属消耗量也较大。

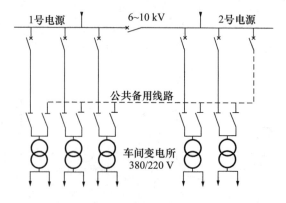

图3-20 具有公共备用线放射式系统接线图

二、树干式

树干式接线可分为直接树干式和链串型树干式两种。

1. 直接树干式

由总降压变电所（或配电所）引出的每路高压配电干线，沿各车间厂房架空敷设，从干线上直接接出分支线引入车间变电所，如图3-21（a）所示，称为直接树干式。

这种接线方式的优点是：总降压变电所 6~10 kV 的高压配电装置数量少，投资相应减少，出线简单，敷设方便，可节省有色金属，降低线路损耗。缺点是：供配电可靠性差，任一处发生故障时，均将导致该干线上的所有车间变电所全部停电。因此，要求每回路高压线路直接引接的分支线路数目不宜太多，一般限制在5个回路以内，每条支线上的配电变压器的容量不宜超过 315 kV·A，这种接线方式只适用三级负荷。

2. 链串型树干式

在直接树干式线路基础上，为提高供配电可靠性，可以采用链串型树干式线路，其特点是：干线要引入到每个车间变电所的高压母线上，然后再引出，干线进出侧均安装隔离开关，如图3-21（b）所示。这种接线可以缩小断电范围。当图中N点发生故障，干线始端总断路器QF跳闸，找出故障点后，只要拉开隔离开关QS_4，再合上QF，便能很快恢复对1号和2号车间变电所供配电，从而缩小了停电范围，提高了供配电可靠性。

为进一步提高树干式配电线路的供配电可靠性，可以采用以下改进措施：

（1）单侧供配电的双回路树干式。每一车间变电所从两条干线上同时引入电源，互为备用，如图3-22所示，供配电可靠性稍低于双回路放射式，但其节省投资；供配电可靠性较单回路树干式高，可供二、三级负荷。

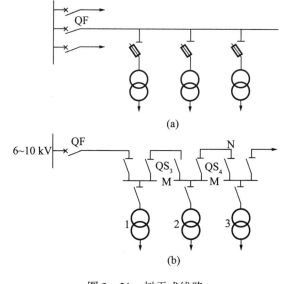
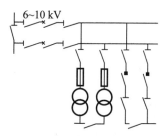

图3-21 树干式线路
（a）直接树干式；（b）链串型树干式

图3-22 单侧供配电的双回路树干式线路

（2）具有公共备用干线的树干式。如图3-23所示接线系统，当干线中的任一干线发生故障或检修时，可将该干线的负荷手动或自动切换到备用干线恢复供配电，这种接线一般用于二、三级负荷供配电。

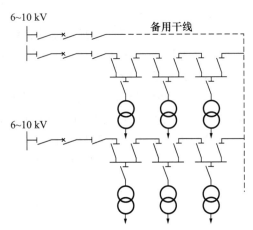

图 3-23　6~10 kV 有公共备用
干线的树干式线路

(3) 双侧供配电的单回路树干式，如图 3-24 所示。系统正常运行时可由一侧供配电，另一侧作为备用电源，最好在树干式线路中间负荷分界处（功率分点）断开，两侧分开供配电，以减少能耗，简化保护系统。当发生故障时，切除故障线段，恢复对其他负荷供配电。

(4) 双侧供配电的双回路树干式，如图 3-25 所示。这种接线可靠性更高，主要向二级负荷供配电。

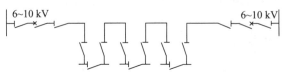

图 3-24　双侧供配电的单回路树干式线路

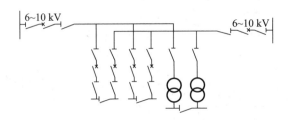

图 3-25　双侧供配电的双回路树干式线路

三、环形

环形接线实质上是由两条链串型树干式的末端连接起来构成，如图 3-26 所示。这种接线的优点是运行灵活、供配电可靠性高。适用于一、二级负荷的供配电系统。

以上介绍了企业高压配电线路的几种接线方式，各有优缺点，在实际应用中，应根据工厂负荷的等级、容量大小和分布情况作具体分析，进行不同方案的技术经济比较后，才能决定选取合理接线方式。

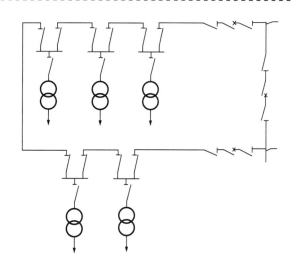

图 3-26 环形线路

任务实施

高压配电侧接线选择

工厂机械一车间负荷如表 3-3 所示。

表 3-3 工厂机械一车间负荷统计资料

序号	设备名称	需要系数	$\cos\varphi$	$\tan\varphi$	设备容量（kW）	计算负荷 P_{ca}（kW）	Q_{ca}（kvar）	S_{ca}（kVA）	I_{ca}（A）
1	主厂房暖风机	1	1	0	1.5				
2	电动大门	0.8	0.8	0.75	1.25				
3	凝结水泵	0.8	0.8	0.75	0.37				
4	空压站	0.8	0.8	0.75	86				
5	循环泵站	0.8	0.8	0.75	0.358				
6	打包机	0.2	0.5	1.73	5.5				
7	轧尖机	0.2	0.5	1.73	5				
8	对焊机	0.35	0.7	1.02	29.5				
9	涂塑备用	0.2	0.5	1.73	200				
10	涂塑	0.2	0.5	1.73	200				
11	绞线	0.8	0.8	0.75	1 020				
13	拉丝	0.8	0.8	0.75	1 272				

根据负荷容量及高压配电网接线特点，列出几种接线方案进行比较，最后确定最佳车间配电接线方案。

评价总结

根据学生高压配电侧接线方案选择，采用答辩的形式进行综合评议总结，并填写成绩评议表（表 3-4）。

表 3-4 成绩评议表

评定人/任务	任务评议	等级	评定签名
自己评			
同学评			
指导教师评			
综合评定等级			

_____年_____月_____日

任务三　低压配电系统接线

工厂低压配电系统与厂区高压配电线路的接线方式一样，也有放射式、树干式，以及混合式和环形等方式。

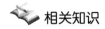 相关知识

一、低压放射式供配电系统

图 3-27 为低压线路放射式供配电系统，它又可按负荷分配情况分为带集中负荷的一级放射式和带分区集中负荷的两级放射式系统。

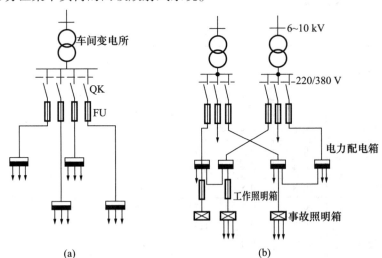

图 3-27　低压线路放射式供配电系统
(a) 一级放射式；(b) 两级放射式

低压放射式供配电系统，每个回路互不影响，供配电可靠性高，操作方便灵活，易实现自动控制，但使用开关设备多，有色金属消耗量较大，故投资大，施工复杂。

这种接线系统多适用于供配电可靠性要求较高的车间，具体适用范围如下：
(1) 每个设备负荷不大，比较集中，且位于变电所的不同方向；
(2) 车间内负荷配置较稳定；
(3) 单台用电设备容量大，但数量不多；
(4) 车间内负荷排列不整齐；
(5) 车间为有爆炸危险的厂房，必须由车间隔离的房间引出线路。

二、低压树干式供配电系统

低压树干式供配电系统与放射式系统刚好相反,一般情况下,它采用的开关设备较少,但干线发生故障时,停电范围较大,供配电可靠性差,所以一般分支点不超过 5 个,适用于给容量小而分布较均匀的用电设备供配电,如机械加工车间、机修车间和工具车间等。

低压树干式系统接线常有下列三种:低压母线配电的树干式、变压器—干线组的树干式和低压链式。

1) 低压母线配电的树干式

变电所二次侧引出线经过低压断路器引至车间内的母线上,再由母线上引出分支线给用电设备配电,如图 3-28(a)所示。

2) 变压器—干线组的树干式

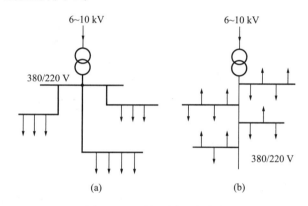

图 3-28 低压树干式接线
(a) 低压母线配电的树干式;(b) 变压器—干线组的树干式

由车间变电所变压器二次侧引出线经低压断路器引至车间内的干线上,然后由干线上引出分支线配电,如图 3-28(b)所示。这种接线方式,可省去变电所低压侧整套低压配电装置,从而使变电所结构简化,投资大为降低。

3) 低压链式

链式是树干式的一种变形,如图 3-29 所示,其特点与树干式相同,适用于用电设备距供配电点较远,而设备之间相距很近、容量很小的次要用电设备。由于其可靠性很差,一般相连的用电设备不超过 5 台,总容量不宜超过 10 kW。

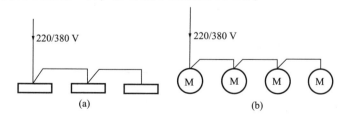

图 3-29 低压链式接线
(a) 配电箱链式接线;(b) 用电设备链式接线

在下列情况下不宜采用链式接线:
(1) 用电设备数量 3 台以下,总容量超过 10 kW,其中最大台不大于 5 kW;

(2) 单相设备与三相设备同时并存；
(3) 技术操作与使用差别很大的用电设备并存。

三、低压混合式供配电系统

在实际情况中，常常根据用电设备的工作特点、容量、自动化要求等，将放射式和树干式混合使用，如图 3-30 所示。例如，车间内动力和照明线路应分开，以免互相影响。

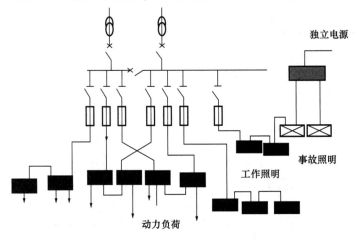

图 3-30　低压混合式供配电系统

为了提高供配电可靠性，对要求可靠性高的重要负荷，可以从两台分别运行的变压器低压母线分别引出线路到配电箱，即采用交叉供配电，或者在低压母线上装设自动投入装置，也能保证重要负荷的可靠供配电。

四、低压环形供配电系统

工厂车间变电所的低压侧均可通过低压联络线相互连接成环形，如图 3-31 所示。

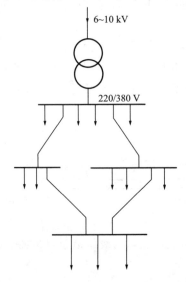

图 3-31　低压环形接线

低压环形接线的特点与高压环形相似、供配电可靠性高，电能损耗和电压损失较小，但短路电流大，保护装置及整定配合复杂，因此，常"开环"状态运行。

机一车间低压配电侧接线选择

根据任务二机一车间负荷容量统计，结合低压配电接线特点，列出几种接线方案进行比较，最后确定最佳低压侧配电接线方案。

根据学生低压配电接线方案选择，采用答辩的形式进行综合评议总结，并填写成绩评议表（表3-5）。

表3-5　成绩评议表

评定人/任务	任务评议	等级	评定签名
自己评			
同学评			
指导教师评			
综合评定等级			

＿＿＿年＿＿＿月＿＿＿日

思考与练习

（1）工厂供配电系统各级电压根据什么原则确定？

（2）内桥式主接线与外桥式主接线有何区别？它们各适用于什么场合？

（3）工厂或车间的变压器台数如何确定？主变压器容量如何选择？

（4）工厂高压电力线路的接线方式主要有哪几种？试分析其优缺点和应用范围？

（5）车间低压电力线路主要有哪几种接线方式？通常哪种方式应用最普遍？为什么？

（6）列表比较双电源单母线（不分段），分段单母线（用隔离开关及断路器分段），双母（不分段）三种接线方式在一路电源发生故障，一段母线发生故障，双母线检修时引出馈电线的停电范围及恢复供配电时间的长短。

（7）某厂总降压变电所，拟选用两台容量相同的变压器，已知最大负荷为 $S_{max}=5\,000\,kV \cdot A$，平均负荷 $S_{av}=3\,300\,kV \cdot A$，变压器满足正常运行时，工作于经济状态，又考虑一台变压器故障或检修情况下另一台变压器的过负荷能力，试设计变压器的容量及其规格型号。

（8）某车间380/220 V线路，拟采用BLV型铝芯聚氯乙烯绝缘线明敷。已知该线路的计算电流为150 A，试按发热条件选择此聚氯乙烯线的芯线截面。

（9）从总降压变电所引出一条10 kV架空线路，向两个铜矿井口供配电，导线采用LJ型铝绞线，沿线截面均为35 mm^2，导线的几何均距为1 m，线路长度及各井口的负荷如图3-32所示，试计算线路的电压损失。

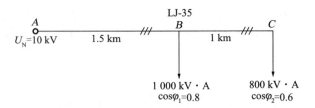

图 3-32 线路长度及各井口负荷

（10）某工厂三个车间由 10 kV 三相架空线路供配电，拟采用 LJ 型铝绞线成三角形布置，线间距离为 1 m，线路的允许电压损失百分值为 $\Delta U_{a1}\% = 5$，各车间的负荷与线路长度如图 3-33 所示，拟将各段截面选成一样，试按允许电压损失选择导线截面，并按允许发热条件校验。

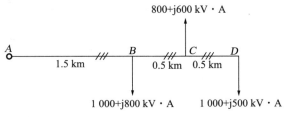

图 3-33 各车间的负荷与线路长度

项目四　负　荷　统　计

☞ **项目引入：**

根据需要系数法、二项式法可进行负荷计算，设计时作为选择工厂供配电系统供配电线路的导线截面、变压器容量、开关电器及互感器等额定参数的依据，使在实际运行中导体及电器的最高温升不会超过允许值。正确计算负荷意义重大，是供配电设计的前提，也是实现供配电系统安全、经济运行的必要手段。

通过此项目的学习，学会工厂计算负荷常用的需要系数法、二项式法计算方法，会根据计算值选择变压器，进行无功功率的补偿。

☞ **知识目标：**

(1) 理解需要系数、计算负荷的概念。
(2) 熟悉查表法和二项式法统计负荷。

☞ **技能目标：**

(1) 会统计工厂负荷和车间负荷。
(2) 会选择导线和变压器，并对系统进行功率补偿。

☞ **德育目标：**

许多电力工匠潜心钻研专业技术出彩人生的历程，在平凡的岗位成就不平凡的业绩。熟能生巧，艺无止境，在精益求精中练出炉火纯青的技术。统计负荷要深入现场，综合考虑不要遗漏，用电设备容量计算认真准确，以工匠精神要求自己，培养精益、严谨、耐心、敬业的精神，具有人文素养和职业素养意识，担负起职业责任和时代赋予的使命。

☞ **相关知识：**

查表法和二项式法统计负荷。

☞ **任务实施：**

(1) 机械厂负荷统计。
(2) 变电所变压器损耗和电力线路损耗计算。
(3) 日光灯电路功率因数的提高。
(4) 机械厂 10 kV 厂区配电网络导线选择。

☞ **重点：**

(1) 变压器和导线选择。
(2) 需要系数法。

☞ 难点：

需要系数法。

任务一　负荷计算

用电设备的铭牌上都标有额定功率，要统计车间总负荷或工厂总负荷并不是把各用电设备的额定功率直接相加，这是由于各用电设备并不一定同时运行，所以要按需要系数法确定总负荷。

一、负荷曲线

负荷曲线是用于表达电力负荷随时间变化情况的函数曲线。在直角坐标系中，纵坐标表示负荷（有功功率或无功功率）值，横坐标表示对应的时间（一般以小时为单位）。

1. 负荷曲线的分类

按负荷的功率性质分：可分为有功负荷曲线和无功负荷曲线；按所表示的负荷变动的时间分：可分为日负荷曲线、月负荷曲线和年负荷曲线。

图 4-1 是某一班制工厂的日有功负荷曲线，其中图 4-1（a）是依点连接而成的折线负荷曲线，图 4-1（b）是绘成的梯形负荷曲线。为便于计算，负荷曲线多绘成梯形，即假定在每个时间间隔中，负荷是保持其平均值不变的，横坐标一般按半小时分格，确定"半小时最大负荷"。

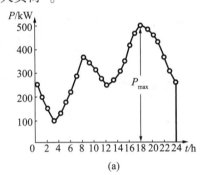
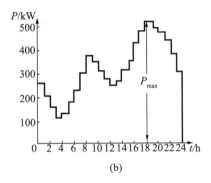

图 4-1　日有功负荷曲线

(a) 折线负荷曲线；(b) 梯形负荷曲线

年负荷曲线是根据一年中具有代表性的冬日负荷曲线和夏日负荷曲线绘制而成。夏日和冬日在全年中的天数，视当地的地理位置和气温情况而定。例如在我国北方，可近似认为夏日 165 天，冬日 200 天；而在我国南方，可近似认为夏日 200 天，冬日 165 天。如绘制南方某厂的年负荷曲线，绘制时从冬夏日负荷曲线上的最大负荷开始，依次按阶梯减小到最小负荷，并按阶梯作水平虚线，水平虚线通过冬日负荷曲线所对应的时间乘以 165，水平虚线通过夏日负荷曲线所对应的时间乘以 200。将两个时间相加，即为年负荷曲线上横坐标所对应的时间。如在年负荷曲线上 P_1 所占的时间 $T_1 = 200（t_1 + t_1'）$，P_2 在年负荷

曲线上所占的时间 $T_2 = 200t_2 + 165t_2'$，这种年负荷曲线反映了工厂全年变动与负荷持续时间的关系，所以也称为年负荷持续时间曲线，如图 4-2 所示。

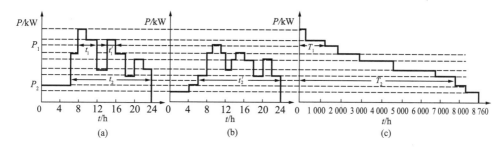

图 4-2 年负荷持续时间曲线绘制

(a) 夏日负荷曲线；(b) 冬日负荷曲线；(c) 年负荷持续时间曲线

2. 年最大负荷和年最大负荷利用小时数

（1）年最大负荷 P_{max}。年最大负荷 P_{max} 就是全年中负荷最大的工作班内消耗电能最大的半小时的平均功率，因此年最大负荷也称为半小时最大负荷 P_{30}。

（2）年最大负荷利用小时数 T_{max}。年最大负荷利用小时数又称为年最大负荷使用时间 T_{max}，它是一个假想时间，在此时间内，电力负荷按年最大负荷 P_{max}（或 P_{30}）持续运行所消耗的电能，恰好等于该电力负荷全年实际消耗的电能。如图 4-3 所示为某厂年有功负荷曲线，此曲线上最大负荷 P_{max} 就是年最大负荷，T_{max} 为年最大负荷利用小时数。

年最大负荷利用小时数是反映电力负荷特征的一个重要参数。它与工厂类型及生产班制有明显的关系。一般情况下，一班制工厂 $T_{max} \approx 1\,800 \sim 3\,000$ h；两班制工厂 $T_{max} \approx 3\,500 \sim 4\,500$ h；三班制工厂 $T_{max} \approx 5\,000 \sim 7\,000$ h。

3. 平均负荷 P_{av}

平均负荷 P_{av}，就是电力负荷在一定时间 t 内平均消耗的功率，也就是电力负荷在该时间内消耗的电能 W 除以时间 t 的值，即：

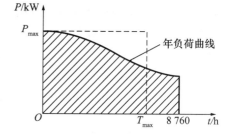

图 4-3 年最大负荷和年最大负荷利用小时数

$$P_{av} = W/t \tag{4-1}$$

如图 4-4 所示为年平均负荷 P_{av} 的横线与两坐标轴所包围的矩形面积，恰好等于年负荷曲线与两坐标轴包围的面积，即全年实际消耗的电能 W_a：

$$P_{av} = W_a/8\,760 \tag{4-2}$$

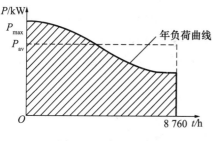

图 4-4 年平均负荷

4. 计算负荷及其意义

通常将以半小时平均负荷为依据所绘制的负荷曲线上的"最大负荷"称为计算负荷，并把它作为按发热条件选择电气设备的依据，用 P_{ca}（Q_{ca}、S_{ca}、I_{ca}）或 P_{30}（Q_{30}、S_{30}、I_{30}）表示。规定取"半小时平均负荷"的原因：一般中小截面导体的发热时

间常数 τ 为 10 min 以上，根据经验表明，中小截面导线达到稳定温升所需时间约为 $3\tau = 3 \times 10 = 30$（min），如果导线负载为短暂尖峰负荷，显然不可能使导线温度达到最高值，只有持续时间在 30 min 以上的负荷时，才有可能构成导线的最高温升。若根据计算负荷选择导体及电器，则在实际运行中导体及电器的最高温升不会超过允许值。计算负荷是设计时作为选择工厂供配电系统供配电线路的导线截面、变压器容量、开关电器及互感器等的额定参数的依据。

二、用电设备额定容量的确定

1. 用电设备的工作方式

用电设备按其工作方式可分为三种：连续运行工作制（长期工作制）；短时运行工作制（短暂工作制）；断续运行工作制（重复短暂工作制）。

（1）连续运行工作制（长期工作制）。在规定的环境温度下连续运行，设备任何部分温升均不超过最高允许值，负荷比较稳定。如通风机水泵、空气压缩机、皮带输送机、破碎机、球磨机、搅拌机、电机车等机械的拖动电动机，以及电炉、电解设备、照明灯具等，均属连续运行工作制的用电设备。它的功率就等于其铭牌上的额定功率。

（2）短时运行工作制（短暂工作制）。用电设备的运行时间短而停歇时间长，在工作时间内，用电设备的温升尚未达到该负荷下的稳定值即停歇冷却，在停歇时间内其温度又降低为周围介质的温度，这是短暂工作的特点。如机床上的某些辅助电动机（如横梁升降、刀架快速移动装置的拖动电动机）及水闸用电动机等设备。这类设备的数量不多。一般按铭牌上额定功率确定。但是，如果该设备在正常情况下不适用，只是在事故或检修时使用，那么，支线负荷按额定功率确定，干线上负荷可以不考虑。若该设备功率较大，影响干线上配电设备选择，则应给予适当考虑。

（3）断续运行工作制（重复短暂工作制）。用电设备以断续方式反复进行工作，其工作时间（t）与停歇时间（t_0）相互交替。工作时间内设备温度升高，停歇时间温度又下降，若干周期后，达到一个稳定的波动状态。如电焊机和吊车电动机等。断续周期工作制的设备，通常用暂载率 ε 表征其工作特征，取一个工作周期内的工作时间与工作周期的百分比值，即为 ε：

$$\varepsilon = \frac{t}{T} = \frac{t}{t+t_0} \times 100\% \qquad (4-3)$$

式中 t、t_0——分别为工作时间与停歇时间，两者之和为工作周期 T。

2. 用电设备额定容量的计算

在每台用电设备的铭牌上都有"额定功率"P_N，但由于各用电设备的额定工作方式不同，不能简单地将铭牌上规定的额定功率直接相加，必须先将其换算为同一工作制下的额定功率，然后才能相加。经过换算至统一规定的工作制下的"额定功率"称为"设备额定容量"，用 P_e 表示。

（1）长期工作制和短暂工作制的设备额定容量。

$$P_e = P_N \qquad (4-4)$$

(2) 重复短暂工作制的设备额定容量。

① 吊车机组用电动机（包括电葫芦、起重机、行车等）的设备额定容量统一换算到 $\varepsilon=25\%$ 时的额定功率（kW），若其 ε_N 不等于 25% 时应进行换算，公式为：

$$P_e = P_N \times \sqrt{\frac{\varepsilon_N}{\varepsilon}} \tag{4-5}$$

式中　P_e——换算到 $\varepsilon=25\%$ 时电动机的设备额定容量，kW；
　　　ε_N——铭牌暂载率；
　　　P_N——换算前电动机的额定功率；
　　　ε——换算的暂载率，即 $\varepsilon=25\%$。

② 电焊机及电焊变压器的设备额定容量统一换算到 $\varepsilon=100\%$ 时的额定功率（kW）。若其铭牌暂载率 ε_N 不等于 100% 时应进行换算，公式为：

$$P_e = P_N \sqrt{\varepsilon_N} = S_N \cos\varphi_N \sqrt{\varepsilon_N} \tag{4-6}$$

式中　P_N——换算前电焊机的额定功率，kW；
　　　S_N——换算前电焊机额定视在功率，kV·A；
　　　ε_N——与 P_N、S_N 相对应的铭牌暂载率；
　　　$\cos\varphi_N$——在 S_N 时的功率因数。

(3) 电炉变压器的设备额定容量。

电炉变压器的设备额定容量是指在额定功率因数下的额定功率（kW），即：

$$P_e = P_N = S_N \cos\varphi_N \tag{4-7}$$

式中　S_N——电炉变压器的额定视在功率，kV·A；
　　　$\cos\varphi_N$——电炉变压器的额定功率因数。

(4) 照明设备的设备额定容量。

① 白炽灯、碘钨灯设备额定容量等于灯泡上标注的额定功率（kW）；

② 荧光灯还要考虑镇流器中的功率损失（约为灯管功率的20%），其设备额定容量应为灯管额定功率的1.2倍（kW）；

③ 高压水银荧光灯亦要考虑镇流器中的功率损失（约为灯泡功率的10%），其设备额定容量应为灯泡额定功率的1.1倍（kW）；

④ 金属卤化物灯采用镇流器时亦要考虑镇流器中的功率损失（约为灯泡功率的10%），故其设备额定容量应为灯泡额定功率的1.1倍（kW）。

(5) 不对称单相负荷的设备额定容量。

当有多台单相用电设备时，应将它们均匀地分接到三相上，力求减少三相负载不对称情况。设计规程规定，在计算范围内，单相用电设备的总容量如不超过三相用电设备总容量的15%时，可按三相对称分配考虑。如单相用电设备的总容量大于三相用电设备总容量的15%时，则设备额定容量 P_e 应按三倍最大相负荷的原则进行换算。

当单相设备接于相电压，设备容量 P_e 的计算如下：

$$P_e = 3P_{em\varphi} \qquad (4-8)$$

式中 P_e——等效三相设备额定容量；

$P_{em\varphi}$——最大负荷所接的单相设备容量。

当单相设备接于线电压时：

$$P_e = \sqrt{3} P_{e\cdot l} \qquad (4-9)$$

式中 $P_{e\cdot l}$——接于同一线电压的单相设备容量。

[例4-1] 一台电焊机其额定功率为30 kW，铭牌暂载率为60%；一起重机其额定功率为39.6 kW，铭牌暂载率为40%。试分别确定其设备额定容量。

[解]

(1) 电焊机类设备统一换算到 $\varepsilon = 100\%$，所以设备功率为：

$$P_e = P_N \sqrt{\varepsilon_N} = 30\sqrt{0.6} = 23.2(kW)$$

(2) 起重机类设备统一换算到 $\varepsilon = 25\%$，所以设备功率为：

$$P_e = P_N \times \sqrt{\frac{\varepsilon_N}{\varepsilon}} = 2 \times 40 \times \sqrt{0.4} = 50.6 \text{ (kW)}$$

三、需要系数法计算

负荷计算的常用计算方法有：需要系数法、二项式法。需要系数法用于变、配电所的计算；二项式法用于低压配电线路的计算。

1. 用电设备的需要系数

用电设备往往不是满负荷运行，实际负荷容量常小于其额定容量。一组用电设备中，所有用电设备也不可能同时运行。同时工作的设备，最大负荷出现的时间也不相同。因此，用电设备组的实际负荷总容量总是小于其额定容量之和。我们将用电设备组实际负荷总容量与其额定容量之和的比值称为需要系数。根据用电设备的额定容量和需要系数，计算实际负荷容量的方法称为需要系数法。

一组用电设备的需要系数可由下式确定：

$$K_d = \frac{K_\Sigma K_L}{\eta_{wl} \eta} \qquad (4-10)$$

式中 K_Σ——设备组同时系数，即设备组在最大负荷时运行的设备容量与全部用电设备总额定容量之比；

K_L——负荷系数，即设备组在最大负荷时的输出功率与运行的设备容量之比；

η_{wl}——线路供配电效率；

η——用电设备组在实际运行功率时的平均效率。

实际上，上述系数对于成组用电设备是很难确定的，而且对一个生产企业或车间来说，生产性质、工艺特点、加工条件、技术管理和劳动组织以及工人操作水平等因素，都对 K_d 有影响，所以 K_d 只能靠测量统计确定。可查表4-1～表4-6。上述各种因素可供设计人员在变动的系数范围内选用时参考。

表 4-1 用电设备的需要系数及功率因数

用电设备组名称	K_d	$\cos\varphi$	$\tan\varphi$
单独传动的金属加工机床：			
小批生产的金属冷加工机床	0.12~0.16	0.50	1.73
大批生产的金属冷加工机床	0.17~0.20	0.50	1.73
小批生产的金属热加工机床	0.20~0.25	0.55~0.60	1.51~1.33
大批生产的金属热加工机床	0.20~0.28	0.65	1.17
锻锤、压床、剪床及其他锻工机械	0.25	0.60	1.33
木工机械	0.20~0.30	0.50~0.60	1.73~1.33
液压机	0.30	0.60	1.33
生产用通风机	0.75~0.85	0.80~0.85	0.75~0.62
卫生用通风机	0.65~0.70	0.80	0.75
泵、活塞型压缩机、电动发电机组	0.75~0.85	0.80	0.75
球磨机、破碎机、筛选机、搅拌机等	0.75~0.85	0.80~0.85	0.75~0.62
电阻炉（带调压器或变压器）：			
非自动装料	0.60~0.70	0.95~0.98	0.20~0.33
自动装料	0.70~0.80	0.95~0.98	0.20~0.33
干燥箱、加热器等	0.40~0.60	1.00	0
工频感应电炉（不带无功补偿装置）	0.8	0.35	2.68
高频感应电炉（不带无功补偿装置）	0.8	0.60	1.33
焊接和加热用高频加热设备	0.50~0.65	0.70	1.02
熔炼用高频加热设备	0.80~0.85	0.80~0.85	0.75~0.62
表面淬火电炉（带无功补偿装置）：			
电动发电机	0.65	0.70	1.02
真空管振荡器	0.80	0.85	0.62
中频电炉（中频机组）	0.65~0.75	0.80	0.75
氢气炉（带调压器或变压器）	0.40~0.50	0.85~0.90	0.62~0.48
真空炉（带调压器或变压器）	0.55~0.65	0.85~0.90	0.62~0.48
电弧炼钢炉变压器	0.90	0.85	0.62
电弧炼钢炉的辅助设备	0.15	0.50	1.73
点焊机、缝焊机	0.35，0.20	0.60	1.33
对焊机	0.35	0.70	1.02
自动弧焊变压器	0.50	0.50	1.73
单头手动弧焊变压器	0.35	0.35	2.68
多头手动弧焊变压器	0.40	0.35	2.68
单头直流弧焊机	0.35	0.60	1.33
多头直流弧焊机	0.70	0.70	1.02
金属、机修、装配车间、锅炉房用起重机（$\varepsilon=25\%$）	0.10~0.15	0.50	1.73
铸造车间用起重机（$\varepsilon=25\%$）	0.15~0.30	0.50	1.73

续表

用电设备组名称	K_d	$\cos\varphi$	$\tan\varphi$
连锁的连续运输机械	0.65	0.75	0.88
非连锁的连续运输机械	0.50~0.60	0.75	0.88
一般工业用硅整流装置	0.50	0.70	1.02
电镀用硅整流装置	0.50	0.75	0.88
电解用硅整流装置	0.70	0.80	0.75
红外线干燥设备	0.85~0.90	1.00	0.00
电火花加工装置	0.50	0.60	1.33
超声波装置	0.70	0.70	1.02
X光设备	0.30	0.55	1.52
电子计算机主机	0.60~0.70	0.80	0.75
电子计算机外部设备	0.40~0.50	0.50	1.73
试验设备（电热为主）	0.20~0.40	0.80	0.75
试验设备（仪表为主）	0.15~0.20	0.70	1.02
磁粉探伤机	0.20	0.40	2.29
铁屑加工机械	0.40	0.75	0.88
排气台	0.50~0.60	0.90	0.48
老炼台	0.60~0.70	0.70	1.02
陶瓷隧道窑	0.80~0.90	0.95	0.33
拉单晶炉	0.70~0.75	0.90	0.48
赋能腐蚀设备	0.60	0.93	0.40
真空浸渍设备	0.70	0.95	0.33

注：点焊机的需要系数0.20仅用于电子行业。

表4-2　3~6~10kV高压用电设备需要系数及功率因数

序号	高压用电设备组名称	K_d	$\cos\varphi$	$\tan\varphi$
1	电弧炉变压器	0.92	0.87	0.57
2	铜炉	0.90	0.87	0.57
3	转炉鼓风机	0.70	0.80	0.75
4	水压机	0.50	0.75	0.88
5	煤气站、排风机	0.70	0.80	0.75
6	空压站压缩机	0.70	0.80	0.75
7	氧气压缩机	0.80	0.80	0.75
8	轧钢设备	0.80	0.80	0.75
9	试验电动机组	0.50	0.75	0.88
10	高压给水泵（感应电动机）	0.50	0.80	0.75
11	高压输水泵（同步电动机）	0.80	0.92	-0.43
12	引风机、送风机	0.8~0.9	0.8	0.62
13	有色金属轧机	0.15~0.20	0.70	1.02

表4-3 各种车间的低压负荷需要系数及功率因数

车间名称	K_d	$\cos\varphi$	$\tan\varphi$
铸钢车间（不包括电炉）	0.3~0.4	0.65	1.17
铸铁车间	0.35~0.4	0.7	1.02
锻压车间（不包括高压水泵）	0.2~0.3	0.55~0.65	1.52~1.17
热处理车间	0.4~0.6	0.65~0.7	1.17~1.02
焊接车间	0.25~0.3	0.45~0.5	1.98~1.73
金工车间	0.2~0.3	0.55~0.65	1.52~1.17
木工车间	0.28~0.35	0.6	1.33
工具车间	0.3	0.65	1.17
修理车间	0.2~0.25	0.65	1.17
锻压车间	0.2	0.6	1.33
废钢铁处理车间	0.45	0.68	1.08
电镀车间	0.4~0.62	0.85	0.62
中央实验室	0.4~0.6	0.6~0.8	1.33~0.75
充电站	0.6~0.7	0.8	0.75
煤气站	0.5~0.7	0.65	1.17
氧气站	0.75~0.85	0.8	0.75
冷冻站	0.7	0.75	0.88
水泵站	0.5~0.65	0.8	0.75
锅炉房	0.65~0.75	0.8	0.75
压缩空气站	0.7~0.85	0.75	0.88
乙炔站	0.7	0.9	0.48
试验站	0.4~0.5	0.8	0.75
发电机车间	0.29	0.60	1.32
变压器车间	0.35	0.65	1.17
电容器车间（机械化运输）	0.41	0.98	0.19
高压开关车间	0.30	0.70	1.02
绝缘材料车间	0.41~0.50	0.80	0.75
漆包线车间	0.80	0.91	0.48
电磁线车间	0.68	0.80	0.75
线圈车间	0.55	0.87	0.51
扁线车间	0.47	0.75~0.78	0.88~0.80
圆线车间	0.43	0.65~0.70	1.17~1.02
压延车间	0.45	0.78	0.80
辅助性车间	0.30~0.35	0.65~0.70	1.17~1.02
电线厂主厂房	0.44	0.75	0.88
电瓷厂主厂房（机械化运输）	0.47	0.75	0.88
电表厂主厂房	0.40~0.50	0.80	0.75
电刷厂主厂房	0.50	0.80	0.75

表4-4　各种工厂的全厂需要系数及功率因数

工厂类别	需要系数 K_d		最大负荷时功率因数	
	变动范围	建议采用	变动范围	建议采用
汽轮机制造厂	0.38~0.49	0.38		0.88
锅炉制造厂	0.26~0.33	0.27	0.73~0.75	0.73
柴油机制造厂	0.32~0.34	0.32	0.74~0.84	0.74
重型机械制造厂	0.25~0.47	0.35		0.79
机床制造厂	0.13~0.30	0.20		
重型机床制造厂	0.32	0.32		0.71
工具制造厂	0.34~0.35	0.34		
仪器仪表制造厂	0.31~0.42	0.37	0.8~0.82	0.81
滚珠轴承制造厂	0.24~0.34	0.28		
量具刃具制造厂	0.26~0.35	0.26		
电机制造厂	0.25~0.38	0.33		
石油机械制造厂	0.45~0.50	0.45		0.78
电线电缆制造厂	0.35~0.36	0.35	0.65~0.80	0.73
电气开关制造厂	0.30~0.60	0.35		0.75
阀门制造厂	0.38	0.38		
铸管厂		0.50		0.78
橡胶厂	0.50	0.50	0.72	0.72
通用机器厂	0.34~0.43	0.40		
小型造船厂	0.32~0.50	0.33	0.60~0.80	0.70
中型造船厂	0.35~0.45	有电炉时取最高值	0.70~0.80	有电炉时取最高值
大型造船厂	0.35~0.40	有电炉时取最高值	0.70~0.80	有电炉时取最高值
有色冶金企业	0.60~0.70	0.65		
化学工厂	0.17~0.38	0.28		
纺织工厂	0.32~0.60	0.50		
水泥工厂	0.50~0.84	0.71		
锯木工厂	0.14~0.30	0.19		
各种金属加工厂	0.19~0.27	0.21		
钢结构桥梁厂	0.35~0.40			0.60
混凝土桥梁厂	0.30~0.45			0.55
混凝土轨枕厂	0.35~0.45			

表4-5　照明用电设备需要系数

建筑类别	K_d	建筑类别	K_d
生产厂房（有天然采光）	0.80~0.90	宿舍区	0.60~0.80
生产厂房（无天然采光）	0.90~1.00	医院	0.50
办公楼	0.70~0.80	食堂	0.90~0.95
设计室	0.90~0.95	商店	0.90
科研楼	0.80~0.90	学校	0.60~0.70
仓库	0.50~0.70	展览馆	0.70~0.80
锅炉房	0.90	旅馆	0.60~0.70

表4-6　　　照明光源的功率因数

光源类别	cos φ	tan φ	光源类别	cos φ	tan φ
白炽灯、卤钨灯	1.00	0.00	高压钠灯	0.45	1.98
荧光灯（无补偿）	0.55	1.52	金属卤化物灯	0.40~0.61	2.29~1.29
荧光灯（有补偿）	0.90	0.48	镝灯	0.52	1.60
高压汞灯	0.45~0.65	1.98~1.16	氙灯	0.90	0.48

2. 用电设备的计算负荷

$$P_{ca} = K_d P_e = \frac{K_\Sigma K_L}{\eta_{wl}\eta}P_e \tag{4-11}$$

如图4-5所示，总降压变电所计算负荷的方法由负荷端逐级向电源端进行计算。

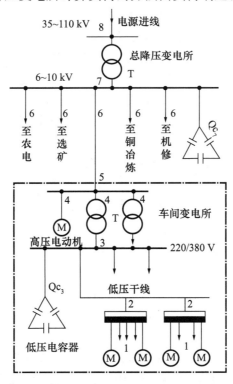

图4-5　总降压变电所供配电系统

1）单台用电设备的计算负荷

（1）有功计算负荷。

$$P_{ca_1} = \frac{K_L}{\eta_{wl}\eta}P_e \tag{4-12}$$

式中　P_e——换算到统一暂载率下的电动机的额定容量；

η——用电设备在额定负载下的平均效率；

η_{wl}——线路供配电效率，一般取0.9~0.95；

K_L——负荷系数，$K_L = \frac{P}{P_e}$，P为用电设备的实际负荷。

(2) 无功计算负荷。

$$Q_{ca_1} = P_{ca_1} \tan \varphi \quad (4-13)$$

式中 φ——用电设备功率因数角。

计算目的：用于选择分支线导线及其上的开关设备。

2) 用电设备组的计算负荷

(1) 有功计算负荷。

$$P_{ca_2} = K_d \sum P_e \quad (4-14)$$

式中 K_d——用电设备组的需要系数，可查表 4-1~表 4-6；

$\sum P_e$——用电设备组的设备额定容量之和，但不包括备用设备容量。

(2) 无功计算负荷。

$$Q_{ca_2} = P_{ca_2} \tan \varphi \quad (4-15)$$

$\tan \varphi$ 值可查表 4-1~表 4-6。

(3) 视在计算负荷。

$$S_{ca_2} = \sqrt{P_{ca_2}^2 + Q_{ca_2}^2}$$

计算目的：用于选择各组配电干线及其上的开关设备。

当 K_d 值有一定变动范围时，取值要作具体分析。如台数多时，一般取用较小值，台数少时取用较大值；设备使用率高时，取用较大值，使用率低时取用较小值。当一条线路内的用电设备的台数较小（$n < 3$ 台）时，一般是将用电设备额定容量的总和作为计算负荷，或者采用较大的 K_d 值（0.85~1）。

3) 确定车间配电干线或车间变电所低压母线上的计算负荷

(1) 总的有功计算负荷。

$$P_{ca_3} = K_\Sigma \sum P_{ca_2} \quad (4-16)$$

(2) 总的无功计算负荷。

$$Q_{ca_3} = K_\Sigma \sum Q_{ca_2} \quad (4-17)$$

(3) 总的视在计算负荷。

$$S_{ca_3} = \sqrt{P_{ca_3}^2 + Q_{ca_3}^2}$$

式中 P_{ca_3}、Q_{ca_3}、S_{ca_3}——分别为车间变电所低压母线上总的有功、无功及视在计算负荷；

$\sum P_{ca_2}$、$\sum Q_{ca_2}$——分别为各用电设备组的有功、无功计算负荷的总和；

K_Σ——最大负荷时的同时系数。考虑各用电设备组的最大计算负荷不会同时出现而引入的系数，K_Σ 可取 0.9。

注意：当变电所的低压母线上装有无功补偿用的静电电容器组，其容量为 Q_{c_3}，则当计算 Q_{ca_3} 时，要减去无功补偿容量，即 $Q_{ca_3} = K_\Sigma \cdot \sum (Q_{ca_2} - Q_{c_3})$。

计算目的：用于选择车间配电干线及其上的开关设备，或者用于低压母线的选择及车间变电所电力变压器容量的选择。

4) 确定车间变电所中变压器高压侧的计算负荷

$$P_{ca_4} = P_{ca_3} + \Delta P_T \quad (4-18)$$

$$Q_{ca_4} = Q_{ca_3} + \Delta Q_T \quad (4-19)$$

式中 P_{ca_4}、Q_{ca_4}——分别为车间变电所中变压器高压侧的有功、无功计算负荷，kW、kvar；

ΔP_T、ΔQ_T——分别为变压器的有功损耗与无功损耗，kW、kvar。

计算目的：用于选择车间变电所高压配电线及其上的开关设备。

在计算负荷时，车间变压器尚未选出，无法根据变压器的有功损耗与无功损耗的理论公式进行计算，因此一般按下列经验公式估算：

对 SJL1 等型电力变压器：

$$\left.\begin{array}{l}\Delta P_T \approx 0.02 S_{ca_3} \quad (\text{kW})\\ \Delta Q_T \approx 0.08 S_{ca_3} \quad (\text{kvar})\end{array}\right\} \tag{4-20}$$

对 SL7、S7、S9、S10 等低损耗型电力变压器：

$$\left.\begin{array}{l}\Delta P_T \approx 0.015 S_{ca_3} \quad (\text{kW})\\ \Delta Q_T \approx 0.06 S_{ca_3} \quad (\text{kvar})\end{array}\right\} \tag{4-21}$$

式中　S_{ca_3}——变压器低压母线上的计算负荷，kV·A。

5）确定全车间变电所中高压母线上的计算负荷

$$\left.\begin{array}{l}P_{ca_5} = \sum P_{ca_4} + P_{4m}\\ Q_{ca_5} = \sum Q_{ca_4} + Q_{4m}\end{array}\right\} \tag{4-22}$$

式中　P_{4m}、Q_{4m}——分别为车间高压用电设备的有功及无功计算负荷。

计算目的：用于车间变电所高压母线的选择。

6）确定总降压变电所出线上的计算负荷

$$\left.\begin{array}{l}P_{ca_6} = P_{ca_5} + \Delta P_L \approx P_{ca_5}\\ Q_{ca_6} = Q_{ca_5} + \Delta Q_L \approx Q_{ca_5}\\ S_{ca_6} \approx S_{ca_5}\end{array}\right\} \tag{4-23}$$

式中　ΔP_L、ΔQ_L——高压线路功率损耗，由于一般工厂范围不大，线路功率损耗小，故可忽略不计。

计算目的：用于选择总降压变电所出线及其上的开关设备。

7）确定总降压变电所低压侧母线的计算负荷

$$\left.\begin{array}{l}P_{ca_7} = K_\Sigma \sum P_{ca_6}\\ Q_{ca_7} = K_\Sigma \sum Q_{ca_6}\end{array}\right\} \tag{4-24}$$

注意：如果在总降压变电所 6～10 kV 二次母线侧采用高压电容器进行无功功率补偿，则在计算总无功功率 Q_{ca_7} 时，应减去补偿设备的容量 Q_{c_7}，即 $Q_{ca_7} = K_\Sigma \sum (Q_{ca_6} - Q_{c_7})$。

计算目的：用于选择总降压变电所低压母线以及选择总降压变电所主变压器容量。

8）确定全厂总计算负荷

$$\left.\begin{array}{l}P_{ca_8} = P_{ca_7} + \Delta P_T\\ Q_{ca_8} = Q_{ca_7} + \Delta Q_T\end{array}\right\} \tag{4-25}$$

计算目的：全厂总计算负荷的数值可作为向供配电部门申请全厂用电的依据，并作为原始资料进行高压供配电线路的电气计算，选择高压进线导线及进线开关设备。

[例 4-2] 一机修车间的 380 V 线路上，接有金属切削机床电动机 20 台共 50 kW；另接通风机 3 台共 5 kW；电葫芦一个共 3 kW（$\varepsilon_N = 40\%$）。试计算负荷。

[解]

冷加工电动机组：查表 4-1 可得 $K_d = 0.16 \sim 0.2$（取 0.2），$\cos\varphi = 0.5$，$\tan\varphi = 1.73$，

因此：
$$P_{ca_1} = K_d \sum P_e = 0.2 \times 50 = 10 \text{ (kW)}$$
$$Q_{ca_1} = P_{ca_1} \tan \varphi = 10 \times 1.73 = 17.3 \text{ (kvar)}$$
$$S_{ca_1} = P_{ca_1} / \cos \varphi = 10/0.5 = 20 \text{ (kV·A)}$$

通风机组：查表 4-1 可得 $K_d = 0.7 \sim 0.8$（取 0.8），$\cos \varphi = 0.8$，$\tan \varphi = 0.75$，因此：
$$P_{ca_2} = K_d \sum P_e = 0.8 \times 5 = 4 \text{ (kW)}$$
$$Q_{ca_2} = P_{ca_2} \tan \varphi = 4 \times 0.75 = 3 \text{ (kvar)}$$
$$S_{ca_2} = P_{ca_2} / \cos \varphi = 4/0.8 = 5 \text{ (kV·A)}$$

电葫芦：由于是单台设备，可取 $K_d = 1$，查表 4-1 可得 $\cos \varphi = 0.5$，$\tan \varphi = 1.73$，因此：
$$P_e = P_N \times \sqrt{\frac{\varepsilon_N}{25\%}} = 2P_N \sqrt{\varepsilon_N} = 2 \times 3 \times \sqrt{0.4} = 3.79 \text{ (kW)}$$
$$P_{ca_3} = P_e = 3.79 \text{ (kW)}$$
$$Q_{ca_3} = P_{ca_3} \tan \varphi = 3.79 \times 1.73 = 6.56 \text{ (kvar)}$$
$$S_{ca_3} = P_{ca_3} / \cos \varphi = 3.79/0.5 = 7.58 \text{ (kV·A)}$$

取同时系数 K_Σ 为 0.9，因此总计算负荷为
$$P_{ca(\Sigma)} = K_\Sigma \sum P_{ca} = 0.9 \times (10 + 4 + 3.79) = 16.01 \text{ (kW)}$$
$$Q_{ca(\Sigma)} = K_\Sigma \sum Q_{ca} = 0.9 \times (17.3 + 3 + 6.56) = 24.17 \text{ (kW)}$$
$$S_{ca(\Sigma)} = \sqrt{P_{ca(\Sigma)}^2 + Q_{ca(\Sigma)}^2} = \sqrt{16.01^2 + 24.17^2} = 28.99 \text{ (kV·A)}$$

四、二项式法计算

二项式法是考虑一定数量大容量用电设备对计算负荷的影响而提出的计算方法。数台大功率设备工作时对负荷的附加功率，会使计算结果偏大，一般用于低压配电干线和配电箱的负荷计算。

1. 二项式法的基本公式

$$P_{ca} = bP_e + cP_x \tag{4-26}$$

计算负荷 P_{ca} 由 $bP_e + cP_x$ 两项组成。

式中，b 和 c 为二项式系数可查表 4-7；bP_e 表示用电设备的平均功率，其中 P_e 是用电设备组的设备总容量，其计算方法如前需要系数法中所述；cP_x 表示用电设备组中 x 台容量大的设备投入运行时增加的附加负荷，其中 P_x 是 x 台最大容量的设备总容量。其余的计算负荷 Q_{ca}、S_{ca} 的求法与前述需要系数法的计算相同。

注意：按二项式法确定计算负荷时，如果设备总台数 n 少于表 4-7 中规定的最大容量设备台数的 2 倍（即 $n < 2x$）时，其最大容量设备台数宜适当取小，建议取为 $x = n/2$，且按"四舍五入"修约规则取整数。例如某机床电动机组只有 7 台时，则其 $x = 7/2 \approx 4$。如果用电设备组只有 1~2 台设备时，就可认为 $P_{ca} = P_e$。对于单台电动机，则 $P_{ca} = P_N/\eta$，式中 P_N 为电动机额定容量，η 为其额定效率。在设备台数较少时，$\cos \varphi$ 也应适当取大。

由于二项式法不仅考虑了用电设备组最大负荷时的平均功率，而且考虑了少数容量最

大的设备投入运行时对总计算负荷的额外影响,所以二项式法比较适于确定设备台数较少而容量差别大的低压干线和分支线的计算负荷。但是二项式计算系数 b、c 和 x 的值,缺乏充分的理论根据,而且这些系数,也只适用于机械加工工业,其他行业的这方面数据缺乏,从而使其应用受到一定局限。表 4-7 为用电设备组二项式系数。

表 4-7　用电设备组二项式系数

用电设备组名称	需要系数 K_d	二项系数 b	二项系数 c	最大容量设备台数 x	$\cos\varphi$	$\tan\varphi$
小批生产的金属冷加工机床电动机	0.16~0.2	0.14	0.4	5	0.5	1.73
大批生产的金属冷加工机床电动机	0.18~0.25	0.14	0.5	5	0.5	1.73
小批生产的金属热加工机床电动机	0.25~0.3	0.24	0.4	5	0.6	1.33
大批生产的金属热加工机床电动机	0.3~0.35	0.26	0.5	5	0.65	1.17
通风机、水泵、空压机及发电机组电动机	0.7~0.8	0.65	0.25	5	0.8	0.75
非连锁的连续运输机械及铸造车间整砂机械	0.5~0.6	0.4	0.4	5	0.75	0.88
连锁的连续运输机械及铸造车间整砂机械	0.65~0.7	0.6	0.2	5	0.75	0.88
锅炉房和机加、机修、装配等类车间的吊车($\varepsilon=25\%$)	0.1~0.15	0.06	0.2	3	0.5	1.73
铸造车间的吊车($\varepsilon=25\%$)	0.15~0.25	0.09	0.3	3	0.5	1.73
自动连续装料的电阻设备	0.75~0.8	0.7	0.3	2	0.95	0.33
实验室用的小型电热设备(电阻炉、干燥器等)	0.7	0.7	0	—	1.0	0
工频感应电炉(未带无功补偿装置)	0.8	—	—	—	0.35	2.68
高频感应电炉(未带无功补偿装置)	0.8	—	—	—	0.6	1.33
电弧熔炉	0.9	—	—	—	0.87	0.57
点焊机、缝焊机	0.35	—	—	—	0.6	1.33
对焊机、铆钉加热机	0.35	—	—	—	0.7	1.02
自动弧焊变压器	0.5	—	—	—	0.4	2.29
单头手动弧焊变压器	0.35	—	—	—	0.35	2.68
多头手动弧焊变压器	0.4	—	—	—	0.35	2.68
单头弧焊电动发电机组	0.35	—	—	—	0.6	1.33
多头弧焊电动发电机组	0.7	—	—	—	0.75	0.88
生产厂房及办公室、阅览室、实验室照明	0.8~1	—	—	—	1.0	0
变配电所、仓库照明	0.5~0.7	—	—	—	1.0	0
宿舍(生活区)照明	0.6~0.8	—	—	—	1.0	0
室外照明、应急照明	1	—	—	—	1.0	0

2. 多组用电设备计算负荷的确定

采用二项式法确定多组用电设备总的计算负荷时，也应考虑各组用电设备的最大负荷不同时出现的因素。但不是计入一个同时系数，而是在各组用电设备中取其中一组最大的附加负荷 cP_x 再加上各组的平均负荷 bP_e，由此求得其总的有功计算负荷，即：

总的有功计算负荷为：$P_{ca} = \sum (bP_e) + (cP_x)_{max}$；

总的无功计算负荷为：$Q_{ca} = \sum (bP_e \tan\varphi) + (cP_x)_{max} \tan\varphi_{max}$；

总的视在计算负荷为：$S_{ca} = \sqrt{P_{ca}^2 + Q_{ca}^2}$；计算电流：$I_{ca} = \dfrac{S_{ca}}{\sqrt{3} U_N}$

式中　$(cP_x)_{max}$——各组用电设备中的一组最大的计算值（这是考虑到多个用电设备组中，各组大容量用电设备不可能同时出现的缘故）；

$\sum (bP_e)$——各组的平均负荷 bP_e 的总和；

$\tan\varphi$——各用电设备组的功率因数角的正切值；

U_N——额定电压（kV）；

$\tan\varphi_{max}$——最大附加负荷 $(cP_x)_{max}$ 的设备组的平均功率因数角的正切值。

为了简化和统一，按二项式法计算多组设备总的计算负荷时，也不论各组设备台数多少，各组计算系数 b、c、x 和 $\cos\varphi$ 等均按表4－7所列数值。

[例4-3] 一机修车间的380 V线路上，接有金属切削机床电动机20台共50 kW（其中较大容量电动机有7.5 kW 1台，4 kW 3台，2.2 kW 7台）；另接通风机2台共3 kW；电阻炉1台2 kW，用二项式法求计算负荷。

[解]

1）金属切削机床组

查表4-7，取 $b=0.14$，$c=0.4$，$\cos\varphi=0.5$，$\tan\varphi=1.73$

$bP_e(n) = 0.14 \times 50 = 7$ （kW）

$cP_x(n) = 0.4(7.5 \times 1 + 4 \times 3 + 2.2 \times 1) = 8.68$ （kW）

2）通风机组

查表4-7，取 $b=0.65$，$c=0.25$，$\cos\varphi=0.8$，$\tan\varphi=0.75$

故　$bP_e(n) = 0.65 \times 3 = 1.95$ （kW）

$cP_x(n) = 0.25 \times 3 = 0.75$ （kW）

3）电阻炉

查表4-7，取 $b=0.7$，$c=0$，$\cos\varphi=1$，$\tan\varphi=0$

故　$bP_e(n) = 0.7 \times 2 = 1.4$ （kW）

$cP_x(n) = 0$

以上各组设备中，附加负荷以 $cP_x(n)$ 为最大。因此，总计算负荷为

$P_{ca} = (7 + 1.95 + 1.4) + 8.68 = 19$ （kW）

$Q_{ca} = (7 \times 1.73 + 1.95 \times 0.75 + 0) + 8.68 \times 1.73 = 28.6$ （kvar）

$S_{ca} = \sqrt{19^2 + 28.6^2} = 34.37$ （kV·A）

$I_{ca} = \dfrac{34.37}{\sqrt{3} \times 0.38} = 52.1$ （A）

机械厂负荷统计

工厂负荷情况：本厂多数车间为两班制，年最大负荷利用小时为 4 800 h，日最大负荷持续时间 8 h。该厂除铸造车间、电镀车间和锅炉房属二级负荷外，其余均属三级负荷。低压动力设备均为三相，额定电压为 380 V。照明及家用电器均为单相，额定电压为 220 V。本厂的负荷统计资料如表 4-8 所示。

表 4-8 机械厂负荷统计资料

厂房编号	用电单位名称	负荷性质	设备容量/kW	需要系数	功率因数
1	金工车间	动力	360	0.2~0.3	0.60~0.65
		照明	10	0.7~0.9	1.0
2	工具车间	动力	360	0.2~0.3	0.60~0.65
		照明	10	0.7~0.9	1.0
3	电镀车间	动力	310	0.4~0.6	0.70~0.80
		照明	10	0.7~0.9	1.0
4	热处理车间	动力	260	0.4~0.6	0.70~0.80
		照明	10	0.7~0.9	1.0
5	装配车间	动力	260	0.3~0.4	0.65~0.75
		照明	10	0.7~0.9	1.0
6	机修车间	动力	180	0.2~0.3	0.60~0.70
		照明	5	0.7~0.9	1.0
7	锅炉房	动力	180	0.4~0.6	0.60~0.70
		照明	2	0.7~0.9	1.0
8	仓库	动力	130	0.2~0.3	0.60~0.70
		照明	2	0.7~0.9	1.0
9	铸造车间	动力	360	0.3~0.4	0.65~0.70
		照明	10	0.7~0.9	1.0
10	锻压车间	动力	360	0.2~0.3	0.60~0.65
		照明	10	0.7~0.9	1.0
	宿舍住宅区	照明	460	0.6~0.8	1.0

根据负荷计算公式，分别计算各车间的 P_{ca}，Q_{ca}，S_{ca}，I_{ca}，填写表格（表 4-9）。

表 4-9 各车间的计算负荷

车间名称	P_{ca}	Q_{ca}	S_{ca}	I_{ca}
金工车间				
工具车间				
电镀车间				

续表

车间名称	P_{ca}	Q_{ca}	S_{ca}	I_{ca}
热处理车间				
装配车间				
机修车间				
锅炉房				
仓库				
铸造车间				
锻压车间				
宿舍住宅区				

根据计算结果分析，填写成绩评议表（表4-10）。

表4-10 成绩评议表

评定人/任务	任务评议	等级	评定签名
自己评			
同学评			
老师评			
综合评定等级			

___年___月___日

任务二 变电所中变压器选择

根据需要系数法或二项式法把负荷求出，还不能以此结果来选择变压器，因为还要考虑线路损耗、变压器损耗。

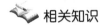

一、功率损耗与电能损耗

1. 功率损耗

1）供配电线路的功率损耗

在实际工作中，常根据计算负荷来求线路的功率损耗，即最大功率损耗，故三相线路的有功功率损耗 ΔP_L 和无功功率损耗 ΔQ_L 可分别按下式计算：

$$\left.\begin{array}{l}\Delta P_L = 3I_{ca}^2 R \times 10^{-3} \text{ (kW)} \\ \Delta Q_L = 3I_{ca}^2 X \times 10^{-3} \text{ (kvar)}\end{array}\right\} \quad (4-27)$$

式中　I_{ca}——线路中的计算电流，A；
　　　R——线路每相电阻，Ω，等于单位长度的电阻 R_0 乘以长度 L；
　　　X——线路每相电抗，Ω，等于单位长度的电抗 X_0 乘以长度 L。

上式如用线路的计算功率 P_{ca}、Q_{ca} 及 S_{ca} 表示时，则

$$\left. \begin{aligned} \Delta P_L &= \frac{S_{ca}^2}{U_N^2} R \times 10^{-3} = \frac{P_{ca}^2 + Q_{ca}^2}{U_N^2} R \times 10^{-3} = \frac{P_{ca}^2}{U_N^2 \cos^2 \varphi} R \times 10^{-3} \text{ (kW)} \\ \Delta Q_L &= \frac{S_{ca}^2}{U_N^2} X \times 10^{-3} = \frac{P_{ca}^2 + Q_{ca}^2}{U_N^2} X \times 10^{-3} = \frac{P_{ca}^2}{U_N^2 \cos^2 \varphi} X \times 10^{-3} \text{ (kvar)} \end{aligned} \right\} \quad (4-28)$$

式中　U_N——三相供配电线路的额定电压，kV。

2）变压器的功率损耗

变压器的功率损耗包括有功功率损耗 ΔP_T 和无功功率损耗 ΔQ_T。

变压器的有功功率损耗由两部分组成：一部分是变压器在额定电压 U_N 时不变的空载损耗 ΔP_0，也就是铁损 ΔP_{Fe}；另一部分是随负荷而变化的绕组损耗，即有载损耗 ΔP_1，也就是铜损 ΔP_{Cu}。变压器的短路损耗 ΔP_k 可认为是额定电流下的铜损 ΔP_{CuN}。

由于有载损耗与变压器负荷电流的平方成正比，所以变压器在计算负荷 S_{ca} 下的有功功率损耗 ΔP_T 为：

$$\Delta P_T = \Delta P_0 + \Delta P_1 \approx \Delta P_0 + \Delta P_k \left(\frac{S_{ca}}{S_{NT}} \right)^2 \text{ (kW)} \quad (4-29)$$

式中　S_{ca}——变压器低压侧的计算负荷，kV·A；
　　　S_{NT}——变压器额定容量，kV·A；
　　　ΔP_0——变压器空载有功损耗，kW；
　　　ΔP_k——变压器有功短路损耗，kW。

变压器的无功功率损耗也由两部分组成：一部分是变压器空载时不变的无功损耗 ΔQ_0，另一部分是随着变压器负荷而变化在绕组中产生的无功损耗。所以变压器在计算负荷 S_{ca} 下的无功功率损耗 ΔQ_T 为：

$$\left. \begin{aligned} \Delta Q_T &= \Delta Q_0 + \Delta Q_N \left(\frac{S_{ca}}{S_{NT}} \right)^2 \approx S_{NT} \left[\frac{I_0\%}{100} + \frac{U_k\%}{100} \left(\frac{S_{ca}}{S_{NT}} \right)^2 \right] \\ \Delta Q_0 &= \frac{I_0\%}{100} S_{NT} \\ \Delta Q_N &= \frac{U_k\%}{100} S_{NT} \end{aligned} \right\} \quad (4-30)$$

式中　$\Delta Q_0 = \frac{I_0\%}{100} S_{NT}$——变压器空载时的无功损耗，kvar；

　　　$\Delta Q_N = \frac{U_k\%}{100} S_{NT}$——变压器额定负荷时的无功损耗，kvar；

　　　$I_0\%$——变压器空载电流的百分值；
　　　$U_k\%$——变压器阻抗电压的百分值。

2. 供配电系统的电能损耗

1）供配电线路年电能损耗的计算

$$\begin{aligned}\Delta W_{\mathrm{L}} &= \int_0^{8760} \Delta P \mathrm{d}t = \frac{R \times 10^{-3}}{U_{\mathrm{N}}^2 \cos^2\varphi} \int_0^{8760} P^2 \mathrm{d}t \\ &= \frac{P_{\mathrm{ca}}^2 \times 10^{-3}}{U_{\mathrm{N}}^2 \cos^2\varphi} \int_0^{8760} \left(\frac{P}{P_{\mathrm{ca}}}\right)^2 \mathrm{d}t \\ &= \Delta P_{\mathrm{L}} \tau\end{aligned} \qquad (4-31)$$

式中　ΔP_{L}——按计算负荷求得的线路最大功率损耗；

τ——年最大负荷损耗时间(小时数)$\tau = \int_0^{8760} \left(\dfrac{P}{P_{\mathrm{ca}}}\right)^2 \mathrm{d}t$。

τ 的含义是：线路连续通过计算负荷所产生的电能损耗与实际负荷在全年内所产生的电能损耗恰好相等所需要的时间，称为年最大负荷损耗时间，它与 $T_{\max}$ 以及功率因数有关。

2) 变压器年电能损耗的计算

变压器空载不变的功率损耗所引起的年电能损耗与接电时间 T_{on}（近似取 8 760 h）有关，即：

$$W_{T_0} = \Delta P_0 T_{\mathrm{on}} \qquad (4-32)$$

随负荷而变化的有载功率损耗所引起的年电能损耗为：

$$\Delta W_{T_1} = \int_0^{8760} \Delta P_{\mathrm{k}} \left(\frac{S}{S_{\mathrm{NT}}}\right)^2 \mathrm{d}t = \Delta P_{\mathrm{k}} \left(\frac{S_{\mathrm{ca}}}{S_{\mathrm{NT}}}\right)^2 \int_0^{8760} \left(\frac{S}{S_{\mathrm{ca}}}\right)^2 \mathrm{d}t = \Delta P_{\mathrm{k}} \left(\frac{S_{\mathrm{ca}}}{S_{\mathrm{NT}}}\right)^2 \tau \qquad (4-33)$$

变压器总的年电能损耗为：

$$\Delta W_{\mathrm{T}} = \Delta P_0 T_{\mathrm{on}} + \Delta P_{\mathrm{k}} \left(\frac{S_{\mathrm{ca}}}{S_{\mathrm{NT}}}\right)^2 \tau \qquad (4-34)$$

3) 企业年电能需要量

企业年电能需要量也就是企业在一年内所消耗的电能，它是企业供配电设计的重要指标之一。若已知企业的年负荷曲线如图 4-6 所示，则负荷曲线下的面积即为企业有功年电能需要量 W_{a}。但实际上，负荷随时都在变动，通常用一个等值的矩形面积来代替负荷曲线下的面积。

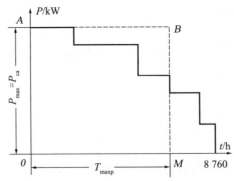

图 4-6　企业的年负荷曲线

二、变电所中变压器台数与容量的选择

1. 车间变电所变压器台数与容量的选择

对于一般生产车间，尽量装设一台变压器，其额定容量应大于用电设备的总计算负荷，且应有适当富裕容量。

对于有一、二级负荷的车间，要求两个电源供配电时，应选用两台变压器，每台变压器容量应能承担全部一、二级负荷的供配电。如果与相邻车间有联络线时，当车间变电所出现故障时，其一、二级负荷可通过联络线保证继续供配电，亦可只选用一台变压器。

对于随季节变动较大的负荷，为了使运行经济，减少变压器空载损耗，也宜采用两台变压器，以便在低谷负荷时，切除一台。

凡选用两台变压器的变电所，任一台变压器单独投入运行时，必须能满足变电所总计算负荷70%的需要和一、二级负荷的需要。

2. 企业总降变电所主变压器的选择

对第三级负荷供配电的总降变电所，或者有少量一、二级负荷，但可由邻近企业取得备用电源时，可只装设一台主变压器；其额定容量应大于企业全部车间变电所计算负荷的总和，并考虑15%~25%的富裕。

当企业中一、二级负荷占全部负荷比重较大时，应装设两台主变压器，两台主变压器之间互为备用。当一台出现事故或检修时，另一台能承担全部一、二级负荷。

3. 变压器的经济运行

所谓变压器的经济运行，是指变压器在功率损耗最小的情况下的运行方式。这样使电能损耗最小，运行费用最低。

如果把无功损耗归算为有功损耗，则变压器在实际负荷 S 下，其总的功率损耗可由下式求得：

$$\Delta P = \Delta P_0 + K_r \Delta Q_0 + (\Delta P_k + K_r \Delta Q_N)\left(\frac{S}{S_{NT}}\right)^2 \quad (4-35)$$

式中　K_r——无功功率经济当量。它的意义是指供配电系统中每增加1 kvar的无功损耗，相当于有功损耗增加的千瓦数，此值通常取0.06~0.1 kW/kvar。

现假设变电所有两台同型号同容量的变压器，当其中一台变压器运行时，它承担所有的负荷 S；当两台变压器同时并列运行时，每台承担负荷 $S/2$。求出两种运行方案归算以后的功率损耗，并分别绘出随负荷而变化的曲线。两条曲线交于 n 点，它所对应的负荷称为变压器经济运行的临界负荷 S_{cr}，如图4-7所示。事故或检修时，另一台能承担全部一、二级负荷。

当 $S = S' < S_{cr}$ 时，$\Delta P'_I < \Delta P'_{II}$，故宜选用一台动行；

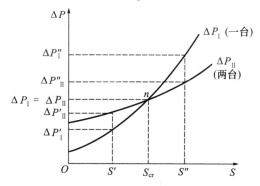

图4-7　变压器经济运行的临界负荷

当 $S = S'' > S_{cr}$ 时，$\Delta P''_{II} < \Delta P''_I$，故宜选用两台动行；

当 $S = S_{cr}$ 时，因 $\Delta P_I = \Delta P_{II}$，即为经济运行的临界负荷值。

同理，如果变电所装设同容量多台变压器，根据 n 台和 $n+1$ 台两种运行方式总有功损耗相等的原则，可求出其临界负荷值：

$$S_{cr} = S_{NT}\sqrt{n(n+1)\frac{\Delta P_0 + K_r \Delta Q_0}{\Delta P_k + K_r \Delta Q_N}} \quad (4-36)$$

显然，实际负荷小于 S_{cr} 应取 n 台运行，大于 S_{cr} 则取 $n+1$ 台运行。

 **任务实施**

变电所变压器损耗和电力线路损耗计算

一变电所有一台 SL 型电力变压器，其额定容量为 800 kVA，一次额定电压为 10 kV，二次电压为 0.4 kV；低压侧有功计算负荷为 600 kW，无功计算负荷为 320 kvar。该变电所电源线路采用 LJ–70 型铝绞线。水平布线，线距为 1 m，线路长 10 km。算出变电所变压器和电力线路损耗。

电力变压器的技术数据如表 4–11 所示。

表 4–11 电力变压器的技术数据

容量 (kVA)	额定电压 (kV)		阻抗电压 ud%	空载电流 Io%	损耗		接线组别
	高压	低压			空载	短路	
800	10.6	0.4	4.5	5.5	3.10	12	Y/Yo–12

 评价总结

根据变压器损耗和电路线路损耗计算结果分析，填写成绩评议表（表 4–12）。

表 4–12 成绩评议表

评定人/任务	任务评议	等级	评定签名
自己评			
同学评			
老师评			
综合评定等级			

_____年_____月_____日

任务三 功率因数的补偿

提高功率因数，可以充分利用现有的变电、输电和配电设备，保证供配电质量，减少电能损耗，提高供配电效率，因而具有显著的经济效益。为此，我国电力部门实行电费奖惩制度，一般对于功率因数 >0.9 的用户给予奖励，而对功率因数 <0.9 的用户给予罚款。

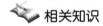 **相关知识**

一、功率因数的计算

1. 瞬时功率因数

瞬时功率因数由功率因数表或相位表直接读出，或由功率表、电流表和电压表的读数按下式求出：

$$\cos\varphi = \frac{P}{\sqrt{3}UI} \tag{4-37}$$

式中　P——功率表测出的三相功率读数，kW；
　　　U——电压表测出的线电压读数，kV；
　　　I——电流表测出的线电流读数，A。

瞬时功率因数值代表某一瞬间状态的无功功率的变化情况。

2. 平均功率因数

平均功率因数指某一规定时间内，功率因数的平均值。其计算公式为：

$$\cos\varphi = \frac{W_a}{\sqrt{W_a^2 + W_r^2}} = \frac{1}{\sqrt{1+\left(\dfrac{W_r}{W_a}\right)^2}} \tag{4-38}$$

式中　W_a——某一时间内消耗的有功电能，由有功电度表读出，kW·h；
　　　W_r——某一时间内消耗的无功电能，由无功电度表读出，kvar·h。

我国电力部门每月向工业用户收取电费，规定电费要按月平均功率因数来调整。上式用以计算已投入生产的工业企业的功率因数。

对于正在进行设计的工业企业则采用下述的计算方法：

$$\cos\varphi_{av} = \frac{P_{av}}{S_{av}} = \frac{\alpha P_{ca}}{\sqrt{(\alpha P_{ca})^2 + (\beta Q_{ca})^2}} = \frac{1}{\sqrt{1+\left(\dfrac{\beta Q_{ca}}{\alpha P_{ca}}\right)^2}} \tag{4-39}$$

式中　P_{ca}——全企业的有功功率计算负荷，kW；
　　　Q_{ca}——全企业的无功功率计算负荷，kvar；
　　　α——有功负荷系数，一般为 0.7~0.75；
　　　β——无功负荷系数，一般为 0.76~0.82。

3. 最大负荷时的功率因数

最大负荷时的功率因数指在年最大负荷（即计算负荷）时的功率因数。根据功率因数的定义可以分别写出

$$\cos\varphi_{ca} = \frac{P_{ca}}{S_{ca}} = \frac{P_{ca}}{\sqrt{P_{ca}^2 + Q_{ca}^2}} \tag{4-40}$$

式中　P_{ca}——全企业的有功功率计算负荷，kW；
　　　Q_{ca}——全企业的无功功率计算负荷，kvar；
　　　S_{ca}——全企业的视在计算负荷，kV·A。

二、提高功率因数的意义

由于工矿企业使用大量的感应电动机和变压器等用电设备，因此供配电系统除供给有功功率外，还需供给大量的无功功率，为此必须提高工矿企业用户的功率因数，减少对电源系统的无功功率需求量。提高功率因数有下列实际意义：

（1）提高电力系统的供配电能力。在发、输、配电设备容量一定的情况下，用户的功

率因数越高，则无功功率越小，所需视在功率就越小，这样同样容量的供、配电设备，可向更多的用户提供配电能。

（2）减少供配电网络中的电压损失，提高供配电质量。用户的功率因数越高，在同样有功功率的情况下，线路中的电流就越小，因而网络上电压损失也越小，用电设备的端电压就越高。

（3）减少供配电网络的电能损耗。在线路电压和输送的有功功率一定的情况下，功率因数越高，电流就越小，则网络中的电能损耗就越少。

三、功率因数的改善

（1）提高自然功率因数。提高自然功率因数的方法，即采用降低各用电设备所需的无功功率以改善其功率因数的措施，主要有：

① 正确选用感应电动机的型号和容量，使其接近满载运行；
② 更换轻负荷感应电动机或者改变轻负荷电动机的接线；
③ 电力变压器不宜轻载运行；
④ 合理安排和调整工艺流程，改善电气设备的运行状况，限制电焊机、机床电动机等设备的空载运转；
⑤ 使用无电压运行的电磁开关。

（2）人工补偿无功功率。当采用提高用电设备自然功率因数的方法后，功率因数仍不能达到《供用电规则》所要求的数值时，就需要设置专门的无功补偿电源，人工补偿无功功率。人工补偿无功功率的方法主要有以下三种：并联电容器补偿、同步电动机补偿和动态无功功率补偿。

用静电电容器（或称移相电容器、电力电容器）作无功补偿以提高功率因数，是目前工业企业内广泛应用的一种补偿措施。电力电容器的补偿容量可用下式确定：

$$Q_c = P_{av}(\tan\varphi_1 - \tan\varphi_2) = \alpha P_{ca}(\tan\varphi_1 - \tan\varphi_2) \qquad (4-41)$$

式中 P_{ca}——最大有功计算负荷，kW；

α——月平均有功负荷系数；

$\tan\varphi_1$、$\tan\varphi_2$——补偿前、后平均功率因数角的正切值。

在计算补偿用电力电容器容量和个数时，应考虑到实际运行电压可能与额定电压不同，电容器能补偿的实际容量将低于额定容量，此时需对额定容量作修正：

$$Q_e = Q_N\left(\frac{U}{U_N}\right)^2 \qquad (4-42)$$

式中 Q_N——电容器铭牌上的额定容量，kvar；

Q_e——电容器在实际运行电压下的容量，kvar；

U_N——电容器的额定电压，kV；

U——电容器的实际运行电压，kV。

例如将 YY10.5-10-1 型高压电容器用在 6 kV 的工厂变电所中作无功补偿设备，则每个电容器的无功容量由额定值 10 kvar 降低为：

$$Q_e = 10 \times \left(\frac{6}{10.5}\right)^2 = 3.27 \text{（kvar）}$$

显然除了在不得已的情况下使用外，这种降压使用的做法应避免。

在确定总补偿容量 Q_c 之后，就可根据所选并联电容器单只容量 Q_{c_1} 决定并联电容器的个数：

$$n = Q_c / Q_{c_1} \quad (4-43)$$

由上式计算所得的数值对三相电容器应取相近偏大的整数。若为单相电容器，则应取 3 的整数倍，以便三相均衡分配。

三相电容器，通常在其内部接成三角形。单相电容器的电压，若与网络额定电压相等时则应将电容器接成三角形接线，只有当电容器的电压低于运行电压时，才接成星形接线。相同的电容器，接成三角形接线，因电容器上所加电压为线电压，所补偿的无功容量则是星形接线的三倍。若是补偿容量相同，采用三角形接线比星形接线可节约电容值的三分之二，因此在实际工作中，电容器组多接成三角形接线。

用户处的静电电容器补偿方式可分为个别补偿、分组（分散）补偿和集中补偿三种。个别补偿将电容器直接安装在吸取无功功率的用电设备附近；分组（分散）补偿将电容器组分散安装在各车间配电母线上；集中补偿指电容器组集中安装在总降压变电所二次侧（6～10 kV 侧）或变配电所的一次侧或二次侧（6～10 kV 或 380 V 侧）。在设计中一般考虑将测量电能侧的平均功率因数补偿到规定标准。

[例 4-4] 某工厂的计算负荷为 2 400 kW，平均功率因数为 0.67。根据规定应将平均功率因数提高到 0.9（在 10 kV 侧固定补偿），如果采用 BWF-10.5-40-1 型并联电容器，需装设多少个？并计算补偿后的实际平均功率因数。（取平均负荷系数 $\alpha = 0.75$）

[解]

$\tan \varphi_1 = \tan(\arccos 0.67) = 1.108$

$\tan \varphi_2 = \tan(\arccos 0.9) = 0.484$

$Q_c = P_{av}(\tan \varphi_1 - \tan \varphi_2) = 0.75 \times 2400 \times (1.108 - 0.484) = 1122.66 \text{ (kvar)}$

$n = Q_c / Q_{c_1} = 1122.66 / 40 \approx 30$ 个，

每相装设 10 个。此时的实际补偿容量为 $30 \times 40 = 1200$（kvar），所以补偿后实际平均功率因数：

$$\cos \varphi_{av} = \frac{P_{av}}{S_{av}} = \frac{\alpha P_{ca}}{\sqrt{(\alpha P_{ca})^2 + (\alpha P_{ca} \tan \varphi_1 - Q_c)^2}}$$

$$= \frac{0.75 \times 2400}{\sqrt{(0.75 \times 2400)^2 + (0.75 \times 2400 \times 1.108 - 1200)^2}}$$

$$= 0.91$$

四、提高功率因数的方法

1. 提高负荷的自然功率因数

通过采取各种技术措施及改进用电设备的运行情况来提高负荷的功率因数的方法称为提高负荷的自然功率因数。提高自然功率因数的方法有：

（1）正确选择并合理使用电动机，使其不轻载或空载运行。在条件允许时尽量选用笼形异步电动机。

（2）合理选择变压器容量，适当调整其运行方式，尽量避免变压器空载或轻载运行。

（3）对于容量较大，且不需调速的电动机（如矿井通风机），尽量选用同步电动机，并使其运行于过激状态。因为同步电动机运行于过激状态时呈容性负载，能补偿线路上其他感性负载的无功功率。

2. 人工补偿法提高功率因数

若自然功率因数不能满足要求，应采用人工补偿法来提高功率因数。目前工矿企业广泛采用并联电容器进行无功功率的补偿。

设人工补偿前有功功率为 P_Σ，无功功率为 Q_Σ，则补偿前后的功率三角形如图 4-8 所示。图中 φ_{NAT} 为补偿前的自然功率因数角。当电容器的补偿容量为 Q_c 时，补偿后总的无功功率为 $Q_{ac} = Q_\Sigma - Q_c$，补偿后的功率因数角为 φ_{ac}。可见 $\varphi_{ac} < \varphi_{NAT}$，使功率因数 $\cos\varphi$ 得到了提高，补偿后的视在功率 S_{ac} 也明显减小，即 $S_{ac} < S_\Sigma$。

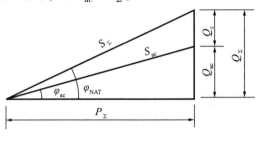

图 4-8 功率三角形

五、电容器的选择

1. 电容器补偿容量的计算

设补偿前负荷的有功功率为 P_Σ，功率因数角为 φ_{NAT}，补偿后功率因数角要求达到 φ_{ac}，则电容器所需补偿容量 Q_c 为：

$$Q_c = P\Sigma \, (\tan\varphi_{NAT} - \tan\varphi_{ac}) \tag{4-44}$$

2. 电容器台数的确定

电容器的额定电压应当与接入的电网电压相适应，由于电容器实际补偿容量与其工作电压的平方成正比，因而电容器台数可按下式计算：

$$N = \frac{Q_c}{Q_{NC}\left(\dfrac{U_w}{U_{NC}}\right)^2} \tag{4-45}$$

每相所需电容器台数为：

$$n = \frac{N}{3} \tag{4-46}$$

式中　Q_{NC}——单台电容器的额定容量，kvar；

　　　U_w——电容器的实际工作电压，kV；

　　　U_{NC}——电容器的额定电压，kV。

由于电容器一般分为两组，分别接在两段母线上，因而 n 应取与计算值相等或稍大的偶数。当选择电容柜时，因为电容柜中电容器已接成三相，所以只需使柜的总数为偶数即可。

3. 电容器的补偿方式和接线方式

1) 电容器的补偿方式

电容器的补偿方式有三种：单独就地补偿、分散补偿和集中补偿。

（1）单独就地补偿方式。单独就地补偿是将补偿电容器直接与要补偿的设备并联，并共用一套开关设备进行控制。这种补偿方式适用于长时运行的所需补偿容量较大的设备，或者由较长线路供配电的设备。

（2）分散补偿方式。分散补偿是将电容器装设在各配电用户（如各车间变电所）的母线上。电容器视技术经济比较情况，既可装在配电变压器高压侧也可装在低压侧，或采用高低压混合补偿方式。这种补偿方式适用于用电负荷分散的工矿企业。

（3）集中补偿方式。集中补偿就是将电容器集中装设在工矿企业总变电所的6～10 kV高压母线上，用专用开关控制。这种补偿方式电容器利用率高，管理方便，适用于负荷较为集中的工矿企业。

2) 补偿电容器的接线方式

当电容器组采用三角形接线时，若某一电容器内部击穿会造成相间短路故障，有可能引起电容器爆炸。而星形接线时，当某一电容器被击穿时，故障电流仅为电容器组额定电流的3倍，不会形成相间短路故障。因而GB 50227—1995《并联电容器装置设计规范》中规定：高压电容器组宜采用单星形接线或双星形接线。在中性点非直接接地的电网中，星形接线电容器组的中性点不应接地。低压电容器或电容器组，可采用三角形接线或中性点不接地的星形接线方式。

电容器组还应单独装设控制、保护和放电设备。电容器与电网断开后，电容器中仍有残余电压，该电压最高可达电网的峰值电压，危及人身安全。因而GB 50227—1995中规定：电容器组的放电装置，应能满足电容器组脱开电源后，在5 s内将电容器组上的剩余电压降至50 V及以下。另外，当人体接触电容器前还必须用导线将电容器两端短接以确保人身安全。高压电容器组放电设备一般采用电压互感器。单独补偿方式的电容器组由于与用电设备直接相连，所以不需要另外装设放电设备。

任务实施

日光灯电路功率因数的提高

按设计电路图安装并接线，经老师检查后方可送电。根据操作填写表4–13、表4–14。

表4–13　未接电容日光灯电路功率因数的测量

电源电压/V	电流/A	功率因数

表4–14　接入电容日光灯电路功率因数的测量

电源电压/V	电流/A	功率因数

评价总结

根据表4-13、表4-14和收获体会进行评议，并填写成绩评议表（表4-15）。

表4-15 成绩评议表

评定人/任务	任务评议	等级	评定签名
自己评			
同学评			
指导教师评			
综合评定等级			

___年___月___日

任务四　导线的选择

根据需要系数法或二项式法把负荷求出，还不能以此结果来选择导线。在导线安装后和运行中，还要考虑发热、电压损耗和外力等影响。

相关知识

一、室内线路导线截面选择

选择导线一般考虑三个因素：长期工作电流、机械强度和线路电压降在允许范围内。

（1）根据长期工作允许电流选择导线截面。由于导线存在电阻，当电流通过电阻时会发热，如果超过一定限度，其绝缘物会老化、损坏，甚至发生电火灾。所以，根据导线敷设方式不同、环境温度不同，导线允许载流量也不同。通常把允许通过的最大电流值称为安全载流量。在选择导线时，可依据用电负荷，参照导线规格型号及敷设方式来选择导线截面。

（2）根据外力选择导线截面。导线安装后和运行中，要受到外力的影响。导线本身自重和不同的敷设方式使导线受到不同的张力，如果导线不能承受张力作用，会造成断线事故。在选择导线时必须考虑外力作用。

（3）根据电压损失选择导线截面。照明用户，由变压器低压侧至线路末端，电压损失应小于6%。在正常情况下，电动机端电压与其额定电压不得相差±5%。按照以上条件选择导线截面的结果，在同样负载电流下可能得出不同截面数据。此时，应选择其中最大的截面。

导线与用电设备接连，通过导线的电流应大于用电设备的额定电流。实际电流与导线安全载流相近时，考虑到安全及负载可能变化，应选择大一规格级别的导线。实际应用时可查表4-16～表4-18。

表4-16　塑料绝缘铜导线的安全电流　　　　　　　　（单位：A）

线芯直径 /mm	导线面积 /mm²	穿钢管安装（每管）			穿硬塑料管安装（每管）		
		一根线	二根线	三根线	一根线	二根线	三根线
1.5	1.37	17	15	14	14	13	11
2.5	1.76	23	21	19	21	18	17
4	2.24	30	27	24	27	24	22
6	2.73	41	36	32	36	31	38

表 4-17　橡皮绝缘铜导线的安全电流量　　　　　　　　　　　　　（单位：A）

线芯直径 /mm	导线面积 /mm²	穿钢管安装（每管）			穿硬塑料管安装（每管）		
		二根线	三根线	四根线	二根线	三根线	四根线
1.5	1.37	17	16	15	15	14	12
2.5	1.76	24	12	20	22	19	17
4	2.24	32	29	26	29	26	23
6	2.73	43	37	34	37	33	30

表 4-18　护套线和软导线的安全电流量　　　　　　　　　　　　（单位：A）

导线面积 /mm²	护套线				单根线芯	双根线芯	
	2 根线芯		3 或 4 根线芯				
	塑料绝缘	橡皮绝缘	塑料绝缘	橡皮绝缘	塑料绝缘	塑料绝缘	橡皮绝缘
1.5	17	14	10	10	21	17	14
2.5	23	18	17	16	29	21	18
4	30	28	23	21			

二、架空线路导线截面的选择

架空线路普遍采用裸铝绞线或钢芯铝绞线，导线规格应根据线路的计算负荷电流按安全载流量选用。架空导线最小截面积的规定裸钢绞线为 6 mm²，裸铝绞线为 16 mm²。如果采用单股裸铜线时，其最大截面积不应超过 16 mm²；裸铝导线不允许采用单股导线，也不允许把多股裸铝绞线拆开成小股使用。

导线和电缆截面的选择原则有：

1）按发热条件选择导线截面

通过导线的电流过大，温度升高，所以导线温度不能超过允许温度，规定导线允许载流量是在环境温度25℃，如果所采用的导线的允许温度不是环境温度25℃。则导线允许载流量应考虑温度修正系数 K_1。

$$K_1 = \sqrt{\frac{\theta_{a_1} - \theta_0}{\theta_{a_1} - 25}} \quad (4-47)$$

修正后导线允许载流量：　　$K_1 I_{a_1} \geq I_{30}$ 　　(4-48)

式中　I_{a_1}——导线、电缆的长期工作电流，A；

I_{30}——线路计算电流，A；

θ_{a_1}——导线的允许温度，℃；

θ_0——导线敷设的环境温度，℃。

裸导线的允许温度为70℃，电缆的允许温度与电压等级有关。

如果多根电缆并排直接埋于土中，由于电缆间相互影响，使散热条件变坏，其允许载流量应修正，乘以并排修正系数 K_p 和因土壤的热阻系数不同引起的修正系数 K_{tr}。具体数值可查表 4-19 和表 4-20。

表 4-19 并排敷设（包括地中穿管及直埋）多根电缆允许载流量修正系数 K_p

电缆之间距离/单位	并排电缆根数							
	1	2	3	4	5	6	7	8
100	1	0.9	0.85	0.8	0.78	0.75	0.73	0.72
200	1	0.92	0.87	0.84	0.82	0.81	0.80	0.79
300	1	0.93	0.9	0.87	0.86	0.85	0.85	0.84

表 4-20 电缆直埋于地中不同土壤热阻系数时允许载流量修正系数 K_{tr}

土壤特征	土壤热阻系数/(℃·cm·W^{-1})	修正系数
高湿土壤：湿度为 9% 以上的沙土，湿度为 14% 以上的沙黏土等，沿海、湖畔、雨量多的地区，如华南、华东地区	80	1.05
正常土壤：湿度为 4%~7% 的沙土，湿度为 12%~14% 的沙黏土等，如华北大平原、东北等	120	1
低湿度土壤：湿度为 4%~7% 的沙土，湿度为 8%~12% 的沙黏土等，如雨量较少的山区、丘陵地区等	200	0.87
干土壤：湿度为 4% 以下的沙土、石、沙漠地区，雨量很少的高原地区	300	0.75

在选择为重复短暂、短暂工作制负荷供配电的导线截面时，为充分利用导线负载能力，根据经验一般作如下处理：

(1) 对重复短暂工作制负荷。

截面 6 mm² 及以下铜线，截面小于或等于 10 mm² 的铝线，按长期工作制计算。

截面大于 6 mm² 的铜线，截面大于 10 mm² 的铝线，工作周期不超过 10 min 时，导线允许载流量为 $I_{ali} = \dfrac{0.875}{\sqrt{\varepsilon\%}} I_{al}$，$\varepsilon$ 为暂载率。

(2) 对短暂工作制负荷。

工作时间不超过 4 min，按重复短暂工作负荷计算；工作时间超过 4 min，或停歇时间不足以使导体冷却到周围环境温度时，按长期工作制计算。

2) 保证电压质量，电压损失应低于允许值

在没有特殊调压措施的网络中，除合理选用变压器分接头外，常常按允许电压损失选择适当的导线截面，一般线路的电压损失不允许超过 5% U_N。

(1) 电压损失是指线路始末两端电压的数值差，用 ΔU 表示。

$$\Delta U = U_1 - U_2 \tag{4-49}$$

(2) 电压偏移是指线路中任一点的实际电压与线路额定电压的数值差，用 ΔU_{dri} 表示。

$$\Delta U_{dri} = U_2 - U_N \tag{4-50}$$

(3) 线路电压损失计算。

对于如图 4-9 所示接有一个集中负载的线路，当三相平衡时，可简化一相。

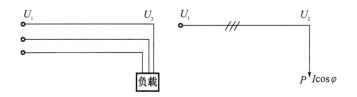

图 4-9 集中负载

三相线路电压损失为:

$$\Delta U = \frac{PR + QX}{U_N^2} \tag{4-51}$$

对于如图 4-10 所示接有分散负荷树干式线路,其电压损失,可以逐段求取。

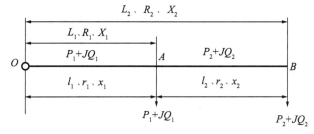

图 4-10 分散负荷

供配电干线上支接了 2 个用电负荷,线路的电压损失为各段线路段电压损失之和,即为:

$$\Delta U = \Delta U_1 + \Delta U_2 = \frac{P_1 r_1 + Q_1 x_1}{U_N} + \frac{P_2 r_2 + Q_2 x_2}{U_N} \tag{4-52}$$

设供配电干线上有 n 个负荷,则总的电压损失为:

$$\Delta U = \frac{\sum_{i=1}^{n}(P_i r_i + Q_i x_i)}{U_N} \tag{4-53}$$

或者:

$$\Delta U = \frac{\sum_{i=1}^{n}(p_i R_i + q_i X_i)}{U_N} \tag{4-54}$$

(4)按允许电压损失选择导线、电缆截面。

$$S = \frac{1}{10\gamma U_N^2 (\Delta U\% - \Delta U_x\%)} \sum_{i=1}^{n} p_i L_i \tag{4-55}$$

其中:

$$\Delta U = \frac{1}{10 U_N^2}\left(\sum_{i=1}^{n} p_i R_i + \sum_{i=1}^{n} q_i X_i\right) = \Delta u_x\% + \Delta u_r\% \tag{4-56}$$

$$\Delta u_r\% = \frac{r_0}{10 U_N^2} \sum_{i=1}^{n} p_i L_i \tag{4-57}$$

$$\Delta u_x\% = \frac{1}{10 U_N^2} \sum_{i=1}^{n} q_i X_i = \frac{x_0}{10 U_N^2} \sum_{i=1}^{n} q_i L_i \tag{4-58}$$

式中 γ ——导线的电阻率,km/Ω·mm²;

$\Delta u_r\%$——在导线的电阻上的电压损失百分值；

$\Delta u_x\%$——在导线的电抗上的电压损失百分值。

导线截面对线路电抗的影响不大，对 6~10 kV 架空线路 $X_0 = 0.30 \sim 0.40 \ \Omega/\text{km}$，电缆线路 $X_0 = 0.08 \ \Omega/\text{km}$。

3）满足机械强度要求，满足经济要求

（1）工厂供配电线路选用的导线按机械强度进行校验，应保证所选导线截面不小于该导线在相应敷设方式时的最小允许截面。

（2）按经济电流密度选择导线和电缆截面。

经济电流密度是年运行费用最小时的电流密度。线路传送电能一定时，增大导线的截面积虽减少了电能的损耗，但增加了线路的电能损耗。因此，应综合考虑。

按国家规定选择综合经济效益最佳的经济截面，我国规定的经济电流密度 J_{ec} 如表 4-21 所示。根据年最大负荷利用小时查表可得经济电流密度，再利用式（4-59）可求出经济截面 S（mm^2）。

表 4-21 我国规定经济电流密度 J_{ec} （单位：A/mm^2）

导线材料	年最大负荷利用小时		
	3 000 h	3 000~5 000 h	5 000 h 以上
铝线、钢芯铝线	1.65	1.15	0.90
铜线	3.00	2.25	1.75
铝芯电缆	1.92	1.73	1.54
铜芯电缆	2.50	2.25	2.00

$$S = I_{max}/J_{ec} \tag{4-59}$$

式中 I_{max}——流经线路的最大负荷电流。

一般 10 kV 以下的低压动力线，因其负荷电流过大，所以按发热条件来选择截面，再校验其电压损失和机械强度；低压照明线，因其对电压质量要求高，主要按允许电压损失来选择；对 35 kV 以上的高压供配电线路，其截面主要按照经济电流密度来选择，按允许载流量来校验。

机械厂 10 kV 厂区配电网络导线选择

该厂供电电源距该厂 2 km 的 35 kV 地面变电所，以一回路 10 kV 架空线供电。由于供电线路不长，应按允许电压损失选择导线截面，然后按发热条件和机械强度校验。

计算负荷 $P_{ca} = 1\ 111.2$ kW　　$Q_{ca} = 524.6$ kvar　　$S_{ca} = 1\ 229$ kVA，其允许电压电压损失为 5%，$X_1 = 0.4 \ \Omega/\text{km}$

根据导线的选择和校验结果分析，填写成绩评议表（4-22）。

表4-22 成绩评议表

评定人/任务	任务评议	等级	评定签名
自己评			
同学评			
老师评			
综合评定等级			

___年___月___日

思考与练习

（1）工矿企业用电设备按工作制分为哪几种？各有何特点？

（2）何为负荷暂载率？统计负荷时不同暂载率下额定功率为什么要换算成统一持续率下的额定功率？

（3）什么是需用系数？什么是负荷系数？什么是同时系数？

（4）用电设备的需用系数各由哪些参数决定？为什么？

（5）什么是计算负荷？如何用需要系数法确定计算负荷？

（6）为何要提高功率因数？如何提高功率因数？

（7）并联电容器补偿方式有几种？各有什么优缺点？电容器组一般采用何种接线方式？为什么？

（8）某机修车间有冷加工车床12台，共50 kW；水泵与通风机共4台，容量为48 kW；行车1台容量5.1 kW（$\varepsilon_N = 15\%$）；电焊机3台，共10.5 kW（$\varepsilon_N = 63\%$）。试确定车间的计算负荷？

项目五 短路电流计算及电气设备的选择

☞ **项目引入**：

在工业供配电系统中发生短路故障时，短路回路中短路电流要比额定电流大几倍甚至几十倍，通常可达数千安，温度急剧上升，有可能损坏设备。短路时故障点往往有电弧产生，它不仅可能烧坏故障元件，且可能殃及周围设备，短路危害是严重的。但是只要精心设计、认真施工、加强日常维护、严格遵守操作规程，大多数短路故障是有可能避免的。

☞ **知识目标**：

(1) 了解短路的原因、种类、计算短路电流的目的。
(2) 熟悉无限大、有限容量电源系统供配电时短路过程的分析过程。

☞ **技能目标**：

(1) 能对供配电系统中电气设备进行选择与校验。
(2) 会进行短路电流的计算。

☞ **德育目标**：

2003 年 12 月 15 日，广州某电厂发生主变事故。由于发电机组出口磁柱断裂，造成发电机组出口接地，主变压器抗短路能力差，引起主变压器冲击爆炸，重瓦斯保护动作，油大量泄露，故障排除时间长达 30 多天，造成巨大经济损失。对主变运行维护管理严格把关，求真务实，增强社会责任感，才能安全生产。

☞ **相关知识**：

短路点计算及保护装置整定。

☞ **任务实施**：

(1) 采用标幺值计算 10 kV 母线的短路电流。
(2) 10 kV 配电所高压少油断路器选择。

☞ **重点**：

(1) 标幺值法计算短路电流。
(2) 高压一次设备的选择校验和条件。

☞ **难点**：

标幺值法计算短路电流。

任务一 短路电流的计算

短路指载流导体相与相之间发生非正常接通，在中性点直接接地的系统中还有各相与地之间的短路。电气设备在短路时应能承受动稳定和热稳定。计算短路电流和校验电气设备是非常重要的。

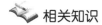相关知识

一、短路原因、种类

1. 短路原因

形成短路的原因很多，主要有以下几个方面：
（1）元件损坏，例如设备绝缘材料老化，设计、制造、安装及维护不良等造成的设备缺陷发展成短路；
（2）气象条件恶化，例如雷击过电压造成的闪络放电，由于风灾引起架空线断线或导线覆冰引起电杆倒塌等；
（3）人为过失，例如运行人员带负荷拉刀闸，检修线路或设备时未排除接地线就合闸供配电等；
（4）其他原因，例如挖沟损伤电缆，鸟兽、风筝跨接在载流裸导体上等。

2. 短路种类

在供配电系统中危害最大的故障就是短路。在三相系统中，短路的基本形式有：三相短路、两相短路、单相短路以及两相接地短路。各种短路示意图如表5-1所示。

表5-1 各种短路示意图

短路类型	示意图	代表符号	短路类型	示意图	代表符号
三相短路		$k^{(3)}$	单相短路		$k^{(1)}$
两相短路		$k^{(2)}$	两相接地短路		$k^{(1,1)}$

当三相短路时，由于短路回路阻抗相等，因此三相电流和电压仍是对称的，故又称为对称短路。而出现其他类型短路时，不仅每相电路中的电流和电压数值不等，其相角也不同，这些短路总称为不对称短路。

一般工业企业供配电系统都为小接地电流系统，并且离发电厂较远，所以两相短路电流和单相接地短路电流都比三相短路电流小。因此在计算短路时，以三相短路电流为重点进行计算。此外，研究三相短路之所以重要还由于在分析计算不对称短路时，经常利用对

称分量法将不对称短路分解成三相对称的形式加以讨论。

3. 计算短路电流的目的

计算短路电流的目的是解决以下几个方面的问题：

（1）正确选择和校验电气设备。电力系统中的电气设备在短路电流的电动力效应和热效应作用下，必须不受损坏，以免扩大事故范围，造成更大的损失。为此，在设计时必须校验所选择的电气设备的电动力稳定度和热稳定度，因此就需要计算发生短路时流过电气设备的短路电流。如果短路电流太大，必须采用限流措施；

（2）继电保护的设计和整定。关于电力系统中应配置什么样的继电保护，以及这些保护装置应如何整定，必须对电力网中可能发生的各种短路情况逐一加以计算分析，才能正确解决；

（3）电气主接线方案的确定。在设计电气主接线方案时往往出现这种情况：一个供配电可靠性高的接线方案，因为电的联系强，在发生故障时，短路电流太大以至必须选用昂贵的电气设备，而使所设计的方案在经济上不合理。这时若采取一些措施，例如适当改变电路的接法，增加限制短路电流的设备，或者限制某种运行方式的出现，就会得到既可靠又经济的主接线方案。总之，在评价和比较各种主接线方案选出最佳者时，计算短路电流是一项很重要的内容。

计算短路电流必需的原始资料：

应该了解变电所主接线系统，主要运行方式，各种变压器的型号、容量、有关各种参数；供配电线路的电压等级，架空线和电缆的型号、有关参数、距离；大型高压电机型号和有关参数，还必须到电力部门收集下列资料：

（1）电力系统现有总额定容量及远期的发展总额定容量；

（2）与本变电所电源进线所连接的上一级变电所母线，在最大运行方式下的短路电流，最小运行方式下的短路电流或短路容量；

（3）工厂附近有发电厂的应收集各种发电机组的型号、容量、次暂态电抗、连线方式、变压器容量和短路电压百分数、输电线路的电压等级、输电线型号和距离等；

（4）通常变电所有两条电源进线，一条运行，另一条备用，应判断哪条进线的短路电源较大，哪条较小，然后分别计算最大运行方式下和最小运行方式下的短路电流。

二、无限大容量电源系统供配电时短路过程

1. 无限大容量电源系统定义

无限大容量电源系统，这个名称从概念上是不难理解的：

（1）电源容量为无限大时，外电路发生短路（一种扰动）所引起的功率改变对于电源来说是微不足道的，因而电源的电压和频率保持恒定；

（2）无限大容量电源系统可以看作是由无限多个有限功率电源并联而成，因而其内阻抗为零，电源电压保持恒定。

实际上，真正的无限大容量电源是没有的，而只能是一个相对的概念，往往是指其容量相对于用户供配电系统容量大得多的电力系统。如果系统阻抗（即等值电源内阻抗）不超过短路回路总阻抗的 5%~10%，或电力系统容量超过用户供配电系统容量 50 倍时，可

将电力系统视为无限大容量系统。

对一般工厂供配电系统来说，由于工厂供配电系统的容量远比电力系统总容量小而阻抗又较电力系统大得多，因此工厂供配电系统内发生短路时，电力系统变电所馈电母线上的电压，几乎维持不变，也就是说可将电力系统视为无限大容量的电源。另外由于按无限大容量电源系统所计算得到的短路电流，是电气装置所通过的最大短路电流。因此，在初步估算装置通过的最大短路电流或缺乏必需的系统数据时，都可以认为短路回路所接的电源是无限大容量的电源系统。

2. 无限大容量电源系统三相短路的物理过程

图 5-1 (a) 是一个无限大容量电力系统发生三相短路时的电路图。由于三相对称，因此这一三相短路的电路可由图 5-1 (b) 的等效单相电路图来分析。图中的 $Z = R_\Sigma + jX_\Sigma$，为从电源到短路点的等值阻抗，U 为无限大电源的端电压，其内阻抗为零。当开关 S 闭合时，相当于突然三相短路，因而短路的过渡过程将与 R、L 电路接通正弦电压时的过渡过程相类似。

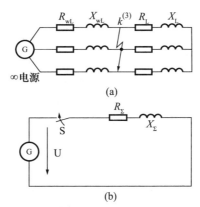

图 5-1　无限大容量电力系统发生三相短路
(a) 三相电路图；(b) 等效单相电路图

根据电路理论，突然短路时电路的方程式为

$$Ri_k + L\frac{di_k}{dt} = U_m\sin(\omega t + \theta) \tag{5-1}$$

式中　i_k——短路电流的瞬时值；
　　　θ——短路发生时的电源电压相位角；
　　　U_m——电源电压的幅值。

求解方程可得短路电流瞬时值为：

$$i_k = I_{pm}\sin(\omega t + \theta - \varphi_k) + [I_m\sin(\theta - \varphi) - I_{pm}\sin(\theta - \varphi_k)]\cdot e^{-\frac{t}{\tau}} \tag{5-2}$$

式中　I_{pm}——短路电流周期分量的幅值 $I_{pm} = \dfrac{U_m}{|Z|}$；
　　　I_m——短路前负载电流的幅值；
　　　φ——短路前负载电流的阻抗角；
　　　φ_k——短路回路的阻抗角；
　　　τ——短路回路的时间常数，$\tau = \dfrac{L}{R}$。

由上式可见，短路电流 i_k 由两部分组成，第一部分是短路电流的稳态分量，随时间按正弦规律变化的，所以又称周期分量。此分量是外加电压在阻抗的回路内强迫产生的，所以又称为强制分量，用 i_p 表示。第二部分为短路电流的暂态分量，是随时间按指数规律衰减的，并且偏于时间轴的一侧，称为非周期分量或自由分量，可用 i_{np} 表示，所以整个过渡过程短路电流为：

$$i_k = i_p + i_{np} \tag{5-3}$$

产生非周期分量的原因在于电路中有电感存在。在短路的瞬间，回路中的电流由负载电流 $I_m \sin(\theta - \varphi)$ 突然增加到 $I_{pm} \sin(\theta - \varphi_k)$。由于电感电路的电流不能突变，势必产生一个非周期分量电流来维持其原来的电流。它的初始值，即为周期分量初始值和短路瞬间负载电流之差，即：

$$i_{np}(t=0) = I_m \sin(\theta - \varphi) - I_{pm} \sin(\theta - \varphi_k) \tag{5-4}$$

非周期分量按指数规律衰减的快慢取决于短路回路的时间常数 τ。对于高压电网来说，其电阻较电抗小得多，此时多取：$\tau = 0.05$ s，而在计算大容量电力网或发电机附近短路时，τ 为 $0.1 \sim 0.2$ s。如按 $\tau = 0.05$ s 考虑，在短路后的 0.2 s 左右，非周期分量即可衰减完。

当非周期分量衰减完了，短路电流的暂态过程结束而进入短路的稳定状态，此时的短路电流，称为稳态短路电流或简称稳态值。

图 5-2 表示出无限大容量系统发生三相短路前后，电流、电压的变动曲线。由图可以看出短路电流在到达稳定值之前要经过一个暂态过程，这一暂态过程是短路非周期分量电流存在那段时间。短路非周期分量电流衰减完毕后（一般经 $t \approx 0.2$ s），短路电流达到稳定状态。

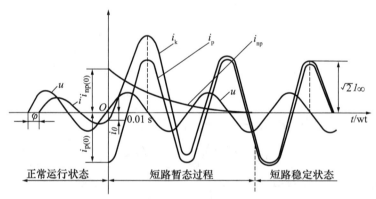

图 5-2 无限大容量系统发生三相短路前后，电流、电压的变动曲线

在电源电压及短路地点不变的情况下，要使短路全电流达到最大值，必须具备以下条件：

① 短路前电路处于空载状态；
② 短路发生在某相电压瞬时值过零值的时候，即当 $t=0$ 时，初相角 $\theta = 0°$；
③ 短路回路近于纯感性电路，即 $\varphi_k \approx 90°$。

在实际供配电系统中出现上述情况的概率很小，但是它所引起的短路后果将是最严重的。因此，研究这种现象仍具有明显实际意义。顺便指出，上述结果是三相短路时其中的一相，并不是各相都会出现最严重的情况。只有在短路时，电压过零的那一相才会出现最严重的情况。另外还要指出，在实际短路发生后，并不能在电路中分别测出短路电流周期分量和非周期分量，实际测得的是两者叠加后完整的短路电流波形。引入周期分量和非周期分量的目的，仅仅是为了分析问题的方便和清晰。

3. 短路计算的有关参数

次暂态短路电流 I''。它是指短路瞬时，短路电流周期分量为最大幅值时所对应的有效值。

短路冲击电流 i_{sh}。它是指短路全电流的最大瞬时值。由图 5-2 所示短路全电流的曲线可以看出，短路后经半个周期（约为 0.01 s）达到最大值，此时的电流值即短路电流冲击值。短路电流冲击值可按下式计算：

$$i_{sh} = (1 + e^{-\frac{0.01}{\tau}})I_{pm} = \sqrt{2}I''K_{sh} \tag{5-5}$$

式中 K_{sh}——短路电流冲击系数，$I < K_{sh} < 2$。

一般在高压供配电系统中，通常取 $\tau = 0.05$ s，$K_{sh} = 1.8$，则 $i_{sh} = 2.55I''$。在 1 000 kV·A 及以下的电力变压器二次侧及低压电路中发生三相短路时，一般可取 $K_{sh} = 1.3$，因此 $i_{sh} = 1.84I''$。

I_{sh} 是短路冲击电流有效值。它是指短路后第一个周期的短路全电流有效值。

在高压供配电系统中，$K_{sh} = 1.8$ 时，$I_{sh} = 1.51I''$；在低压供配电系统中 $K_{sh} = 1.3$ 时，$I_{sh} = 1.09I''$。

I_∞ 为短路稳态电流。它是指短路电流非周期分量衰减完毕以后的短路全电流的有效值。

从前述可知，无限大容量电源系统发生三相短路时，短路电流周期分量的幅值始终不变，则有：

$$I_\infty = I'' \tag{5-6}$$

三、无限大容量电源条件下短路电流的计算方法

1. 一般规定

为了简化短路电流计算的方法，在保证计算精度的情况下，忽略一些次要因素的影响，作出如下规定：

① 所有点的发电机相位角相同、电源的频率相同，短路前电力系统的电势和电流是对称的；

② 认为变压器是理想变压器，变压器的铁芯始终处于不饱和状态，即电抗值不随电流大小发生变化；

③ 输电线路的分布电容略去不计；

④ 每一个电压级采用平均额定电压，这个规定在计算短路电流时，所造成误差很小。唯一例外的是电抗器，应采用加于电抗器端点的实际额定电压，因为电抗器的阻抗通常比其他元件阻抗大得多，否则误差偏大；

⑤ 用式 $|Z_\Sigma| = \sqrt{X_\Sigma^2 + R_\Sigma^2}$ 计算高压系统短路电流时，一般只计算发电机、变压器、电抗器、线路等元件的电抗。因为这些元件 $X/3 > R$ 时，可略去电阻的影响，只有在短路点总电阻大于短路点总阻抗 1/3 时，才加以考虑采用 $|Z_\Sigma|$ 来代替 X_Σ；

⑥ 短路点离同步调相机和同步电动机较近时，应考虑对短路电流值的影响；

⑦ 在简化系统阻抗时，距短路点远的电源与近的电源不能合并；

⑧ 以供配电电源为基准的电抗标幺值大于3，可认为电源容量为无限大的系统，短路电流的周期分量在短路全过程中保持不变。

2. 标幺制的概念

短路电流计算常采用标幺制。所谓标幺制，就是将电压、电流、功率、阻抗等物理量不用其有名值表示，而用标幺值表示。标幺是这样得出的，将一个量与一个基准量相比较，并将该基准量作衡量单位：

$$标幺值 = \frac{实际值（任意单位）}{基准值（与实际值同单位）}$$

显然，同一个实际值，当所选的基准值不同时标幺值也就不同。切记，说明一个物理量的标幺值时，必须说明其基准值为何，否则只说明一个标幺值是没有意义的。

标幺值一般又称为相对值，是一个无单位值，这里用带 * 号的上标以示区别。标幺值乘 100，即可得到用同一基准表示的百分值。

采用标幺制有如下的优点：

① 应用标幺制易于比较电力系统各元件的特性及参数。电力系统中各种电气设备的额定电压的高低、容量的大小彼此相差很大。它们的特性和参数若用有名值表示时，也就差别很大，很难进行比较。但用标幺值表示后，这些特性和参数都在一定的范围内，就便于进行对比分析。例如，一台铭牌数据为 110 kV、10 000 kV·A 的变压器，其短路电压为 U_{k_1} = 11.6 kV，而一台铭牌数据为 10.5 kV、7 500 kV·A 的变压器，其短路电压为 U_{k_2} = 1.05 kV，这两个短路电压值相差很大，不好比较，如果都取它们各自的额定电压作为基准，则其标幺值为：

$$U_{k_1}^* = 11.6/110 = 0.105$$

$$U_{k_2}^* = 1.05/10.5 = 0.1$$

以上两式说明，它们的短路电压都是其额定电压的 10% 左右。

② 采用标幺制便于判断电气设备的特性和参数的优劣。例如，设已知一台发电机运行中，其端电压为 10.5 kV，相电流为 1 000 A，从这些数值不能立刻判定运行情况是否正常，但如果得到的数据是以发电机额定值作为基准的标幺值，当看到 U^* = 1.0，I^* = 0.8，便立即可以断定发电机的运行电压是正常的，负载电流值小于额定电流值。可见，用标幺值表示比用实际值能给人以更明确的概念。

③ 应用标幺值可以使较复杂系统的计算工作大大简化。

3. 电路各元件阻抗的计算

1）基准值计算

高压供配电系统通常采用标幺值的计算方法来计算短路电流，所以应求出供配电系统中各元件的电抗标幺值。

采用标幺制计算时，首先必须选定基准值。原则上说基准值可以随便选择，通常可以选该设备的额定值作为基准值或整个系统选取便于计算的共同基准值。但是，并不是所有量的基准值都可以随便选定。在电路计算中，各量基准值之间必须服从电路的欧姆定律和功率方程式。也就是说在三相电路中，电流、电压、阻抗和功率这四个物理量的基准值之间应当满足下列关系式：

$$S_d = \sqrt{3} U_d I_d$$
$$U_d = \sqrt{3} I_d Z_d \tag{5-7}$$

式中　U_d、I_d、S_d、Z_d——分别为电压、电流、功率、阻抗的基准值。

显然，只要选定其中两个量的基准值，其余两个基准值也就确定了。实际计算短路电流时，一般均首先确定视在功率和电压的基准值 S_d 及 U_d。为了计算方便通常取基准容量 $S_d = 100$ MV·A，基准电压 U_d 一般取用各级电网的平均额定电压。当基准容量和基准电压选定以后，则电流和阻抗的基准值分别为：

$$I_d = \frac{S_d}{\sqrt{3} U_d}$$
$$Z_d = \frac{U_d}{\sqrt{3} I_d} = \frac{U_d^2}{S_d} \tag{5-8}$$

2）元件标幺值的计算

在选定和求出各量的基准值后，就可以很方便的求出其标幺值。对于不同变量计算公式如下。

电压标幺值：
$$U_d^* = \frac{U}{U_d} \tag{5-9}$$

容量标幺值：
$$S_d^* = \frac{S}{S_d} \tag{5-10}$$

电流标幺值：
$$I_d^* = \frac{I}{I_d} = I \frac{\sqrt{3} U_d}{S_d} \tag{5-11}$$

电抗标幺值：
$$X_d^* = \frac{X}{X_d} = X \frac{S_d}{U_d^2} \tag{5-12}$$

在对称三相电路中，无论是三角形还是星形接线，线电压和相电压、线电流和相电流、三相功率和单相功率的标幺值都是一样的，因此，在计算中可以按单相电路的标幺值来计算，这是标幺制算法的一大优点。

3）标幺值相互变换的方法

在电力系统的实际计算中，对于直接电气联系的网络，在制定标幺值的等值电路时，各元件的参数，必须按统一的基准值进行归算。然而，从手册或产品说明书中查得的电机和电器的阻抗值，一般都是以各自的额定容量（或额定电流）和额定电压为基准的标幺值。由于各元件的额定值可能不同，而基准值不相同的标幺值是不能直接进行加、减、乘、除等运算的。因此在制定等值电路计算短路电流之前，首先必须把不同基准值的阻抗换算成统一基准值的标幺值。换算方法如下：

① 一般的情况下，基准电压都取各级的平均电压。而基准容量不同时，可将基准容量为 S_{d_1} 的标幺值换算为基准容量为 S_{d_2} 的标幺值，以电抗标幺值为例，其转换方法为：

$$X_{d_2}^* = X_{d_1}^* \cdot \frac{S_{d_2}}{S_{d_1}} \tag{5-13}$$

② 两个标幺值的基准容量和基准电压都不相同时，可按下式进行变换：

$$X_{d_2}^* = X_{d_1}^* \cdot \frac{U_{d_1}^2}{U_{d_2}^2} \cdot \frac{S_{d_2}}{S_{d_1}} \tag{5-14}$$

4) 系统中各种元件的电抗标幺值

电力系统中往往具有许多不同电压级的线路段，通过升压或降压变压器连接在一起。用标幺值进行计算时，系统各元件阻抗的标幺值需归算到同一电压级，即归算到基本电压级。在选定基本电压级的基准电压之后，线路其他各段的阻抗在归算时应采用的基准电压，可根据该段线路与基本电压线路间所有变压器的变比，采用折算法用下式求出

$$U_{d(n)} = \frac{1}{k_1 k_2 k_3 \cdots k_n} U_d \tag{5-15}$$

$$k = \frac{U_I （归算侧）}{U_{II} （待归算侧）} \tag{5-16}$$

式中 U_d——基本电压级的基准电压；

$U_{d(n)}$——计算元件阻抗标幺值时各线段应该采取的基准电压；

k_1、k_2、$k_3 \cdots k_n$——各线段与基本电压级线路间所有变压器的变比。

根据式（5-14）和式（5-15），显然归算到基本电压级的某个线段的电抗标幺值为：

$$X_d^* = (k_1 k_2 \cdots k_n) X_N^* \frac{U_N^2 S_d}{U_d^2 S_N} \tag{5-17}$$

上述方法是根据变压器的实际变比计算不同电压级电网中各元件阻抗标幺值的精确计算法，它主要用在电力系统用计算机求解短路电流的计算中。目前，在工业企业供配电系统中，多采用近似计算法求解短路电流。所谓近似法，就是不管网络中变压器的实际变比为多少，而一律视为相应等级的平均额定电压的变比，即网络中各线段的电压均为相应等级的平均额定电压。现举例说明如下。

图 5-3 所示为三个电压级的电力网。

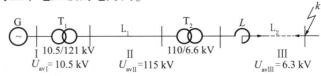

图 5-3　短路回路阻抗计算图

当选取短路点所在的 $U_{av III}$ 作为基本电压级，而将网络所有元件的电抗标幺值都按此基本电压级进行归算时，根据式（5-12）应有：

发电机：

$$X_G^* = \left(\frac{U_{av II}}{U_{av I}} \cdot \frac{U_{av III}}{U_{av II}}\right)^2 \frac{X''_G\%}{100} \cdot \frac{S_d}{S_{NG}} \cdot \frac{U_{av I}^2}{U_{av III}^2} = \frac{X''_G\%}{100} \cdot \frac{S_d}{S_{NG}} \tag{5-18}$$

同样可得：

变压器 T_1：

$$X_{T_1}^* = \left(\frac{U_{av II}}{U_{av I}} \cdot \frac{U_{av III}}{U_{av II}}\right)^2 \frac{U_k\%}{100} \cdot \frac{S_d}{S_{NT}} \cdot \frac{U_{av I}^2}{U_{av III}^2} = \frac{U_k\%}{100} \cdot \frac{S_d}{S_{NT}} \tag{5-19}$$

线路 L_1：

$$X_{l_1}^* = \left(\frac{U_{av III}}{U_{av II}}\right)^2 X_0 l_1 \frac{S_d}{U_{av III}^2} = X_0 l_1 \frac{S_d}{U_{av II}^2} \tag{5-20}$$

限流电抗器：

$$X_L^* = \frac{X_L\%}{100} \cdot \frac{U_{NL}}{\sqrt{3} I_{NL}} \cdot \frac{S_d}{U_d^2} \tag{5-21}$$

其他元件也可写出类似的式子，就不再一一论述。

从以上分析可知，当采用线路平均额定电压代替网络的实际电压后，各元件电抗基准标幺值只和基准功率 S_d 以及元件所在网络的平均额定电压 U_{av} 有关，而和所设的基本电压 U_d 无关。

实践证明用线路平均额定电压代替网络的实际电压的假定并不会增大计算误差，却使计算大大简化。而且同一电路不同点短路时，只要 S_d 不变，各元件的基准电抗标幺值也是不变的。为了使用方便，根据上述标幺值的定义和归算原则，将各种元件的标幺值，及有名值的变换公式汇总如表 5-2 所示。

表 5-2 电抗标幺值和有名值的变换公式

序号	元件名称	标幺值	有名值
1	发电机（或电动机）	$X_G^* = \dfrac{X_G\%}{100} \cdot \dfrac{S_d}{S_{NG}}$	$X_G = X_G\% \dfrac{U_N^2}{S_{NG}}$
2	变压器	$X_T^* = \dfrac{U_k\%}{100} \cdot \dfrac{S_d}{S_{NT}}$	$X_T = \dfrac{U_k\%}{100} \cdot \dfrac{U_N^2}{S_{NT}}$
3	电抗器	$X_L^* = \dfrac{X_L\%}{100} \cdot \dfrac{U_{NL}}{\sqrt{3}I_{NL}} \cdot \dfrac{S_d}{U_d^2}$	$X_L = \dfrac{X_L\%}{100} \cdot \dfrac{S_{NL}}{\sqrt{3}I_{NL}}$
4	线 路	$X_{WL}^* = X_{WL} \dfrac{S_d}{U_d^2}$	X_{WL}

[例 5-1] 某供配电系统的计算电路图如图 5-4（a）所示，试用标幺值计算 k_1 点和 k_2 点的短路回路总阻抗。

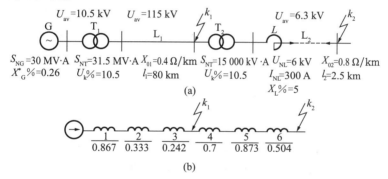

图 5-4 某供配电系统的计算电路图
（a）计算电路图；（b）等值电路图

[解]

首先作出等值电路图如图 5-4（b）所示。设 $S_d = 100\ \text{MV} \cdot \text{A}$，计算各元件的电抗标幺值：

发电机： $X_G^* = X_1^* = X_G\% \dfrac{S_d}{S_{NG}} = 0.26 \times \dfrac{100}{30} = 0.867$

变压器 T_1： $X_{T_1}^* = X_2^* = \dfrac{U_k\%}{100} \cdot \dfrac{S_d}{S_{NT}} = \dfrac{10.5}{100} \times \dfrac{100}{31.5} = 0.333$

线路 L_1： $X_{L_1}^* = X_3^* = X_{01}l_1 \dfrac{S_d}{U_{av}^2} = 0.4 \times 80 \times \dfrac{100}{115^2} = 0.242$

变压器 T_2： $X_{T_2}^* = X_4^* = \dfrac{U_k\%}{100} \cdot \dfrac{S_d}{S_{NT}} = \dfrac{10.5}{100} \times \dfrac{100}{15} = 0.7$

电抗器： $X_L^* = X_5^* = \dfrac{X_L\%}{100} \cdot \dfrac{U_{NL}}{U_{av}} \cdot \dfrac{I_d}{I_{NL}} = \dfrac{5}{100} \times \dfrac{6}{6.3} \times \dfrac{9.16}{0.3} = 1.454$

其中：
$$I_d = \frac{S_d}{\sqrt{3}\,U_{av}} = \frac{100}{\sqrt{3}\times 6.3} = 9.16(kA)$$

电缆 L_2：
$$X_{L_2}^* = X_6^* = X_{02}l_2\frac{S_d}{U_{av}^2} = 0.08\times 2.5\times\frac{100}{6.3^2} = 0.504$$

k_1 点的短路回路总阻抗为：
$$X_{k_1\Sigma}^* = X_1^* + X_2^* + X_3^* = 0.867 + 0.333 + 0.242 = 1.442$$

k_2 点的短路回路总阻抗为：
$$X_{k_2\Sigma}^* = X_{k_1\Sigma}^* X_4^* + X_5^* + X_6^* = 1.442 + 0.7 + 1.454 + 0.504 = 4.1$$

4. 无限大容量电源条件下三相短路电流的计算

计算步骤如下所述。

（1）按照供配电系统图绘制等效电路图，要求在图上标出各元件的参数，对复杂的供配电系统，还要绘制出简化的等效图。

（2）选定基准容量和基准电压，按照公式求出基准电流和基准电抗。

（3）求出供配电系统中各元件电抗标幺值。

（4）求出由电源至短路点的总阻抗。

（5）按下式求出短路电流标幺值。

$$I^* = \frac{1}{X_\Sigma^*} \tag{5-22}$$

由于电源是无限大容量，所以，短路电流周期分量保持不变，即：

$$I^{*\prime\prime} = I_\infty^* \tag{5-23}$$

（6）求出短路电流和短路容量。

（7）求出稳态短路电流 I_∞ 和稳态短路容量 S_∞。

$$I_\infty = I^* \cdot I_d \tag{5-24}$$
$$S_\infty = I^* \cdot S_d \tag{5-25}$$

（8）求出短路冲击电流 i_{sh} 和短路全电流最大有效值 I_{sh}。

$$i_{sh} = 2.55 I_\infty \tag{5-26}$$
$$I_{sh} = 1.52 I_\infty \tag{5-27}$$

[例 5-2] 无限大容量系统通过一条 70 km 的 110 kV 输电线路向某变电所供配电，接线情况如图 5-5 所示。试用标幺值计算输电线路末端和变电所出线上发生三相短路时，短路电流周期分量的有效值和冲击短路电流。

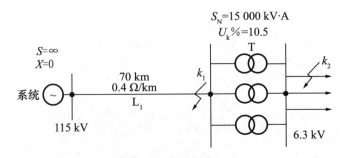

图 5-5 接线图

[解]

首先选取功率基准值 $S_d = 15$ MV·A,电压基准值 $U_d = U$。

(1) k_1 点短路时,线路 L_1 的电抗标幺值为:

$$X_{L_1}^* = X_{L_1} \frac{S_d}{U_d^2} = 0.4 \times 70 \times \frac{15}{115^2} = 0.0318$$

$$I_{k_1}^* = \frac{1}{X_{L_1}^*} = \frac{1}{0.0318} = 31.446$$

化成有效值为:

$$I_{k_1} = I_{k_1}^* \frac{S_d}{\sqrt{3} U_d} = 31.446 \times \frac{15}{\sqrt{3} \times 115} = 2.37 (\text{kA})$$

(2) k_2 点短路时,线路 L_1 的电抗标幺值为:

$$X_{L_1}^* = 0.0318$$

变压器 T 的电抗标幺值为:

$$X_{T_1}^* = \frac{U_k\%}{100} \frac{S_d}{S_N} = \frac{10.5}{100} \times \frac{15}{15} = 0.105$$

三台变压器并列运行时电抗的标幺值为:

$$X_{T_3}^* = \frac{X_{T_1}^*}{3} = \frac{0.105}{3} = 0.035$$

所以:

$$I_{T_2}^* = \frac{1}{X_{L_1}^* + X_{T_3}^*} = \frac{1}{0.0318 + 0.035} = 14.97$$

化成有效值:

$$I_{k_2} = I_{k_2}^* \frac{S_d}{\sqrt{3} U_d} = 14.97 + \frac{15}{\sqrt{3} \times 6.3} = 20.58(\text{kA})$$

冲击短路电流为:

$$i_{sh} = \sqrt{2} \times 1.8 \times 20.58 = 52.41(\text{kA})$$

四、有限容量电源系统的三相短路电流计算方法

1. 有限容量电源供配电系统三相短路的过渡过程

电源为有限容量时,电源的阻抗就不能忽略。在短路过程中,由于短路回路阻抗减少,短路电流必然增大造成电源端电压下降,使短路电流周期分量产生衰减。当发生短路的网络电源容量较小,或短路处靠近电源时,都应视为有限容量电源系统的短路情况,不能再用上节中所述的方法来计算短路电流,而必须考虑到突然短路时发电机内部的电磁暂态过程,才能得出正确的计算结果。

当发电机定子回路发生三相短路时,由于阻抗突然减少,产生很大的近似纯感性的短路电流。同时,在定子回路中,随之产生一个很大磁通 Φ,其方向和正常时的励磁磁通相反,形成去磁作用,如图 5-6 所示。根据磁链不能突变的原则,转子里的励磁绕组和阻尼绕组都将感应出电动势,并分别流出有自由分量的电流 i_{fk} 和 i_{dk},同时又分别产生磁通 Φ_{fk} 和 Φ_{dk} 使短路瞬间两侧磁通大小相等,即 $\Phi = \Phi_{fk} + \Phi_{dk}$,且方向相反,以维持发电

机气隙间的总磁通不变。所以，短路瞬间发电机的电动势并不变，但励磁绕组和阻尼绕组中的自由分量电流 i_{fk} 和 i_{dk}，无恒定电源维持，势必按指数规律衰减。随着励磁绕组和阻尼绕组中磁通迅速减少，短路电流所产生的去磁作用显著增加，则引起发电机的总磁通减少，使定子内的电势随之下降，短路电流的周期分量当然要随之下降。一般经过 3~5 s 之后，

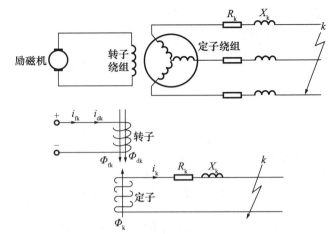

图 5-6 发电机短路时磁通的关系图

转子中的自由分量电流衰减结束，使发电机进入短路后的稳定状态。

以上分析并没有考虑发电机自动调节励磁装置的作用，即认为在整个短路过程中发电机的励磁电流不变，也就是感应电动势等于常数。实际上，在现代电力系统中，同步发电机一般都装有自动调节励磁装置，其作用是当发电机电压变动时，自动调节励磁电流，使发电机的端电压保持在规定的范围内，这种装置也称为自动电压调整器。当发电机外部发生突然短路时，短路电流引起的去磁作用，使发电机的端电压急剧下降，自动调节励磁装置中的强行励磁装置起作用，迅速增大励磁电流，以使发电机的端电压重新回升。但是，任何一种类型的自动调节励磁装置，由于调节装置本身的反应时间以及发电机本身的励磁绕组的电感作用，而不可能立即增大励磁电流，而是经过一段很短时间后才能起作用。因而，不论是否装设自动调节励磁装置，在短路瞬间以及短路后的几个周期内，短路电流的变化情况都是相同的。图 5-7 中所示分别为有自动调节励磁装置和无自动调节励磁装置的发电机在发生突然短路后短路电流的变化曲线。从图中可以看出，两者的区别在于：有自动调节励磁装置的发电机系统，在发生短路后，短路电流周期分量经过最初的下降之后，随着发电机电压的提升将逐渐增大而进入稳定状态，无自动调节励磁装置的发电机系统在短路后，短路电流的周期分量是一直下降而达到稳定状态。

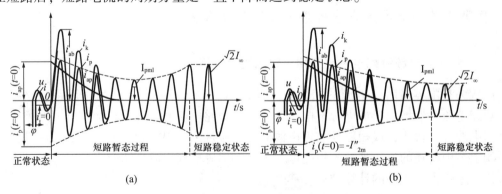

图 5-7 发电机短路电流变化曲线
(a) 有自动调节励磁装置的发电机短路电流变化曲线；
(b) 没有自动调节励磁装置的发电机短路电流变化曲线

有限容量系统，无论是否装设自动调节励磁装置，发生三相短路时，产生最大短路电流的条件与无限大容量系统是一样的，即短路电流的最大瞬时值出现在短路后 0.01 s 的

时候。

2. 计算方法

工程上为简便计算，按 $I_{k_1}^* = f(X_N^*, t)$ 的关系，绘成通用短路电流计算曲线，以供计算短路电流值查用。

计算步骤：

（1）按照供配电系统及各元件参数绘制计算系统图。

（2）选取基准值。

（3）求出各元件的电抗标幺值。

（4）求出各短路点的总电抗标幺值 X_Σ^*。

（5）当所选取的基准容量与电源的总额定容量不相等时，必须将总电抗标幺值转换成以电源总额定容量为基准的计算电抗 $X_\Sigma^{*'}$：

$$X_\Sigma^{*'} = X_\Sigma^* \frac{S_{N\Sigma}}{S_d} \tag{5-28}$$

（6）根据计算电抗数值，去查与电源相对应的计算曲线便可查出不同时间的短路电流周期分量标幺值 $I_{P \cdot t}^*$。

各种电源的计算曲线如图 5-8～图 5-13 所示。

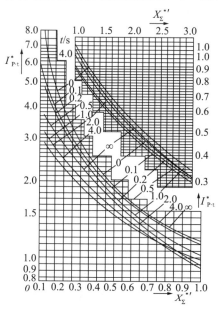

图 5-8 具有自动调压调整器的
标准型汽轮发电机的计算曲线

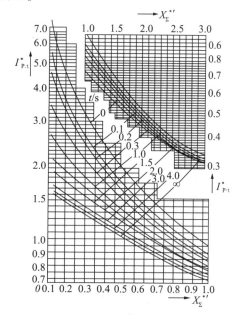

图 5-9 没有自动电压调整器的标准型
汽轮发电机的计算曲线

在计算曲线中只画到 $X^* = 3$，如果 $X^* > 3$，则不必去查曲线，可按电源为无限容量直接计算。

在计算曲线不容易查准确的地方可用表 5-3～表 5-6 查得，如果算出的总计算电抗与表中的数值不符，可用插值法求出短路电流周期分量标幺值。

于是所求时间 t 时的短路电流周期分量有效值为：

$$I_{P \cdot t} = I_{P \cdot t}^* I_{N\Sigma} \tag{5-29}$$

式中 $I_{N\Sigma}$——归算到计算点所在电压以及发电机总容量下的额定电流总和，即：

$$I_{N\Sigma} = \frac{S_{N\Sigma}}{\sqrt{3}\,U_{av}} \tag{5-30}$$

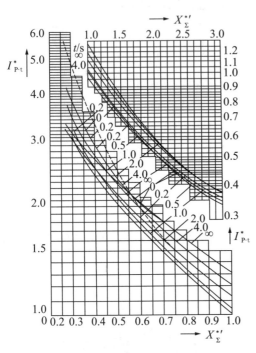

图 5-10 具有自动调压调整器的标准型水轮发电机的计算曲线

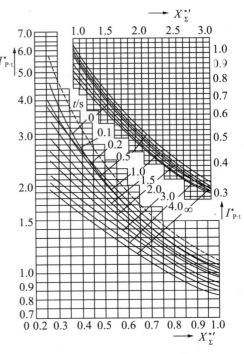

图 5-11 没有自动电压调整器的标准型水轮发电机的计算曲线

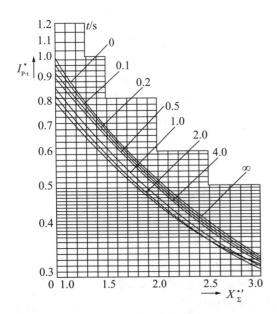

图 5-12 没有自动调压调整器的发电机的平均计算曲线

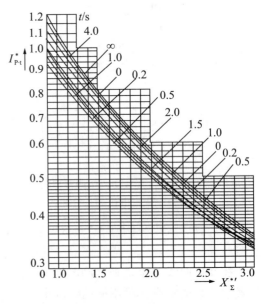

图 5-13 具有自动电压调整器的发电机的平均计算曲线

表5-3 汽轮发电机短路电流周期分量标幺值计算曲线

$X_\Sigma^{*'}$	有自动电压调整器			无自动电压调整器		
	$t=0$	$t=0.2$ s	$t=\infty$	$t=0$	$t=0.2$ s	$t=\infty$
0.13	7.70	4.60	2.73	7.70	4.60	1.56
0.15	6.80	4.30	2.70	6.90	4.13	1.54
0.20	5.00	3.50	2.55	5.00	3.45	1.45
0.25	4.00	2.90	2.42	4.00	2.80	1.38
0.30	3.30	2.51	2.30	3.32	2.50	1.30
0.35	2.85	2.25	2.18	2.89	2.20	1.23
0.40	2.50	2.00	2.05	2.50	1.98	1.18
0.45	2.22	1.80	1.93	2.21	1.80	1.12
0.50	2.00	1.64	1.82	2.00	1.63	1.07
0.55	1.80	1.51	1.72	1.82	1.50	1.02
0.60	1.65	1.41	1.64	1.68	1.39	0.98
0.65	1.51	1.32	1.56	1.54	1.29	0.93
0.70	1.42	1.24	1.49	1.42	1.21	0.90
0.75	1.33	1.17	1.42	0.34	1.13	0.87
0.80	1.26	1.10	1.37	1.26	1.08	0.83
0.85	1.18	1.03	1.30	1.18	1.02	0.80
0.90	1.12	0.98	1.25	1.12	0.97	0.77
0.95	1.06	0.94	1.20	1.06	0.93	0.74
1.00	1.00	0.89	1.16	1.00	0.88	0.72
1.10	0.91	0.82	1.03	0.91	0.81	0.68
1.20	0.84	0.75	0.93	0.84	0.75	0.64
1.40	0.72	0.65	0.78	0.72	0.65	0.57
1.60	0.63	0.58	0.68	0.63	0.57	0.51
1.80	0.56	0.52	0.60	0.56	0.51	0.47
2.00	1.50	0.47	0.53	0.50	0.47	0.43
2.20	0.45	0.43	0.48	0.45	0.43	0.39
2.40	0.42	0.40	0.44	0.42	0.39	0.37
2.60	0.39	0.37	0.41	0.39	0.36	0.35
2.80	0.36	0.34	0.38	0.36	0.34	0.33
3.00	0.33	0.32	0.35	0.33	0.31	0.30

表5-4 水轮发电机短路电流周期分量标幺值计算曲线数值

$X_\Sigma^{*'}$	有自动电压调整器				无自动电压调整器			
	$t=0$	$t'=0$	$t=0.2$ s	$t=\infty$	$t=0$	$t'=0$	$t=0.2$ s	$t=\infty$
0.27	4.30	5.60	3.70	3.55	4.60	5.60	3.70	1.91
0.30	3.85	4.75	3.40	3.20	4.00	4.70	3.39	1.82
0.35	3.20	3.80	2.90	2.95	3.22	3.80	2.90	1.69
0.40	2.78	3.20	2.52	2.72	2.78	3.20	2.51	1.58
0.45	2.42	2.80	2.25	2.53	2.41	2.75	2.22	1.47

续表

$X_{\Sigma}^{*}{'}$	有自动电压调整器				无自动电压调整器			
	$t=0$	$t'=0$	$t=0.2$ s	$t=\infty$	$t=0$	$t'=0$	$t=0.2$ s	$t=\infty$
0.50	2.16	2.45	2.03	2.37	2.15	2.45	2.00	1.38
0.55	1.94	2.27	1.83	2.20	1.95	2.15	1.82	1.29
0.60	1.78	1.97	1.69	2.05	1.79	1.95	1.68	1.22
0.65	1.62	1.78	1.55	1.91	1.62	1.70	1.55	1.16
0.70	1.50	1.63	1.45	1.80	1.50	1.60	1.44	1.10
0.75	1.40	1.50	1.35	1.69	1.40	1.49	1.35	1.05
0.80	1.30	1.40	1.27	1.59	1.31	1.40	1.27	1.00
0.85	1.23	1.30	1.19	1.50	1.23	1.30	1.19	0.95
0.90	1.16	1.23	1.12	1.44	1.17	2.23	1.12	0.91
0.95	1.09	1.16	1.07	1.37	1.10	1.17	1.07	0.87
1.00	1.03	1.10	1.02	1.30	1.04	1.10	1.01	0.83
1.10	0.93	1.00	0.91	1.20	0.95	1.00	0.92	0.77
1.20	0.86	0.90	0.84	1.18	0.86	0.90	0.84	0.72
1.40	0.74	0.76	0.73	0.88	0.74	0.76	0.73	0.64
1.60	0.64	0.66	0.64	0.74	0.64	0.66	0.64	0.57
1.80	0.56	0.58	0.56	0.66	0.55	0.59	0.55	0.51
2.00	0.50	0.52	0.50	0.58	0.51	0.52	0.51	0.46
2.20	0.45	0.48	0.46	0.52	0.46	0.47	0.46	0.43
2.40	0.42	0.43	0.42	0.47	0.43	0.43	0.43	0.40
2.60	0.39	0.40	0.39	0.43	0.39	0.40	0.39	0.37
2.80	0.36	0.37	0.36	0.40	0.36	0.37	0.36	0.34
3.00	0.33	0.34	0.34	0.37	0.34	0.34	0.34	0.32

注：如水轮发电机具有阻尼绕组，$X_{\Sigma}^{*}{'}$值须增加 0.07，同时对 $t \leq 0.1$ s 时，应查 $t'=0$ 这栏内的数值。

表 5-5　汽轮发电机和水轮发电机短路电流周期分量标幺值计算曲线平均数值

$X_{\Sigma}^{*}{'}$	有自动电压调整器			无自动电压调整器		
	$t=0$	$t=0.2$ s	$t=\infty$	$t=0$	$t=0.2$ s	$t=\infty$
1.00	1.00	0.94	1.20	1.00	0.94	0.77
1.10	0.91	0.86	1.10	0.91	0.86	0.72
1.20	0.84	0.80	1.00	0.84	0.81	0.68
1.30	0.78	0.74	0.90	0.78	0.74	0.64
1.40	0.72	0.68	0.84	0.72	0.70	0.60
1.50	0.67	0.64	0.76	0.67	0.64	0.56
1.60	0.63	0.60	0.71	0.63	0.61	0.54
1.70	0.59	0.57	0.66	0.59	0.56	0.51
1.80	0.56	0.54	0.62	0.56	0.54	0.48
1.90	0.53	0.51	0.58	0.53	0.51	0.46
2.00	0.50	0.48	0.55	0.50	0.49	0.44
2.10	0.47	0.46	0.52	0.47	0.46	0.42
2.20	0.45	0.44	0.50	0.45	0.44	0.41
2.30	0.43	0.42	0.48	0.43	0.42	0.39

续表

$X_\Sigma^{*\prime}$	有自动电压调整器			无自动电压调整器		
	$t=0$	$t=0.2$ s	$t=\infty$	$t=0$	$t=0.2$ s	$t=\infty$
0.38	2.40	0.42	0.41	0.46	0.42	0.41
0.36	2.50	0.40	0.39	0.44	0.40	0.39
0.35	2.60	0.39	0.38	0.42	0.39	0.38
0.34	2.70	0.37	0.37	0.40	0.37	0.36
0.33	2.80	0.36	0.35	0.39	0.36	0.35
0.32	2.90	0.35	0.34	0.37	0.35	0.34
0.21	3.00	0.33	0.33	0.36	0.33	0.33

注：本表对任何类型的发电机均可应用。

表5-6 各类元件电抗的平均值

序号	元件名称		电抗平均值		
			$X_C^{*\prime\prime}$或X_1	X_2	X_0
1	中等容量汽轮发电机		$X_C^{*\prime\prime}=12.5\%$	16%	6%
2	有阻尼绕组的水轮发电机		$X_C^{*\prime\prime}=20\%$	25%	7%
3	无阻尼绕组的水轮发电机		$X_C^{*\prime\prime}=27\%$	45%	7%
4	大型同步电动机		$X_C^{*\prime\prime}=20\%$	24%	8%
5	1 kW 三芯电缆		$X_1=X_2=0.06$ Ω/km		0.7 Ω/km
6	1 kW 四芯电缆		$X_1=X_2=0.066$ Ω/km		0.17 Ω/km
7	6~10 kW 三芯电缆		$X_1=X_2=0.08$ Ω/km		$X_0=3.5X_1$
8	20 kW 三芯电缆		$X_1=X_2=0.11$ Ω/km		$X_0=3.5X_1$
9	35 kW 三芯电缆		$X_1=X_2=0.12$ Ω/km		$X_0=3.5X_1$
10	无避雷线的架空输电线路	单回路	3~10 kV；$X_1=X_2=0.35$ Ω/km 35~220 kV；$X_1=X_2=0.4$ Ω/km		$X_0=3.5X_1$
11		双回路			$X_0=5.5X_1$
12	有钢质避雷线的架空输电线路	单回路			$X_0=3X_1$
13		双回路			$X_0=5X_1$
14	有良导体避雷线的架空输电线路	单回路			$X_0=2X_1$
15		双回路			$X_0=3X_1$

[例5-3] 某工厂供配电系统的计算电路如图5-14（a）所示，发电机为有自动调节励磁装置的汽轮发电机，各元件的参数均已标在图中，试求k_1点和k_2点三相短路电流的次暂态值、冲击值和稳态值。

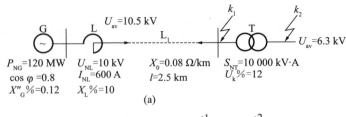

图 5 – 14
（a）计算电路图；（b）等值电路图

[解]

设 $S_d = 100$ MV·A，$U_d = U_{av}$。

1）求各元件电抗标幺值

电路如图 5 – 14（b）所示。

$$X_G^* = X_G''\% \frac{S_d}{P_{GN}/\cos\varphi} = 0.12 \times \frac{100}{120/0.8} = 0.08$$

$$X_L^* = X_2^* = \frac{X_L\%}{100} \cdot \frac{U_{NL}}{U_{av}} \cdot \frac{I_d}{I_{NL}} = \frac{10}{100} \times \frac{10}{10.5} \times \frac{5.5}{0.6} = 0.87$$

其中：

$$I_d = \frac{S_d}{\sqrt{3}\,U_{av}} = \frac{100}{\sqrt{3} \times 10.5} = 5.5 \text{（kA）}$$

$$X_{L_1}^* = X_3^* = X_0 l \frac{S_d}{U_{av}^2} = 0.08 \times 2.5 \times \frac{100}{10.5^2} = 0.18$$

$$X_T^* = X_4^* = \frac{U_k\%}{100} \times \frac{S_d}{S_{NT}} = \frac{12}{100} \times \frac{100}{10} = 1.2$$

2）求各点短路时的计算电抗

（1）k_1 点短路时。

$$X_{k_1\Sigma}^* = X_1^* + X_2^* + X_3^* = 0.08 + 0.87 + 0.18 = 1.13$$

$$X_{k_1\Sigma}^{*\prime} = X_{k_1\Sigma}^* \frac{S_{N\Sigma}}{S_d} = 1.13 \times \frac{120/0.8}{100} = 1.7$$

（2）k_2 点短路时。

$$X_{k_2\Sigma}^{*\prime} = X_{k_1\Sigma}^* + X_4^* = 1.13 + 1.2 = 2.33$$

$$X_{k_2\Sigma}^{*\prime} = X_{k_2\Sigma}^* \frac{S_{N\Sigma}}{S_d} = 2.33 \times \frac{120/0.8}{100} = 3.5$$

3）计算各点的短路电流

（1）k_1 点。

$$I_{N\Sigma} = \frac{P_{N\Sigma}/\cos\varphi}{\sqrt{3}\,U_{av}} = \frac{120/0.8}{\sqrt{3} \times 10.5} = 8.25 \text{（kA）}$$

由 $X_{k_1\Sigma}^{*\prime} = 1.7$ 和 $t = 0$ s，查图 5 – 8 曲线得 $I_{k_1}^{*\prime\prime} = 0.604$ 则

$$I_{k_1}^{*\prime\prime} = I_{k_1}^{*\prime\prime} I_{N\Sigma} = 0.604 \times 8.25 = 4.98 \text{（kA）}$$

$$i_{shk1} = 2.55 I''_{k_1} = 2.55 \times 4.98 = 12.7 \text{ (kA)}$$

对于稳态值可查 $t = 4$ s 时的值，因为短路电流在 $t \geq 4$ s 以后其过渡过程早已结束，而进入稳定状态。因此，$X^*_{k_1\Sigma}{}' = 1.7$ 和 $t = 4$ s 查图 5 – 8 曲线得：

$$I^*_{\infty k_1} = 0.621,$$

则：

$$I_{\infty k_1} = I^*_{\infty k_1} I_{N\Sigma} = 0.621 \times 8.25 = 5.12 \text{ (kA)}$$

（2）k_2 点，取 $U_d = 6.3$ kV。

$$I_{N\Sigma} = \frac{120/0.8}{\sqrt{3} \times 6.3} = 13.75 \text{ (kA)}$$

因为 $X^*_{k_2\Sigma}{}' \geq 3$，可按无穷大容量系统处理，故：

$$I''_{k_2} = I_{\infty k_2} = \frac{I_{N\Sigma}}{X^*_{k_2\Sigma}{}'} = \frac{13.75}{3.5} = 3.93 \text{ (kA)}$$

或直接用下式计算：

$$I''_{k_2} = I_{\infty k_2} = \frac{I_d}{X^*_{k_2\Sigma}} = \frac{100/\sqrt{3} \times 0.3}{2.33} = 3.93 \text{ (kA)}$$

$$i_{shk_2} = 2.55 \times 3.93 = 10.02 \text{ (kA)}$$

五、低压电网中短路电流的计算

1. 1 kV 以下的低压电网中短路电流的计算特点

（1）供配电电源可以看作是无限大容量系统。这是因为低压电网中降压变压器容量，远远小于高压电力系统的容量，所以降压变压器阻抗加上低压短回路阻抗远远大于电力系统的阻抗。在计算降压变压器低压侧短路电流时，一般不计电力系统到降压变压器高压侧的阻抗，而认为降压变压器高压侧的端电压保持不变。

（2）电阻值 R 相对较大而电抗值 X 相对较小，所以低压电网中电阻不能忽略，为避免复数运算，一般可用阻抗的模 $|Z| = \sqrt{R^2 + X^2}$ 进行计算。

（3）直接使用有名值计算更方便。由于低压电网的电压往往只有一级而且在短路回路中除降压变压器外其他各元件的阻抗都用 mΩ 表示，所以用有名值计算而不用标幺值计算。

（4）非周期分量衰减快。所以 K_{sh} 取 1~1.3。

（5）必须计及下列元件阻抗的影响。
① 长度为 10~15 m 或更长的电缆和母线阻抗。
② 多匝电流互感器原绕组的阻抗。
③ 低压自动空气开关过流线圈的阻抗。
④ 闸刀开关和自动开关的触点电阻。

2. 计算方法

1）高压侧系统阻抗计算

高压侧系统电抗 X_s 为：

$$X_s = \frac{U_d}{\sqrt{3} I_k} = \frac{U_d^2}{S_k} \tag{5-31}$$

式中 X_s——系统电抗,mΩ;
U_d——基准电压,V;
I_k——短路电流,kA
S_k——短路容量,kV·A。

2) 短路回路中各元件阻抗的计算

(1) 变压器阻抗 R_T、X_T 分别为:

$$R_T = \frac{\Delta P_k}{3I_{2NT}^2} \tag{5-32}$$

$$X_T = \frac{X_T^* U_{2NT}^2}{S_{NT}} \tag{5-33}$$

式中 R_T、X_T——分别为变压器绕组电阻和电抗,mΩ;
ΔP_k——变压器短路损耗,kW;
I_{2NT}——变压器二次侧额定电流,kA;
U_{2NT}——变压器二次侧额定电压,V;
S_{NT}——变压器额定容量,kV·A;
X_T^*——变压器绕组电抗标幺值,

$$X_T^* = \sqrt{(Z_T^*)^2 - (R_T^*)^2} = \sqrt{\left(\frac{U_k\%}{100}\right)^2 - \left(\frac{\Delta P_k}{S_{NT}}\right)^2} \tag{5-34}$$

($U_k\%$ 为变压器电路电压的百分值)。

(2) 母线电阻为:

$$R_{WB} = \frac{l}{rA} \times 10^3 \quad (\Omega) \tag{5-35}$$

3. 短路电流计算

在 1 000 V 以下的低压电网中,三相短路电流最大,两相短路电流较小。短路回路的总电阻为 ΣR,短路回路的总电抗为 ΣX。短路回路的电流值为:

$$I_k^{(3)} = I'' = \frac{U_C}{\sqrt{3}\sqrt{(\Sigma R)^2 + (\Sigma X)^2}} \tag{5-36}$$

$$i_{sh} = K_{sh}\sqrt{2}I'' \tag{5-37}$$

$$I_{sh} = \sqrt{1 + 2(K_{sh} - 1)^2} \tag{5-38}$$

式中 $I_k^{(3)}$——三相短路电流,kA;
I''——次暂态短路电流,kA;
i_{sh}——冲击短路电流,kA;
I_{sh}——三相短路电流第一周期全电流有效值,kA;
U_C——计算电压,V;
ΣR、ΣX——分别为短路回路总电阻和总阻抗,mΩ;
K_{sh}——冲击系数(一般可取 $K_{sh} = 1.3$)。

两相短路电流和三相短路电流的关系为:

$$I_k^{(2)} = 0.866 I_k^{(3)} \tag{5-39}$$

[例 5-4] 试求图 5-15 计算电路图中 d 点的三相短路电流。

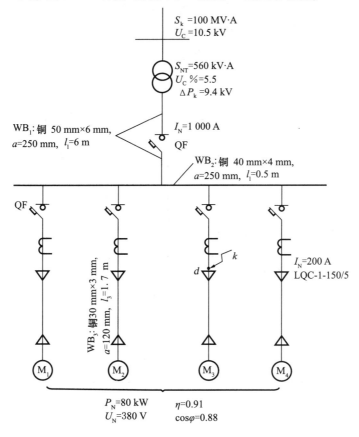

图 5-15 计算电路图

[解]
(1) 系统电抗

$$X_s = \frac{U_d^2}{S_k} = \frac{400^2}{100 \times 10^3} = 1.6(\text{m}\Omega)$$

(2) 变压器阻抗

$$R_T^* = \frac{\Delta P_k}{S_{NT}} = \frac{9.4}{560} = 0.016\,8$$

$$R_T = R_T^* \cdot \frac{U_{NT}^2}{S_{NT}} = \frac{0.016\,8 \times 400^2}{560} = 4.8(\text{m}\Omega)$$

$$X_T^* = \sqrt{\left(\frac{U_k\%}{100}\right)^2 - \left(\frac{\Delta P_k}{S_{NT}}\right)^2} = 0.052\,2$$

$$X_T = X_T^* \cdot \frac{U_{NT}^2}{S_{NT}} = \frac{0.052\,2 \times 400^2}{560} = 15(\text{m}\Omega)$$

(3) 母线阻抗

$$R_{WB_1} = \frac{l}{rA_1} \times 10^3 = \frac{6}{53 \times 50 \times 6} \times 10^3 = 0.43\ (\text{m}\Omega)$$

$$R_{WB_2} = \frac{l}{rA_2} \times 10^3 = \frac{0.5}{53 \times 40 \times 4} \times 10^3 = 0.06\ (\text{m}\Omega)$$

$$R_{WB_3} = \frac{l}{rA_3} \times 10^3 = \frac{1.7}{53 \times 30 \times 3} \times 10^3 = 0.35 \text{ (m}\Omega\text{)}$$

根据母线电抗计算公式：

$$X_{WB} = 0.145 l \lg \frac{4D}{h} = 0.145 l \lg \frac{4 \times 1.26a}{h}$$

（其中：a 为相间距离，h 为矩形母线的高度，$D = 1.26a$）

$$X_{WB_1} = 0.145 l_1 \lg \frac{4D_1}{h_1} = 0.145 \times 6 \lg \frac{4 \times 1.26 \times 250}{50} = 1.22 \text{(m}\Omega\text{)}$$

$$X_{WB_2} = 0.145 l_2 \lg \frac{4D_2}{h_2} = 0.145 \times 0.5 \lg \frac{4 \times 1.26 \times 250}{40} = 0.1 \text{(m}\Omega\text{)}$$

$$X_{WB_3} = 0.145 l_3 \lg \frac{4D_3}{h_3} = 0.145 \times 1.7 \lg \frac{4 \times 1.26 \times 120}{30} = 0.32 \text{(m}\Omega\text{)}$$

（4）自动开关线圈阻抗及触头的接触电阻

$$R_{QF} = 0.36 \text{ m}\Omega, X_{QF} = 0.28 \text{ m}\Omega, R_{QF_1} = 0.6 \text{ m}\Omega$$

（5）刀开关触点的接触电阻

$$R_{QK} = 0.08 \text{ m}\Omega$$

（6）电流互感器组

$$R_{TA} = 0.75 \text{m}\Omega, \quad X_{TA} = 1.2 \text{m}\Omega$$

不计及电流互感器阻抗时，则短路电流的总阻抗为：

$$\Sigma R = R_T + R_{WB_1} + 2R_{WB_2} + R_{WB_3} + R_{QK} + R_{QF} + R_{QF_1}$$
$$= 4.8 + 0.43 + 2 \times 0.06 + 0.35 + 0.08 + 0.36 + 0.6$$
$$= 6.7 \text{ (m}\Omega\text{)}$$

$$\Sigma X = X_S + X_T + X_{WB_1} + 2X_{WB_2} + X_{WB_3} + X_{QF}$$
$$= 1.6 + 15 + 1.23 + 2 \times 0.11 + 0.32 + 0.28$$
$$= 18.7 \text{ (m}\Omega\text{)}$$

（7）三相短路电流

$$I_k^{(3)} = \frac{U_C}{\sqrt{3}\sqrt{(\Sigma R)^2 + (\Sigma X)^2}} = \frac{400}{\sqrt{3}\sqrt{6.7^2 + 18.7^2}} = 11.6 \text{(kA)}$$

六、不对称短路电流的计算方法

1. 对称分量法

在电力系统中，除了三相短路之外，还有不对称短路，例如单相短路、两相短路、两相短路接地等。而且根据运行经验，发生不对称短路的概率比对称短路多得多，据统计约占全部短路故障的90%以上。因此需要掌握不对称短路的分析法。

发生不对称短路时，电力系统的三相电流和电压是不对称的，因此，不能直接采用计算三相短路电流的方法来进行分析计算。不对称短路通常采用对称分量法进行计算。

对称分量法是将一个不对称的三相电流或电压系统分解成三个对称的电流或电压系统（正序、负序、零序），对分解所得的每个对称系统（正序、负序、零序），就可以用前述的分析对称电路的方法进行分析计算。

在对称分量法计算中，为了简化计算，引用一个专用的运算符号 a，它是一个复数，

其模为1,辐角是120°。即

$$a = e^{120°} = \cos 120° + j\sin 120° = -\frac{1}{2} + j\frac{\sqrt{3}}{2}$$

如果 $\dot{U}_A$、$\dot{U}_B$、$\dot{U}_C$ 为三相不对称的电压,以带下标1、2、0的量分别表示各相电压的正序、负序和零序的对称分量,应用叠加原理可得:

$$\begin{bmatrix} \dot{U}_A \\ \dot{U}_B \\ \dot{U}_C \end{bmatrix} = \begin{pmatrix} \dot{U}_{A_1} & \dot{U}_{A_2} & \dot{U}_{A_0} \\ \dot{U}_{B_1} & \dot{U}_{B_2} & \dot{U}_{B_0} \\ \dot{U}_{C_1} & \dot{U}_{C_2} & \dot{U}_{C_0} \end{pmatrix} \times \begin{bmatrix} 1 \\ 1 \\ 1 \end{bmatrix} = \begin{pmatrix} 1 & 1 & 1 \\ a^2 & a & 1 \\ a & a^2 & 1 \end{pmatrix} \times \begin{bmatrix} \dot{U}_{A_1} \\ \dot{U}_{A_2} \\ \dot{U}_{A_0} \end{bmatrix}$$

解上式可以得到 A 相正序、负序、零序的对称分量电压表达式为:

$$\begin{bmatrix} \dot{U}_{A_1} \\ \dot{U}_{A_2} \\ \dot{U}_{A_0} \end{bmatrix} = \frac{1}{3} \times \begin{pmatrix} 1 & a & a^2 \\ 1 & a^2 & a \\ 1 & 1 & 1 \end{pmatrix} \times \begin{bmatrix} \dot{U}_A \\ \dot{U}_B \\ \dot{U}_C \end{bmatrix} \qquad (5-40)$$

同样,三相不对称电流和它们的正序、负序、零序对称分量电流之间,也具有相同的形式。

应用对称分量法需满足两个条件:

① 对称分量法是以叠加原理为根据的,所以只有当系统的参数是线性时才可应用;

② 对称分量法适用于原来三相阻抗对称,而只有故障点处发生三相不对称短路的电路,否则问题往往不能得到简化。

最后还要指出:对称分量不仅是经过公式推导而得到的一种纯数学的抽象的概念,而且是客观存在的,即实测可得的。同时,每个分量分别还都有其单独的物理意义。因此,对称分量也常被应用于继电保护装置,如负序电压保护和零序、负序电流保护等。

2. 不对称短路的序网络图

当电力系统的某一点发生不对称故障时,三相系统的对称条件将受到破坏。但这种对称条件的破坏是局部性的,即除了在故障点出现某种不对称之外,电力系统的其他部分仍是对称的。因而可以应用对称分量法,将故障处的电压、电流分解为正序、负序和零序三组对称分量系统。由于电路的其余部分是三相对称的,所以各序分量都具有独立性,从而可以形成独立的三个序网络。各序网络既然是对称的,就可以用一相来分析,用单线图来表示。图5-16为一个三相系统发生不对称短路时各序网络示意图,图中分别为 k 点的三相不对称电压经变换后的正序、负序与零序电压 X_1、X_2、X_0 表示系统中各序电抗的等效值。

1)正序网络

正序网络就是前面用来计算对称三相短路时的网络,流过正序点的全部元件的电抗均用正序电抗,如图5-16(a)所示。由于电源发电机的电势是正序电势,所以应包括于正序网络中,即正序网络是有源网络。正序网的电压方程为:

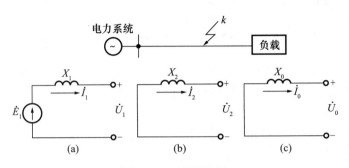

图 5-16 序网络图
(a) 正序网络；(b) 负序网络；(c) 零序网络

$$\dot{U}_1 = \dot{E}_1 - j\dot{I}_1 X_1 \tag{5-41}$$

2）负序网络

负序电流和正序电流，在网络中所流经的元件相同，即组成负序网络的元件，与正序网络完全一样，不同点在于各元件的电抗应为负序电抗，发电机的负序电势为零，如图 5-16（b）所示，所以负序网络是仅有负序电压的一个无源网络，其电压方程为：

$$\dot{U}_2 = -j\dot{I}_2 X_2 \tag{5-42}$$

3）零序网络

零序网络也是一个无源网络，电源发电机不存在零序电势，各元件的电抗应为零序电抗，如图 5-16（c）所示，其电压方程为：

$$\dot{U}_0 = -j\dot{I}_0 X_0 \tag{5-43}$$

三相零序电流大小相等、方向相同，是一个流经三相电路的单相电流，只能经过大地（或公共接地零线）流动；如果是中性点不接地电力网（或没有公共接地零线），就不会出现零序电流。对于有零序电流通过，而又连在发电机或变压器中性点的消弧线圈等，由于它们所通过的零序电流为三相零序电流之和，即为一相零序电流的 3 倍，为使零序网络中这些元件上的电压降与实际电压降相符，必须将这些元件的阻抗乘以 3。

如果将上述各序网络的基本公式加以汇总后可得到下列方程组：

$$\left.\begin{array}{l}\dot{E}_1 - \dot{U}_1 = j\dot{I}_1 X_1 \\ \dot{U}_0 = -j\dot{I}_0 X_0 \\ \dot{U}_2 = -j\dot{I}_2 X_2\end{array}\right\} \tag{5-44}$$

3. 各元件的各序电抗

1）正序阻抗

正序阻抗即各个元件在三相对称工作时的基波阻抗值，也就是在计算三相对称短路时所采用的阻抗值。

2）负序阻抗

电力系统中凡是静止的三相对称结构的设备，如架空线、电缆线、变压器、电抗器等，它们相与相之间的互感以及本身的自感与电流相序的改变无关，故这些元件的负序阻抗与正序阻抗相等。对于旋转的发电机和电动机元件，因定子和转子有相对运动，定子中负序电流所产生的旋转磁场，与转子旋转方向相反，所以，它们的负序电抗不同于正序电抗。发电机负序电抗平均值如表 5 – 6 所示。至于作为负荷主要成分的感应电动机，其负序电抗可近似地认为等于它的短路电抗对其额定容量的标幺值，其值在 0.2 ~ 0.5 之间。因此，实际上综合电力负荷在额定情况下，负序电抗的标幺值取为 0.35。

3）零序电抗

发电机、架空线路、电缆等元件零序电抗值如表 5 – 6 所示。

变压器的零序电抗决定于其绕组接法和结构。图 5 – 17 将一般常用的双绕组和三绕组变压器的零序等值电路，根据其连接组的类型综合列出，可供实际使用时参考。在具体应用图 5 – 17 来计算变压器的零序电抗时，应当按下列原则来处理：

① 当铁芯结构为三相五柱式、三个单相组或壳式时，$X_{m_0}^*$ 的值很大，可将励磁支路近似作为开路处理。同时，其 $X_{I_0}^*$，$X_{II_0}^*$（若为三绕组变压器还有 $X_{III_0}^*$）则与正序时基本相同；

② 当采用三相三柱式铁芯时，$X_{I_0}^*$，$X_{II_0}^*$ 的值可近似等于正序电抗，但这时励磁支路不能作为开路处理；

③ 对 Y/Y，△/△，Y/△ 连接的变压器，由于对外电路而言，零序电流均不可能流通，故其零序等值电路应作为开路处理，即 $X_0^* = \infty$；

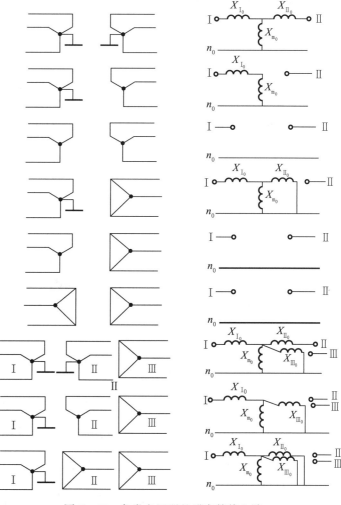

图 5 – 17　各类变压器的零序等值电路

④ 对 Y_0/△ 连接的变压器，若计及 $X_{m_0}^* = \infty$，则其 $X_0^* = X_{I_0}^* + X_{II_0}^* = X_I^*$（正序电抗）；

⑤ 对于某些连接方式而言，当不可能如 Y_0/△ 连接那样，将零序等值电路简单的归并为一个零序电抗值来代表，就应将变压器的零序等值电路纳入整个零序等值网络中去进行归并计算。

对于感应电动机，定子绕组接成 Y 或 △ 因此作为综合负荷的零序电抗在绘制系统的等效电路图时可不作考虑。

4. 不对称短路的计算方法

用对称分量法求解不对称短路的基本步骤，可归纳如下：

① 计算电力系统各元件的各序阻抗；

② 根据故障的特征，作出针对故障点的各序网络图；

③ 由序网络图及故障的边界条件列出对应方程组作出相应的复合序网；

④ 按复合序网图或从联立方程组，解出故障点的电流和电压的各序分量，并将相应的各序分量相加，以求出故障点的各相电流和各相电压；

⑤ 计算各相序电流和各相序电压在网络中的分布，进一步求出各指定支路的各相序电流和指定节点的各相序电压。

下面分别介绍各种不对称故障的计算方法。

1) 单相接地短路

图 5-18 所示为大电流接地系统，在 k 点 a 相发生接地故障。

a 相直接接地故障时，相当于在 k 点接上一组不对称三相电抗；a 相对地的电抗为零，b、c 相对地电抗为无穷大，根据故障特征的条件可以写出以下三个关系式，即：

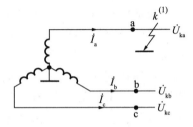

图 5-18 单相直接接地

$$\left.\begin{array}{l} \dot{I}_b = 0 \\ \dot{I}_c = 0 \\ \dot{U}_{ka} = 0 \end{array}\right\} \quad (5-45)$$

将式 (5-45) 转换成对称分量的关系，则为：

$$\dot{U}_{ka} = \dot{U}_{ka_0} + \dot{U}_{ka_1} + \dot{U}_{ka_2} = 0$$

$$\dot{I}_{a_0} = \frac{1}{3}(\dot{I}_a + \dot{I}_b + \dot{I}_c) = \frac{1}{3}\dot{I}_a$$

$$\dot{I}_{a_1} = \frac{1}{3}(\dot{I}_a + a\dot{I}_b + a^2\dot{I}_c) = \frac{1}{3}\dot{I}_a$$

$$\dot{I}_{a_2} = \frac{1}{3}(\dot{I}_a + a^2\dot{I}_b + a\dot{I}_c) = \frac{1}{3}\dot{I}_a$$

也就是说，在单相直接接地故障的情况下，以对称分量形式表示的三个关系式是：

$$\left.\begin{array}{l} \dot{U}_{ka_0} + \dot{U}_{ka_1} + \dot{U}_{ka_2} = 0 \\ \dot{I}_{a_0} = \dot{I}_{a_1} = \dot{I}_{a_2} \end{array}\right\} \quad (5-46)$$

式 (5-46) 称为单相直接接地故障的边界条件。此外根据式 (5-44) 有如下关系成立：

$$\left.\begin{array}{l} \dot{E}_a - \dot{U}_{ka_1} = j\dot{I}_{a_1}X_{1\Sigma} \\ \dot{U}_{ka_2} = -j\dot{I}_{a_2}X_{2\Sigma} \\ \dot{U}_{ka_0} = -j\dot{I}_{a_0}X_{0\Sigma} \end{array}\right\} \quad (5-47)$$

则可作出如图 5-19 的各序网络图。

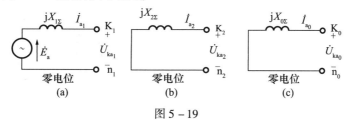

图 5-19

(a) 正序网络; (b) 负序网络; (c) 零序网络

将式 (5-46) 和式 (5-47) 联立求解就可得出故障点的六个未知量: $\dot{U}_{ka_0}$、$\dot{U}_{ka_1}$、$\dot{U}_{ka_2}$、$\dot{I}_{a_0}$、$\dot{I}_{a_1}$、$\dot{I}_{a_2}$。

另外，根据边界条件公式可以将图 5-19 的三个序网串联起来，如图 5-20 所示，称为单相直接接地的复合序网。这个复合序网也就是前述六个方程联解所对应的等值电路。

从复合序网，可以很容易得出对称分量电流：

$$\dot{I}_{a_1} = \dot{I}_{a_2} = \dot{I}_{a_0} = \frac{\dot{E}_a}{j(X_{1\Sigma} + X_{2\Sigma} + X_{0\Sigma})} \quad (5-48)$$

因此故障点 a 相电流为：

$$\dot{I}_a = \dot{I}_{a_1} + \dot{I}_{a_2} + \dot{I}_{a_0} = 3\dot{I}_{a_1}$$

也即：

$$\dot{I}_a = \frac{3\dot{E}_a}{j(X_{1\Sigma} + X_{2\Sigma} + X_{0\Sigma})} \quad (5-49)$$

将式 (5-48) 代入式 (5-49) 就可以求出故障点的对称分量电压 $\dot{U}_{ka_0}$、$\dot{U}_{ka_1}$、$\dot{U}_{ka_2}$ 再按照式 (5-47) 的关系，可得出故障点的各相电压 $\dot{U}_{ka}$、$\dot{U}_{kb}$、$\dot{U}_{kc}$。

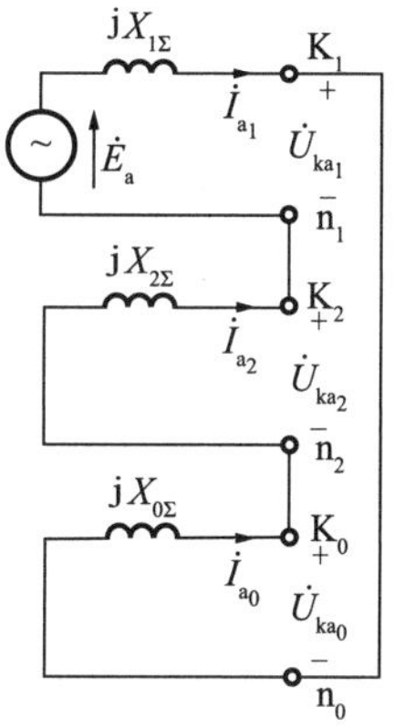

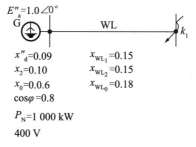

图 5-20 单相直接接地的复合序网

[例 5-5] 图 5-21 所示电力系统，发电机容量为 1 000 kW，$\cos\varphi = 0.8$，电压为 400/230 V，x''_d (x_1) $= 0.09$，$x_2 = 0.10$，$x_0 = 0.06$。发电机中性点直接接地 ($x_E = 0$)。线路正序电抗为 $x_{WL_1} = 0.15$，负序电抗为 $x_{WL_2} = 0.15$，零序电抗为 $x_{WL_0} = 0.18$。发电机电动势 $\dot{E}''_a = 1.0 \angle 0°$。求 k_1 点发生单相直接接地时的短路电流（以上标幺值都是以发电机额定容量和额定电压为基准）。

```
Eₐ″=1.0∠0°
  G              WL           k₁
  
x″_d=0.09    x_{WL_1}=0.15
x_2=0.10     x_{WL_2}=0.15
x_0=0.06     x_{WL_0}=0.18
cosφ=0.8
P_N=1 000 kW
400 V
```

图 5-21 接线图

[解]

$$X_{1\Sigma} = x''_d + x_{WL_1} = 0.09 + 0.15 = 0.24$$

$$X_{2\Sigma} = x_2 + x_{WL_2} = 0.10 + 0.15 = 0.25$$

$$X_{0\Sigma} = x_0 + x_{WL_0} = 0.06 + 0.18 = 0.24$$

由式（5-48）、式（5-49）得：

$$\dot{I}_{a_1} = \dot{I}_{a_2} = \dot{I}_{a_0} = \frac{\dot{E}''_a}{j(X_{1\Sigma} + X_{2\Sigma} + X_{0\Sigma})} = \frac{1\angle 0°}{j0.73} = -j1.37$$

短路电流为：

$$\dot{I}_a = 3\dot{I}_{a_1} = 3 \times (-j1.37) = -j4.11$$

电流基准值：

$$I_d = \frac{1\,000 \times 10^3}{\sqrt{3} \times 400 \times 0.8} = 1\,804 \text{ (A)} = 1.804 \text{ (kA)}$$

所以有名值：$I_a = 1.084 \times 4.11 = 7.414$ （kA）。

2）两相短路

图 5-22 所示简单电力系统在 k 点发生 b、c 两相短路。

两相直接短路时，相当于在 k 点接上一组三相不对称阻抗；b、c 相之间的阻抗为 0。根据故障条件写出关系式：

$$\left.\begin{array}{r}\dot{I}_a = 0 \\ \dot{I}_b = -\dot{I}_c \\ \dot{U}_{kb} = \dot{U}_{kc}\end{array}\right\} \quad (5-50)$$

图 5-22 两相直接短路

转换为对称分量得：

$$\dot{I}_{a_0} = \frac{1}{3}(\dot{I}_a + \dot{I}_b + \dot{I}_c) = 0$$

$$\dot{I}_a = (\dot{I}_{a_0} + \dot{I}_{a_1} + \dot{I}_{a_2}) = 0$$

所以：

$$\dot{I}_{a_1} = -\dot{I}_{a_2}$$
$$\dot{U}_{kb} = \dot{U}_{ka_0} + a^2\dot{U}_{ka_1} + a\dot{U}_{ka_2}$$
$$\dot{U}_{kc} = \dot{U}_{ka_0} + a\dot{U}_{ka_1} + a^2\dot{U}_{ka_2}$$

即：

$$(a^2 - a)\dot{U}_{ka_1} = (a^2 - a)\dot{U}_{ka_2}$$

$$\dot{U}_{ka_1} = \dot{U}_{ka_2}$$

也就是说，两相直接短路的三个边界条件是：

$$\left.\begin{array}{r}\dot{I}_{a_0} = 0 \\ \dot{I}_{a_1} = -\dot{I}_{a_2} \\ \dot{U}_{ka_1} = \dot{U}_{ka_2}\end{array}\right\} \quad (5-51)$$

将式（5-51）与式（5-44）联立求解就可求得 k 点的电压和电流对称分量。

另外，根据边界条件式（5-51）可以得出两相直接短路的复合序网，如图 5-23 所示。

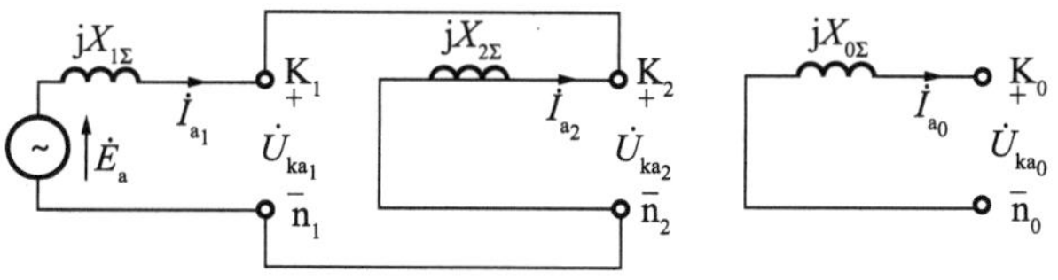

图 5-23 两相直接短路的复合序网

从复合序网可得：

$$\dot{I}_{a_1} = -\dot{I}_{a_2} = \frac{\dot{E}_a}{j(X_{1\Sigma} + X_{2\Sigma})} \quad (5-52)$$

因此，短路电流为：

$$\dot{I}_b = \dot{I}_{a_0} + a^2 \dot{I}_{a_1} + a \dot{I}_{a_2} = (a^2 - a)\dot{I}_{a_1}$$

$$= -j\sqrt{3}\dot{I}_{a_1} = \frac{-\sqrt{3}\dot{E}_a}{X_{1\Sigma} + X_{2\Sigma}} = -\dot{I}_c \quad (5-53)$$

[例 5-6] 与例 5-5 相同的电力系统，在 k 点发生两相短路故障（b、c 相间短路），求短路电流。

[解]
从例 5-5 已知：

$$X_{1\Sigma} = 0.24$$
$$X_{2\Sigma} = 0.25$$

由式（5-52）得：

$$\dot{I}_{a_1} = \frac{\dot{E}_a}{j(X_{1\Sigma} + X_{2\Sigma})} = \frac{1.0 \angle 0°}{j(0.24 + 0.25)} = -j2.04$$

由式（5-53）得：

$$\dot{I}_b = -\dot{I}_c = -j\sqrt{3}\dot{I}_{a_1} = -j\sqrt{3} \times (-j2.04) = -3.53$$

电流基准值： $I_d = 1.804 \text{ (kA)}$

故有名值： $I_b = I_c = 1.804 \times 3.53 = 6.37 \text{(kA)}$

3）两相直接短路接地的故障分析

如图 5-24 所示，电力系统在 k 点发生 b、c 两相直接短路接地故障。

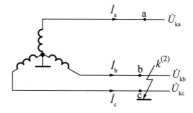

图 5-24 两相直接短路接地

两相直接短路接地相当于在 k 点接上一组不对称阻抗：a 相对地阻抗无穷大，b、c 相对地阻抗为零。

根据故障条件得出关系式：

$$\left.\begin{aligned}\dot{I}_a &= 0\\ \dot{U}_{kb} &= 0\\ \dot{U}_{kc} &= 0\end{aligned}\right\} \quad (5-54)$$

转换为对称分量关系得出：

$$\left.\begin{aligned}\dot{I}_a &= \dot{I}_{a_0} + \dot{I}_{a_1} + \dot{I}_{a_2} = 0\\ \dot{U}_{ka_0} &= \frac{1}{3}(\dot{U}_{ka} + \dot{U}_{kb} + \dot{U}_{kc}) = \frac{1}{3}\dot{U}_{ka}\\ \dot{U}_{ka_1} &= \frac{1}{3}(\dot{U}_{ka} + a\dot{U}_{kb} + a^2\dot{U}_{kc}) = \frac{1}{3}\dot{U}_{ka}\\ \dot{U}_{ka_2} &= \frac{1}{3}(\dot{U}_{ka} + a^2\dot{U}_{kb} + a\dot{U}_{kc}) = \frac{1}{3}\dot{U}_{ka}\end{aligned}\right\}$$

所以两相直接短路接地的三个边界条件为：

$$\left.\begin{aligned}\dot{I}_{a_0} + \dot{I}_{a_1} + \dot{I}_{a_2} &= 0\\ \dot{U}_{ka_0} = \dot{U}_{ka_1} &= \dot{U}_{ka_2}\end{aligned}\right\} \quad (5-55)$$

将式 (5-54) 和式 (5-55) 联立求解就可求出故障点的对称分量电压和电流。

另外，根据边界条件可将三个序网并联得出两相直接短路接地故障的复合序网，如图 5-25 所示。

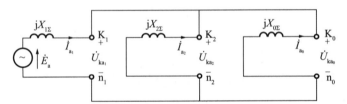

图 5-25 两相直接短路接地的复合序网

从复合序网，可容易得出：

$$\dot{I}_{a_1} = \frac{\dot{E}_a}{jX_{1\Sigma} + j\dfrac{X_{2\Sigma}X_{0\Sigma}}{X_{2\Sigma} + X_{0\Sigma}}} \quad (5-56)$$

$$\dot{I}_{a_2} = -\dot{I}_{a_1}\frac{X_{0\Sigma}}{X_{2\Sigma} + X_{0\Sigma}} \quad (5-57)$$

$$\dot{I}_{a_0} = -\dot{I}_{a_1}\frac{X_{2\Sigma}}{X_{2\Sigma} + X_{0\Sigma}} \quad (5-58)$$

故障电流为：

$$\dot{I}_b = \dot{I}_{a_0} + a^2\dot{I}_{a_1} + a\dot{I}_{a_2} = 0$$

$$\dot{I}_c = \dot{I}_{a_0} + a\dot{I}_{a_1} + a^2\dot{I}_{a_2}$$

将式 (5-56)、式 (5-57) 和式 (5-58) 代入上式得：

$$\dot{I}_b = -\dot{I}_{a_1}\frac{X_{2\Sigma}}{X_{2\Sigma}+X_{0\Sigma}} + a^2\dot{I}_{a_1} + a\left(-\dot{I}_{a_1}\frac{X_{0\Sigma}}{X_{2\Sigma}+X_{0\Sigma}}\right)$$

$$= \dot{I}_{a_1}\left(a^2 - \frac{X_{2\Sigma}+aX_{0\Sigma}}{X_{2\Sigma}+X_{0\Sigma}}\right) \quad (5-59)$$

同理可得：

$$\dot{I}_c = \dot{I}_{a_1}\left(a - \frac{X_{2\Sigma}+a^2X_{0\Sigma}}{X_{2\Sigma}+X_{0\Sigma}}\right) \quad (5-60)$$

将两相直接短路接地与三相直接短路相比较，可发现计算两相直接短路接地故障的正序电流时，其等值电路相当于在三相短路的等值电路中在短路点串入一个 $X_{2\Sigma}$ 和 $X_{0\Sigma}$ 并联的电抗值。

将式（5-55）、式（5-47）代入式（5-60）就可得出 $\dot{U}_{ka_1}$、$\dot{U}_{ka_2}$、$\dot{U}_{ka_0}$。

5. 正序等效定则

综合上面讨论的三种不对称短路电流的分析结果，可以看出，短路电流的正序分量计算公式可以统一写成：

$$I_1^{(n)} = \frac{E_1}{j(X_1 + X_\Delta^{(n)})} \quad (5-61)$$

式中　n——代表短路的类型；

　　　$X_\Delta^{(n)}$——代表不同类型短路时的附加电抗。

式（5-61）表明，不对称短路时短路点正序电流值与在短路点串联一附加电抗，并在其后发生三相短路时的电流值相等，此关系称为正序等效定则。

同时根据上面分析结果可知，各种不对称短路时短路点故障相电流值与正序电流值成正比，可写成：

$$I_k^{(n)} = m^{(n)} I_1^{(n)} \quad (5-62)$$

式中　$m^{(n)}$——由短路类型（n）所决定的比例系数。

各种不对称短路时的 $X_\Delta^{(n)}$ 与 $m^{(n)}$ 值列于表 5-7。

表 5-7　各种不对称短路时的 $X_\Delta^{(n)}$ 与 $m^{(n)}$ 值

短路类型	代表符号 n	$X_\Delta^{(n)}$	$m^{(n)}$
三相短路	$k^{(3)}$	0	1
两相短路	$k^{(2)}$	$X_{2\Sigma}$	$\sqrt{3}$
单相接地	$k^{(1)}$	$X_{2\Sigma} + X_{0\Sigma}$	$\sqrt{3}$
两相短路接地	$k^{(1,1)}$	$\dfrac{X_{2\Sigma}\cdot X_{0\Sigma}}{X_{2\Sigma}+X_{0\Sigma}}$	$\sqrt{3}\sqrt{1-\dfrac{X_{2\Sigma}\cdot X_{0\Sigma}}{(X_{2\Sigma}+X_{0\Sigma})^2}}$

七、电动机对短路电流的影响

在母线附近的大容量电动机正在运行时，在母线上发生三相短路，短路点电压立即降低，此时电动机将变为发电机运行状态，母线上电压将低于电动机的反电势。因此，电动机向母线的短路点馈送短路电流，成为一个附加电源。

1. 同步电动机或同步调相机其附加短路电流值的计算

同步电动机处于过励磁状态下运行，并且总装机容量在 100 MW 以上，而且在同步电动机近端同一点上发生三相短路，就构成附加电源。过励磁的同步电动机和调相机有单独的励磁绕组，其次暂态电势较大，向短路点馈送的短路电流时间较长，作用比较明显。

计算中应考虑的问题：

① 同步电动机作为附加电源所供给的短路电流计算方法，与同步发电机相同，但是同步电动机的次暂态电抗与发电机不同，计算时应单独进行；

② 由于同步电动机一般是凸极式的，所以其短路电流周期分量标幺值的计算曲线与有阻尼绕组、带自动电压调整器的水轮发电机的计算曲线相似，允许采用上述水轮发电机的计算曲线去查同步电动机提供的短路电流周期分量标幺值；

③ 由于同步电动机的时间常数 T' 与制作计算曲线时所采用的标准发电机的时间常数 T 相差较大，故不能用实际的时间 t 去查曲线，而应当采用换算时间 t' 去查曲线：

$$t' = t\frac{T}{T'}$$

制作曲线时，发电机标准时间常数 T 的取值这样进行：对汽轮机取 7 s，水轮机取 5 s。对于同步电动机定子开路时，励磁绕组的时间常数平均值约为 $T' = 2.5$ s，故有：

$$t' = t\frac{5}{2.5} = 2t$$

2. 异步电动机反馈电流的作用

因为异步电动机没有单独的励磁绕组，当总装机容量在 800 kW 以上，正在运行的高压电动机引出线发生三相短路，由于反电势作用时间较短，所以异步电动机反馈电流仅对短路电流冲击值有影响。

如果在异步电动机引出线处发生三相短路，异步电动机反馈冲击电流可按下式计算：

$$i_{shM} = \sqrt{2} K_{shM} \frac{E_M^{*''}}{X_M^{*''}} I_{NM} \tag{5-63}$$

式中　$E_M^{*''}$——异步电动机次暂态电势标幺值，一般取 0.9；

　　　$X_M^{*''}$——异步电动机次暂态电抗标幺值，一般取 0.17；

　　　K_{shM}——异步电动机反馈电流冲击系数，一般取 1.4~1.6；

　　　I_{NM}——异步电动机的额定电流。

短路点总短路电流冲击值 $i_{sh\Sigma}$ 可按下式计算：

$$i_{sh\Sigma} = i_{sh} + i_{shM} \tag{5-64}$$

式中　i_{sh}——电源在短路回路提供的短路电流冲击值；

　　　i_{shM}——异步电动机反馈冲击电流值。

八、短路电流的热效应与力效应

1. 短路电流的热效应

在线路发生短路时,由于短路后线路的保护装置很快动作,切除短路故障,所以短路电流通过导体的时间不长,通常不会超过 2~3 s。但由于短路电流骤增很大,发出的热量来不及向周围介质散失,因此散失的热量可以不计,基本上看作是一个绝热过程。即导体通过短路电流时所产生的热量,全部用于使导体温度升高。

图 5-26 表示短路前后导体的温度变化情况,导体在短路前正常负荷时的温度为 θ_L。设在 t_1 时发生短路,导体温度按指数规律迅速升高,而在 t_2 时电路的保护装置切除了短路故障,这时导体的温度已达到 θ_k。短路被切除后,线路断电,导体不再产生热量,而只按指数规律向周围介质散热,直到导体温度等于周围介质温度 θ_0 为止。

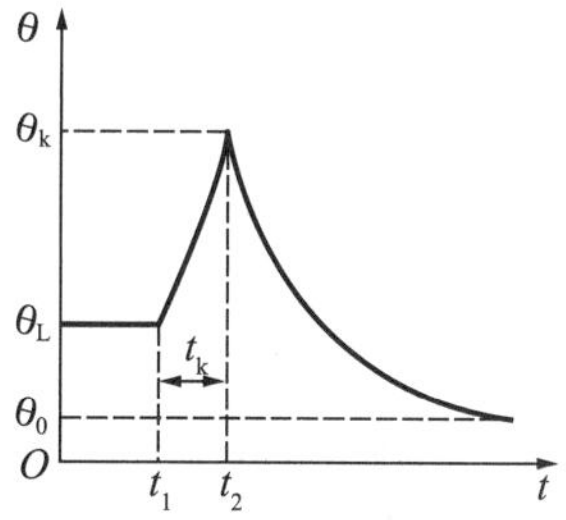

短路时导体(或电气设备)的最高温度小于或等于导体(或电气设备)的最高允许温度,才能保证导体(或电气设备)不被损坏,这就是导体(或电气设备)的热稳定。

图 5-26 导体的温度变化情况

短路电流在持续时间内对导体造成的热效应大小:

$$Q_k = \int_0^t i_{k \cdot t}^2 \cdot dt \approx \int_0^t i_{P \cdot t}^2 \cdot dt + \int_0^t i_{nP \cdot t}^2 \cdot dt$$
$$= Q_P + Q_{nP} \quad (5-65)$$

式中 $i_{k \cdot t}$ ——短路全电流,$i_{k \cdot t} = i_{P \cdot t} + i_{nP \cdot t}$;

$i_{P \cdot t}$、$i_{nP \cdot t}$ ——分别为短路电流的周期分量和非周期分量;

Q_P ——周期分量电流的热效应,$kA^2 \cdot s$;

Q_{nP} ——非周期分量电流的热效应,$kA^2 \cdot s$。

即短路电流的热效应 Q_k 等于周期分量热效应 Q_P 与非周期分量热效应 Q_{nP} 之和。

对热效应的计算,过去采用假想时间法,该法已不适合我国目前电力系统的情况,计算结果误差大。现在广泛使用实用计算法来计算,具体计算方法如下:

(1)周期分量热效应 Q_P。

$$Q_P = \frac{I''^2 + 10 I_{P \cdot \frac{t}{2}}^2 + I_{P \cdot t}^2}{12} \cdot t \quad (5-66)$$

式中 I'' ——次暂态短路电流,kA;

$I_{P \cdot \frac{t}{2}}$ —— $\frac{t}{2}$ 秒时刻周期分量有效值,kA;

$I_{P \cdot t}$ —— t 秒时刻周期分量有效值,kA;

t ——短路的持续时间,s。

为方便记忆,上面的近似计算公式可称其为"1-10-1"公式。

(2)非周期分量热效应 Q_{nP}。

$$Q_{nP} = T I''^2 \quad (kA^2 \cdot s) \quad (5-67)$$

式中 T ——非周期分量的等效时间,s。可由表 5-8 查得。

表5-8 非周期分量的等效时间

短路点	T/s	
	t < 0.1	t > 0.1
发电机出口及母线	0.15	0.2
发电机升高电压母线及出线,发电机电压出线电抗器后	0.08	0.1
变电所各级电压母线及出线	0.05	

如果短路持续时间 $t>1$ s 时,导体的发热量主要由周期分量热效应决定。这时,可不计非周期分量热效应,即 $Q_k \approx Q_P$。

根据短路电流的热效应 Q_k,可计算出导体在短路后所达到的最高温度,但这种计算,不仅相当烦琐,而且涉及一些难以准确确定的系数,包括导体的电导率(它在短路过程中不是一个常数),因此最后计算的结果,往往与实际出入很大。因此在工程计算中,一般是利用如图5-27所示曲线来确定,具体方法如下(参考图5-28)。

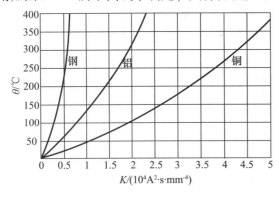

图5-27 用来确定 θ_k 曲线

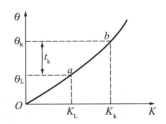

图5-28 由 θ_L 查得相应曲线 θ_k 的步骤说明

① 在纵坐标轴上找出导体正常工作温度 θ_L;
② 由 θ_L 查得相应曲线 θ_k 上点 a;
③ 由 a 点查得横坐标轴上的 K_L;
④ 用下式计算 K_k:

$$K_k = K_L + \frac{Q_k}{S^2} \qquad (5-68)$$

式中 S——导体的截面积。

⑤ 在横坐标轴上找出 K_k;
⑥ 由 K_k 查得相应曲线上的 b 点;
⑦ 由 b 点查得纵坐标轴上的 θ_k 值。

如果所得值不超过最高允许温度,则表明载流导体能满足短路电流热稳定性的要求。

2. 短路电流的力效应

供配电系统发生短路时,导体中将流过很大的短路冲击电流,从而产生很大的电动力,这时如果导体和它的支撑物的机械强度不够,必将造成变形或破坏而引起严重事故。为此,必须研究短路冲击电流所产生电动力的大小和特征,以便在选择电气设备时考虑它的影响,保证具有足够的稳定性,使电气设备可靠地运行。

对于两平行导体,通过电流分别为 i_1 和 i_2 时,两导体间的电动力为:

$$F = 2i_1 i_2 \frac{L}{a} \times 10^{-7} (\text{N}) \tag{5-69}$$

式中 i_1、i_2——两导体中电流瞬时值;
L——平行导体长度;
a——两导体的轴线间距离。

上式适用于圆形或管形导体,也适用于截面的周长尺寸远小于两根导体之间距离的矩形母线。如果两矩形截面平行导体相互距离很近,则其电动力需乘以形状系数 K_S。

$$F = 2i_1 i_2 K_S \frac{L}{a} \times 10^{-7} (\text{N}) \tag{5-70}$$

形状系数 K_S 是 $\frac{a-b}{h+b}$ 的 $\frac{b}{h}$ 函数,可由图 5-29 查得。其中 a、b、h 如图 5-29 中所示。当母线立放时,$m = \frac{b}{h} < 1$,其 $K_S < 1$;若母线平放时,$m = \frac{b}{h} > 1$,则 $K_S > 1$,但最大不超过 1.4。如 $\frac{a-b}{h+b} \geq 2$ 时,则有 K_S,近似等于 1。

配电装置中导体均为三相,而且通常布置在同一平面内,当发生三相短路故障时,其中间相 B 相导体的受力最大。三相短路电流 i_A、i_B、i_C 流经各相导体时,各相导体的受力情况如图 5-30 所示。

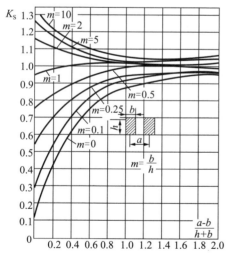

图 5-29 矩形截面母线的形状系数曲线

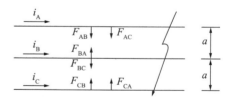

图 5-30 三相短路受力分析

中间相 B 相导体受力为:

$$F_B = F_{BA} - F_{BC} = 2 \times 10^{-7} i_B (i_A - i_C) \frac{L}{a} K_S \tag{5-71}$$

用三相短路冲击电流来表示其最大值为:

$$F_{B\max} = 1.73 K_S i_{sh}^2 \frac{L}{a} \times 10^{-7} (\text{N}) \tag{5-72}$$

当发生两相短路时，电动力最大值为：

$$F_{\max}^{(2)} = 2 \times 10^{-7} K_S \frac{L}{a} (i_{sh}^{(2)})^2 \ (\text{N}) \tag{5-73}$$

由于两相短路冲击电流 $i_{sh}^{(2)} = \frac{\sqrt{3}}{2} i_{sh}^{(3)}$，上式可用三相短路冲击电流表示为：

$$F_{\max}^{(2)} = 1.5 K_S (i_{sh}^{(3)})^2 \frac{L}{a} \times 10^{-7} \ (\text{N}) \tag{5-74}$$

比较两式可知，三相线路发生三相短路时中间相导体所受的电动力，比两相短路时导体所受的电动力大。所以遇到求最大电动力时，应按式（5-71）。

任务实施

短路电流计算（表5-9）

表5-9 任务实施表

姓名		专业班级		学号	
任务名称及内容	短路电流计算				
任务实施目的 学会用标幺法进行短路电流计算			任务完成的时间：2学时		
任务实施内容及方法步骤： 某厂供配电系统如图5-31所示。由架空线路（电缆截面 Lj-16 mm²，长度5 km）送到工厂配电所10 kV母线上，由配电所架设10 kV聚氯乙烯电缆其主截面为35 mm²，10 kV³×35 mm²，长度0.5 km送到车间变电所。再由配电变压器1 000 kV·A10/0.4 kV送给380 V低压母线。 已知电力系统出口断路器的断流容量为500 MV·A，高压线路额定电压 $U_{N_1} = 10.5$ kV，架空线路电抗 X_0 为 0.38 Ω/km，电缆线路电抗 X_0 为 0.08 Ω/km，配电变压器的短路电压 $U_k\%$ 为 4.5，低压母线额定电压 U_{N_2} 为 0.4 kV。 求工厂配电所10 kV母线上 k_1 点短路和车间变电所低压380 V母线上 k_2 点短路的三相短路电流和短路容量。 采用标幺法进行短路电流计算。					

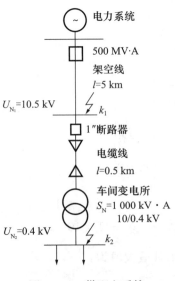

图5-31 供配电系统

续表

4. 计算结果分析：
指导教师评语（成绩） 年　月　日

 评价总结

根据计算结果分析，进行评议总结，并填写成绩评议表（表 5-10）。

表 5-10　成绩评议表

评定人/任务	任务评议	等级	评定签名
自己评			
同学评			
指导教师评			
综合评定等级			

____年____月____日

任务二　供配电系统中电气设备的选择

为了保证电气设备的安全运行，要按供配电系统中的要求对导体和电器进行选择和校验，确保工厂的可靠供配电。

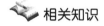 **相关知识**

一、选择电气设备的一般条件

1. 按正常工作条件选择导体和电器

按电器的装置地点、使用条件、检修和运行等要求，选择导体和电器的种类和形式。

1) 电压

电气设备所在电网的运行电压因调压或负荷的变化，可能高于电网的额定电压 U_{NS}，这对裸铝、铜导体不会有任何影响，但对电器和电缆，则要规定其允许最高工作电压 U_{alm} 不得低于所接电网的最高运行电压 U_{sm}，即：

$$U_{alm} \geq U_{sm}$$

当电缆和电器的额定电压在 220 kV 及以下时，其允许最高工作电压为 $1.5U_N$。额定电压在 330~500 kV 时，其允许最高工作电压为 $1.1U_N$。而实际电网运行一般不超过 $1.1U_N$，因此，在选择设备时，按照电器和电缆的额定电压不低于装置地点电网额定电压的条件选择，即：

$$U_N = U_{NS}$$

2）电流

导体（或电气设备）的额定电流是指在额定环境温度 θ_0 下，长期允许通过的电流 I_N。在额定的周围环境温度下，导体（或电气设备）的额定电流 I_N 应不小于该回路的最大持续工作电流 I_{max} 即：

$$I_N \geq I_{max}$$

周围环境温度 θ 和导体额定环境温度 θ_0 不等时，长期允许电流可按下式修正：

$$I_{N\theta} = I_N \sqrt{\frac{\theta_{max} - \theta}{\theta_{max} - \theta_0}} \tag{5-75}$$

式中　θ_{max}——导体或电气设备正常发热允许最高温度数值，一般可取 $\theta_{max} = 70℃$。

我国生产的电气设备的额定环境温度 $\theta_0 = 40℃$，裸导体的额定环境温度 $\theta_0 = 25℃$。

2. 环境条件

在选择电器时还要考虑电器安装地点的环境条件，一般电器的使用条件如不能满足当地气温、风速、温度、污秽程度、海拔高度、地震强度和覆冰厚度等环境条件时，应向制造部门提出要求或采取相应的措施。

3. 按短路条件校验

1）热稳定校验

导体或电器通过短路电流时，各部分的温度（或发热效应）应不超过允许值。满足热稳定的条件为：

$$I_t^2 \geq Q_k$$

式中　I_t——电器热稳定电流；

　　　T——电器热稳定试验时间；

　　　Q_k——短路电流热效应。

或以　$I_t^2 t \geq I_\infty^{(3)2} t_{ima}$ 式计算热稳定

式中　$I_\infty^{(3)}$——三相短路稳态电流；

　　　t_{ima}——保护动作时间。

2）动稳定校验

动稳定，即导体和电器承受短路电流机械效应的能力。应满足的动稳定条件为

$$i_{es} \geq i_{sh}$$

或

$$I_{es} \geq I_{sh}$$

式中　i_{sh}、I_{sh}——分别为短路冲击电流幅值及其有效值；

　　　i_{es}、I_{es}——分别为导体或电器允许的动稳定电流幅值及其有效值。

由于回路的特殊性，对下列几种情况可不校验热稳定或动稳定：

① 用熔断器保护的电器，其热稳定由熔体的熔断时间保证故可不校验热稳定；

② 采用限流熔断器保护的设备可不校验动稳定，电缆因有足够的强度也可不校验动

稳定；

③ 装设在电压互感器回路中的裸导体和电器可不校验动、热稳定。

4. 短路电流计算条件

为使所选导体和电器具有足够的可靠性、经济性和合理性，并在一定时期内适应系统发展的需要，作校验用的短路电流值应按下列条件确定。

① 容量和接线。容量应按工程设计的最终容量，并适当考虑电力系统运行发展规划（一般考虑为 5～10 年），其接线应采用可能发生最大短路电流的正常接线方式；

② 短路种类，一般按三相短路验算，若其他种类的短路电流较三相短路电流大时则应按最严重情况验算；

③ 短路计算点，应将通过导体和电器的短路电流为最大的点作为短路计算点。

二、选择各类电气设备

1. 高压断路器的选择

高压断路器可按表 5-11 所列各项进行选择和校验。

表 5-11 高压一次设备的选择校验项目和条件

电气设备名称	电压/kV	电流/A	断流能力/kA	短路电流校验	
				动稳定度	热稳定度
高压熔断器	√	√	√	—	—
高压隔离开关	√	√	—	√	√
高压负荷开关	√	√	√	√	√
高压断路器	√	√	√	√	√
电流互感器	√	√		√	√
电压互感器	√	—			
高压电容器	√	—			
母　线	—	√		√	√
电　缆	√	√		√	√
支柱绝缘子	√	—		√	—
套管绝缘子	√	√	—	√	√
选择校验的条件	设备的额定电压应不小于装置地点的额定电压	设备的额定电流应不小于通过设备的计算电流②	设备的最大开断电流（或功率）应不小于它可能开断的最大电流（或功率）③	按三相短路冲击电流校验	按三相短路稳态电流校验

注：① 表中"√"表示必须校验，"—"表示不要校验。
② 选择变电所高压侧的设备和导体时，其计算电流应取主变压器高压侧额定电流。
③ 对高压负荷开关，其最大开断电流应不小于它可能开断的最大过负荷电流；对高压断路器，其最大开断电流应不小于实际开断时间（继电保护实际动作时间加上断路器固有分闸时间）的短路电流周期分量；对熔断器断流能力的校验条件与熔断器的类型有关。

以下仅就选择时应注意的问题作一些补充说明。

1）短路关合电流的选择

为了保证断路器在关合短路时的安全，断路器的短路关合电流，不应小于短路电流最大冲击值，即：

$$i_{Nd} \geq i_{sh}$$

式中　i_{Nd}——高压断路器的额定关合电流，由产品样本查得；

　　　i_{sh}——最大短路电流的冲击电流。

2）开断电流选择

高压断路器的额定开断电流不应小于高压断路器触头实际开断瞬间的短路电流周期分量的有效值，即：

$$I_{Nbr} \geq I_{pt}$$

式中　I_{Nbr}——断路器开断电流，由产品样本查得；

　　　I_{pt}——断路器开断瞬间短路电流周期分量的有效值，当开断时间 I_{pt} 小于 0.1 s 时：

$$I_{pt} \approx I''$$

I'' 为短路次暂态电流，kA。

当使用快速保护和高速断路器时，其开断时间小于 0.1 s。当在电源附近短路时，短路电流的非周期分量可能超过周期分量的 20%，则断路器的额定开断电流应满足下式

$$I_{Nbr} \geq I_{ktr}$$

式中　I_{ktr}——断路器开断瞬间短路电流的全电流。

[例 5-7] 某工厂变电所高压 10 kV 母线上某点短路时，三相短路电流周期分量的有效值 $I^{(3)} = 2.86$ kA，三相短路次暂态电流和稳态电流 $I''^{(3)} = I_\infty^{(3)} = 2.86$ kA，三相短路冲击电流及第一个周期短路全电流的有效值分别为 7.29 kA、4.32 kA，已知该进线的计算电流为 350 A，继电保护的动作时间为 1.1 s，断路器的断路时间取 0.2 s，试选择 10 kV 进线侧高压少油断路器的规格。

[解]

根据已知条件，可初选 SN10-10 I/630-16 型断路器，进行校验如表 5-12 所示，其技术数据查表 5-13、表 5-14。

由校验结果可知 SN10-10 I/630-16 型断路器是满足要求的。

表 5-12　断路器选择结果表

序号	装置地点的电气条件		SN10-10 I/630-16 型断路器		
	项目	数据	项目	数据	结论
1	U_N	10 kV	U_N	10 kV	合格
2	I_{30}	350 A	I_N	630 A	合格
3	$I_k^{(3)}$	2.86 kV	I_{Nbr}	16 kA	合格
4	$i_{sh}^{(3)}$	7.29 kA	i_{max}	40 kA	合格
5	$I_m^{(3)2} t_{ima}$	$2.86^3 \times (1.1 + 0.2) = 10.6$	$I_2^2 \times 2$	$16^2 \times 2 = 512$	合格

表 5-13　10~35kV 少油断路器技术数据

型　号	电压/kV 额定	电压/kV 最大	额定电流/A	额定开断电流/kA 3 kV	额定开断电流/kA 6 kV	额定开断电流/kA 10 kV	额定动稳定电流/kA 峰值	额定动稳定电流/kA 有效值	热稳定电流/kA 1 s	热稳定电流/kA 4 s	热稳定电流/kA 5 s	热稳定电流/kA 10 s	固有分闸时间/s	合闸时间/s
SN_2-10	10		400 600 1 000	20	20	20	52	30	30		20	14	0.1	0.23
SN_4-10G	10	11.5	5 000 6 000			105	300	173	173		120	85	0.15	0.65
SN_4-20G	20	23	6 000 8 000 12 000			(20 kV) 87	300	173	173		120	85	0.15	0.75
SN_4-10	10	11.5	2 000 8 000			23 24	75	43.5	43.5		30	21	0.14	0.5
$SN_{10}-10$ Ⅰ			630 1 000	20	16		40			16 (2s)			0.06	0.2
$SN_{10}-10$ Ⅱ	10	11.5	1 000			31.5	80			31.5 (2s)				
$SN_{10}-10$ Ⅲ			1 250 2 000 3 000			40	125			40 (4s)			0.07 0.07	
$SN_{10}-10$	10	11.5	6 00 1 000			20	52	30	30		20	14	0.05	0.23
$SN_{10}-15$	15	17.5	1 000			25 (15 kV)	62.5			25			≤0.06	
$SN_{10}-35$	35	40.5	1 250			16 (13.5 kV) 20 (95 kV)	40 50			16 20			≤0.06	0.25
SW_3-35	35		600 1 000			6.6	17	9.8	6.6				0.06	0.12
SW_2-35 SW_2-35C	35	40	1 000 1 500			15.5 24.8	63.4	39.2		16.5 24.8			0.06	0.4
SW_4-35			1 250			16.5	42			16.5			0.08	0.35

表 5-14 10kV 屋内和屋外真空断路器

名称	单位	型号				
		ZN28-12-20	ZN28-12-25	ZN28-12-32	ZN28-12-40	ZW28-12-20
额定电压	kV	12				
额定电流	A	630 1 000 1 250	1 000 1 250	1 000 1 250 2 000	1 250 1 600 2 000 2 500 3 150	630
额定短路开断电流	kA	20	25	31.5	40	20
额定短路开断电流开断次数	次	50	50	50	130	20
额定动稳定电流(峰值)	kA	50	63	100	130	50
4s 热稳定电流	kA	20	25	31.5	40	20

2. 隔离开关的选择

隔离开关因无切断故障电流的要求，所以它只根据一般条件进行选择，并按照短路条件下作力稳定和热稳定的校验，如表 5-11 所示。

3. 负荷开关选择

负荷开关可按表 5-11 所列各项进行选择和校验。

35 kV 及以下通用型负荷开关，应具有以下开断和关合能力：

（1）开断有功负荷电流和闭环电流，其值等于负荷开关的额定电流。

（2）开断不大于 10 A 电缆电容电流或限定长度的架空线的充电电流。

（3）开断 1 250 kV·A 配电变压器的空载电流。

（4）能关合额定的"短路关合电流"。

4. 高压熔断器选择

高压熔断器的选择校验条件如表 5-11 所示，在选择时还应注意以下几点。

1）按额定电压选择

对于一般的高压熔断器，其额定电压必须大于或等于电力网的额定电压。而对于填充石英砂的限流熔断器，只能用在等于其额定电压的电力网，因为这种类型的熔断器在电流达到最大值之前就将电流截断，致使熔体熔断时产生过电压。过电压的倍数与电路的参数及熔体长度有关，一般在等于额定电压的电力网中为 2.0~2.5 倍，但如用在低于其额定电压的电力网中，由于熔体较长，过电压值可高达 3.5~4 倍相电压，以致损害电力网中的电气设备。

2) 按额定电流选择

对于熔断器其额定电流应包括熔断器载流部分与接触部分发热所依据的电流，以及熔体发热所依据的电流两部分，前者称为熔管额定电流，后者称为熔体的额定电流。同一熔管可装配不同额定电流的熔体，但要受熔管额定电流的限制，所以，熔断器额定电流的选择包括这两部分电流的选择。

(1) 熔管额定电流的选择。

为了保证熔断器载流及接触部分不致过热和损坏，高压熔断器的熔管额定电流 I_{NFT} 应大于或等于熔体的额定电流 I_{NFE}。

(2) 熔体额定电流选择。

① 为了防止熔体在通过变压器励磁涌流和保护范围以外的短路以及电动机自启动等冲击电流时的误动作，保护 35 kV 及以下电力系统的高压熔断器，其熔体的额定电流可按下式选择：

$$I_{\text{NFE}} = KI_{1\max}$$

式中　K——可靠系数（不计电动机自启动时，取 1.1 ~ 1.3；考虑电动机自启动时取 1.5 ~ 2.0）。

② 用于保护电力电容器的高压熔断器，当系统电压升高或波形畸变引起回路电流增大或运行过程中产生涌流时误动作，其熔体额定电流可按下式选择：

$$I_{\text{NFE}} = KI_{\text{NC}}$$

式中　K——可靠系数（对限流式高压熔断器，当一台电力电容器时 $K = 1.5$ ~ 2.0；当一组电力电容器时 $K = 1.3$ ~ 1.8）；

　　　I_{NC}——电力电容器回路的额定电流（A）。

③ 熔体的额定电流应按高压熔断器的保护熔断特性选择，并满足保护的可靠性、选择性和灵敏度要求。

④ 熔断器开断电流校验：

$$I_{\text{Nbr}} \geq I_{\text{sh}} \text{（或 } I'' \text{）}$$

对于非限流熔断器选择时，用短路冲击电流的有效值 I_{sh} 进行校验。对于限流熔断器在电流达最大值之前电路已切断，可不计非周期分量影响而采用 I'' 进行校验。

选择熔断器时应保证前后两级熔断器之间，熔断器与电源侧继电保护之间，以及熔断器与负荷侧继电保护之间动作的选择性。在此前提下，当本段保护范围内发生短路故障时，应能在最短的时间内切断故障。当电网接有其他接地保护时，回路中最大接地电流与负荷电流值之和不应超过最小熔断电流。

对于保护电压互感器用的高压熔断器，只需按额定电压及开断电流两项来选择。

5. 电压互感器的选择

电压互感器应按额定电压、安装地点和使用条件、二次负荷及准确级等要求进行选择。

1) 额定电压选择

一次回路额定电压不应低于网络的额定电压。二次回路电压，根据电压互感器接线的不同，二次电压各不相同，见表 5 – 15。

2) 装置种类和形式选择

电压互感器应根据安装地点和使用条件选择相应的种类和形式，例如在 6 ~ 35 kV 屋内配电置中一般采用油浸式或浇注式。

表 5-15 接线方式和电压选择参考表

采用电压互感器及组成的接线方式	接线图	使用范围	一次电压/kV	二次绕组电压/V	开口三角形电压/V
一台单相电压互感器		供配电给要求测量相对地电压的表计和继电保护及进行同步和重合闸用	$U_{NS}/\sqrt{3}$	$100/\sqrt{3}$	—
两台单相电压互感器组成不完全星形接线（V-V接线）		供配电给要求测量线电压的表计和继电保护用于10kV及以下非有效接地系统中	U_{NS}	100	—
三台单相电压互感器组成的 Y,y_n 接线		用于供配电给要求接入线电压的表计和继电保护	$U_{NS}/\sqrt{3}$	$100/\sqrt{3}$	—
三台单相电压互感器组成的 Y_N,y_n 接线		供配电给要求接入线电压、相电压的表计和继电保护及绝缘检测	$U_{NS}/\sqrt{3}$	$100/\sqrt{3}$	—
三台单相电压互感器组成的 Y_N,y_n,d_0 接线		供配电给要求接入线电压、相电压的表计和继电保护及绝缘检测	$U_{NS}/\sqrt{3}$	$100/\sqrt{3}$	100/3（35 kV及以下）100（110 kV及以上）

续表

采用电压互感器及组成的接线方式	接线图	使用范围	一次电压/kV	二次绕组电压/V	开口三角形电压/V
一台三相三柱式电压互感器组成的 Y_N, y_n, d_0 接线	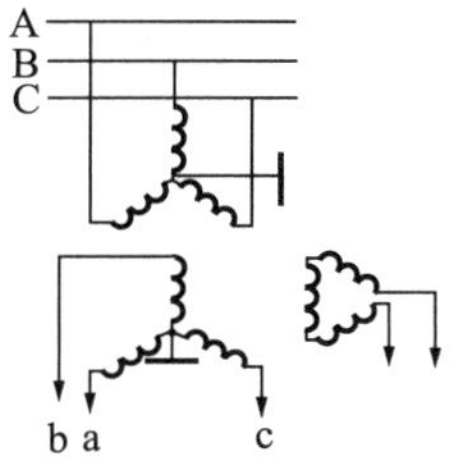	供配电给要求接入线电压、相电压的表计和继电保护及绝缘检测	$U_{NS}/\sqrt{3}$	$100/\sqrt{3}$	$100/\sqrt{3}$
一台三相三柱式电压互感器组成的 Y, y_n 接线	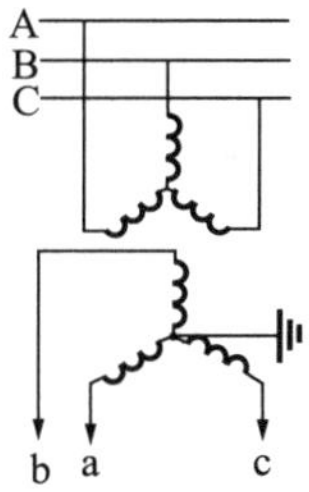	用于供配电给要求接入线电压的表计和继电保护	U_{NS}	100	—

注：U_{NS} 为电网额定电压。

3）准确级选择

电压互感器准确级必须大于等于所接仪表和继电保护装置的准确级，当所接仪表准确级不同时，应按相应最高级别来确定电压互感器的准确级。

4）二次额定容量选择

首先应根据仪表和继电器接线要求选择电压互感器的接线方式，并尽可能将负荷均匀分布在各相上，然后计算各相负荷大小。为了保证所选的准确级，互感器的额定二次容量 S_{N_2} 应不小于互感器的二次负荷，即：

$$S_{N_2} \geq S_2$$

且：
$$S_2 = \sqrt{(\sum S_0 \cos\varphi)^2 + (\sum S_0 \sin\varphi)^2} = \sqrt{(\sum P_0)^2 + (\sum Q_0)^2} \quad (5-76)$$

式中 S_0、P_0、Q_0——分别为各仪表的视在功率、有功功率和无功功率；

$\cos\varphi$——各仪表功率因数。

由于电压互感器三相负荷常不相等，为了满足准确级要求，通常以最大相负荷进行比较。计算电压互感器一相负荷时，必须注意互感器和负荷的接线方式，表5-16列出电压互感器和负荷接线方式不一致时，每相负荷的计算公式。

[例5-8] 选择某10 kV母线上测量用电压互感器。电压互感器及仪表接线和负荷分配见图5-32和表5-17。

表 5-16 电压互感器二次负荷计算公式

接线及相量	V形接线（两台单相）		星形接线（三台单相）	
A	$P_A = [S_{ab}\cos(\varphi_{ab} - 30°)]/\sqrt{3}$ $Q_A = [S_{ab}\sin(\varphi_{ab} - 30°)]/\sqrt{3}$		AB	$P_{AB} = \sqrt{3}S\cos(\varphi + 30°)$ $Q_{AB} = \sqrt{3}S\sin(\varphi + 30°)$
B	$P_B = [S_{ab}\cos(\varphi_{ab} + 30°) + S_{bc}\cos(\varphi_{bc} - 30°)]/\sqrt{3}$ $Q_B = [S_{ab}\sin(\varphi_{ab} + 30°) + S_{bc}\sin(\varphi_{bc} - 30°)]/\sqrt{3}$		BC	$P_{BC} = \sqrt{3}S\cos(\varphi - 30°)$ $Q_{BC} = \sqrt{3}S\sin(\varphi - 30°)$
C	$P_C = [S_{bc}\cos(\varphi_{bc} + 30°)]/\sqrt{3}$ $Q_C = [S_{bc}\sin(\varphi_{bc} + 30°)]/\sqrt{3}$			

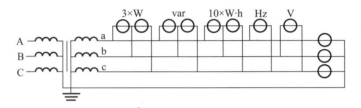

图 5-32 电压互感器与仪表接线

表 5-17 电压互感器各项负荷分配(不完全星形负荷部分)

仪表名称及型号	电线圈消耗功率 V·A	仪表电压线圈 cos φ	仪表电压线圈 sin φ	仪表数目	AB 相 P_{ab}	AB 相 Q_{ab}	BC 相 P_{bc}	BC 相 Q_{bc}
有功功率表 46D1/W	0.6	1	0.925	3	1.8	13.9	1.8	13.9
无功功率表 46D1/V·A	0.5	1		1	0.5		0.5	
有功能表 DS1	1.5	0.38		10	5.7		5.7	
频率表 46LI/Hz	1.2	1		1	1.2			
电压表 46LI/V	0.3	1		1			0.3	
总计					9.2	13.9	8.3	13.9

[解]

鉴于 10 kV 系统为中性点不接地系统，电压互感器除供测量仪表外，还用来作交流电网绝缘监视，因此查表 5-18，选用 JSJW-10 型三相五柱式电压互感器(或选用带接地保护的 3 只单相 JDZJ-10 型浇注绝缘的电压互感器，但决不允许选用 JDZ 或 JDJ 型电压互感器接成星形)。其一、二次电压为 10/0.1/(0.1/3)kV。由于回路接有计费用电能表，故选用 0.5 准确级的电压互感器，三相总的额定容量为 120 V·A；电压互感器接线为 Y_N, y_n, d_0。

根据表 5-17，可求出不完全星形各部分负荷为：

$$S_{ab} = \sqrt{P_{ab}^2 + Q_{ab}^2} = \sqrt{9.2^2 + 13.2^2} = 16.7(\text{V} \cdot \text{A})$$

$$S_{bc} = \sqrt{P_{bc}^2 + Q_{bc}^2} = \sqrt{9.2^2 + 13.2^2} = 16.2(\text{V} \cdot \text{A})$$

$$\cos\varphi_{ab} = P_{ab}/S_{ab} = 9.2/16.7 = 0.55, \varphi_{ab} = 56.6°$$
$$\cos\varphi_{bc} = P_{bc}/S_{bc} = 8.3/16.2 = 0.51, \varphi_{bc} = 59.2°$$

表 5-17 电压互感器技术数据

型号	电压级次/kV	额定电压/V 一次	额定电压/V 二次	额定电压/V 三次	额定容量/(V·A) 0.5级	额定容量/(V·A) 1级	额定容量/(V·A) 3级	额定容量/(V·A) 最大	备注
JDZ-3	3	3 000	100		(30)30	50	80	200	JDZ型为不接地单相电压互感器，两台可接成V/V形接线方式。JDZJ型为接地单相电压互感器，接成y/Y/△(开口三角)形接线方式。括号内为0.2级额定容量
JDZ-6	6	6 000	100		(30)50	80	200	400	
JDZ-10	10	10 000	100		(30)50	80	200	400	
JDZJ-3	3	3 000/√3	100/√3	100/√3	(30)30	50	80	200	
JDZJ-6	6	6 000/√3	100/√3	100/√3	(30)50	80	200	400	
JDZJ-10	10	10 000/√3	100/√3	100/√3	(30)50	80	200	400	
JDJ-3	3	3 000	100		(25)30	50	120	240	JDJ型内装一组二次线圈。JDJJ型内装二组二次线圈，其中一组供开口三角方式接线三台可组成Yn/Yn/△接线方式。括号内为0.2级额定容量
JDJ-6	6	6 000	100		(25)50	80	200	400	
JDJ-10	10	10 000	100		(25)80	150	320	640	
JDJJ-6	6	6 000/√3	100/√3	100/√3	(25)50	80	200	400	
JDJJ-10	10	10 000/√3	100/√3	100/√3	(25)80	150	220	460	
JDX-10	10	10 000/√3	(计量级)	(监控级)	(辅助级)	25(0.2级)	25(0.5级)		760	为抗谐振型，内装三个二次线圈，即计量级、监控级和辅助级，辅助级供接地保护用，三台组成：Yn/Yn/△接线方式
JDX-35	35	35 000/√3	100/√3	100/√3	100/3	80(0.2级)	80(0.5级)		2 000	
JSGW-0.5	0.5	380	100	100/3	50	80	250	340	
JSJW-3	3	3 000/√3	100/√3	100/3	(30)50	50	200	400	一次和两个二次线圈为同心圆筒式，接线方式为：Yn/Yn/△(开口三角形)。括号内为0.2额定容量
JSJW-6	6	6 000/√3	100/√3	100/3	(45)80	150	320	640	
JSJW-10	10	10 000/√3	100/√3	100/3	(72)120	200	480	960	
JSJB-6	6	6 000	100		80	150	320	640	三相接线方式为：Y/Y0-12
JSJB-10	10	10 000	100		120	200	480	690	
JSJV-6	6	6 000	100		40	200	500		采用V/V-12接线方式，并有110 V和220 V辅助线圈做CT8电动操作机构，电源负荷为1 100 V·A
JSJV-10	10	10 000	100		40	200	500		
JSZJ-3	3	3 000/√3	100/√3	100/3	(30)80	150	320	400	为由JDZJ型单相电压互感器组成的三相五柱式电压互感器，接线方式为：Yn/Yn/△形括号内为0.2级额定容量
JSZJ-6	6	6 000/√3	100/√3	100/3	(30)30	50	80	200	
JSZJ-10	10	10 000/√3	100/√3	100/3	(30)50	80	200	400	

由于每相上有绝缘监视电压表 V（$P=0.3\text{W}$，$Q=0$），故 A 相负荷可由表5-16所列公式计算：

$$P_\text{A} = [S_{ab}\cos(\varphi_{ab} - 30°)]/\sqrt{3} + P_a = [16.7\cos(56.6° - 30°)]/\sqrt{3} + 0.3 = 8.62$$

$$Q_\text{A} = [S_{ab}\sin(\varphi_{ab} - 30°)]/\sqrt{3} = [16.7\cos(56.6° - 30°)]/\sqrt{3} = 4.3$$

B 相负荷为：

$$P_\text{B} = [S_{ab}\cos(\varphi_{ab} + 30°) + S_{bc}\cos(\varphi_{bc} - 30°)]/\sqrt{3} + P_b$$

$$= [16.7\cos(56.6° + 30°) + 16.2\cos(59.2° - 30°)]/\sqrt{3} + 0.3 = 9.04$$

$$Q_\text{B} = [S_{ab}\cos(\varphi_{ab} + 30°) + S_{bc}\cos(\varphi_{bc} - 30°)]/\sqrt{3}$$

$$= [16.7\sin(56.6° + 30°) + 16.2\sin(59.2° - 30°)]/\sqrt{3} = 14.2$$

显然，B 相负荷较大，故应按 B 相总负荷进行校验：

$$S_\text{B} = \sqrt{P_\text{B}^2 + Q_\text{B}^2} = \sqrt{9.02^2 + 14.2^2} = 16.8(\text{V}\cdot\text{A}) < \left(\frac{120}{3}\right)(\text{V}\cdot\text{A})$$

故所选 JSJW 型电压互感器满足要求。

6. 电流互感器的选择

电流互感器应按下列技术条件选择。

1）按一次回路额定电压和电流选择

电流互感器的一次回路额定电压和电流必须满足：

$$U_\text{N} \geqslant U_\text{NS}$$

$$I_\text{N} \geqslant I_\text{max}$$

式中　U_N、I_N——分别为电流互感器的一次回路额定电压和电流；

U_NS——电流互感器所在电力网的额定电压；

I_max——电流互感器一次回路最大工作电流。

2）二次额定电流选择

电流互感器的二次额定电流有 5 A 和 1 A 两种，一般弱电系统选用 1 A，强电系统选用 5 A，配电装置离控制室较远时也可考虑选用 1 A。

3）电流互感器种类和形式选择

在选择互感器时，应根据安装地点（如屋内、屋外）和安装方式（如穿墙式、支撑式、装入式等）选择其相应种类和形式。

4）准确级的选择

为了确保测量仪表的准确度，互感器的准确级不得低于所供测量仪表的准确级，当所测量仪表要求不同准确级时，应按最高级别来确定互感器的准确级。

5）选择电流互感器的额定容量

为了保证互感器的准确级，互感器二次侧所接负荷 S_2 应不大于该准确级所规定的额定容量 S_{N_2}，即：

$$S_{\text{N}_2} \geqslant S_2$$

式中　S_{N_2}——二次额定容量，$\text{V}\cdot\text{A}$，且 $S_{\text{N}_2} = I_{\text{N}_2}^2 Z_{\text{N}_2}$（$Z_{\text{N}_2}$ 为二次额定阻抗，Ω）；

S_2——二次所接的负荷，$\text{V}\cdot\text{A}$，且 $S_2 = I_{\text{N}_2}^2 Z_2$（$I_{\text{N}_2}$ 为二次额定电流，A）；

Z_2 为二次负荷阻抗，Ω，其值为：

$$Z_2 = r_a + r_{re} + r_c + r_1$$

式中 r_a 或 r_{re}——测量仪表或保护元件的阻抗，Ω，从仪表或继电器的参数查出；

r_c——线路各接头的接触电阻，Ω，可按 0.1Ω 估算；

r_l——连接导线电阻，Ω。

式中仅连接导线电阻为未知数，其值可由下式确定：

$$r_l \leq [S_{N_2} - I_{N_2}^2(r_a + r_{re} + r_c)]/I_{N_2}^2$$

因 $$S = \rho L_C / r_l$$

故 $$S \geq I_{N_2}^2 \rho L_C / [S_{N_2} - I_{N_2}^2(r_a + r_{re} + r_c)] = \rho L_C [Z_{N_2} - (r_a + r_{re} + r_c)] \tag{5-77}$$

式中 S——连接导线截面；

ρ——导线电阻率；

L_C——导线计算长度，与仪表到互感器的实际距离及电流互感器的接线方式有关，星形接线时 $L_C = L$，不完全星形接线时 $L_C = \sqrt{3}L$，单相接线时 $L_C = 2L$。

上式表明在满足电流互感器额定容量的条件下，选择二次连接导线的最小允许截面。为满足机械强度要求，所选铜导线截面面积不应小于 1.5 mm²。

保护用的电流互感器二次侧所接最大负荷，必须小于等于制造厂家所提供的电流互感器 10%误差曲线上所允许的负荷。

6) 热稳定校验

电流互感器热稳定能力常以 1s 允许通过一次额定电流 I_{N_1} 的倍数来表示，故热稳定应按下式校验：

$$(K_t I_{N_1})^2 t \geq Q_K$$

式中 K_t——一次额定电流的热稳定倍数；

I_{N_1}——一次额定电流。

7) 动稳定校验

电流互感器常以允许通过一次额定电流最大值的倍数来表示其内部动稳定能力，所以内部动稳定可用下式校验：

$$K_{es} \times \sqrt{2} I_{N_1} \geq i_{sh}$$

式中 I_{N_1}——电流互感器的一次额定电流；

K_{es}——动稳定电流倍数；

i_{sh}——短路冲击电流。

短路电流，不仅在电流互感器内部产生作用力，而且由于相与相之间电流的相互作用，使绝缘子瓷帽上承受外力的作用。因此，对于瓷绝缘型电流互感器应校验瓷套管的机械强度，瓷套管上的作用力可由一般电动力公式计算，所以外部动稳定应满足：

$$F_{a_1} \geq 0.5 \times 1.73 \times 10^{-7} i_{sh}^2 L/a$$

式中 F_{a_1}——电流互感器瓷帽端部的允许电动力；

L——电流互感器出线端至最近一个母线支柱绝缘子之间的跨距；

a——相间距离；

0.5——系数，表示互感器瓷套管端部承受该跨距上电动力的一半。

对于瓷绝缘的母线型电流互感器，其端部作用力可用下式校验：

$$F_{a_1} \geq 1.73 \times 10^{-7} i_{sh}^2 L_C / a$$

式中 L_C——计算跨距（m），$L_C = (L_1 + L_2)/2$，L_1、L_2 为与绝缘子相邻的跨距。

[例 5-9] 选择图 5-33 中 10 kV 馈线上的电流互感器。已知电抗器后短路时，$i_{sh} = 22.6$ kA，$Q_k = 78.7$ kA$^2 \cdot$ s，出线相间距离 $a = 0.4$ m，电流互感器至最近绝缘子的距离 $L = 1$ m，电流互感器回路的仪表及接线如图 5-33 所示，电流互感器图与测量仪表相距 40 m。

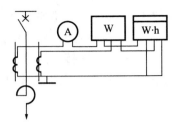

图 5-33 电流互感器接线

[解]

① 电流互感器的负荷统计见表 5-19，其最大负荷为 1.45 V·A。

表 5-19 电流互感器负荷统计

仪表电流线圈名称	A 相	C 相
电流表（46L1-A）	0.35	
功率表（46D1-W）	0.6	0.6
电能表（DSI）	0.5	0.5
总计	1.45	1.1

② 选择电流互感器。根据电流互感器安装处的电网电压、最大工作电流和安装地点的要求，查表 5-20，初选屋内型电流互感器。互感器变比为 400/5，由于供给计费电能表用，故应选 0.5 级。其二次负荷额定阻抗为 0.8Ω，动稳定倍数 $K_{es} = 130$，热稳定倍数 $K_t = 75$。

表 5-20 部分电流互感器的技术数据

LJ-φ75 型零序电流互感器	穿电缆根数	二次阻抗	整定电流/A	灵敏度	二次不平衡电压/MV	备注
LJ-1	1	1	0.1	10		本系列为电缆式零序电流互感器，φ759 窗口直径，供配电中性点不直接接地系统的接地保护，配继电器 DD11/0.2
LJ-2	1~2	10	0.03	1.3	40	
LJ-4	3~4	10	0.03	1.3	40	
LJ-7	5~7	10	0.03	1.8	40	

型号	额定电流比/A	级次组合	二次负荷/Ω 0.5级	1级	3级	D B级	10%倍数 Ω	倍数	秒热稳定倍数	动稳定倍数	备注
LA-10	5~20/5										本系列为 10 kV 户内树脂浇注式电流互感器，用于测量与保护 5~300 A 为半封闭，铁芯外露；400~1 000 A 为全封闭、环形铁芯，二次线圈和一次线圈浇注在树脂内；600~1 000 A 为空心全封闭母线式
	30~75/5	0.2/0.5							90	160	
	100~200/5	0.2/3	10	10	15	15	3级 D级	10 15			
	300~400/5	0.5/0.5							75	135	
	500/5	0.50							60	110	
	600~1 000/5								50	90	
LA-10	20~200/5	0.2/0.5	10	20	15	20			110	210	
	300~600/5	0.2/3					3级 D级	10 15	30	55	
	800~1 500/5	0.5/0.5	20	30	20	30			40	75	
	2 000~6 000/5	0.5D	30	50	50	50					

续表

型号	额定电流比/A	级次组合	二次负荷/Ω				10%倍数		秒热稳定倍数	动稳定倍数	备注
			0.5级	1级	3级	D B级	Ω	倍数			
LZZB$_6$-10	75/5	0.5/B	10			15	15	10	11.25	28.69	
LZZB$_6$-10	100/5	0.5/B	10			15	15	10	15	38.25	
LZZB$_6$-10	100/5	0.5/B	10			15	15	15	15	38.25	
LZZB$_6$-10	5~100/5	0.5/B		0.4				10	15	38.3	
LZZB$_6$-10	150/5	0.5/B	10			15	15	10	22.5	44	
LZZB$_6$-10	150/5	0.5/B		0.4				10	15	44	
LZZB$_6$-10	5~200/5	0.5/B	10			15	B级	B级	15	44	
LZZB$_6$-10	200~5	0.5/B		0.4				10	122.5	220	
LZZB$_6$-10	200/5	0.5/B	0.4				0.4	≤10	122.5	220	
LZZB$_6$-10	200~300/5	0.5/B	10			15	15	10	24.5	44	
LFZJB$_6$-10	100/5	0.5/B	10			15	15	15	15	38.25	
LFZJB$_6$-10	100~300/5	0.5/B	10			15	15	10	24.5	44	
LFZJB$_6$-10	200~300/5	0.5/B	10			15	15	15	24.5	44	
LFZJB$_6$-10	300/5	0.5/B	0.4				0.4	≤10	81.5	146.7	
LFZJB$_6$-10	300/5	0.5/B	0.6				0.6	15	81.5	146.7	
LZZJB$_6$-10	150/5	0.5/B	10			15	15	15	22.5	44	
LZZJB$_6$-10	100~300/5	0.5/B	10			15	15	10	24.5	44	
LZZJB$_6$-10	200~300/5	0.5/B	10			15	15	15	24.5	44	
LZZJB$_6$-10	400~500/5	0.5/B	10			15	15	15	33	59	
LZZJB$_6$-10	500/5	0.5/B	0.4				0.4	10	66	118	
LZZJB$_6$-10	500/5	0.5/B	0.6				0.6	15	66	118	
LZZJB$_6$-10	1 000/5	0.5/B	0.4				0.4	10	41	74	
LZZJB$_6$-10	1 000/5	0.5/B	0.6				0.6	15	41	74	
LZZJB$_6$-10	400~1 500/5	0.5/B	10			15	15	15	24.5	62.5	
LZZJB$_6$-10	600~1 500/5	0.5/B	10			15	15	15	41	74	
LDZQB$_6$-10	400~500/5	0.5/B	20			30	30	15	44.5	80	
LDZQB$_6$-10	400/5	0.5/B	0.8						111	200	
LDZQB$_6$-10	500/5	0.5/B	0.8						89	160	
LDZQB$_6$-10	600/5	0.5/B	30			40	40	15	44.5	80	

续表

型号	额定电流比/A	级次组合	二次负荷/Ω 0.5级	1级	3级	D B级	10%倍数 Ω	倍数	秒热稳定倍数	动稳定倍数	备注
LFZB$_6$-10	5/5	0.5/B	10			15	15	10	3	7	
LFZB$_6$-10	10/5	0.5/B	10			15	15	10	3	7	
LFZB$_6$-10	15/5	0.5/B	10			15	15	10	3	7	
LFZB$_6$-10	20/5	0.5/B	10			15	15	10	3	7.65	
LFZB$_6$-10	30/5	0.5/B	10			15	15	10	4.5	11.48	
LFZB$_6$-10	40/5	0.5/B	10			15	15	10	6	15.3	
LFZB$_6$-10	50/5	0.5/B	10			15	15	10	7.5	19.13	
LFZB$_6$-10	75/5	0.5/B	10			15	15	10	11.25	28.69	
LFZB$_6$-10X	100/5	0.5/B	10			15	15	10	15	38.25	
LFZB$_6$-10	5~100/5	0.5/B		0.4				10	150	383	
LFZB$_6$-10	150/5	0.5/B	10			15	15	10	22.5	44	
LFZB$_6$-10	150/5	0.5/B		0.4				10	150	293	
LFZB$_6$-10	200/5	0.5/B		0.4				10	122.5	220	
LFZB$_6$-10	5~200/5	0.5/B	10			15	B级	B级	150	230	
LFZB$_6$-10	200~300/5	0.5/B	10			15	15	10	24.5	44	
LFZJB$_6$-10	150/5	0.5/B	10			15	15	15	22.5	44	
LZZB$_6$-10	5/5	0.5/B	10			15	15	10	0.75	1.91	
LZZB$_6$-10	10/5	0.5/B	10			15	15	10	1.5	3.83	
LZZB$_6$-10	15/5	0.5/B	10			15	15	10	2.25	5.74	
LZZB$_6$-10	15/5	0.5/B	0.4				0.4	≤10	15	380	
LZZB$_6$-10	20/5	0.5/B	10			15	15	10	3	7.65	
LZZB$_6$-10	30/5	0.5/B	10			15	15	10	4.5	11.48	
LZZB$_6$-10	40/5	0.5/B	10			15	15	10	6	15.3	
LZZB$_6$-10	50/5	0.5/B	10			15	15	10	7.5	19.13	
LDZQB$_6$-10	600/5	0.5/B	1.2					15	74	133	
LDZQB$_6$-10	800/5	0.5/B	30			40	40	15	44.5	80	
LDZQB$_6$-10	800/5	0.5/B	1.2					15	56	100	
LDZQB$_6$-10	1 000/5	0.5/B	1.2					15	61	110	
LDZQB$_6$-10	1 200/5	0.5/B	1.2					15	51	92	

续表

型号	额定电流比/A	级次组合	二次负荷/Ω				10%倍数		秒热稳定倍数	动稳定倍数	备注
			0.5级	1级	3级	D B级	Ω	倍数			
$LDZQB_6-10$	1 500/5	0.5/B	1.2					15	41	73	
$LDZQB_6-10$	1 000~1 500/5	0.5/B	30			40	40	15	61	110	
$LMZB_6-0.38$	300~800/5	B	10	15	25	10	10	6			
$LMZB_6-10$	1 500~2 000/5	0.5/B 或 B/B	50			50	50	15			
$LMZB_6-10$	1 500~2 000/5	0.5/B	50			50	50	15			
$LMZB_6-10$	1 500/5	0.5/B 或 B/B	2					15			
$LMZB_6-10$	2 000/5	0.5/B 或 B/B	2					15			
$LMZB_6-10$	3 000~4 000/5	0.5/B 或 B/B	60			60	60	15			
$LMZB_6-10$	3 000/5	0.5/B 或 B/B	2.4					15			
$LMZB_6-10$	4 000/5	0.5/B 或 B/B	2.4					15			
$LMZB_6-10$	3 000~4 000/5	0.5/B	60			60	60	15			
LCW_6-35	5~40/5	$0.5/B_1/B_2$	40			$B_1$40 $B_2$30	$B_1$40 /$B_2$30		100	255	
LCW_6-35	50~600/5	$0.5/B_1/B_2$	40			$B_1$40 $B_2$30	$B_1$40/ /$B_2$30		100 不大于 400 kA	255 不大于 90 kA	
LCW_6-35	5~40/5								100	255	
LCW_6-35	50~400/5								100	255	
LCW_6-35	500/5								80	204	
LCW_6-35	600/5								66.7	170	
LCW_6-35	800~1 000/5								50	127.5	
LCW_6-35	1 200/5								33.3	85	
LCW_6-35	750~1 000/5	$0.5/B_1/B_2$	40			B40 $B_1$30	$B_1$40/ $B_2$30		40	40	
LCW_6-35	5~1 500/5	$0.5/B_1/B_2$	1.6			B_2级 1.2 B_1级 1.6	B_1级 40 B_2级 30 $B_1$1.6	20 20	最大不超过 40	40	
LCW_6-35	5~2 000/5	$0.5/B_1/B_2$	1.6			$B_1$1.6	$B_2$1.2	20	100		

③ 选择互感器连接导线截面。

互感器二次额定阻抗：
$$Z_{N_2} = 0.8 \Omega$$

最大相负荷阻抗：
$$r_a = S_{max}/I_{N_2}^2 = 1.45/25 = 0.058(\Omega)$$

电流互感器接线为不完全星形接线，连接线的计算长度：
$$L_C = \sqrt{3} L$$

则：
$$S \geqslant \rho L_C [Z_{N_2} - (r_a + r_c)] = 1.83 mm^2$$

选用标准截面为 2.5 mm² 的铜线。

④ 校验所选电流互感器的热稳定和动稳定。按照规定，应按电抗器后短路校验。热稳定校验：
$$(K_t I_{N_1})^2 = (75 \times 0.4)^2 = 900 > 78.7 (kA^2 \cdot s)$$

内部动稳定校验：
$$\sqrt{2} I_{N_1} K_{es} = \sqrt{2} \times 0.4 \times 130 = 73.5 (kA) > 22.6 (kA)$$

由于 LFZJ1 型电流互感器为浇注式绝缘，故不需要校验外部动稳定。

7. 母线的选择

1) 形式的选择

35 kV 以下变电所中的各种高压配电装置的母线以及电器间的连接母线，主要采用硬母线和软母线两种形式，工程中的选型可参考表 5-21。

表 5-21 母线选形表

安装场所	可选择的主要形式
35 kV 及以下屋内配电装置	宜选用矩形铝母线，根据载流量的大小，可选用单条、两条、三条及四条
35 kV 屋外配电装置	宜选用钢芯铝绞线

对表 5-21 补充说明如下：

① 一般情况下都用铝作为母线材料，只有在持续工作电流大，且出线位置特别狭窄或污秽，对铝有严重腐蚀而对铜腐蚀较轻的场所才使用铜导体；

② 常用的硬母线截面，有矩形、槽形和管形。管形母线集肤效应系数小、机械强度高，管内还可通水和通风冷却，因此可用于 8 000 A 以上的大电流母线。槽形母线机械强度好，载流量较大，集肤效应系数也较小，一般用于 4 000 ~ 8 000 A 的配电装置中。矩形导体一般只用于 35 kV 及以下、工作电流小于 4 000 A 的配电装置。为了减少集肤效应，又考虑到母线的机械强度，通常矩形母线边长之比为 1/12 ~ 1/5，单条矩形截面最大不应超过 1 250 mm²。当持续工作电流超过单条导体允许载流量时，可将 2~4 条矩形导体并列使用。由于多条矩形导体集肤效应系数比单条导体的大，使附加损耗增大，尤其是每相三条以上时，导体的集肤效应系数显著增大，故一般避免采用 4 条矩形导体并列使用；

③ 矩形导体的散热和机械强度，与导体布置方式有关，三相水平布置、导体竖放与三相水平布置、导体平放相比，前者散热好、载流量大，但机械程度较低，后者则反之。

若三相垂直布置且导体竖放,则兼顾了上述两种布置的优点,即载流量大、机械强度高,但配电装置高度有所增加和固定困难。因此,导体的布置方式应根据载流量大小、短路电流大小和配电装置具体情况而定。

2)母线截面的选择与校验

硬母线截面选择,母线参数可按照表5-11所列技术条件进行选择,并补充说明如下。

(1)母线截面选择。

① 按导体长期发热允许电流,或允许载流量选择,即:

$$KI_{a_1} \geqslant I_{\max} \tag{5-78}$$

式中 $I_{\max}$——导体所在回路最大持续工作电流;

I_{a_1}——相对于母线允许温度和标准环境条件下导体长期允许电流;

K——综合修正系数(与环境温度和导体连接方式有关,可查有关手册)。

② 按经济电流密度选择:

$$S_{ec} = \frac{I_{\max}}{J_{ec}} \; (\text{mm}^2) \tag{5-79}$$

式中,经济电流密度 J_{ec} 可按表4-20查取。

实际确定的标称截面应尽量接近于式(5-79)所计算的经济截面,当无合适标准导体时,为节约投资,允许选择小于经济截面的导体,但此导体的允许电流还必须满足式(5-78)的要求。

(2)热稳定校验。

短路热稳定时,导体的最小允许截面 $S_{\min}$ 为:

$$S_{\min} = \frac{\sqrt{Q_k \cdot K_S}}{C} \tag{5-80}$$

式中 K_S——集肤效应系数,如图5-34所示;

Q_k——短路电流的热效应,$kA^2 \cdot s$;

C——热稳定系数,与导体材料及短路前工作温度有关,见表5-22。

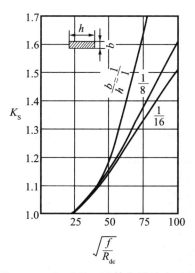

图5-34 矩形截面导体集肤效应系数

表 5-22　不同材料及温度下裸导体的 C 值

工作温度/℃	40	45	50	55	60	65	70	75	80	85	90
硬钢及铝锰合金	99	97	95	93	91	89	85	85	83	82	81
硬铜	186	183	181	179	176	174	171	169	166	164	161

(3) 硬母线动稳定校验。

① 单条矩形母线。要求母线产生的最大相间计算应力 σ_φ 不超过其允许应力 σ_{a_1}，即 $\sigma_\varphi \leq \sigma_{a_1}$。式中导体允许应力（N/mm²），见表 5-23。

表 5-23　导体材料允许力

导体材料	最大允许应力 σ_{a_1}/ (N·mm^{-2})
硬　铝	70×10^6
硬　钢	140×10^6

三相母线位于同一平面内时，母线产生的最大相间计算应力 σ_φ（N/mm²），可由下式计算：

$$\sigma_\varphi = f_\varphi L^2 / 10W \tag{5-81}$$

式中　W——导体对垂直于作用力方向轴的截面系数，见表 5-24；
　　　L——相邻支柱绝缘子间的跨距，m；
　　　f_φ——单位长度导体上所受相间的电动力，N/m，即：

$$f_\varphi = 1.73 \times 10^{-7} i_{sh}^2 / a$$

式中　i_{sh}——短路电流的冲击值，kA；
　　　a——三相导体的相间距离，m。

表 5-24　导体截面系数

导体布置方式			截面系数 W
			$b^2h/6$
			$b^2h/6$
			$0.333bh^2$
			$1.44b^2h$
			$0.5bh^2$
			$3.3b^2h$

为了便于计算和施工，设计时常根据材料最大允许应力来确定绝缘子间的最大允许跨距，即：

$$L_{\max} = \sqrt{10\delta_f W/f_\varphi} \tag{5-82}$$

当矩形母线平放时，为避免导体因自重而过分弯曲，所选跨距一般不超过 1.5~2 m，另外考虑到绝缘子支座及引下线安装方便，三相水平布置的汇流母线绝缘子跨距等于配电装置的间隔宽度。

② 多条矩形导体构成母线。当母线由多条组成时，母线上的最大机械应力，应有相间作用应力和同相各条间的作用应力合成，即：

$$\sigma_{\max} = \sigma_\varphi \times \sigma_b \tag{5-83}$$

式中 σ_φ——同单条相间应力计算公式相同，但应为多条组合导体的截面系数，见表 5-24；

σ_b——同相各条母线间相互作用应力，可由下式计算：

$$\sigma_b = f_b L_b^2 / 2h_b^2 \tag{5-84}$$

式中 L_b——衬垫中心线的距离，m；

f_b——单位长度内同相条间最大作用力，N/m。

每相两条时：

$$f_b = 2.5 K_{12} i_{sh}^2 \frac{1}{b} \times 10^{-8} \tag{5-85}$$

每相三条时：

$$f_b = 8(K_{12} + K_{13}) i_{sh}^2 \frac{1}{b} \times 10^{-9} \tag{5-86}$$

式中 K_{12}、K_{13}——分别为条 1、2 和条 1、3 的截面形状系数，可由图 5-29 查得。

由图可知，当导体截面周长大于和等于两导体表面距离时，形状系数取 1，鉴于此，对于高压系统，只需考虑同相条间截面形状系数。

母线衬垫间的距离 L_b 必须小于临界跨距，即：

$$L_b < L_{cr}$$

式中 L_{cr}——临界跨距，可由下式确定：

$$L_{cr} = \lambda b \sqrt[4]{h/f_b} \tag{5-87}$$

式中 b、h——矩形母线的厚和高，m；

λ——系数，铜：两条为 1 774，三条为 1 355；铝：两条为 1 003，三条为 1 197；

f_b——单位长度内同相条间最大作用力，N/m。

增加条间衬垫的数量可以减小各条间的应力，但会使母线散热条件变坏，根据经验一般每隔 30~50 cm 设一衬垫。

(4) 导体共振校验。

当母线的自振频率，与电动力交变频率一致或接近时，将会产生共振现象而增加母线的应力，因此对重要回路（如发电机、变压器及汇流母线等）的母线应进行共振校验。母线的一阶自振频率可按下式计算：

$$f_1 = \frac{N_f}{L^2} \cdot \sqrt{\frac{EI}{m}} \tag{5-88}$$

式中 E——导体材料的弹性模量；

I——导体断面二次矩；
L——相邻绝缘子跨距；
N_f——频率系数与导体连续跨距数和支撑方式有关，其值见表5-25；
m——弯曲力矩，kg/m。

表5-25 导体不同跨距数和支撑方式的频率系数

跨数及支撑方式	N_f
单跨、两端简支	1.57
单跨、一端固定、一端简支两等跨、简支	2.45
单跨、两端固定多等跨、简支	3.56
单跨、一端固定、一端活动	0.56

当自振频率无法控制在共振频率范围之外时，计算的导体受力必须乘上动态应力系数 β，其值可查图5-35。

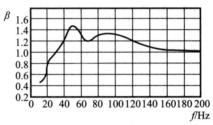

图5-35 动态应力系数曲线

根据式（5-87）可求出：

$$L_{max} = \sqrt{\frac{N_f}{f_1}\sqrt{\frac{EI}{m}}}$$

已知母线的材料、形状、布置方式和应避开共振的自振频率时，可由上式计算母线不发生共振所允许的最大绝缘子跨距 L_{max}，如选择的绝缘子跨距小于 L_{max}，则 $\beta = 1$。

软母线截面的选择除不用进行动稳定和共振校验外，其他与硬母线相同。

[例5-10] 选择某10 kV屋内配电装置的汇流母线。已知母线最大工作电流为3 464 kA。三相垂直布置，相间距离为0.75 m，绝缘子跨距为1.2 m，母线最大短路冲击电流为137.19 kA，短路电流热效应为1 003 kA²·s，环境温度为35 ℃，铝导体弹性模量为 7×10^{10} Pa。

[解]
① 按长期发热允许电流选择导体截面。查表5-26，选用3条125 mm×10 mm矩形铝导体，竖放允许电流为4 243 A，集肤效应系数为1.8，当环境温度为+35℃时，查表可得温度修正系数为0.88，则：

$$I_{a125°} = KI_{a135°} = 0.88 \times 4243 = 3734(A) > 3464(A)$$

② 热稳定校验。正常运行导体温度为：

$$\theta = \theta_0 + (\theta_{a_1} - \theta_0)I_{max}^2/I_{a_1}^2 = 35 + (70 - 35) \times 3464^2/3734^2 = 65(℃)$$

查表5-22，$C = 89$，则满足热稳定的导体最小截面积为：

$$S_{min} = \sqrt{Q_k K_S}/C = \sqrt{1003 \times 10^6 \times 1.8}/89 = 477.4(mm^2) < 3750 \, mm^2$$

满足热稳定要求。

③ 动稳定校验。导体自振频率由以下求得：

$$m = h \times b \times \rho_w = 0.125 \times 0.01 \times 2\,700 = 3.375(\text{kg/m})$$

$$I = bh^3/12 = 0.01 \times 0.125^3/12 = 1.63 \times 10^{-6}(\text{m}^4)$$

按汇流母线为两端简支多跨距梁，查表 5 – 25，$N_f = 3.56$，则：

$$f_1 = \frac{N_f}{L^2} \cdot \sqrt{\frac{EI}{m}} = 3.56/(1.2^2 \times \sqrt{7 \times 10^{10} \times 1.63 \times 10^{-6}/3.375})$$

$$= 454.5 > 155(\text{Hz})$$

故动态应力系数 $\beta = 1$。

表 5 – 26　矩形铝母线允许载流量　　　　　　　　　　（单位：A）

导体尺寸 $h \times b$ /mm	单条		双条		三条		四条	
	平放	竖放	平放	竖放	平放	竖放	平放	竖放
25 × 4	292	308						
25 × 5	332	350						
40 × 4	456	480	631	665				
40 × 5	515	543	719	756				
50 × 4	565	594	779	820				
50 × 5	637	671	884	930				
63 × 6.3	872	949	1 211	1 319				
63 × 8	995	1 082	1 511	1 644	1 908	2 075		
63 × 10	1 129	1 227	1 800	1 954	2 107	2 290		
80 × 6.3	1 100	1 193	1 517	1 649				
80 × 8	1 249	1 358	1 858	2 020	2 355	2 560		
80 × 10	1 411	1 535	2 185	2 375	2 086	3 050		
100 × 6.3	1 363	1 481	1 840	2 000				
100 × 8	1 547	1 682	2 259	2 455	2 778	3 020		
100 × 10	1 663	1 807	2 163	2 084	3 284	3 570	3 189	4 180
125 × 6.3	1 693	1 840	2 276	2 474				
125 × 8	1 920	2 087	2 670	2 900	3 206	3 485		
125 × 10	2 063	2 242	3 150	3 426	3 903	4 243	4 560	4 960

注：①上表导体尺寸中，h 为宽度，b 为厚度。
　　②载流量是按最高允许温度 +70 ℃，基准环境温度 +25 ℃，无风、无日照条件计算的。

④ 母线应力计算。母线应力包括母线相间应力和同相条间应力。
a. 母线相间应力计算。单位长度上的电动力为：

$$f_\varphi = 1.73 \times 10^{-7} \times i_{sh}^2/a = 1.73 \times 10^{-7} \times 137.19^2/0.75 = 4\,341(\text{N/m})$$

导体截面系数为：

$$W = 0.5bh^3 = 0.5 \times 0.01 \times 0.125^3 = 78.125 \times 10^{-6}(\text{m}^3)$$

相间应力为：

$$\sigma_\varphi = f_\varphi L^2/10W = 4341 \times 1.2^2/(10 \times 78.125 \times 10^{-6}) = 8 \times 10^6(\text{Pa})$$

b. 同相条间应力计算。

$$b/h = 10/125 = 0.08$$

因：
$$(2b - b)/(b + h) = 0.074$$
$$(4b - b)/(b + h) = 30/135 = 0.222$$

由图 5 – 29 矩形截面形状曲线查得导体形状系数分别为：

$$K_{12} = 0.37, K_{13} = 0.57$$

则单位长度条间电动力为：

$$f_b = 8(K_{12} + K_{13}) \times 10^{-9} \times (137.19 \times 10^3)^2/0.01 = 14\,153\ (\text{N/m})$$

⑤ 条间衬垫跨距计算。每相三条铝导体时，$\lambda = 1\,197$，临界跨距为：

$$L_{C_1} = \lambda b \sqrt[4]{h/f_b} = 1\,197 \times 0.01 \sqrt[4]{0.125/14\,153} = 0.65(\text{m})$$

条间允许应力为：

$$\sigma_{ba_1} = \sigma_{a_1} - \sigma_{ph} = 70 \times 10^6 - 8 \times 10^6 = 62 \times 10^6(\text{Pa})$$

条间衬垫跨最大跨越为：

$$L_{ba_1} = b\sqrt{2b\sigma_{ba_1}/f_b} = 0.01\sqrt{2 \times 0.125 \times 62 \times 10^6/14\,153} = 0.33(\text{m})$$

为了便于安装，每组邻绝缘子跨距中设三个衬垫，且衬垫跨距为：

$$L_b = L/4 = 0.3$$

10 kV 配电所高压少油断路器选择

已知该配电所 10 kV 母线短路时的 $I_k^{(3)} = 2.83$ kA 线路的计算电流为 350 A，继电保护的动作时间为 1.1 s，断路器的短路时间取 0.2 s。确定断路器型号并进行动稳定和热稳定校验。

 评价总结

根据"少油断路器选择和校验"结果分析，填写成绩评议表（表 5-27）。

表 5-27 成绩评议表

评定人/任务	任务评议	等级	评定签名
自己评			
同学评			
老师评			
综合评定等级			

___年___月___日

思考与练习

（1）短路有哪些形式？哪种形式的短路可能性最大？哪种形式短路的危害性最大？

（2）什么叫无穷大容量的电力系统？它有什么特点？在无穷大容量电力系统中发生短路时，短路电流将如何变化？能否突然增大？为什么？

（3）有一地区变电所通过一条长 4 km 的 6 kV 电缆线路供配电给某厂一个装有两台并列运行的 SL7-800 型主变压器的变电所，地区变电站出口断路器断流容量为 300 MV·A。试求该厂变电所 6 kV 高压侧和 380 V 低压侧的短路电流。

（4）怎样选择母线？

（5）怎样选择断路器、隔离开关和熔断器？

项目六　供配电系统的二次回路与自动装置

☞ **项目引入**：

对一次设备的工作状态进行监视、测量、控制和保护的辅助电气设备称为二次设备。变电所的二次设备包括测量仪表、控制与信号回路、继电保护装置以及远动装置等。它们相互间所连接的电路称为二次回路或二次接线。

通过此项目的学习，培养供配电系统二次回路识图、绘图及接线安装能力，以及自动装置接线与测量能力。

☞ **知识目标**：

（1）掌握电压互感器和电流互感器的二次回路图。
（2）掌握蓄电池直流系统的工作原理、绝缘监察和电压监察的工作原理。
（3）掌握断路器和隔离开关二次控制电路的读图及控制原理。
（4）理解中央信号系统的读图及工作原理。
（5）理解和掌握自动重合闸装置的结构工作原理。
（6）理解和掌握备用电源自动投入装置的工作原理。

☞ **技能目标**：

（1）会二次接线展开图、安装图的识图及绘制。
（2）会保护屏的配线安装程序、基本工序和查线方法。
（3）会自动重合闸接线与测量。

☞ **德育目标**：

电气二次回路对电力系统的安全稳定运行具有重要的促进作用，一旦出现故障将会导致严重的事故。要想保证电力系统能够持续、稳定地生产、输送电能，就必须保证各个电气二次回路的稳定性，必须时刻严格遵守工作规范，增强责任性，培养成优良的专业水平和社会责任感，职业道德操守。

☞ **相关知识**：

（1）供配电系统二次回路读图。
（2）自动重合闸装置要求。

☞ **任务实施**：

（1）线路保护屏的局部布线。
（2）重合闸继电器电气特性测定。

☞ **重点**：

（1）断路器和隔离开关二次控制电路的读图。
（2）电压互感器和电流互感器的二次回路图。

☞ 难点：

蓄电池直流系统的工作原理、绝缘监察和电压监察的工作原理。

任务一 供配电系统二次回路的安装与接线

相关知识

一、二次回路的概述

对一次设备的工作状态进行监视、测量、控制和保护的辅助电气设备称为二次设备。变电所的二次设备包括测量仪表、控制与信号回路、继电保护装置以及远动装置等。它们相互间所连接的电路称为二次回路或二次接线。

二次回路按照功能可分为控制回路、合闸回路、信号回路、测量回路、保护回路以及重动装置回路、操作电源回路等；按照电路类别分为直流回路、交流回路和电压回路。图6-1所示为供配电系统的二次回路功能示意图。

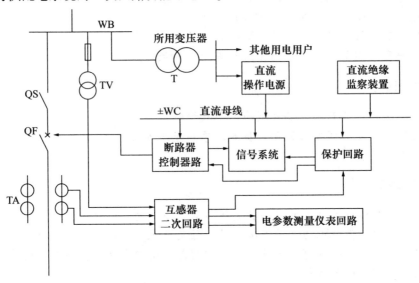

图6-1 供配电系统的二次回路功能示意图

在图6-1中，断路器控制回路的主要功能是对断路器进行通、断操作。当线路发生短路故障时，电流互感器二次回路有较大的电流，相应的继电保护电流继电器动作，保护回路做出相对应的动作。即一方面保护回路出口继电器接通断路器控制回路的跳闸线圈，使断路器跳闸，启动信号回路发出声响和灯光信号；另一方面保护回路中相应的故障信号继电器向信号回路发出信号，如光字牌、信号掉牌等。

操作电源向二次回路提供所需要的电源。互感器二次回路还向监察、电能计量回路提供主电路的电流和电压参数。

反映二次接线间关系的图称为二次回路图。二次回路的接线图按用途可分为原理接线图、展开接线图和安装接线图三种形式。二次回路原理接线图主要用来表示继电保护、断路器控制、信号等回路的工作原理。在该图中，一、二次回路画在一起，继电器线圈与其触点画在一起，有利于叙述工作原理，但由于导线交叉太多，它的应用受到一定的限制。二次回路展开图将二次回路中的交流回路与直流回路分开来画。交流回路分为电流回路和电压回路，直流回路分为直流操作回路与信号回路。在展开图中继电器线圈和触点分别画在相应的回路中，用规定的图形和文字符号表示。在展开图的右侧，有回路文字说明，方便阅读。二次回路安装接线图画出了二次回路中各设备的安装位置及控制电缆和二次回路的连接方式，是现场施工安装、维护必不可少的图纸。

二次回路原理图或展开图通常是按功能电路（如控制回路、保护回路、信号回路）来绘制的，而安装接线图是以设备（如开关柜、继电器屏、信号屏）为对象绘制的。

二、操作电源

操作电源是变电所中给各种控制、信号、保护、自动、远动装置等供配电的电源。操作电源主要有交流和直流两大类。直流操作电源主要有蓄电池直流电源和硅整流电源两种。对采用交流操作的断路器应采用交流操作电源。交流操作电源有电压互感器、电流互感器和所用变压器。操作电源供配电应十分可靠，它应保证在正常和故障情况下都不间断供配电。除一些小型变（配）电所采用交流操作电源外，一般变电所均采用直流操作电源。

1）直流操作电源

直流操作电源有蓄电池直流电源和硅整流电源两种。蓄电池直流电源有铅酸蓄电池和镉镍蓄电池两种；硅整流直流电源又分为复式整流电源、具有电容器储能的整流电源和具有镉镍蓄电池的整流电源三种。

（1）蓄电池直流系统。蓄电池直流电源有铅酸蓄电池组和镉镍蓄电池组两种。铅酸蓄电池组由于投资大，寿命短，运行维护复杂，要求建筑面积大，在变电所中一般不采用。镉镍蓄电池组直流电源所有设备都装在屏上，该屏可与变电所控制屏、保护屏合并布置，不需设蓄电池室和充电机室。它与铅酸蓄电池组比较，具有维护方便、占地面积小、寿命长、放电倍率高、机械强度高、无腐蚀性、投资少等优点。所以，目前镉镍电池直流操作电源得到了广泛的应用。镉镍蓄电池直流系统有充电与浮充电两套整流装置，系统投入正常运行时，以浮充电方式工作。当电力系统故障、交流电源电压降低或消失时，由蓄电池组向控制、保护与合闸回路供配电。它可向断路器的合闸回路供配电，所以其蓄电池的容量较大，一般采用 GNG 型全封闭式镉镍蓄电池。

镉镍蓄电池长期处于浮充电状态，各个电池之间由于电化学反应不均衡，会出现容量不均或不足现象。所以，应定期对其进行"容量恢复"，或叫镉镍蓄电池的"定期活化"。其方法是以 4 h 制的电流放电至每只电池的端电压降为 1.0 V，然后以同样电流充、放循环一次，再重新充电。如果发现蓄电池容量低于额定容量的 80%，应该更换新的蓄电池。蓄电池在使用前初充电时，也以 4 h 充电率的额定充电电流值充电。在定期活化和初充电时应使用充电用的整流装置对蓄电池充电。

蓄电池组直流操作电源是独立可靠的直流电源。它不受交流电源的影响，即使全所停电，仍可保证连续可靠地供配电，而且电压质量好，容量也大，能满足复杂的继电保护和自动装置的要求以及事故照明的需要。但其价格较整流型直流操作电源高，一般用在可靠性要求较高的变电所中。

（2）硅整流直流操作电源。硅整流直流操作电源在变电所应用较广，按断路器的操动机构的要求有电容器储能（电磁操作）和电动机储能（弹簧操作）等。本次任务主要介绍电容器储能硅整流直流操作电源。具有电容器储能的硅整流直流系统如图 6 – 2 所示。

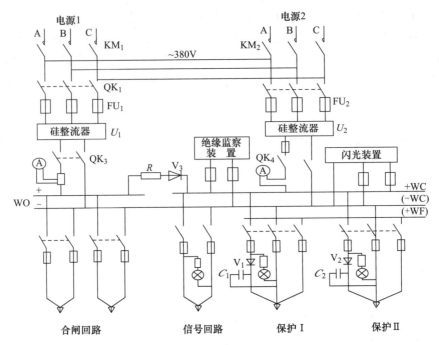

图 6-2 具有电容器储能的硅整流直流系统
WO—合闸小母线；WC—控制小母线；WF—闪光小母线；C_1、C_2—储能电容器

硅整流装置的电源来自所用变低压母线，一般设一路电源进线，但为了保证直流操作电源的可靠性，可以采用两路电源和两台硅整流装置。整流装置 U_1 容量大（一般为三相桥式），用于合闸回路，作断路器的合闸电源，也兼向控制和信号回路供配电。整流装置 U_2 容量较小（一般为单相桥式），只供给控制和信号回路电源。正常时两台硅整流装置同时工作，为了防止在合闸操作或合闸回路短路时，大电流使硅整流器 U_2 损坏，在合闸母线与控制母线之间装设了逆止二极管 V_3。电阻 R 用于限制控制回路短路时通过逆止二极管 V_3 的电流，起保护 V_3 的作用。限流电阻 R 的阻值不宜过小和过大，既保证在熔断器熔断前不烧坏 V_3，又不使在控制母线最大负荷时其上的压降超过额定电压的 15%。一般 R 的阻值为 5~10 Ω，V_3 的额定电流不小于 20 A。

在直流小母线上还接有绝缘监察装置和闪光装置，绝缘监察装置采用电桥结构，用以监测正负小母线或直流回路的绝缘电阻。当某一小母线对地绝缘电阻降低时，电桥不平衡，检测继电器有足够的电流通过，继电器动作，发出信号。闪光装置主要提供闪光电源，其工作原理图如图 6-3 所示。

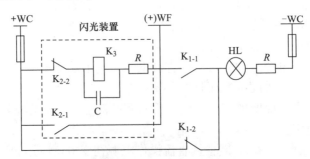

图 6-3 闪光装置工作原理示意图
WC—控制小母线；WF—闪光小母线

工作正常时（+）WF 悬空，当系统或二次回路发生故障时，相应的继电器 K_1 动作（K_1 的线圈在其他回路），K_{1-1} 常开触点闭合，K_{1-2} 常闭触点打开，使信号灯 HL 接于闪光小母线 WF。由于 WF 的电压较低，HL 变暗，闪光装置电容 C 充电。充电到一定值，继电器 K_2 动作，常开触点 K_{2-1} 闭合，闪光母线（+）WF 与正母线 +WC 电压相等，HL 变亮，常闭触点 K_{2-2} 打开，电容 C 放电，使继电器 K_2 的电压降低。降低到一定程度后，K_2 失电复位，常开触点 K_{2-1} 重新打开，WF 的电压又变低，HL 变暗，电容 C 又开始充电，重复上述过程，信号灯 HL 发出闪光信号。可见，闪光小母线平时不带电，只有在闪光装置工作时，才间断地获得低电位和高电位，其间隔时间由电容的充放电时间决定。

从直流操作电源母线上引出若干条线路，分别向各回路供配电，如合闸回路、信号回路、保护回路等。在保护供配电回路中，两组储能电容 C_1 和 R_2 所储能量用于在电力系统故障、直流系统电压下降时，向继电保护回路和断路器跳闸回路放电，C_2 所储能量可使上一级的后备保护动作。为了防止电容器向信号灯和其他回路放电，在电路中串入了逆止二极管 V_1 和 V_2，将电容器向直流母线的放电回路隔断。由于电容器组所用电解电容器较易损坏，所以为了保证其工作的可靠性，设有电容器组检查装置。电容器组检查装置的接线图如图 6-4 所示。

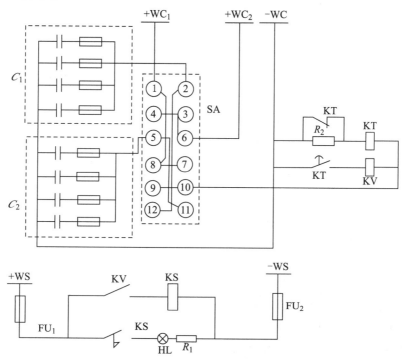

图 6-4 电容器组检查装置的接线图

正常运行时，转换开关 SA 置于"工作"位置，其触点①—②、⑤—⑥、⑨—⑩接通。电容器组分别与 +WC_1 和 +WC_2 小母线接通，两组电容器均处于工作状态。当 SA 检查 C_1 位置时，其触点①—④、⑤—⑧、⑨—⑫接通，C_2 同时与 +WC_1 和 +WC_2 小母线接通，使两个保护回路暂时合并共用 C_2，C_1 与时间继电器 KT 接通，处于被检查状态。此时 C_1 向 KT 放电，KT 瞬时常闭触点打开，电阻 R_2 串入电路以减少电能损耗。KT 延时触点经规定的延时时间后闭合，此时如果电容器的残余电压大于电压继电器 KV 的整定值，KV 动作，接通信号继电器 KS，KS 动作掉牌，使信号指示灯 HL 亮，证明 C_1 电容器组储电量满足要求，其运行状态良好。如时间继电器或电压继电器不能动作，HL 不亮，则表明电容器容量下降或有其他故障，必须更换或检修。当转换开关 SA 置于"检查 C_2"位置时，其触点②—③、⑥—⑦、⑩—⑪接通，C_1 与两控制母线接通，C_2 处于被检查状态，其工作原理与前述相同。

（3）直流系统的绝缘监察装置。当直流系统中某点接地时，直流系统虽然继续运行，但也形成了事故隐患。当直流系统中有一点发生接地时，将可能造成信号装置、继电保护和控制回路的误动作，使断路器误跳闸或拒绝跳闸。所以，必须对直流系统的绝缘进行监察。下面以图 6-5 所示电路中的绝缘监察装置为例说明其工作原理。

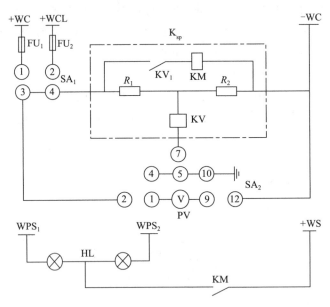

图 6-5 直流系统的绝缘监察装置

绝缘监察装置由监察继电器 K_{SP}、电压表 PV 和转换开关 SA_1，SA_2 等组成。SA_1 有两个位置。可分别将正合闸母线 +WCL 或正控制母线 +WC 接入监察回路。SA_2 转换开关有三个位置："母线""+对地"和"-对地"。平时 SA_2 置于"母线"位置，其触点①—②、⑤—⑦、⑨—⑫接通，使电压表 PV 接在正负直流母线之间，用以测量直流母线电压。同时监察继电器中的电压继电器 KV 通过触点⑤—⑦与地接通，处于监察状态。此时，正、负母线的对地绝缘电阻与监察继电器中的两个电阻 R_1 和 R_2 构成电桥的四个桥臂，电压继电器 KV 就接在电桥的对角线上。当正、负母线对地绝缘正常时，电桥处于平衡状态，电压继电器不动作；当直流系统某一点接地时，电桥失去平衡，电压继电器 KV 动作，其常开触点闭合，监察继电器中的中间继电器 KM 有电动作，其常开触点闭合发出预告信号，光字牌发光，指示故障性质。

若将 SA_2 转至"-对地"位置时，其触点⑨—⑫、①—④接通，电压表测量负母线对地电压；当 SA_2 转至"+对地"位置时，其触点①—②、⑨—⑩接通，PV 测量正母线对地电压；当正、负两极对地绝缘都正常时，电压表的读数均为零；当其中一极接地时，则接地一极的对地电压为零，另一极对地电压为额定电压；当非金属性接地时，电压表读数小的一极有接地故障。

2）交流操作电源

交流操作电源是指直接用交流电作为操作和信号回路的电源。它不需要整流器和蓄电池，比较简单经济，便于维护，可加快变电所的建设安装速度。但交流继电器性能没有直流继电器完善，不能构成复杂的保护。因此，交流操作电源在小型变电所中应用较广泛，而对保护要求较高的变电所采用直流操作电源。

交流操作电源可有两种获得途径：一是取自厂用电变压器；二是当保护、控制、信号回路的容量不大时，交流操作电源可以取自电压互感器和电流互感器二次侧。

当交流操作电源取自电压互感器、电流互感器二次侧时，常在电压互感器二次侧安装一台 100/200 V 的隔离变压器，作为控制和信号回路中的交流操作电源。但应注意，只有在故障和不正常运行状态时母线电压无显著变化的情况下，保护装置的操作电源才可由电压互感器供给。对于短路保护装置的操作电源不能取自电压互感器，而应取自电流互感器，利用短路电流本身使断路器跳闸。

目前普遍采用的交流操作继电保护的电源接线方式有直接动作式、间接动作去分流式和电容储能式等三种。在交流操作方式下，广泛使用 GL 型感应式电流继电器。

（1）直接动作式。直接动作式的操作电源接线方式如图 6-6 所示。它将断路器操作机构内的过流脱扣器（跳闸线圈）YR 作为过电流继电器（启动元件），直接接入电流互感器回路，不需另外装设过电流继电器。由于正常运行时，流过 YR 的电流很小，因而 YR 不会动作。当线路发生故障时，流过 YR 的电流增大而超过 YR 的动作值，YR 动作，使断路器跳闸。这种接线方式接线简单、设备少，灵敏度不高，只适用于无时限过电流保护及电流速断保护。

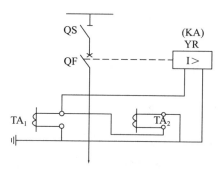

图 6-6 直接动作式操作电源接线方式

（2）间接动作去分流式。间接动作去分流式过电流保护接线如图 6-7 所示。在正常情况下，过流继电器不动作，其常闭触点 KA 闭合，跳闸线圈 YR 无电流通过。当线路发生故障时，过电流继电器 KA 动作，其常闭触点打开，电流互感器二次电流全部流入脱扣线圈 YR 使其动作，断路器跳闸。这种接线方式简单、经济，但要求过电流继电器触点容量要足够大。在工厂企业中，一般采用 GL-15 或 GL-16 型过电流继电器作为该接线方式的保护继电器。

（3）电容储能式。电容储能式继电保护接线如图 6-8 所示。对于过负荷等故障，因其故障电流不大，无足够的电流使跳闸线圈 YR 动作。过负荷保护继电器 KA 动作时，其常开触点闭合，电容器 C 利用在正常时所储能量，向脱扣线圈 YA 放电，使断路器跳闸来实现过负荷保护。这种接线方式适用于过负荷、低电压和变压器瓦斯保护等故障电源不大的保护装置。对于短路保护仍采用图 6-7 所示的去分流式过电流保护来实现。采用交流操作主要缺点是加大了电流互感器的负荷，有时误差不能满足要求，亦不能满足复杂的继电保护和自动装置的要求。所以，交流操作电源适用于小型变电所，这种变电所一般采用手动合闸、电动脱扣。

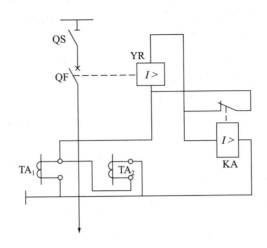

图 6-7　间接动作去分流式过电流保护接线方式

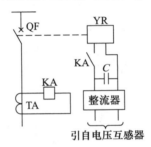

图 6-8　电容储能式继电保护接线

三、高压断路器的控制与信号回路

高压断路器是变电所的主要开关设备，为了通、断电路和改变系统的运行方式，需要通过其操作机构对断路器进行分、合闸操作。控制断路器进行分、合闸的电气回路称为断路器的控制回路。反映断路器工作状态的电气回路称为断路器的信号回路。

高压断路器的控制方式可分为在断路器安装处就地控制和在变电所的控制室内远方集中控制两种方式。在小型工厂企业变电所中，断路器通常采用手动操作机构，此时断路器只能采用就地控制方式。在大、中型工厂企业变电所中，断路器多采用直流电磁操作机构，此时变电所中 6（10）kV 配出线的断路器一般采用就地控制，35 kV 及以上电压等级的断路器、6（10）kV 进线断路器和母线联络断路器采用远方集中控制。下面介绍采用直流电磁操作机构的断路器控制与信号回路。

1）对断路器控制与信号回路的要求

高压断路器控制回路的直接控制对象是断路器的操作机构。操作机构主要有电磁操作机构（CD）、弹簧操作机构（CT）、液压操作机构（CY）等。

断路器的控制与信号回路应满足下列几项基本要求：

（1）断路器除了能用控制开关进行分、合闸操作外，还应在继电保护与自动装置的作用下自动跳闸或合闸。

（2）断路器的分、合闸操作完成后，应能立即自动断电，以防止断路器的跳、合闸线圈长时间通电而烧坏。

(3) 断路器操作机构中没有防止跳跃的"防跳"机械闭锁装置时，在控制回路中应有防止断路器多次出现跳、合闸现象的"防跳"电气闭锁装置。

(4) 信号回路应能正确指示断路器的合闸与分闸位置状态。

(5) 断路器自动跳闸或合闸后应有明显的信号指示。

(6) 能监视电源的工作状态及跳、合闸回路的完整性。

(7) 断路器事故跳闸回路，应按不对应原理接线。

2) 断路器的控制与信号回路

控制开关是断路器控制与信号回路的主要控制元件，由运行人员操作使断路器合、跳闸，在变电所常用的是 LW2 型自动复位控制开关。

(1) LW2 型控制开关的结构。LW2 型控制开关的外形结构如图 6-9 所示。

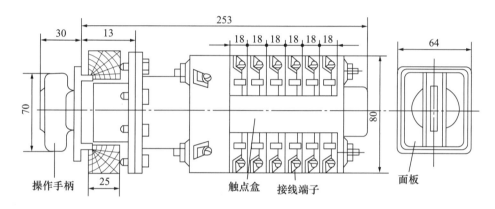

图 6-9 LW2 型控制开关的外形结构

控制开关的手柄和面板安装在控制屏前面，与手柄固定连接的转轴上有数节触点盒，安装在控制屏的后面。触点盒的节数和形式可以根据控制回路的要求而进行组合。每个触点盒内有四个定触点和一个旋转的动触点。定触点分布在触点盒的四角，盒外有供接线的接线端子。动触点在触点盒的中央，有两种基本类型：一种是触点片固定在轴上，随着轴一起转动，如图 6-10 (a) 所示；另一种是触点片与轴有一定角度的自由行程，如图 6-10 (b) 所示，当手柄转动角度在其自由行程内时触点可保持在原来位置上不动，自由行程有 45°、90° 和 135° 三种。

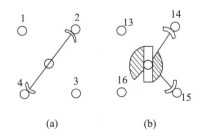

图 6-10 固定与自由行程触点示意图
(a) 固定触点；(b) 自由行程触点

(2) LW2 型控制开关的触点图表。LW2 型控制开关的触点图表见表 6-1。

表 6-1 LW2-Z-1a.4.6a.40.20.20/F8 型控制开关的触点图表

手柄和触点盒形式		F8	1a		4		6a			40			20			20/F8		
触点号			1-3	2-4	5-8	6-7	9-10	9-12	10-11	13-14	14-15	13-16	17-19	17-18	18-20	21-23	21-22	22-24
位置	跳闸后	←	×	—	×	×	×	×	—	×	—	×	×	×	—	×	×	×
	预备合闸	↑	—	×	×	×	—	×	×	×	×	×	×	×	—	×	×	×
	合闸	↗	×	×	—	×	×	×	×	×	×	×	×	×	×	—	×	×
	合闸后	↑	×	×	×	×	×	×	×	×	×	—	×	×	×	×	×	×
	预备跳闸	←	×	—	×	×	×	×	×	×	—	×	×	×	×	×	×	×
	跳闸	↙	×	×	×	×	—	×	×	×	×	×	×	×	×	—	×	—

注:"×"表示断开,"—"表不接通,"←↑↗↙"表示手柄位置。

图 6-11 为具有灯光监视控制 35 kV 主变压器断路器的控制与信号回路。它由断路器的跳、合闸控制回路,防止断路器多次跳、合闸的"防跳"闭锁回路,断路器的位置信号指示回路,启动事故音响回路,预告信号回路以及断路器合闸回路几部分组成。

① 断路器的手动跳、合闸操作是通过 LW2-Z 型控制开关 SA 控制的。这种控制开关共有预备合闸(PC)、合闸(C)、合闸后(CD)、预备跳闸(PT)、跳闸(T)、跳闸后(TD)六个位置。旋转开关正面的操作手柄,可使开关置于不同的位置,完成预定的跳、合闸操作。

② 断路器的合闸操作。设控制开关 SA 在"跳闸后"(TD)位置(其手柄在水平位置),断路器又处于分闸状态时,控制开关的触点⑩—⑪接通,断路器辅助常开触点 QF_4 和 QF_5 断开,常闭触点 QF_1—QF 闭合,装于变压器控制开关柜和变压器控制屏上的绿色指示灯 LD_1 和 LD_2 发光。此时,指示灯发出平稳绿光,表示断路器处于分闸状态和断路器合闸回路完好。断路器合闸接触器 KM_1 虽然有电流通过,但由于指示灯 LD_1 的限流作用,使通过 KM_1 的电流较小不能吸合。

在进行合闸操作时,将控制开关手柄顺时针旋转 90°置于"预备合闸"(PC)位置。此时控制开关 SA 的触点⑩—⑪断开,⑨—⑩闭合,将 LD_1 和 LD_2 与闪光母线 +WF 接通,两个绿灯发出忽明忽暗的闪光,提醒操作人员确认操作是否正确。如果确认操作无误,可将开关手柄再顺时针旋转 45°置于"合闸"(C)位置。此时,控制开关触点⑨—⑩断开,⑤—⑧接通,合闸接触器 KM_1 通过 SA⑤—⑧及防跳继电器与断路器的常闭触点 TBJ_3 和 QF_1 接在正、负控制母线上,使合闸接触器线圈电流增大而吸合。其常开触点 $1KM_1$ 和 $1KM_2$ 闭合,将合闸线圈 YC 与合闸母线接通,合闸线圈 YC 通电后,动作于操作机构使断路器合闸。

断路器合闸后,其辅助常闭触点 QF_1 和 QF_2 断开,合闸接触器线圈 KM_1 断电,指示灯 LD_2 熄灭(LD_1 在 SA⑤—⑧接通时已熄灭)。此时将控制开关手柄松开,开关手柄在弹簧作用下自动逆时针旋转 45°将开关置于"合闸后"(CD)位置,控制开关触点⑬—⑯闭

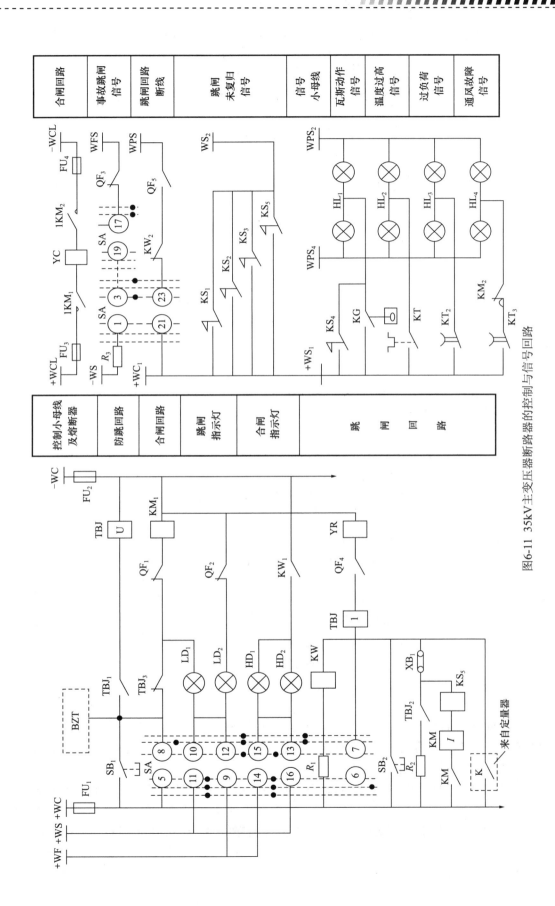

图6-11 35kV主变压器断路器的控制与信号回路

合。由于断路器的辅助常开触点 QF_4 闭合,使跳闸回路监视继电器 KW 有电吸合,其常开触点 KW_1 闭合,将红色指示灯 HD_1 和 HD_2 接在信号母线 +WS 和控制母线 -WC 之间,两灯发出平稳的红光,表明断路器已合闸,跳闸回路完好。

③ 断路器的跳闸操作。断路器跳闸操作与合闸操作时的工作情况基本相似,只是在跳闸操作时,需将控制开关 SA 手柄逆时针旋转。首先将开关手柄从"合闸后"(CD)位置逆时针旋转 90°至"预备跳闸"(PT)位置,这时 HD_1 和 HD_2 两个红色指示灯闪光,提醒确认操作是否正确;然后将开关手柄再逆时针旋转 45°至"跳闸"(T)位置,SA⑥—⑦闭合,断路器跳闸,红色指示灯熄灭;松开开关手柄后,开关自动顺时针旋转 45°回到"跳闸后"(TD)位置,两绿灯亮表明断路器已跳闸。

④ 断路器的自动跳、合闸。

a. 断路器的自动跳闸。当保护范围内发生故障时,保护装置动作使保护出口中间继电器 KM 动作,其位于跳闸线圈 YR 回路中的常开触点 KM 闭合,短接了电阻 R_1 和跳闸回路监视继电器 KW;YR 线圈电流经 KM 的常开触点、KM 的电流自保持线圈和信号继电器 KS_5 流通,YR 线圈电流增大,使断路器跳闸,红灯熄灭。

断路器事故跳闸后,必须发出事故信号,即蜂鸣器响、绿灯闪光与相应信号继电器掉牌。由于事故跳闸信号回路采用不对应接线,即断路器事故跳闸后控制开关仍在"合闸后"(CD)位置,断路器和控制开关的位置不对应。此时断路器的辅助常闭触点 QF_1—KF_3 闭合,控制开关的触点⑨—⑩、①—③和⑰—⑲闭合,所以信号母线 -WS 经电阻 R 与事故音响母线 WFS 接通。由于事故音响母线 WFS 引到了中央信号屏,故中央信号装置的事故音响信号启动,蜂鸣器鸣响(图 6-13)。与此同时,绿色指示灯 LD_1 和 LD_2 被接于闪光母线 +WF 与控制母线 -WC 之间而闪光。反应保护装置动作的信号继电器也已掉牌。

发出音响信号是告知发生了事故,闪光信号是告知哪一台断路器发生事故跳闸,信号继电器掉牌是告知故障跳闸的原因。

b. 断路器的自动合闸。断路器处于分闸状态,控制开关处于"跳闸后"(TD)位置时,如果备用电源自动投入装置 BZT 动作,BZT 装置串于合闸回路的继电器常开触点就会闭合,使合闸接触器 KM_1 经由该触点接于 BZT 装置中的控制母线 +WC,其电流增大动作,合闸线圈 YC 有电,断路器合闸。由于控制开关仍在"跳闸后"(TD)位置,因此其触点⑭—⑮和跳闸回路监视继电器的常开触点 KM_1,将红色指示灯接在闪光母线 WF 与控制母线 -WC 之间,红灯闪光,发出断路器自动合闸信号。此时监视自投合闸的信号继电器掉牌,同时相应的光字牌燃亮使中央信号装置发出预告音响信号(电铃响)。要停止指示灯闪光,只需将控制开关 SA 手柄转到与断路器的分、合闸状态对应的位置即可。

在图 6-11 中,断路器还可通过装于开关柜上的控制按钮进行手动跳、合闸操作。如断路器处于分闸位置,要合闸时按下合闸按钮 SB_1 可使合闸接触器 KM_1 电流增大而吸合,其触点接通合闸线圈回路使断路器合闸。

如断路器处于合闸位置,要跳闸时按下跳闸按钮 SB_2,可使跳闸线圈 YR 电流加大而动作,使断路器跳闸。

c. 断路器的防跳跃闭锁。当用控制开关进行合闸操作时,恰好系统有短路故障,这时断路器合闸后在保护装置的作用下又会跳闸。如果控制开关手柄仍在合闸位置,断路器将又会合闸,如此断路器会出现多次跳、合闸的"跳跃"现象。为了避免这种现象的发生，必须装设防跳闭锁装置。有些断路器的操作机构中设有机械防跳装置（如 CD_2 型电磁操作机构）。如果操作机构没有机械防跳闭锁功能，则必须在断路器的控制回路中装设电气防跳闭锁电路。

图 6-11 中的 TBJ 为防跳闭锁继电器。防跳继电器 TBJ 有两个线圈，一个是电流启动线圈，串联在跳闸回路；另一个是电压自保持线圈，经自身的常开触点与合闸回路并联，其常闭触点则串入合闸回路。当断路器合闸于故障线路时，保护装置的出口继电器 KM 触点闭合，接通跳闸线圈 YR 回路使其电流增大，断路器跳闸。串在跳闸线圈 YR 回路中的防跳继电器 TBJ 的电流线圈也因电流增大而动作。TBJ 动作后，串联在其电压线圈回路的常开触点 TBJ_1 闭合，使其自保；常闭触点 TBJ_3 则断开，使 KM_1 不能通电，避免了断路器再次合闸，防止了断路器"跳跃"现象的发生。只有将控制开关转回到"跳闸后"（TD）位置，断开防跳闭锁继电器电压线圈回路解除自保持，断路器合闸回路即可恢复正常。

四、中央信号装置

1）中央信号装置概述

信号装置是监视电气设备运行状态的一种灯光指示装置，它是电气设备安全运行的耳目。变电所信号包括开关的位置信号、保护与自动装置的动作信号及中央信号三部分。前两类信号已经叙述过，本次任务介绍中央信号及与其他信号之间的关系。

中央信号由事故信号和预告信号组成，相应的信号装置装在变电所主控制室内的中央信号屏上。当变电所任一配电装置的断路器事故跳闸时，启动事故信号；当出现不正常运行情况或操作电源故障时，启动预告信号。事故信号和预告信号都有音响和灯光两种信号装置，音响信号可唤起值班人员的注意。灯光信号有助于值班人员判断故障的性质和部位。为了从音响上区别事故信号和预告信号，事故信号用蜂鸣器，预告信号用电铃发出音响。

中央信号动作后，需将音响信号解除使其恢复到原来的状态，这种操作称为复归。中央信号装置的复归方法有就地复归和中央复归两种。就地复归是在发生故障的配电装置上将信号复归；中央复归是在中央信号屏上将信号复归。按照中央信号的动作性能不同，可分为重复动作与不重复动作两种。重复动作是指一个信号发出后，故障状态还未解除（音响信号已复归），如果又来一个信号，中央信号仍能发出；不重复动作是指信号发出后，故障状态未解除前，不能再发第二个信号。在大、中型企业变电所中，一般采用中央复归能重复动作的事故信号和预告信号装置。

对中央信号装置的要求具体如下：

（1）中央事故信号装置应保证在任一断路器事故跳闸后，立即（不延时）发出音响信号和灯光信号或其他指示信号。

（2）中央预告信号装置应保证在任一电路发生故障时，能按要求（瞬时或延时）准确发出音响信号和灯光信号。

（3）中央事故音响信号与预告信号应有区别。一般事故音响信号用蜂鸣器，预告信号用电铃。

（4）中央信号装置在发出音响信号后，应能手动或自动解除音响，而灯光信号或其他指示信号应保持到故障消除为止。

（5）中央信号装置力求简单、可靠、醒目，正确反映信号回路的完好性。

（6）中央信号装置应能根据需要，随时对事故信号、预告信号及光字牌回路是否完好进行试验。

2）中央事故信号装置

（1）中央复归重复动作的事故信号装置。图 6-12 所示为中央复归能重复动作的事故音响信号装置的原理图。该信号装置采用信号冲击继电器 KI，当通过它的电流突然增加时，它就动作，所以又称它为信号脉冲继电器。它是使信号装置重复动作的核心元件，图 6-12 中点画线方框内的电路是 ZC-23 型冲击继电器的内部接线图。图中 TA 为脉冲变流器；KR 是只有一个触点的干簧继电器，它为执行元件；KM 是多触点的中间继电器，它为出口元件。

干簧继电器主要由线圈和干簧管组成。干簧管是一只密封的玻璃管，内装的舌簧触点具有弹性并有良好的导磁性能。当线圈通电后，舌簧触点被磁化，由于两舌簧片的磁极极性不同而相互吸引，使触点闭合；当线圈电流减小到一定值时，磁力减弱，舌簧片在弹性作用下返回，触点分断。

为了防止 TA 一次侧电流突然减小引起干簧继电器 KR 误动作，TA 两侧并联了二极管 V_1 和 V_2，将此时产生的感应电流过滤掉。

并联于脉冲变流器 TA 一次侧的电容器 C 起抗干扰作用。

当 QF_1、QF_2 断路器合上时，其辅助常闭触点 QF_1、QF_2 均打开，各对应回路的转换开关触点①—③、⑰—⑲均接通，当断路器 QF_1 事故跳闸后，辅助触点 QF_1 闭合，冲击继电器触点（⑧—⑯）间的脉冲变压器一次绕组电流突增，在其二次侧绕组中产生感应电动势使干簧继电器 KR 动作。KR 的常开触点（①—⑨）闭合，使中间继电器 KM 动作，其常开触点 KM（⑦—⑮）闭合自锁，常开触点 KM（⑤—⑬）闭合，使蜂鸣器 HB 通电发出声响。同时，时间继电器 KT 动作，其常闭触点延时打开，使中间继电器 KM 失电，使声响解除。此时，另一台断路器 QF_2 又因事故跳闸时，同样会使 HB 发出声响，这样的装置就称为"重复动作"声响信号装置。

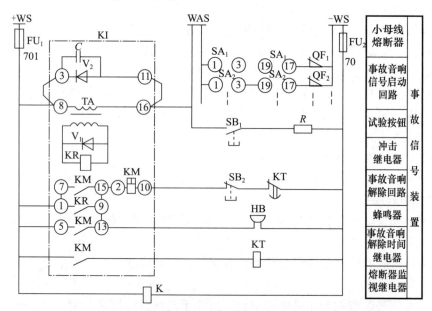

图 6-12 中央复归能重复动作的事故音响信号装置的原理图

（2）中央复归不能重复动作的事故信号装置。变电所断路器数量不多，同时发生故障跳闸的可能性不大时，可采用中央复归不能重复动作的事故信号装置。这种接线方式与能重复动作的事故信号装置的接线基本相同，是去掉冲击继电器和断路器事故音响启动回路中串联的电阻，将蜂鸣器接在 +WS、-WS 之间即可，如图 6-13 所示。

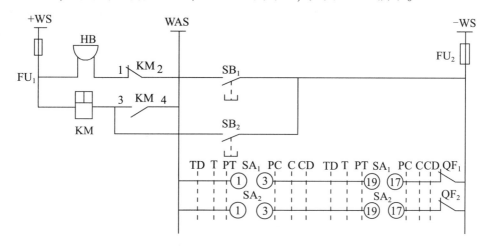

图 6-13 不能重复动作的中央复归式事故信号回路

正常工作时，断路器合上，控制开关的①—③和⑲—⑰触点是接通的，但 QF_1 和 QF_2 闭触点是断开的，若 QF_1 因事故跳闸，则 QF_1 闭合，回路 +WS→HB→KM 常闭触点→SA_1 的①—③及⑰—⑲触点→QF_1→WS 接通，蜂鸣器 HB 发出声响。按 SB_2 复位按钮，KM 线圈通电，KM 常闭触点打开，蜂鸣器 HB 断电，松开 SB_2 后，由于 KM（③—④）的自锁 KM 的常闭触点 KM（①—②）打开。如果此时 QF_2 也发生事故跳闸，蜂鸣器 HB 也不会发声响，这就称为"不能重复动作"。

3）中央预告信号

中央预告信号是指在供配电系统中，发生不正常工作状态时发出的音响及灯光信号，常用电铃发出声响，并利用灯光或光字牌来显示故障的性质和地点。中央预告信号装置有：交流和直流操作两种，也有不重复动作和能重复动作两种电路结构。

当变电所的电气设备发生故障或出现不正常运行状态时，将启动预告信号装置发出音响和灯光信号。这样值班人员可以及时发现故障和事故隐患，以便采取适当的处理措施，避免事故扩大危及系统的安全运行。

在工厂企业变电所中，常见的预告信号有：

① 主变压器过负荷。

② 主变压器温度过高。

③ 主变压器瓦斯保护动作。

④ 主变压器通风（冷却风扇、油泵等）故障。

⑤ 6（10）kV 系统单相接地。

⑥ 事故音响信号回路熔断器熔断。

⑦ 控制回路断线。

⑧ 直流电压过低或消失。

⑨ 直流系统绝缘损坏。

⑩ 电压互感器二次回路断线。

⑪ 其他不正常情况。

（1）不能重复动作的中央复归式预告音响信号。图6-14中，KS为反映系统不正常状态的继电器的常开触点（代表不同的继电器触点的汇总）。当系统发生不正常现象时，如变压器发生轻瓦斯时，经过一定的延时后，KS的常开触点闭合，+WS→KS→HL→WFS→KM（①—②）→HA→-WS接通，电铃HA发出音响信号，同时光字牌HL亮，表明发生轻瓦斯故障。SB_1为试验按钮，SB_2为音响解除按钮。当按下SB_2时，KM得电动作，KM（①—②）触点打开，电铃HA断电，音响解除。KM（③—④）闭合自锁，在系统故障没有消除之前，KS、HL、KM线圈一直接通，当另一设备发生不正常状态时，没有办法发出音响信号，只有对应的光字牌亮。这就称为"不能重复"动作的中央复归式预告音响信号。

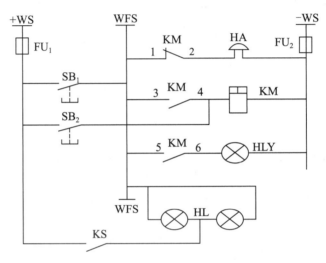

图6-14 不能重复动作的中央复归式预告音响信号回路

WFS—预告音响信号小母线；SB_1—试验按钮；SB_2—音响解除按钮；HA—电铃；KM—中间继电器；
HLY—黄色信号灯；HL—光字牌；KS—（跳闸保护回路）信号继电器触点

（2）能重复动作的中央复归式预告音响信号。使用ZC—23型冲击继电器KI的能重复动作的中央复归式预告音响信号回路的原理图如图6-15所示。其电路结构与中央重复动作复归式的事故音响回路基本相似。转换开关SA有三个位置，中间位置为工作位置，左右（±45°）为实验位置。SA在工作位置时，其触点⑬—⑭，⑮—⑯导通，其他触点断开；在试验位置时正好相反，⑬—⑭，⑮—⑯不通，其他触点导通。当转换开关SA在工作位置时，若系统发生不正常工作状态，如过负荷动作，K_1闭合，+WS经K_1、HL_1、SA触点⑬—⑭、KI到-WS，使冲击继电器KI的脉冲变流器TA的一次绕组电流剧增，二次侧电流同步增大时干簧继电器KR线圈通电，触点KR（①—⑨）闭合，发出音响信号，同时光字牌HL_1亮。

为了检查光字牌中灯泡是否亮，而又不引起音响信号动作，将预告音响信号小母线分为WFS_1和WFS_2。当SA在试验位置时，试验回路+WS→⑥→⑥→⑨→⑩→⑧→⑦→WFS_2→HL→WFS_1→①→②→④→③→⑤→⑥→-WS，所有光字牌亮，如有不亮则更换灯泡。

预告信号音响部分的重复动作也是靠突然并入启动回路一电阻，使流过冲击继电器的电流发生突变来实现的。启动回路的电阻用光字牌中的灯泡替代。

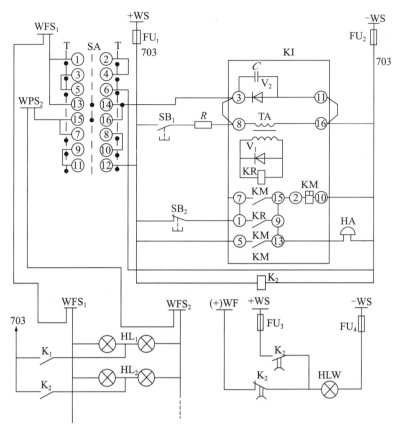

图 6-15 能重复动作的中央复归式预告音响信号回路

SA—转换开关；WFS_1、WFS_2—预告信号小母线；SB_1—试验按钮；SB_2—解除按钮；K_1—某信号继电器触点；K_2—监察继电器；HL_1、HL_2—光字牌；HW—白色信号灯；KI—冲击继电器

五、二次回路的安装接线图

安装接线图是制作和向厂家加工订货的依据。它反映的是二次回路中各电气元件的安装位置、内部接线及元件间的线路关系。

二次接线安装图包括屏面元件布置图、屏背面接线图和端子排接线图等几个部分。屏面元件布置图按照一定的比例尺寸将屏面上各个元件和仪表的排列位置及其相互间距离尺寸表示在图样上。而外形尺寸应尽量参照国家标准屏柜尺寸，以便和其他控制屏并列时美观整齐。

1）二次回路安装接线图的基本知识

（1）接线图的绘制要求。接线图是用来表示成套装置或各元器件之间连接关系的一种图形。绘制接线图应遵循 GB 6988.5—1986 的规定，其图形符号应符合 GB 4728—1984、1985 的有关规定，其文字符号包括项目代号应符合 GB 5094—1985 及 GB 7159—1987 的有关规定。

（2）原理展开图的回路编号。为了便于二次回路安装接线图的绘制、安装施工和投入运行后的维护检修，在原理展开图中要对二次回路编号。回路编号通常由 3 个或 3 个以内的数字组成，不同用途的回路规定了编号的数字范围。表 6-2 和表 6-3 列出了我国目前采用的回路编号范围。

表6-2 直流回路编号范围

回路类别	保护回路	控制回路	励磁回路	信号及其他回路
编号范围	01~099 或 J1~99	1~599	601~699	701~999

表6-3 交流回路编号范围

回路类别	电压回路	电流回路	控制、保护及信号回路
编号范围	(U、V、W、N) 601~799	(U、V、W、N) 401~599	(U、V、W、N) 1~399

二次回路的编号,应根据等电位原则,即连接在电气回路中同一点的所有导线,都用同一个数码表示。当回路经过仪表和继电器的线圈或开关和继电器的接点之后,就认为电位发生了变化,应给予不同的编号。

直流回路编号方法是先从正电源出发,以奇数顺序编号,直到最后一个有压降的元件为止。如果最后一个有压降的元件不是直接连接在负极上,则再从负极开始以偶数顺序编号至上述以有编号的回路为止,如图6-16所示。

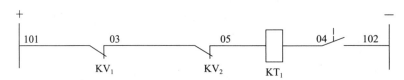

图6-16 直流回路编号图

交流回路编号为了与直流回路相区别,在数字前面应加上 A、B、C、N(U、V、W、N)等符号。电流互感器和电压互感器是按它们在一次接线中的顺序来分组标号的。例如,在主接线图中有一条线路上装有两组电流互感器,其中一组供继电保护用,其顺序号为 HL_1,回路号应取 A411~A419,B411~B419,C411~C419,N411~N419;另一组供测量仪表用,其顺序号为 HL_2,回路号应取 A421~A429,B421~B429,C421~C429,N421~N429,以此类推。交流回路编号不分奇数和偶数,从电源处开始按顺序编号。

展开图中小母线用粗线条表示,并标以文字符号。控制和信号回路中的一些辅助小母线和交流电压小母线,除文字符号外,还应给予固定数字编号。

(3) 安装单位和屏内设备。

① 设备所属安装单位及其编号,在二次接线图中,常会遇到"安装单位"这个名称。所谓"安装单位",是指一个屏上属于某一次回路或同类型回路的全部二次设备的总称。为了区分同一屏中属于不同安装单位的二次设备,设备上必须标以安装单位的编号,安装单位的编号用罗马数字Ⅰ、Ⅱ、Ⅲ等来表示,当屏中只有一个安装单位时,直接用数字表示设备编号。例如,屏上有两条线路的二次设备,第一条线路的二次设备叫做Ⅰ安装单位,第二条线路的二次设备叫做Ⅱ安装单位。

② 设备的顺序号,对同一个安装单位内的设备,应按从右到左(从屏背面看)、从上到下的顺序编号,如 I_1、I_2、I_3 等,如图6-17所示。当屏中只有一个安装单位时,直接用数字编号,如1、2、3等。

(4) 同型设备的顺序号。若一个安装单位中有几个相同的设备，需将同类型的设备编上顺序号。如电流继电器有3只时，可分别以 KA_1、KA_2、KA_3 表示。

通常在每个设备的左上角画一个圆圈，用一横线分成两半部。安装单位的编号和设备的顺序编号应放在圆圈的上半部。设备的种类代号及同型设备的顺序号放在圆圈的下半部，如图6-17所示。

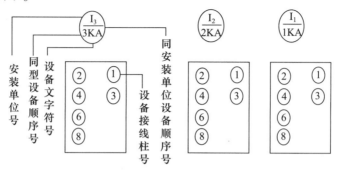

图6-17 电流继电器的编号图

2) 屏面布置图

屏面布置图是生产、安装过程的参考依据。屏面布置图中设备的相对位置应与屏上设备的实际位置一致，在屏面布置图中应标定屏面安装设备的中心位置尺寸。

（1）控制屏屏面布置原则和要求。控制屏屏面布置应满足监视和操作调节方便、模拟接线清晰的要求。相同的安装单位，其屏面布置应一致。

测量仪表应尽量与模拟接线对应，A、B、C 相按纵向排列，同类安装单位中功能相同的仪表一般布置在相对应的位置。

每列控制屏的各屏间，其光字牌的高度应一致，光字牌宜放在屏的上方，要求上部取齐，也可放在中间，要求下部取齐。

操作设备宜与其安装单位的模拟接线相对应。功能相同的操作设备应布置在相对应的位置上，操作方向全变电所必须一致。

采用灯光监视时，红、绿灯分别布置在控制开关的右上侧和左上侧。屏面设备的间距应满足设备接线及安装的要求。800 mm 宽的控制屏上，每行控制开关不得超过5个（弱电小开关及弱电开关除外）。二次回路端子排布置在屏后两侧。

操作设备（中心线）离地面一般不得低于 600 mm，经常操作的设备宜布置在离地面 800～1 500 mm 处。

（2）继电保护屏屏面布置原则和要求。继电保护屏屏面布置应在满足试验、检修、运行、监视方便的条件下，适当紧凑。

相同安装单位的屏面布置宜对应一致，不同安装单位的继电器装在一块屏上时，宜纵向划分，其布置宜对应一致。

各屏上设备装设高度横向应整齐一致，避免在屏后装设继电器。

调整、检查工作较少的继电器布置在屏的上部，调整、检查工作较多的继电器布置在中部。一般按如下次序由上至下排列：电流、电压、中间、时间继电器等布置在屏的上部，方向、差动、重合闸继电器等布置在屏的中部。

各屏上信号继电器宜集中布置，安装水平高度应一致。信号继电器在屏面上安装中心线离地面不宜低于 600 mm。

试验部件与连接片的安装中心线离地面不宜低于 300 mm。

继电器屏下面离地 250 mm 处宜设有孔洞，供试验时穿线用。

（3）信号屏屏面布置原则和要求。信号屏屏面布置应便于值班人员监视。

中央事故信号装置与中央预告信号装置，一般集中布置在一块屏上，但信号指示元件及操作设备应尽量划分清楚。

信号指示元件（信号灯、光字牌、信号继电器）一般布置在屏正面的上半部，操作设备（控制开关、按钮）则布置在它们的下方。

为了保持屏面的整齐美观，一般将中央信号装置的冲击继电器、中间继电器等布置在屏后上部（这些继电器应采用屏前接线方式）。中央信号装置的音响器（蜂鸣器、电铃）一般装于屏内两侧的上方。

图 6-18 所示为满足上述要求的 35 kV 变电所主变控制屏、信号屏和保护屏屏面设备布置示意图。

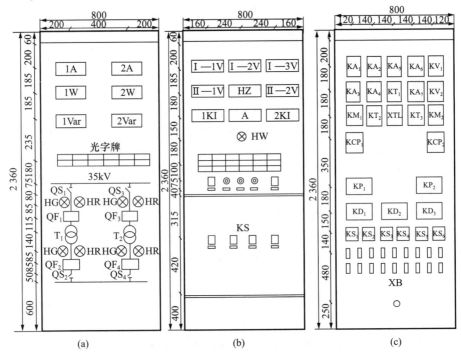

图 6-18 屏面设备布置图

(a) 35 kV 主变控制屏；(b) 信号屏；(c) 继电保护屏

3）端子排图

接线端子是二次接线中专门用来接线的配件，若干个不同类型的接线端子组合在一起就构成端子排，端子排通常垂直布置在屏后两侧。

（1）端子种类。一般端子适用于屏内、外导线或电缆的连接，如图 6-19（a）所示。连接端子与一般端子的外形基本一样，不同的是中间有一缺口，通过缺口可以将相邻的连接端子或一般端子用连接片连为一体，提供较多的接点供接线使用，如图 6-19（b）所示。

试验端子用于需要接入试验仪器的电流回路中。通过它来校验电流回路中仪表和继电器的准确度，其外形图和试验接线图如 6-19（c）、（d）所示。

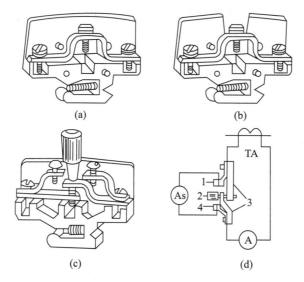

图 6-19 端子外形图
(a) 一般端子；(b) 连接端子；(c) 试验端子；(d) 试验端子接线图

其他端子，如连接型试验端子、终端端子、标准端子、特殊端子等。

(2) 经端子连接的回路。屏内设备与屏外设备的连接。如屏内测量仪表、继电器的电流线圈，需经试验端子与屏外电流互感器连接；中央信号回路及接至闪光小母线的回路，在运行中需要方便地断开时，应经过特殊端子或试验端子连接。

屏内与屏顶设备直接和母线连接的设备连接。如屏内设备与装在屏背面上部的附加电阻、熔断器或小闸刀相连。

不同安装单位保护的正电源，应经端子引接它们的负电源，可在屏内环节后，两端分别接至端子排与负电源相连。

注意，同一屏内同一安装单位的设备互相连接时，不需要经过端子排。

(3) 端子排的排列原则。各种回路在经过端子排转接时，应按下列顺序安排端子的排列顺序（垂直安装时自上而下，水平安装时从左到右）。

交流电流回路（自动调整励磁的电流回路除外）：按电流互感器顺序号由小到大再自上而下（或从左到右）排列，每组互感器再按 A、B、C、N 排列。

电压回路（自动调整励磁电压回路除外）：按每组电压互感器分组顺序号由小到大再按 A、B、C、N 排列。

信号回路：按预告、指挥、位置及事故信号分组，每组按数字大小排列，先是信号正电源 701，其次是 901、903 和 951、953，再次是 94、194、24，最后是负电源 702。

控制回路：按各组熔断器分组，每组中先排单号（正极性）回路，由小到大，再排双号回路（负极性）。

其他回路：按远动装置、励磁保护、自动调整励磁装置的电流电压回路，远方调整及连锁回路分组，每组按极性、编号和相序依次排列。

转接回路：先排本安装单位的，再排其他安装单位的。

每个端子排都应有 2~5 个备用端子，正负电源，正电源与合。跳闸回路最好不要接在相邻端子上，非接不可时，可以用一个空端子隔开。一个端子上最好只接一根导线，最多不能超过两根，且导线截面不得大于 6 mm。

(4) 端子排的表示方法。端子排的表示方法如图6-20所示。第3、4、5号端子是试验端子，专用于接入电流互感器回路。当需要外接电流表测量电流互感器二次电流时，可先接好电流表，然后旋出中间的铜螺钉，此时电流表即接入电路，测量完成后旋进螺钉再拆除电流表，从而保证在接入电流表过程中电流互感器二次侧不会开路。第7、8、9号端子是连接端子，其余端子均为普通端子。

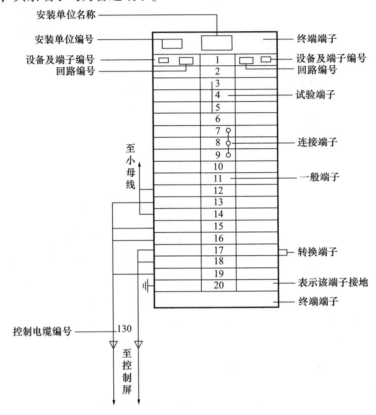

图6-20 端子排编号表图

4）屏后接线图

屏后接线图是以屏面布置图为基础，并以原理图为依据而绘制的接线图。它标明屏上各个设备引出端子之间的连接情况，以及设备与端子排之间的连接情况。它是制造厂生产屏的过程中配线的依据，也是施工和运行的重要参考图纸。

(1) 屏后接线图的基本原则和要求。屏后接线图是屏面布置图的反面，看图者相当于站在屏后，所以左右方向正好与屏面布置图相反。屏背面接线图应以展开的平面图形表示，各部分之间布置的相对位置如图6-21所示。

屏上各个设备的实际尺寸已由屏面布置图决定，所以画屏背面接线图时，设备外形可采用简化外形，如用方形、圆形、矩形等表示，必要时也可采用规定的图形符号表示。图形不要求按比例绘制，但要保证设备之间的相对位置正确。各设备的引出端子应注明编号，并按实际排列顺序画出。设备内部接线一般不画出，或只画出有关的线圈和触点，从屏后看不见的设备轮廓，其边框应用虚线表示。

所有的二次小母线及连接导线、电缆等，应按国家标准规定的数字范围进行编号。上述项目代号、导线编号应与原理图一致。

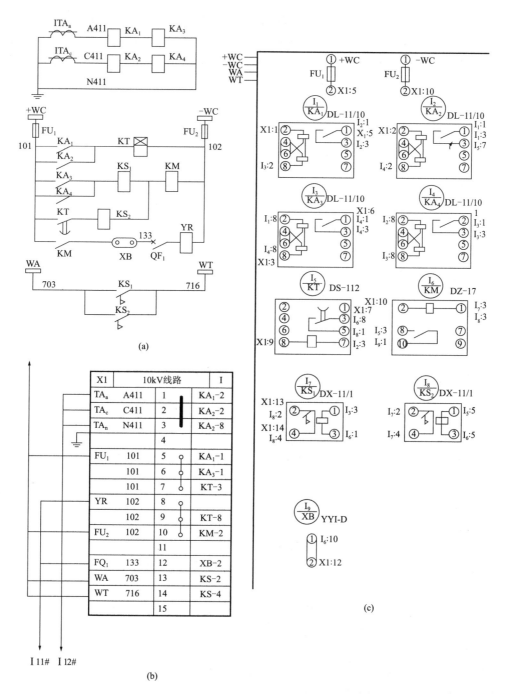

图 6-21 10 kV 出线电流保护二次安装接线图
(a) 展开图；(b) 端子排图；(c) 屏后接线图

（2）二次回路接线表示方式。连续线法在图中表示设备之间连接线是用连续的图线画出的，当图形复杂时，交叉点太多，显得很乱。

相对编号法就是用编号来表示二次回路中各设备相互之间连接状态的一种方法。如甲、乙两个设备需要连接，那么，应在甲设备的接线端子上标出乙设备接线端子的编号。同时，在乙设备的接线端子上应标出甲设备接线端子的编号，即两个设备相连接的两个端子的编号互相对应。没有标号的接线柱，表示空着不接。相对编号法在二次回路中已得到广泛应用。如图 6-21 (c) 所示，电流继电器 KA_1 的编号为 I_1，电流继电器 KA_3 的编号为 I_3，KA_1 的 8 号端子与 KA_3 的 2 号端子相连，则在 KA_1 的 8 号端子旁边标上 "$I_3:2$"，在 KA_3 的 2 号端子旁边标上 "$I_1:8$"。相对编号法可以应用到屏内设备，经端子排与屏外设备的连接。

(3) 屏后接线图实例。图 6-21 所示为 10 kV 出线电流保护二次安装接线图。图 6-21 (a) 为展开图，6-21 (b) 为端子排图，6-21 (c) 为屏后接线图。由图可见，电流互感器 TA 装在 10 kV 配电装置中，经 I12# 三芯控制电缆引至控制室该保护屏，经端子排和屏内设备 KA_1、KA_2 相连。因为继电器要做整定试验，故端子选用试验端子。I11# 为二芯电缆，是接至断路器的辅助触点和跳闸线圈回路的。屏后接线图为平面布置图的背视图。由图中可清楚地看到继电器等设备在屏上的实际位置。所有编号按规定给出，工程中这些编号写在接线端或电缆芯线端所套的塑料套管上。

5) 二次回路的接线要求

根据 GB 50171—1992《电气装置安装工程盘、柜及二次回路接线施工及验收规范》规定，二次回路接线应符合下列要求：

(1) 按图施工，接线正确。

(2) 导线与电气元件间采用螺栓连接、插接、焊接或压接等，均应牢固可靠。

(3) 盘、柜内的导线不应有接头，导线芯线应无损伤。

(4) 电缆芯线和所配导线的端部均应标明其回路编号，编号应正确，字迹清晰不易脱色。

(5) 配线应整齐、清晰、美观，导线绝缘应良好，无损伤。

(6) 每个接线端子的每侧接线宜为 1 根，不得超过 2 根，有更多导线连接时可采用连接端子；对于插接式端子，不同截面的两根导线不得接在同一端子上；对于螺栓连接端子，当接两根导线时，中间应加平垫片。

(7) 二次回路接地应设专用螺栓。

(8) 盘、柜内的二次回路配线；电流回路应采用电压不低于 500 V 的铜芯绝缘导线，其截面应不小于 2.5 mm^2，其他回路配线应不小于 1.5 mm^2；对电子元件回路、弱电回路采用锡焊连接时，在满足载流量和电压降及有足够机械强度的情况下，可采用不小于 0.5 mm^2 截面的绝缘导线。

用于连接门上的电器、控制台板等可动部位的导线还应符合下列要求：

(1) 应采用多股软导线，敷设长度应留有适当的余量。

(2) 线束应用外套塑料管 (槽) 等加强绝缘层。

(3) 与电器连接时，端部应绞紧，并应加终端附件或搪锡，不得松散、断股。

(4) 在可动部位两端应用卡子固定。

(5) 引入盘、柜内的电缆及其芯线应符合下列要求：

① 引入盘、柜内的电缆应排列整齐，编号清晰，避免交叉，并应固定牢固，不得使所接的端子排受到机械应力。

② 铠装电缆在进入盘、柜内后，应将钢带切断，切断处的端部应扎紧，并应将钢带接地。

③ 使用于静态保护、控制等逻辑回路的控制电缆，应采用屏蔽电缆，其屏蔽层应按设计要求的接地方式予以接地。

④ 橡胶绝缘的芯线应用外套绝缘管保护。

⑤ 盘、柜内的电缆芯线,应沿垂直或水平方向有规律地配置,不得任意歪斜交叉连接,备用芯线长度应留有适当余量。

⑥ 强、弱电回路不应使用同一电缆,并应分别成束分开排列。

任务实施

线路保护屏的局部布线

任务实施表见表6-4。

表6-4 任务实施表

姓名		专业班级		编号	1
学号		考核时限	120 min	题分	100
任务名称	线路保护屏(JJ-12)的局部布线				
需要说明的问题和要求	1. 根据提供的线路保护屏局部设计图纸 2. 向老师领取所需的器具、元件、安装工具和安装材料 3. 按图接线(只接交流部分) 4. 两人共同完成				
设备、场地、工具、材料	1. 线路保护屏一面 2. 现场设备 3. 工具				
评分标准	序号	项目名称	质量要求	满分	得分或扣分
	1	设计图纸	要正确理解设计图纸含义	30	根据图纸正确性扣分,每错一处扣2分
	2	接线端子安装	根据端子的多少,选取适中的位置,将端子槽板固定好	10	根据图纸正确安装端子,每错一处扣1分
	3	配线(只给交流部分配线)	按照图纸,考虑如何走线。 每根线的两端都要套上E形条并标注线号。 用剥线钳剥线,尖嘴钳弯圈	40	按图布线,接线正确无误,每错一处扣4分
	4	工艺美观	端子排牢固 配线横平、竖直、整齐美观 接线弯圈的方向应与拧螺丝的方向一致(即顺时针方向)	20	工艺差扣5分 接线弯圈的方向与拧螺丝的方向不一致每个扣2分
指导老师评语(成绩)					
					年 月 日

 **评价总结**

根据学生线路保护屏(JJ-12)局部布线情况进行综合评议总结,并填写成绩评议表(表6-5)。

表6-5 成绩评议表

评定人/任务	任务评议	等　级	评定签名
自己评			
同学评			
老师评			
综合评定等级			

　　　年　　月　　日

任务二　供配电系统的自动装置接线与测量

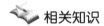 **相关知识**

一、自动重合闸装置（ARD）

电力系统的运行经验证明：架空线路上的故障大多数是瞬时故障,如雷电的放电等。这些故障虽然引起断路器跳闸,但故障消除后,故障点的绝缘一般能自行恢复。如果断路器再合闸,便可以立即恢复供配电,从而提高供配电的可靠性。自动重合闸装置就利用了这一特点。

能使断路器因保护动作跳闸后自动重新合闸的装置称为自动重合闸装置,简称ARD或ZCH。在1 kV以上的架空线路和电缆线路与架空混合线路中,当装有断路器时,一般均应装设自动重合闸装置;对电力变压器和母线,必要时可以装设自动重合闸装置;电缆线路中一般不用自动重合闸装置,因为电缆线路中的大部分跳闸多因电缆、电缆头或中间接头绝缘破坏所致,这些故障一般不是瞬时的。

1) 自动重合闸装置的分类

(1) 按照ARD的作用对象分,可分为线路、变压器和母线的重合闸,其中以线路的自动重合闸应用最广。

(2) 按照ARD的动作方法分,可分为机械式重合闸和电气式重合闸。前者多用在断路器采用弹簧式或重锤式操动机构的变电所中,后者多用在断路器采用电磁式操动机构的变电所中。

(3) 按照ARD的使用条件分,可分为单侧或双侧电源的重合闸,在工厂和农村电网中前者应用最多。

(4) 按照ARD和继电器保护配合的方式分,可分为ARD前加速、ARD后加速和不加速三种,究竟采用哪一种,应视电网的具体情况而定,但以 ARD 后加速应用较多。

(5) 按照 ARD 的动作次数分,可分为一次重合闸、二次重合闸或三次重合闸。

2) 对自动重合闸装置的基本要求

(1) 当值班人员手动操作或由遥控装置将断路器断开时,ARD 装置不应动作。当手动合上断路器时,由于线路上有故障随即由保护装置将其断开后,ARD 装置也不应动作。

(2) 除上述情况外,当断路器因继电保护或其他原因而跳闸时,ARD 均应动作,使断路器重新合闸。

(3) 为了能够满足前两个要求,应优先采用控制开关位置与断路器位置不对应原则来启动重合闸。

(4) 无特殊要求时对架空线路只重合闸一次,当重合于永久性故障而再次跳闸后,就不应再动作。

(5) 自动重合闸动作以后,应能自动复归准备好下一次再动作。

(6) 自动重合闸装置应能够在重合闸以前或重合闸以后加速继电保护动作,以便更好地和继电保护相配合,减少故障切除时间。

(7) 自动重合闸装置动作应尽量快,以便减少工厂的停电时间。一般重合闸时间为 0.7 s 左右。

3) 自动重合闸继电器的结构和工作原理

DH-2 型自动重合闸继电器由一个时间继电器(时间元件)、一个电码继电器(中间元件)及一些电阻、电容元件组成,其原理接线图如图 6-22 所示。

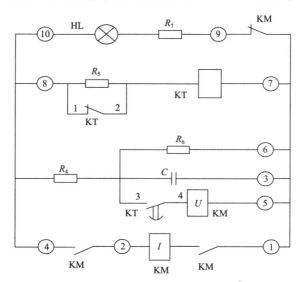

图 6-22 DH-2 型自动重合闸继电器接线图

(1) 时间元件 KT。该元件由 DS-22 型时间继电器构成,用以调整从装置启动到发出接通断路器合闸线圈回路的脉冲为止的延时,该元件有一对延时且可调整的常开触点和一对延时常闭触点及两对瞬时转换触点。

(2) 中间元件 KM。该元件由电码继电器构成,是装置的出口元件,用以发出接通断路器合闸线圈回路的脉冲。继电器的线圈由两个绕组构成,一是电压绕组(U),用于中间元件的启动;二是电流绕组(I),用于保持中间元件的吸合。

(3) 电容器 C。该元件用于保证 KAR 只动作一次。

(4) 充电电阻 R_4。该元件用于限制电容器的充电电流，从而影响充电速度。

(5) 附加电阻 R_5。时间元件 KT 启动后，R_5 即串入其线圈回路内，用于保证 KT 线圈的热稳定性。

(6) 放电电阻 R_6。在保护动作，但重合闸不应动作（禁止重合闸）时，电容器经过 R_6 放电。

(7) 信号灯 HL。在装置的接线中，HL 用于监视中间元件的触点、控制开关的接通位置及控制母线的电压。故障发生时以及控制母线电压中断时，信号灯应熄灭。

(8) 附加电阻 R_7。该元件用于限制信号灯的电流。

输电线路在正常情况下，KAR 中的电容 C 经电阻 R_4 充满电，整个装置准备动作。需要重合闸时，启动信号接通时间元件 KT，经过延时后触点 KT（3~4）闭合，电容器 C 通过 KT（3~4）对 KM（U）放电，KM 吸合工作，出口处输出重合闸信号。电容器的放电电流是衰减的，为了保持 KM 吸合，KM 中还设了一个 KM（D）绕组，将其串接在 KM 的出口回路中，靠其输出电流本身来维持 KM 的吸合，直到外部切断该电流（完成合闸任务后）为止。如果线路上发生的是暂时性故障，则合闸成功，KT 的启动信号随之消失，继电器的触点立即复位。如线路上存在永久性故障，KAR 只动作一次。

4）电气一次自动重合闸装置

电气一次自动重合闸装置原理图如图 6-23 所示。重合闸继电器采用 DH-2 型，SA_1 为断路器控制开关，SA_2 为自动重合闸装置选择开关（只有 ON 和 OFF 两个位置），用于投入和解除 ARD。

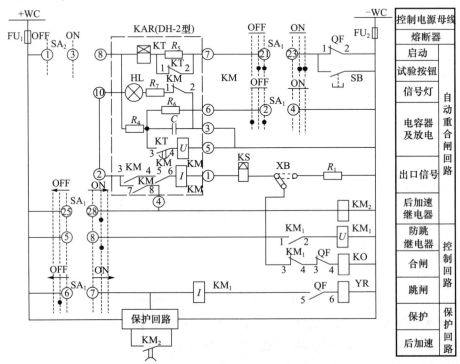

图 6-23 电气一次自动重合闸装置原理图

(1) 故障跳闸后的自动重合闸过程。线路正常运行时，SA_1 和 SA_2 都扳到合闸（ON）位置。重合闸继电器 KAR 中的电容器 C 经 R_4 充电，指示灯 HL 亮，表明母线电压正常，电容器已在充电状态。

一次线路发生故障时，保护装置发出跳闸信号，跳闸线圈 YR 得电，断路器跳闸。QF 的辅助触点全部复位，而 SA_1 仍在合闸位置。QF（1—2）闭合，通过 SA_1（㉑-㉓）触点给 KAR 发出重合闸信号。经 KT 延时，出口继电器 KM 给出重合闸信号，其常闭触点 KM（1—2）断开，使 HL 熄灭，表示 KAR 已经动作，其出口回路已经接通；合闸接触器 KO 经 +WC→SA_2→KM（3—4）→ KM（5—6）→ KM 电流线圈 → KS → XB → KM_1（3—4）→ QF（3—4）接通负电源，从而使断路器重新合闸。触点 QF（1—2）断开，解除重合闸启动信号，触点 QF（3—4）断开合闸回路，亦使 KAR 的中间继电器 KM 复位，解除 KM 自锁；若线路故障是暂时的，此时故障应已消失，继电器保护不会再动作，则重合闸合闸成功；若故障是永久性的，则继电保护又使断路器跳闸，QF（1—2）再次给出重合闸启动信号，但这段时间内 KAR 中正在充电的电容器 C 两端电压没有上升到 KM 的工作电压，KM 拒动，断路器就不会再次合闸，从而保证了一次重合闸。

在 KAR 的出口回路中串联信号继电器 KS，是为了记录 KAR 的动作，并为 KAR 动作发出灯光信号和音响信号。

（2）手动跳闸时，重合闸不应重合。人为操作断路器跳闸是运行的需要，无须重合闸。利用 SA_1 的触点（㉑-㉓）和（②—④）来实现。控制开关跳闸时，SA_1 的（㉑-㉓）触点不通，跳闸后仍保持断开状态，从而可靠切断了重合闸的正电源，使重合闸不可能动作。此外，在"预备跳闸"和"跳闸"后，SA_1 的（②—④）触点接通，使电容器与 R_6 并联，C 充电不到电源电压而不能重合闸。

（3）防跳功能。当 ARD 重合永久性故障时，断路器将再一次跳闸，为了防止 KAR 中的出口继电器 KM 的输出触点有粘连现象，设置了 KM 两对触点（3—4）、（5—6）串联输出，若有一对触点粘连，另一对也能正常工作。另外，KM_1 的电流线圈因跳闸而被启动并自锁，触点 KM_1（1—2）闭合，KM_1 电压线圈通电保持，KM_1（3—4）断开，切断合闸回路，防止跳跃现象。

（4）采用了后加速保护装置动作的方案。一般线路都装有带时限过电流保护和电流速断保护。如果故障发生在线路末端的"死区"，则速断保护不会动作，过电流保护将延时动作于断路器跳闸。如果一次重合闸后，故障仍未消除，过电流保护继续延时使断路器跳闸。这将使故障持续时间延长，危害加剧。本电路中，KAR 动作后，一次重合闸的同时，KM（7—8）闭合，接通加速继电器 KM_2，其延时断开的常开触点 KM_2 立即闭合，短接保护装置的延时部分为后加速保护装置动作做好准备。若一次重合闸后故障仍存在，保护装置将不经延时，由触点 KM_2 直接接通保护装置的出口元件，使断路器快速跳闸。ARD 与保护装置的这种配合方式称为 ARD 后加速。

ARD 与继电保护的配合还有一种前加速的配合方式。不管哪一段线路发生故障，均由装设于首端的保护装置动作，瞬时切断全部供配电线路，继而首端的 ARD 动作，使首端断路器立即重合闸。如为永久性故障，再由各级线路按其保护装置整定的动作时间有选择性地动作。

ARD 后加速动作能快速地切除永久性故障，但每段线路都需装设 ARD；前加速保护使用 ARD 设备少，但重合闸不成功会扩大事故范围。

二、备用电源自动投入装置（APD）

在对供配电可靠性要求较高的变电所中，通常采用两路及以上的电源进线。或互为备用，或一为主电源，另一为备用电源。备用电源自动投入装置就是当主电源线路发生故障而断电时，能自动且迅速将备用电源投入运行，以确保供配电可靠性的装置，简称 APD。

当工作电源不论由于何种原因而失去电压时，备用电源自动投入装置（APD）能够将失去电压的电源切断，随即将另一备用电源自动投入以恢复供配电。

1. 对备用电源自动投入装置的基本要求

对备用电源自动投入装置的基本要求具体如下：
（1）工作电源不论因何种原因消失时，APD 应动作。
（2）工作电源继电保护动作（负载侧故障）跳闸或备用电源无电时，APD 均不应动作。
（3）APD 只应动作一次，以免将备用电源合闸到永久性故障上去。
（4）APD 的动作时间应尽量缩短。
（5）电压互感器的熔丝熔断或其刀开关拉开时，APD 不应误动作。
（6）主电源正常停电操作时 APD 不能动作，以防止备用电源投入。

2. 备用电源自动投入装置的接线

由于变电所电源进线及主接线的不同，因而对所采用的 APD 要求和接线也有所不同。如 APD 有采用直流操作电源的，也有采用交流操作电源的。电源进线运行方式有主（工作）电源和备用电源方式，也有互为备用电源方式。

（1）主电源与备用电源方式的 APD 接线。图 6-24 所示为采用直流操作电源的备用电源自动投入原理接线图。当主（工作）电源进线因故障断电时，失压保护动作，使 QF_1 跳闸，其辅助常闭触点 QF_1（1—2）闭合，常开触点 QF_1（3—4）打开，时间继电器 KT 线圈失电，由于 KT 触点延时打开，故在其打开前，合闸接触器 KM 得电，QF_2 的合闸线圈 YO_2 通电合闸，QF_2 两侧面的隔离开关预先闭合，备用电源被投入。应当注意，这个接线比较简单，有些未画出，如母线 WB 短路引起 QF_1 跳闸，也会引起备用电源自动投入，这是不允许的。只有电源进线上方发生故障，而 QF_1 以下部分没有发生故障时，才能投入备

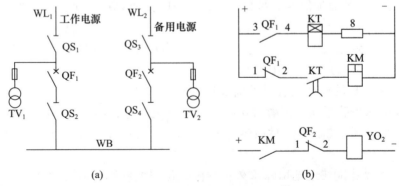

图 6-24 备用电源自动投入原理接线图
(a) 一次电路；(b) 二次回路展开图

用电源，只要是 QF_1 以下线路发生故障，就会引起 QF_1 跳闸，应加入备用电源闭锁装置，禁止 APD 投入。

（2）互为备用电源的 APD 接线。当双电源进线互为备用时，要求任一主工作电源消失时，另一路备用电源自动投入装置动作。接线图如图 6-25 所示。

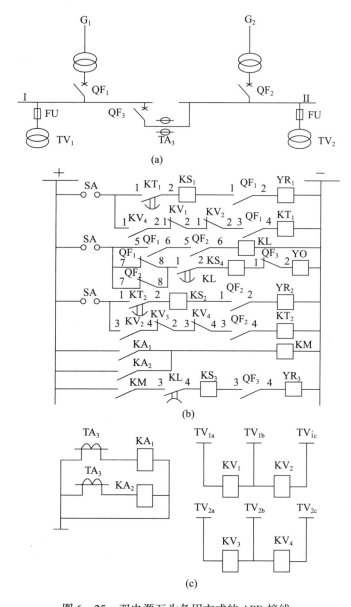

图 6-25 双电源互为备用方式的 APD 接线
（a）一次电路；（b）二次回路展开图；（c）电压互感器与电流互感器的接线

正常时 QF_1 和 QF_2 合闸，QF_3 处于断开位置，两路电源 G_1 和 G_2 分别向母线段 I 和 II 供配电。QF_1 和 QF_2 常开触点闭合，闭锁继电器 KL 处于动作状态，其延时断开常开触点 KL（1—2）、KL（3—4）闭合。电压继电器 $KV_1 \sim KV_4$ 均处于动作状态，APD 处于准备动作状态。

当某一电源（如 G_1）失电时母线工作电压降低，接于 TV_1 上的 KV_1、KV_2 失电释放,其常闭触点 KV_1(1—2)、KV_2(1—2)闭合。此时若 G_2 电源正常,常开触点 KV_4(1—2)是闭合的,时间继电器 KT_1 启动,经预定延时后延时闭合触点 KT_1(1—2)闭合,接通跳闸线圈 YR_1 使 QF_1 跳闸。QF_1 跳闸后,其常闭辅助触点 QF_1(7—8)闭合,使 QF_3 的合闸接触器 YO 经闭锁继电器的 KL(1—2)触点(延时断开)接通,QF_3 合闸,APD 动作完成。原来由 G_1 电源供配电的负载,现在全部切换至 G_2 电源继续供配电,待 G_1 电源恢复正常后,再切换回来。如果 QF_3 合闸到永久性故障上,则在过电流保护作用下 QF_3 立即跳闸,QF_3 跳闸后其合闸回路中的常闭触点 QF_3(1—2)又重新闭合,但因闭锁继电器的 KL(1—2)触点此时已经断开,保证了 QF_3 不会重新合闸。

如果是 G_2 电源发生事故而失电,则通过 APD 操作将原来由 G_2 电源供配电的负载切换至 G_1 电源继续供配电,操作过程同上。

任务实施

重合闸继电器电气特性测定

任务实施表如表6-6所示。

表6-6 任务实施表

姓名		专业班级		学号	
任务名称	重合闸继电器电气特性测定				
任务实施	熟悉重合闸继电器的组成元件及电气特性				
设备、场地、工具、材料	重合闸继电器、电秒表、直流电压表、交直流电流表、滑线变阻器 R_1、滑线变阻器 R_2				
任务实施和步骤: DH-2A 型重合闸继电器接线图如图6-26所示。 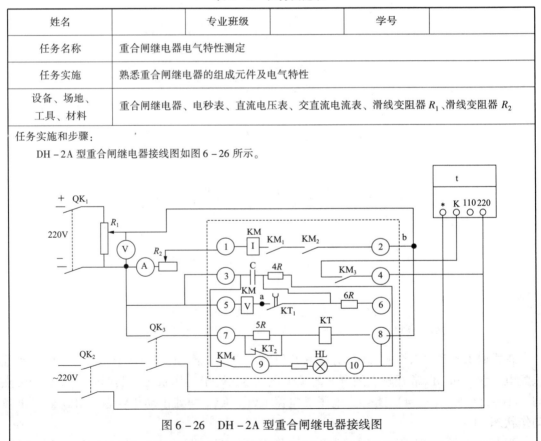 图6-26 DH-2A 型重合闸继电器接线图					

续表

姓名		专业班级		学号	

DH-3型重合闸继电器接线图如图6-27所示。

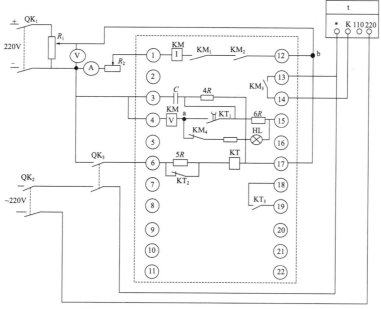

图6-27　DH-3型重合闸继电器接线图

1. 中间元件动作电压和保持电流检查

（1）用临时线接通 a、b 两点，变阻器 R_1 置于输出电压为零位置，R_2 置于最大值。

（2）合开关 QK_1，调变阻器 R_1 升高电压，测出使中间继电器衔铁能可靠吸住时的最小值即为中间元件动作电压。

（3）重复测量三次，结果记录。

（4）拆除临时线，调变阻器 R_1 至电压表读数为继电器额定电压。

（5）手按中间元件衔铁使其电流线圈接通，随后松手，观察衔铁能否吸住。若不能吸住，说明线圈中电流太小，应减小 R_2 阻值以增加电流，反之，则增大 R_2 以减小电流；反复调节 R_2 并手按衔铁，直至找到能使衔铁手按后吸住的最小电流，即为中间元件的最小保持电流。

（6）重复测量三次，记录结果。

2. 重合闸充电时间测定

（1）合 QK_1 调变阻器 R_1 使电压为继电器额定电压，用手按中间元件衔铁使其电流线圈接通，减小 R_2 使电流为额定电流。

（2）断开 QK_1，瞬时短接继电器端子 ③—⑥ 或 ③—⑮使电容器放电。

（3）在额定电压和额定电流下合开关 QK_1 使电容充电，待充电时间至 25 秒时即合开关 QK_3 启动重合闸继电器，继电器应动作并保持。

（4）减少充电时间重复试验，即可测出重合闸继电器动作必需的最小充电时间，记录结果。

3. 重合闸动作时间测定

（1）合开关 QK_1、QK_2，给电容充足电。

（2）合开关 QK_3 启动重合闸继电器，继电器动作并保持。电秒表停止的时间即重合闸动作时间。

（3）改变时间元件的整定值重复试验，记录结果。

指导教师评语（成绩）

年　　月　　日

 评价总结

根据学生重合闸继电器电气特性测定过程进行综合评议总结,并填写成绩评议表(表6-7)。

表6-7 成绩评议表

评定人/任务	任务评议	等级	评定签名
自己评			
同学评			
老师评			
综合评定等级			

___年___月___日

思考与练习

一、填空题

（1）自动重合闸按动作方法可分为（　　）和（　　）。

（2）二次回路按功能可分为（　　）、（　　）、（　　）、（　　）和（　　）。

二、选择题

（1）二次回路标号范围规定，交流电流回路的标号范围是（　　）。

　　A. 600~799　　　　B. 400~599　　　　C. 701~999

（2）在运行的配电盘上校验仪表，当断开电压回路时，必须（　　），防止电压不致电压互感器变换到高压侧。

　　A. 断开二次回路

　　B. 取下二次回路的保护器

　　C. 断开互感器两侧保险

（3）《全国供用电规则》规定10kV以下电压波动范围为（　　）。

　　A. 5~8 kV　　　　B. 3~7 kV　　　　C. 9.3~10.7 kV

（4）当变电所发生事故使正常照明电源被切断时，事故照明应（　　）。

　　A. 有足够的照明度　　B. 能自动投入　　C. 临时电源

三、简答题

（1）什么是操作电源？

（2）什么是二次回路？

（3）为什么直流系统一般不允许控制回路与信号回路电源混用？

（4）对自动重合闸基本要求有哪些？

项目七　导线线头的连接

☞ **项目引入：**

导线是将电能输送到工矿企业用电设备上、必不可少的导电材料。在导线的接头处，如果连接不牢固，会出现接触电阻增大进而导线发热，绝缘损坏造成短路或断路故障。

通过本项目学习，了解常用绝缘导线的型号、规格、种类，学会合理选择导线，掌握导线绝缘层的剖削、连接和敷设等知识。

☞ **知识目标：**

（1）了解常用绝缘导线的型号、规格、种类。
（2）熟悉导线绝缘层的剖削、连接和敷设工艺。

☞ **技能目标：**

（1）能说出绝缘导线的型号、规格、种类。
（2）会合理选择导线。

☞ **德育目标：**

导线连接是电工作业的一项基本工序，也是一项十分重要的工序。导线连接的质量直接关系到整个线路否安全可靠地长期运行。要养成锲而不舍、精益求精的作风，达到连接处的工艺要求，增强了自信心和成就感。

☞ **相关知识：**

（1）导线连接方法。
（2）导线绝缘层的剖削方法。

☞ **任务实施：**

（1）导线连接及其绝缘层的剖削。
（2）塑料护套线明敷设。

☞ **重点：**

（1）导线连接及其绝缘层的恢复。
（2）护套线敷设工艺。

☞ **难点：**

导线连接及其绝缘层的恢复。

任务一　导线的连接

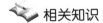 相关知识

一、导线的选择和绝缘层的剖削

1. 导线的选择

导线的种类和型号很多，应根据它的截面、使用环境、电压损耗、机械强度等方面的要求进行选用。例如导线的截面应满足安全电流，在潮湿或有腐蚀性气体的场所，可选用塑料绝缘导线，以便于提高导线绝缘水平和抗腐蚀能力；在比较干燥的场所内，可采用橡皮绝缘导线；对于经常移动的用电设备，宜采用多股软导线等。

铜芯塑料线（型号 BV）：用于交流额定电压 500 V 或直流额定电压 1 000 V 的室内固定敷设线路。铜芯塑料护套线（型号 BVV）：用于交流额定电压 500 V 或直流额定电压 1 000 V 的室内固定敷设线路。铜芯塑料软线（型号 BVR）：用于交流额定电压 500 V 并要求电线比较柔软的敷设线路。双绞型塑料软线（型号 BVS）：用于交流额定电压 250 V，连接小型用电设备的移动或半移动室内敷设线路。橡皮绝缘导线（型号 BX）：用于交流额定电压 250 V 或 500 V 线路，供干燥或潮湿的场所固定敷设。铜芯橡皮软线（型号 BXR）：用于交流额定电压 500 V 线路，供干燥或潮湿的场所连接用电设备的移动部分。铜芯橡皮花线（型号 BXH）：用于交流额定电压 250 V 线路供干燥的场所连接用电设备的移动部分。

2. 导线绝缘层的剖削

1）塑料导线绝缘层的剖削方法

（1）导线端头绝缘层的剖削。通常采用电工刀进行剖削，但铜芯为 4 mm² 及 4 mm² 以下的塑料硬导线端头绝缘层可用钢丝钳、尖嘴钳或剥线钳进行剖削。塑料硬导线端头绝缘层的剖削方法，如图 7-1 所示。

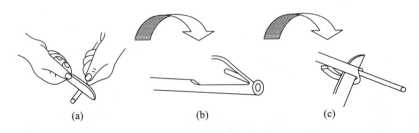

图 7-1　塑料硬导线端头绝缘层的剖削
（a）刀呈 45°切入绝缘层；（b）改 15°向线端推削；（c）用刀切去余下的绝缘层

（2）导线中间绝缘层的剖削。只能采用电工刀进行剖削。塑料硬导线中间绝缘层的剖削方法，如图 7-2 所示。

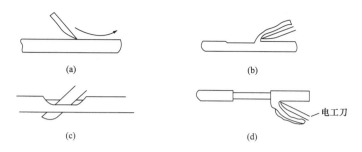

图7-2 塑料硬导线中间绝缘层的剖削

（a）在所需线段上，电工刀呈45°切入绝缘层；（b）用电工刀切去翻折的绝缘层；
（c）电工刀刀尖挑开绝缘层，并切断一端；（d）用电工刀切去另一端的绝缘层

（3）塑料软导线绝缘层的剖削方法，如图7-3所示。

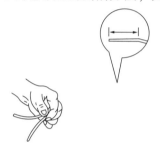

图7-3 塑料软导线绝缘层的剖削

（a）左手拇、食指捏紧线头；（b）按所需长度，用钳头刀口轻切绝缘层；
（c）迅速移动钳头，剥离绝缘层

2）塑料护套线的剖削方法

塑料护套线绝缘层的剖削方法，如图7-4所示。

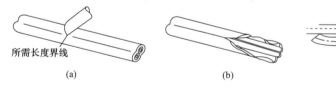

图7-4 塑料护套线的剖削

（a）用刀尖划破凹缝护套层；（b）剥开已划破的护套层；（c）翻开护套层并切断

3）橡胶软电缆线的剖削方法

图7-5所示为橡胶软电缆线的剖削。

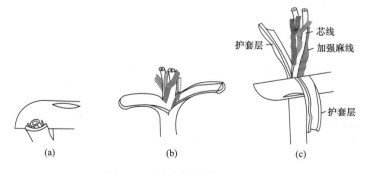

图7-5 橡胶软电缆线的剖削

a）用刀切开护套层；（b）剥开已切开的护套层；（c）翻开护套层并切断

二、导线的连接

1. 导线连接的要求

（1）连接可靠。接头连接牢固、接触良好、电阻小、稳定性好。接头电阻不应大于相同长度导线的电阻值。

（2）强度足够。接头机械强度应不小于导线机械强度的80%。

（3）接头美观。接头整体规范、美观。

（4）耐腐蚀。对于连接的接头要防止电化腐蚀。对于铜与铝导线的连接，应采用铜铝过渡（如用铜铝接头）。

2. 导线连接的方法

导线连接的方法一般分为：单股导线与导线的连接、多股导线与导线的连接，导线与接线桩（端子）的连接等几种。

1）单股导线与导线的连接

单股导线与导线的连接有直接连接和分支连接两种。

（1）单股导线直接连接的操作步骤，如图7-6所示。

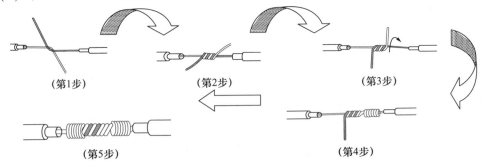

图7-6 单股导线直接连接的操作步骤

第1步，将两根线头在离芯线根部的1/3处呈"×"状交叉。

第2步，把两线头如麻花状相互紧绞两圈。

第3步，把一根线头扳起与另一根处于下边的线头保持垂直。

第4步，把扳起的线头按顺时针方向在另一根线头上紧绕6~8圈，圈间不应有缝隙，且应垂直排绕。绕毕切去线芯余端。

第5步，另一线端头的加工方法，按上述第3、4两步骤要求操作。

（2）单股导线分支连接的操作步骤，如图7-7所示。

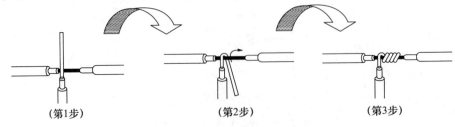

图7-7 单股导线分支连接的操作步骤

第1步，将剖削绝缘层的分支线芯，垂直搭接在已剖削绝缘层的主干导线的线芯上。

第2步，将分支线芯按顺时针方向在主干线芯上紧绕6~8圈，圈间不应有缝隙。

第3步，绕毕，切去分支线芯余端。

2）多股导线与导线的连接

多股导线与导线的连接有直接连接和分支连接两种。

(1) 多股导线直接连接的操作步骤，如图7-8所示。

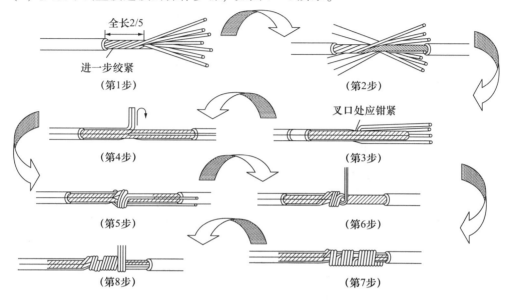

图7-8 多股导线直接连接的操作步骤

第1步，将剖削绝缘层切口约全长2/5处的芯线进一步绞紧，接着把余下3/5的芯线松散呈伞状。

第2步，把两伞状芯线隔股对叉，并插到底。

第3步，捏平叉入后的两侧所有芯线，并理直每股芯线，使每股芯线的间隔均匀，同时用钢丝钳钳紧叉口处，消除空隙。

第4步，将导线一端距芯线叉口中线的3根单股芯线折起成90°（垂直于下边多股芯线的轴线）。

第5步，先按顺时针方向紧绕两圈后，再折回90°，并平卧在扳起前的轴线位置上。

第6步，将紧挨平卧的另两根芯线折成90°，再按第5步方法进行操作。

第7步，把余下的3根芯线按第5步方法缠绕至第2圈后，在根部剪去多余的芯线并钳平；接着将余下的芯线缠足3圈，剪去余端，钳平切口，不留毛刺。

第8步，另一侧按步骤第4~7步方法进行加工。注意：缠绕的每圈直径均应垂直于下边芯线的轴线，并应使每2圈（或3圈）间紧缠紧挨。

(2) 多股导线的分支连接的操作步骤，如图7-9所示。

第1步，剖削支线线头绝缘层后，把支线线头离绝缘层切口根部约1/10的一段芯线作进一步的绞紧，并把余下9/10的芯线松散呈伞状。

第2步，剖削干线中间芯线绝缘层后，把干线芯线中间用螺丝刀插入芯线股间，并将分成均匀两组中的一组芯线插入干线芯线的缝隙中，同时移正位置。

第3步，先钳紧干线插入口处，接着将一组芯线在干线芯线上按顺时针方向垂直地紧紧排绕，剪去多余的芯线端头，不留毛刺。

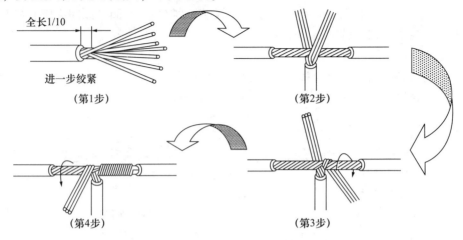

图 7-9 多股导线的分支连接的操作步骤

第 4 步，另一组芯线按第 3 步方法紧紧排绕，同样剪去多余的芯线端头，不留毛刺。

3）导线与接线桩（端子）的连接

导线与接线桩（端子）的连接有螺钉式连接、针孔式连接、压板式连接和接线耳式连接等。

（1）螺钉式连接。通常利用圆头螺钉进行压接，其间有加垫片与不加垫片两种。在灯头、灯开关和插座等电器上，一般都不加垫片，其操作如下。

第 1 步，羊眼圈的制作，如图 7-10 所示。

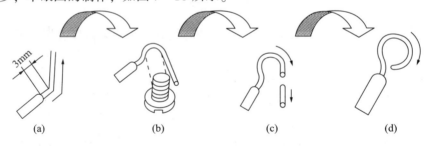

图 7-10 羊眼圈的制作

第 2 步，导线的装接，如图 7-11 所示。

图 7-11 利用螺钉垫片连接

（2）针孔式连接。通常利用黄铜制成矩形接线桩，端面有导线承接孔，顶面装有压紧螺钉，其操作如下。

第 1 步，用剥线钳或尖嘴钳、钢丝钳剖削导线端头的绝缘层。

第 2 步，当导线端头芯线插入承接孔后，拧紧压紧螺钉就实现了两者之间的电气连接，如图 7-12 所示。

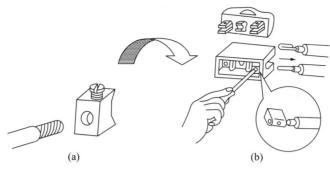

图 7 – 12 针孔式连接
（a）插入承接孔；（b）拧紧压紧螺钉

此外，还有其他一些形式的接线桩（端子）连接，如压板式连接和接线耳式连接等，如图 7 – 13 所示。

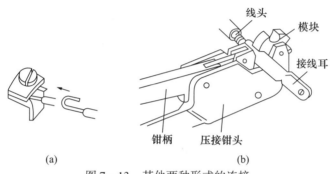

图 7 – 13 其他两种形式的连接
（a）压板式连接；（b）接线耳式连接

三、导线绝缘层的恢复

导线连接后，必须进行导线绝缘层的恢复工作。导线绝缘恢复的基本要求是：绝缘带包匀、紧密，不露铜芯。

1. 导线直接点的绝缘层恢复

导线直接点的绝缘层恢复的操作步骤，如图 7 – 14 所示。

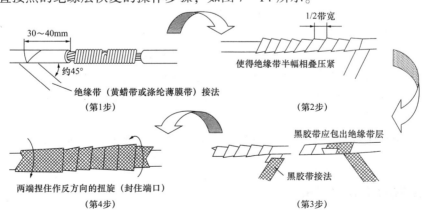

图 7 – 14 导线直接点的绝缘层恢复的操作步骤

第1步，用黄蜡带或涤纶薄膜带从导线左侧的完好绝缘层上开始顺时针包缠。

第2步，进行包扎时，绝缘带与导线应保持45°的倾斜角并用力拉紧，使得绝缘带半幅相叠压紧。

第3步，包至另一端也必须包入与始端同样长度的绝缘层，然后接上黑胶带，黑胶带应包出绝缘带至少半根带宽，即必须使黑胶带完全包没绝缘带。

第4步，黑胶带的包缠不得过疏过密，包到另一端也必须完全包没绝缘带，收尾后应用手的拇指和食指紧捏黑胶带两端口，进行一正一反方向拧紧，利用黑胶带的黏性，将两端充分密封起来。

2. 导线分支接点的绝缘层恢复

导线分支接点的绝缘层恢复的操作步骤，如图7-15所示。

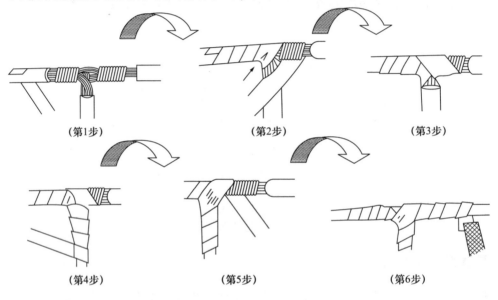

图7-15 导线分支接点的绝缘层恢复的操作步骤

第1步，用黄蜡带或涤纶薄膜带从左侧的完好的绝缘层上开始顺时针包缠。

第2步，包到分支线时，应用左手拇指顶住左侧直角处包上的带面，使它紧贴转角处芯线，并应使处于线顶部的带面尽量向右侧斜压。

第3步，绕至右侧转角处，用左手食指顶住右侧直角处带面并使带面在干线顶部向左侧斜压，与被压在下边的带面呈"×"状交叉。然后把带再回绕到右侧转角处。

第4步，黄蜡带或涤纶薄膜带紧贴住支线连接处根端，开始在支线上缠包，包上完好绝缘层上约两根带宽时，原带折回再包至支线连接处根端，并把带向干线左侧斜压。

第5步，当带围过干线顶部后，紧贴干线右侧的支线连接处开始在干线右侧芯线上进行包缠。

第6步，包至干线另一端的完好绝缘层上后，接上黑胶带，再按第2~5步方法继续包缠黑胶带。

3. 导线并接点的绝缘层恢复

导线并接点的绝缘层恢复的操作步骤，如图7-16所示。

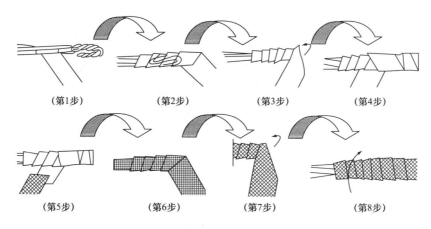

图 7-16 导线并接点的绝缘层恢复的操作步骤

第 1 步，用黄蜡带或涤纶薄膜带从左侧的完好的绝缘层上开始顺时针包缠。

第 2 步，由于并接点较短，绝缘带叠压宽度可紧些，间隔可小于 1/2 带宽。

第 3 步，包缠到导线端口后，应使带面超出导线端口 1/2~3/4 带宽，然后折回伸出部分的带宽。

第 4 步，把折回的带面揿平压紧，接着缠包第二层绝缘层，包至下层起包处为止。

第 5 步，接上黑胶带，并使黑胶带超出绝缘带层至少半根带宽，并完全压没住绝缘带。

第 6 步，按第 2 步方法把黑胶带包缠到导线端口。

第 7 步，按第 3、4 步方法把黑胶带包缠端口绝缘带层，要完全压没住绝缘带；然后折回包缠第二层黑胶带，包至下层起包处止。

第 8 步，用右手拇指和食指紧捏黑胶带断带口，使端口密封。

 **任务实施**

导线连接及其绝缘层的剖削

（1）下列导线绝缘层的剖削需要哪些工具并将其操作步骤填写在表 7-1 中。

表 7-1 导线绝缘层的剖削

导线名称	所需工具	操作步骤
塑料软导线		
塑料护套线		

（2）把导线连接及其绝缘层的恢复的操作步骤填写在表 7-2 中。

表 7-2 导线连接及其绝缘层的恢复

导线的连接	操作步骤	
	线头的连接	绝缘层的恢复
单股导线的直接连接		
多股导线的分支连接		

评价总结

根据"导线绝缘层的剖削""导线连接及其绝缘层的恢复"操作和收获体会进行评议,并填写成绩评议表(表7-3)。

表7-3 成绩评议表

评定人/任务	任务评议	等级	评定签名
自己评			
同学评			
老师评			
综合评定等级			

___年___月___日

任务二 导线的敷设

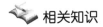**相关知识**

一、导线敷设工序与要求

1. 导线敷设的一般工序

(1) 按设计图纸选用并确定灯具、插座、开关、配电板、启动设备等的位置。

(2) 沿建筑物确定导线敷设的路径,穿过墙壁或楼板的位置和所有敷设的固定位置。

(3) 在建筑物上,将敷设所有的固定点打好孔眼,预埋木枕(或木砧)、膨胀螺栓、保护管、角钢支架,如图7-17所示。

(4) 装设绝缘支持物、线夹或管子。

(5) 敷设导线。

(6) 导线连接、分支、恢复绝缘和封端,并将导线出线与设备连接。

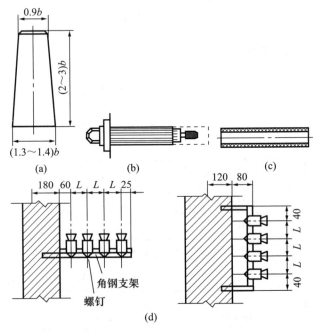

图7-17 建筑物的预埋件
(a) 木枕;(b) 膨胀螺栓;(c) 保护管;(d) 角钢支架

2. 导线敷设的一般要求

导线敷设应安全可靠，敷设合理，整齐美观，能满足使用者的不同需要。应做到以下几点。

（1）导线敷设应减少弯曲而取直。当导线交叉时，为避免碰线，每根导线均应套以绝缘管，并将套管牢固固定。

（2）导线的额定电压应大于线路的工作电压。

（3）导线绝缘层应符合线路的安全方式和敷设的环境条件。

（4）导线截面应满足供配电容量要求和机械强度的要求。

（5）导线敷设中应尽量减少接头，以减少故障点。水平敷设的导线（线路）距地面低于2 m或垂直敷设的导线（线路）距地面低于1.8 m的线段，应采用套管加以保护，以防止机械损伤。

（6）为了减少接触电阻和防止脱落，截面在10 mm^2以下的导线可将芯线直接与电器端子压接。截面在16 mm^2以上的导线，可将芯线先装入接线端子内，然后再与电器端子连接，以保证有足够的接触面积。

（7）导线敷设应尽可能避开热源。导线敷设的位置应便于检查。

二、导线敷设的方法

室内导线敷设方法常有明敷设和暗敷设两种。明敷设就是将导线沿屋顶、墙壁等处敷设；暗敷设就是将导线敷设在墙内、地下、顶棚上面等看不到的地方。常见的明敷设方式有瓷瓶线敷设、塑料护套线敷设和明管线敷设3种；暗敷设方式有灰层线敷设和暗管线敷设等两种。

1. 明线敷设

1）瓷瓶线的敷设工艺

瓷瓶线敷设是利用瓷瓶对导线进行固定的一种明线敷设方法。瓷瓶敷设中分直接法、转角法、分支法和交叉法4种基本形式，如图7-18所示。瓷瓶线敷设工艺如下。

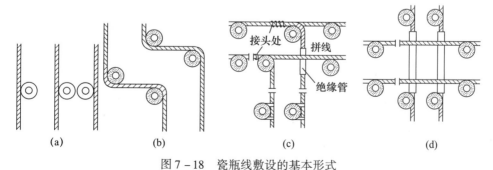

图7-18 瓷瓶线敷设的基本形式
（a）直接法；（b）转角法；（c）分支法；（d）交叉法

（1）定位：定位工作应在土建未抹灰前进行。首先按施工图确定灯具、开关、插座和配电（箱）等设备的安装地点，然后再确定导线的敷设位置、穿过墙壁或楼板的位置，以及起始、转角、分支、终端点瓷瓶位置，最后再确定中间固定点的位置。

（2）划线：划线工作应考虑所配线路适用、整洁与美观，尽可能沿房屋线脚、墙角等处敷设，并与用电设备的进线口对准。划线时，沿线确定的瓷瓶固定位置以及每个开关、灯具、插座固定点中心处画一个"×"号。如果室内已粉刷，划线时应注意不要弄脏建筑物面。

（3）凿眼：划定位置进行凿眼。在砖墙上可采用钢凿或冲击电钻。凿眼的深度应按实际需要确定，尽可能避免损坏建筑物。用钢凿操作时，钢凿要放直，用铁锤敲击，边敲边转动钢凿，不可用力过猛，以防发生事故。

（4）埋设紧固件：紧固件的埋设应在眼孔凿制后进行，埋设前应在眼孔中洒水淋湿，再装入紧固件（如铁支架或开脚螺栓），用水泥砂浆填充，如图 7-19 所示。待水泥砂浆干硬后，再装上瓷瓶（绝缘子）。

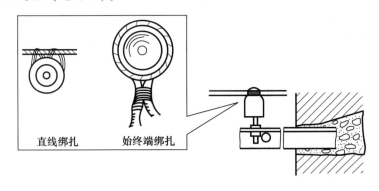

图 7-19 铁支架的埋设与瓷瓶的固定

（5）埋设保护管：穿墙保护管埋设时其防水弯头应朝下。若在同一穿越点需要排列多根穿墙保护管，应一管一孔，均匀排列，所有穿墙保护管在墙孔内应用水泥封固。

（6）导线的敷放：导线敷放应从一端开始，将导线一端紧固在瓷瓶（绝缘子）上，调直导线再逐级敷设，不能有下垂松弛现象，导线间距及固定点距离应均匀。导线敷放时，若线径较粗、线路较长，可用放线架放线，如图 7-20（a）所示；若线径不太粗、线路较短，可手工放线，如图 7-20（b）所示。

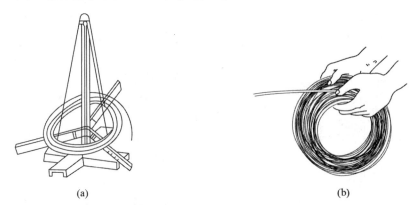

图 7-20 导线的敷放方法
(a) 放线架放线；(b) 手工放线

（7）导线的固定：导线固定在瓷瓶上的绑扎方法有直线段单绑扎、双绑扎和终端线绑扎等方法，如图 7-21 所示。绑扎时，两根导线应放在瓷瓶同侧或同时放在瓷瓶外侧，不允许放在瓷瓶内侧。表 7-4 所示是不同截面导线所需绑扎圈数。

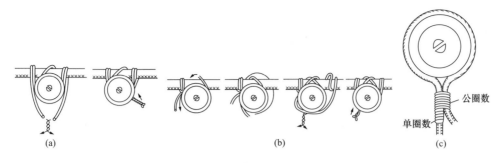

图 7-21 绑扎的绑扎方法
(a) 单绑扎；(b) 双绑扎；(c) 终端线绑扎

表 7-4 绑扎圈数

导线截面/mm²	1.5~2.5	4~25	35~70
公圈数	8	12	16
单圈数	5	5	5

2）塑料护套线敷设工艺

塑料护套线是利用有双层塑料绝缘保护层的导线进行明线敷设方法。具有防潮、耐酸和耐腐蚀等性能。由于塑料护套线敷设方法简单，线路整齐，造价低廉，被广泛地用于室内明敷设工程上。塑料护套线敷设工艺如下。

（1）定位划线。先确定线路起点、终点和线路装置（如灯头、吊线盒、插头、开关等），以就近建筑面的交接线为标准划出水平和垂直基准线，再根据护套线安装要求，每150~300 mm 划出固定铝片卡或塑料线卡子的位置。距开关、插座、灯具等木台 50 mm 处，导线转弯两边的 80 mm 处，都应确定固定铝片卡或塑料线卡子的位置，如图 7-22 所示。

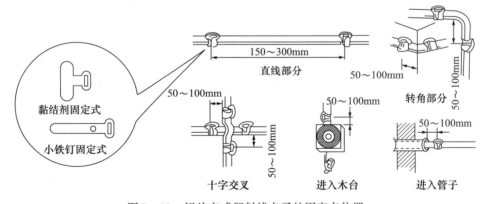

图 7-22 铝片卡或塑料线卡子的固定点位置

（2）铝片卡或塑料线卡子的固定。在木结构上，铝片卡或塑料线卡子可用钉子直接钉住；在抹灰层的墙壁上，可用短钉固定铝片卡或塑料线卡子；在混凝土结构上，可采用环氧树脂黏结铝片卡。

铝片卡黏结前应将建筑物黏结面用钢丝刷刷净，然后将配制好的黏结剂用毛笔涂在固定点的表面和铝片卡底部的接触面上。黏结剂涂抹要均匀，涂层要薄。操作时，可用手稍加压力，使两个黏结面接触良好。铝片卡黏完后，应养护 1~2 天，待黏结剂硬固后才可敷线。

（3）塑料护套线的敷设。塑料护套线的敷设要做到"横平竖直"，并要逐一夹持好支持点。转角处敷线时,弯曲护套线用力要均匀,其弯曲半径不应小于导线宽度的3倍。在同一墙面上转弯时,次序应从上而下,以便操作。如图7-23所示,是铝片卡夹卡护套线操作示意图。护套线的接头应放在开关、插座和灯头内部,以求整齐美观,如接头不能放入这些地方时,应装设接线盒,将接头放在接线盒内。导线敷设完毕后,需检查所敷设线路是否横平竖直,对不符合要求的导线可用螺丝刀柄轻敲调整,让导线边缘紧靠划线条,使线路更平整美观。

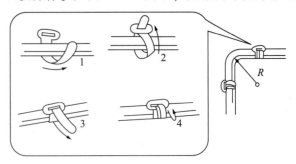

图7-23 铝片卡夹卡护套线操作示意图

3) 明管线敷设工艺

明管线敷设是指直接将硬质管(金属管或塑料管)敷设在墙上的一种方式。这种敷设方式安全可靠,可避免腐蚀和遭受机械损伤,被广泛用于公共建筑和厂房装置的敷设中。明管线的敷设工艺如图7-24所示。

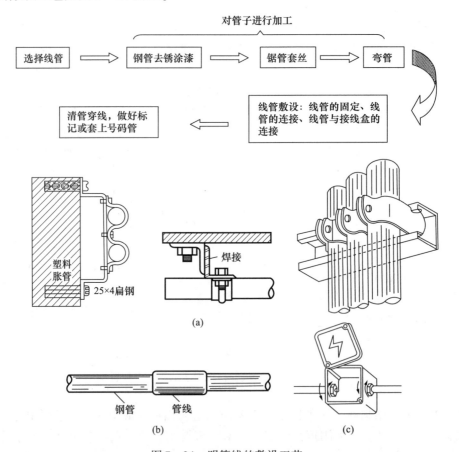

图7-24 明管线的敷设工艺
(a) 线管的固定;(b) 线管的连接;(c) 线管与接线盒的连接

2. 暗线敷设

1) 灰层线的敷设

灰层线敷设是一种非正规的室内暗敷设方式，由于这种敷设方式比较简单，又能避免导线机械损伤和保持墙面平整清洁，目前它仍普遍采用，特别是民宅线路装修工程中。灰层线敷设工艺如下。

（1）根据室内线路设计要求，沿灰墙的线脚、墙角、横梁画出线路走线。

（2）按画出线路走线，并凿制出导线敷设的沟槽。

（3）将导线敷设在凿制的沟槽内，用铁钉和铝片卡或线卡子固定牢固。同时在接线盒孔中预埋好接线盒。图7-25是接线盒与接线盒预埋的示意图。

（4）待线路敷放完毕后，将预留的导线端绕入预埋的接线盒内。预留导线端长度一般为200～300 mm，也可根据需要选定。

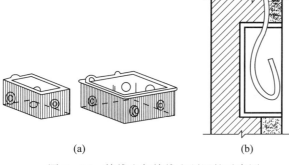

图 7-25 接线盒与接线盒预埋的示意图
（a）接线盒；（b）接线盒的预埋

（5）用石灰或水泥砂浆将线路（导线沟槽、接线盒孔）覆盖，抹平。

（6）待灰浆完全硬固后，即可与开关、插座或配电板等进行相连接。

2）暗管线敷设

暗管线敷设工艺与明管线敷设工艺相似，不同的是在对管子进行加工的同时，还要在建筑物所确定的埋设路径上凿沟槽，待线管埋设后，再进行穿线，以及线路检验、导线沟槽和接线盒孔的覆盖，抹平等工作。如图7-26所示。

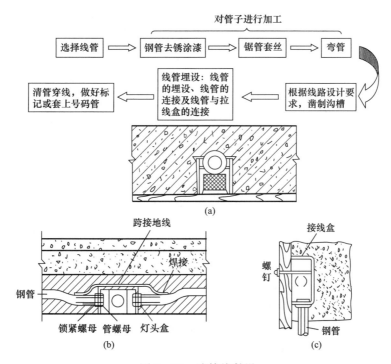

图 7-26 暗管线敷设
（a）线管在混凝土内楼板的埋设；（b）灯头盒在混凝土内楼板的埋设；
（c）接线盒在建筑物上的埋设

 **任务实施**

在模拟场地完成塑料护套线明敷设的任务，并填写表 7-5，具体步骤如下。

① 确定线路走向，并按塑料护套线的要求（每隔 150~300 mm）画出固定铝片线卡的位置。

② 凿打整个线路中的木楔孔并安装好木楔。

③ 固定铝片线卡。

④ 进行塑料护套线明敷设，在明敷设时要做到"横平竖直"。

表 7-5 塑料护套线明敷设操作记录表

器材与工具名称	适用范围	塑料护套线明敷设注意事项

 评价总结

根据"塑料护套线明敷设操作记录表"操作和收获体会进行评议，并填写成绩评议表（表 7-6）。

表 7-6 成绩评议表

评定人/任务	任务评议	等级	评定签名
自己评			
同学评			
老师评			
综合评定等级			

____年____月____日

思考与练习

一、填空题

（1）导线线头连接的方法一般有：（　　　）、（　　　）和（　　　）等。

（2）导线绝缘层的剖削方法有：用（　　　）、（　　　）和（　　　）。

（3）导线连接的基本要求是：（　　　）、（　　　）、（　　　）。

二、判断题

（1）分支接点常出现在导线分路的连接点处，要求分支节点连接牢固、绝缘层恢复可靠，否则容易发生断路等电气事故。（　　　）

（2）单股导线截面积较大可采用铰接连接。（　　　）

(3) 单层剥法适用于橡皮线，分段剥法适用于塑料线。（　　）

三、简答题

（1）怎样剖削塑料硬线、塑料软线、塑料护套线和橡胶软电缆线？

（2）怎样对导线接头进行直接点连接和分支点连接？

（3）导线线头与接线桩的连接有哪几种方法？各自怎样操作？

项目八　架空线路

☞ **项目引入**：

架空线路是采用杆塔支持导线的，适用于户外的一种线路，有低压的、高压的和超高压的3种。低压架空线路在城市、农村以及工矿企业中应用都十分广泛。

通过此项目的学习，认识各种杆型及其各部件，熟悉它们的特点，会使用和安装各部件。

☞ **知识目标**：

(1) 熟悉低压架空线路各种结构形式及组成。
(2) 熟悉各种杆型的特点和作用。

☞ **技能目标**：

(1) 能说出各种杆型的作用。
(2) 会选用和安装各种杆型。

☞ **德育目标**：

架空线路承担着电能的输送任务，由于露天架设会有树障、鸟窝、风力等外界因素影响，当故障发生时难以及时找出故障，造成较大的经济损失。因此要对其中常见故障进行深入分析，总结线路运行特点，对输电线路进行维护与保养，养成兢兢业业、严谨细实的行为习惯，为线路运行的稳定安全提供保障。

☞ **相关知识**：

(1) 低压架空线路各种结构形式及组成。
(2) 各种杆型的特点和作用。

☞ **任务实施**：

(1) 架空线路架设的施工。
(2) 10 kV 电缆敷设施工。

☞ **重点**：

(1) 架空线架设的施工方法。
(2) 架设工具使用。
(3) 电缆敷设施工方法。

☞ **难点**：

电缆敷设施工方法。

任务一 低压架空线路的安装

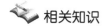相关知识

一、线路的特点及结构形式

1. 线路的特点

（1）低压架空线路。低压架空线路通常都采用多股绞合的裸导线来架设，导线的散热条件很好，所以导线的载流量要比同截面的绝缘导线高出30%～40%，从而降低了线路成本。架空线路还具有结构简单、安装和维修方便等特点，但低压架空线路应用在城市中有碍城市的整洁和美观，应用在农村田间，电杆须占用农田。同时，架空线路易受如洪水、大风和大雪等自然灾害的影响，这对架空线路的安全运行十分不利。另外，线路维护管理不善，也易发生人畜触电事故。

（2）低压供配电线路。我国规定采用三相四线制，电压等级规定为380/220 V。

（3）低压架空线路。在一般城镇用于低压电网中作为低压供配电线路，它的范围自配电变压器二次侧至每个用户的接户点。

2. 线路的结构形式

（1）低压架空线路常用的几种结构形式如图8-1所示。各种结构形式的应用范围见表8-1。

表8-1 低压架空线路各种结构形式的应用范围

结构形式	应用范围
三相四线线路	（1）城镇中负载密度不大的区域的低压配电 （2）工矿企业内部的低压配电 （3）农村及田间的低压配电
单相两线线路	（1）城镇、农村居民区的低压配电 （2）工矿企业内部生活区的低压配电
高低压同杆架空线路	（1）城镇中负载密度较大的区域的低压配电 （2）用电量较大，没有高压用电设备或分设车间变电室的工矿企业的高低压配电
电力、通信同杆架空线路	小城镇、农村或田间的低压配电
与路灯线同杆架空线路	（1）沿街道的配电线路 （2）工矿企业内部的架空线路

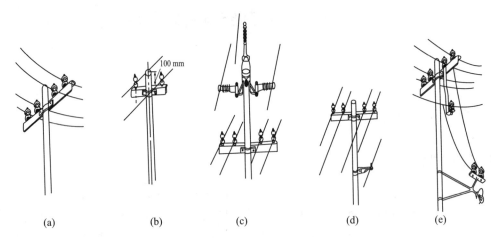

图 8-1 低压架空线路常用的几种结构形式
(a) 三相四线线路；(b) 单相两线线路；(c) 高低压同杆架空线路；
(d) 电力、通信同杆架空线路；(e) 与路灯线同杆架空线路

(2) 低压架空线路常用杆型如图 8-2 所示。各种杆型的应用范围和作用见表 8-2。

表 8-2 各种杆型的应用范围和作用

杆型	受力方向示意	应用范围和作用
直线杆		(1) 电杆两侧受力基本相等且受力方向对称 (2) 作为线路直线部分的支持点
耐张杆 （直线耐张杆）		(1) 电杆两侧受力基本相等且受力方向对称 (2) 作为线路分段的支持点 (3) 具有加强线路机械强度的作用
转角杆		(1) 电杆两侧受力基本相等或不相等，受力方向不对称 (2) 作为线路转折的支持点
分支杆		(1) 电杆三向或四向受力 (2) 作为线路分支出不同方向支线路
跨越杆		(1) 电杆两侧受力不相等，但受力方向对称 (2) 作为线路跨越较大河面、山谷或重大地面设施的支持点 (3) 具有加强导线支持强度的作用
终端杆		(1) 电杆单向受力 (2) 作为线路起始或终末端的支持点

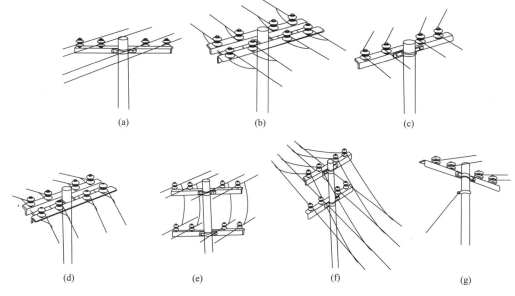

图 8-2 低压架空线路常用杆型

(a) 直线杆；(b) 耐张杆；(c) 转角杆；(d) 耐张转角杆；(e) 分支杆；(f) 跨越杆；(g) 终端杆

(3) 拉线又叫做扳线，是用来平衡电杆，不使电杆因导线的拉力或风力等的影响而倾斜。凡受导线拉力不平衡的电杆或要承受较大风力的电杆，或杆上装有电气设备，均要安装拉线，使电杆平衡、立直、立稳。拉线的结构形式如图 8-3 所示；不同结构形式的拉线的适用范围见表 8-3。

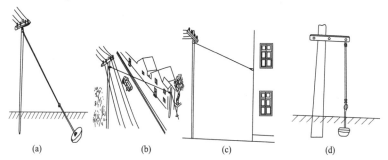

图 8-3 拉线的结构形式

(a) 地锚式；(b) 拉桩式；(c) 拉墙式；(d) 弓形式

表 8-3 不同结构形式的拉线的适用范围

形　式	适用范围
地锚式	(1) 城镇中与道路平行的安装位置 (2) 野外平原或山岛地区 (3) 城镇中广阔场所
拉桩式	(1) 横跨道路、河道和低矮地面设施的安装位置 (2) 采用地锚式不能满足拉线夹角的安装位置
拉墙式	(1) 城镇中具有坚固建筑物的安装位置 (2) 无法安装地锚式或拉桩式的安装位置
弓形式	无法安装地锚式、拉桩式和拉墙式的安装位置

(4) 不同应用类型拉线的组成形式如图 8-4 所示。拉线的每种应用类型均由一组或多组结构形式相同的拉线组成,每一组拉线简称为一线。不同应用类型拉线的适用范围见表 8-4。

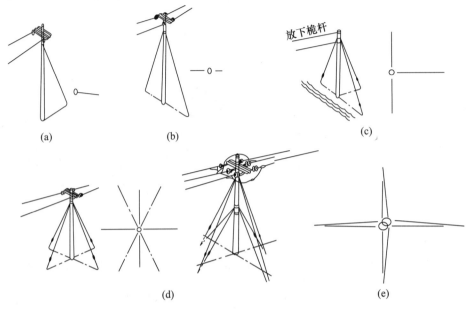

图 8-4 不同应用类型拉线的组成形式
(a) 一线形;(b) 两线形;(c) 三线形;(d) 四线十字形;(e) 四线多层形

表 8-4 不同应用类型拉线的适用范围

类 型	适用范围
一线形	轻型终端杆、拉杆和丁字形线路分支的分支杆;人字形布置时适用终端杆分支杆和跨越杆等
两线形	一字形布置时适用于耐张杆、荷重杆和 X 字形线路分支和分支杆等
三线形	重型终端杆、重型分支杆和重型拉桩的续拉等
四线十字形	重型荷重杆、重型跨越杆、重型耐张杆和须特殊加固杆基的杆型等
四线多层形	加长跨越型

3. 低压架空线路的组成

1) 导线

户外架空线路一般都采用多股裸导线。在工矿企业内部及容易受到金属器件勾碰的场所,为了避免发生短路和触电事故,应采用绝缘导线。

导线截面的选用为了节约用铜,现已普遍采用裸铝绞线或钢芯铝绞线。

(1) 导线规格可根据线路计算负荷电流按安全载流量选用。

(2) 选择导线截面必须满足架空导线最小截面规定:架空导线裸铜绞线最小截面为 6 mm^2,裸铝绞线最小截面为 16 mm^2。如果采用单股裸铜线,其最大截面积不应超过 16 mm^2。裸铝导线不允许采用单股导线,也不允许把多股裸铝绞线拆成小股使用。

(3) 每一路架空线的总长度应根据线路容量、用户用电情况和导线截面等因素来决定，必须保证线路末端的电压维持在额定值范围之内。

（4）导线在杆上的间距应按表 8-5 所列数据布设。

表 8-5 低压架空线的各种线间距离

装置方式	条件	线间最小距离/m
导线的水平排列	挡距 40 m 及以下	300
	挡距 40 m 以上至 60 m	400
	接近电杆的相邻导线	600
线路多参层排列	层线间的垂直距离	600
合杆架设	导线与上层的 6~10 kV 高压线垂直距离	1 200
	导线与下层的通信、广播线垂直距离	1 500

（5）导线的对地距离：低压架空线路上的导线，在最大弛度或最大风力时，对地面、水面、邻近建筑物和交叉跨越线之间的最小距离应满足表 8-6 所示数值的要求。

表 8-6 低压架空线对地和对跨越物的最小距离

线路经过地区或跨越项目			最小距离/m
地面	市区、厂区、城镇		6.0
	地面社、队集镇		5.0
	自然村、田野交通困难地区		4.0
道路	公路、铁路、拖拉机跑道		6.0
	至铁路轨顶	公用	7.5
		非公用	6.0
	电车道	至路面	9.0
		至承力索或接触线	3.0
通航河流	常年洪水位航船缆顶		6.0
			1.0
管索道	在管道上面通过		1.5
	在管道下面通过		1.5
	在管索道在索道上、下面通过		1.5
房屋建筑	垂直		2.5
	水平、最凸出部分		1.0
街道绿化树木	垂直		1.0
	水平		1.0
通信广播线	交叉跨越（电力线必须在上方）		1.0
	水平接近一、二级通信线		倒杆距离

续表

线路经过地区或跨越项目		最小距离/m
电力线	垂直交叉 0.5 kV 以下	1.0
	垂直交叉 6 ~ 10 kV	2.0
	垂直交叉 35 ~ 110 kV	3.0
	垂直交叉 154 ~ 220 kV	4.0
	水平接近 0.5 kV 以下	2.5
	水平接近 6 ~ 10 kV	2.5
	水平接近 35 ~ 110 kV	5.0
	水平接近 154 ~ 220 kV	7.0

(6) 导线的"三同"要求。在同一线路上所架设的同一段线路内，所采用的导线必须"三同"，即材料相同、型号相同和规格相同。但在三相四线制线路上的中性线，截面积允许比相线小50%，而材料和型号，则应与相线相同。若采用绝缘导线，则绝缘色泽也应相同。

2) 电杆

电杆分有混凝土杆和木杆两种，现已普遍推广采用混凝土杆，因为它具有不会腐蚀、机械强度高和价格较低等优点，同时也可节约木材和减少线路维修工作量。

(1) 电杆的埋深要求见表8-7。

表8-7 电杆的埋深要求

电杆	杆长/m									
	4	5	6	7	8	9	10	11	12	13
木杆	1.0	1.0	1.1	1.2	1.4	1.5	1.7	1.8	1.9	2.0
水泥杆	—	—	—	1.4	1.5	1.6	1.7	1.8	1.9	2.0

(2) 电杆的挡距要求。两根电杆之间的距离称为挡距。在整个线路中，除特殊跨越、分支及转角等情况外，直线部分的挡距应基本上保持一致。挡距应根据所用导线规格和具体环境条件等因素来选定，常用挡距和适用范围见表8-8。

表8-8 低压架空线路常用挡距和适用范围

挡距/m	25	30	40	50	60
导线水平间距/mm	300			400	
适用范围	(1) 城镇闹区街道配电线路 (2) 城镇、农村居民点配电 (3) 工矿企业内部配电线路 (4) 田间配电线路		(1) 城镇非闹区配电线路 (2) 城镇工厂区配电线路 (3) 农村、城镇居民外围配电线路		(1) 城镇工厂区配电线路 (2) 城镇、农村居民点外围配电线路

（3）电杆的质量和规格要求。木杆应有足够的机械强度，为了防止木质腐烂，木杆顶端应劈堑成口状尖端，并应涂刷沥青防腐。长杆埋入地面前，应在地面以上 300 mm 和地下 500 mm 的一段，采用烧根或涂沥青等方法进行防腐处理。混凝土杆应具有足够的机械强度，不可有弯曲、裂缝、露筋和松酥等现象。混凝土圆杆的规格见表 8-9，选用电杆长度，应以满足表 8-6 所列的规定为原则，即杆长配合挡距应满足导线对地和对跨越物之间的距离要求。在同一条线路中，杆长不一定完全相等；但是，线路在没有特殊需要时，杆长应保持一致。

表 8-9 混凝土圆杆规格

杆长/m	7	8	9	10	11	12	13	14
梢径/mm	100	150	150	190	190	190	190	190
根径/mm	193	257	270	323	337	350	363	390
质量/kg	204	392	480	620	750	880	980	1 250

3）绝缘子和横担

绝缘子又称瓷瓶，用于固定导线并使导线和电杆绝缘，因此绝缘子应有足够的电气绝缘强度和机械强度。横担作为绝缘子的安装架，也是保持导线间距的排列架。

（1）绝缘子结构和用途。线路绝缘子有高压和低压两类，如图 8-5 所示为高压线路绝缘子的外形结构。针式绝缘子按针脚长短分为长脚绝缘子和短脚绝缘子，长脚绝缘子用在木横担上，短脚绝缘子用在角钢横担上。蝶式绝缘子用在耐张杆、转角杆和终端杆上。拉线绝缘子用在拉线上，使拉线上下两段互相绝缘。

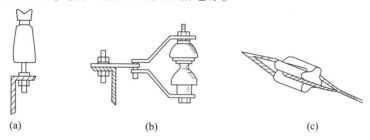

图 8-5 高压线路的绝缘子
(a) 针式绝缘子；(b) 蝶式绝缘子；(c) 拉线绝缘子

（2）对绝缘子的要求。在低压架空线路的角钢横担上，通常都采用蝶式绝缘子，具体要求是：

① 在导线规格相同的一段架空线路上，每支横担上所用绝缘子应该是同型号和同规格的，中性线所用的绝缘子也应与相线相同。

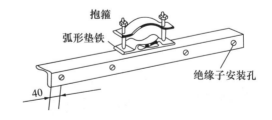

图 8-6 角钢横担（单位：mm）

② 导线配用的绝缘子规格按规定范围选择。

（3）横担的种类和形状。横担分有角钢横担、木横担和瓷横担 3 种。最常用的是角钢横担，它具有耐用、强度高和安装方便等优点。角钢横担的一般结构形状如图 8-6 所示。

（4）角钢横担的规格和适用范围。

① 40 mm × 40 mm × 5 mm 角钢横担，适用于单相架空线路。

② 50 mm×50 mm×6 mm 角钢横担，适用于导线截面积为 50 mm² 及以下的三相四线制架空线路。

③ 65 mm×65 mm×8 mm 角钢横担，适用于导线截面积为 50 mm² 以上的三相四线制架空线路。

④ 转角杆和终端所用的横担，应适当放大规格。角钢横担的长度，按绝缘子孔的个数及其分布距离所需总长度来决定。

⑤ 绝缘子孔分布距离。根据架空线水平排列的线间距离来决定。水平排列的线间距离，应按照表 8 – 5 的规定。角钢横担两端头与第一个绝缘子孔的中心距离一般为 40 ~50 mm，可参见图 8 – 6。

4）拉线

对拉线的材料、结构和安装的要求如下。

（1）拉线的材料。在地面以上部分的，其最小截面积应不小于 25 mm²，可采用 2 股直径为 4 mm 的镀锌绞合铁丝。在地下部分的（即地锚柄）最小截面积应不小于 35 mm²，可用 3 股直径为 4 mm 的镀锌绞合铁丝。如用圆钢做地锚柄时，圆钢的直径应不小于 12 mm²。

（2）地锚用料。一般用混凝土制成，规格应不小于 100 mm ×200 mm ×800 mm，埋深为 1.5 m 左右。如用石条制成时，其规格与混凝土的相同，但不能使用风化了的石块。

（3）拉线的结构。主要由以下几部分组成。

① 上把：应选用如图 8 – 7 所示的 3 种结构形式，其中绑扎上把的绑扎长度应为 150 ~ 200 mm；

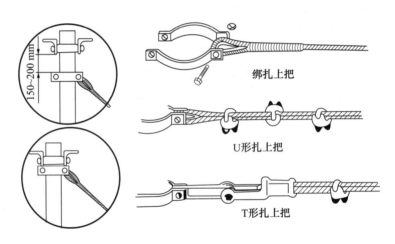

图 8 – 7 拉线上把的结构形式

U 形轧上把必须用三副 U 形轧，每两副 U 形轧之间应相隔 150 mm。

② 中把：一般都应用绑扎或 U 形轧结构，安装要求与上把相同，结构形式如图 8 – 8 所示。凡拉线的上把装于双层横担之间，拉线穿越带线导线时，必须在拉线上安装中把。中把应安装在垂直离地 2.5 m 以上、穿越导线以下的位置上。安装中把的作用是避免导线与拉线触碰时而使拉线带电。低压架空线路拉线所用的中把绝缘子，多数为 J – 4.5 型隔离绝缘子，能承受 4.5 t 的拉力；若须承受更大拉力，可选用 J – 9 型隔离绝缘子。

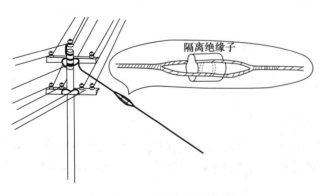

图 8 – 8 拉线中把的结构

③ 下把：应选用如图 8 – 9 所示

的3种结构形式。其中花篮轧下把与地锚连接时，要用铁丝绑扎定位，以免被人误弄而松动。

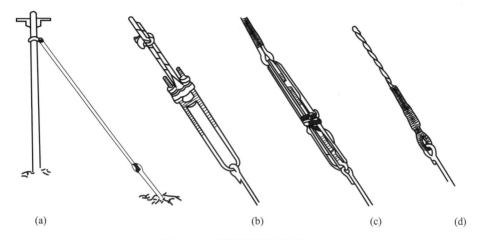

图8-9　拉线下把的结构形式
(a) 下把与地锚柄的连接；(b) T形扎下把；(c) 花篮扎下把；(d) 绑扎下把

5) 金具

凡用于架空线路的所有金属构件（除导线外），均称为金具。金具主要用于安装固定导线、横担、绝缘子、拉线等。

(1) 常用金具结构和用途。常用金具如图8-10所示。圆形抱箍把拉线固定在电杆上，花篮螺丝可调节拉线的松紧度，用横担垫铁和横担抱箍可以把横担固定在电杆上，支撑扁铁从下面支撑横担，防止横担歪斜，而支撑扁铁用带凸抱箍进行固定，穿心螺栓用来把木横担固定在木电杆上。

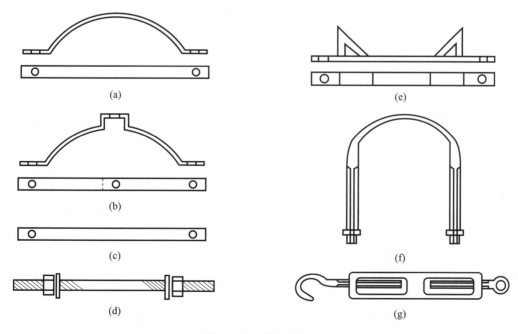

图8-10　常用的金具
(a)圆形抱箍；(b)带凸抱箍；(c)支撑扁铁；(d)穿心螺栓；(e)横担垫铁；(f)横担抱箍；(g)花篮螺丝

261

(2) 对金具的技术要求。

① 必须经过防锈处理，有条件的应镀锌。

② 所用金具的规格必须符合线路要求，不可勉强代用。

③ 应加工的金具（如锯割、钻孔和弯形等），必须在防锈处理前加工完毕。加工后必须经过检查，应符合质量要求。

二、架空线路的架设

1. 架空线路架设的基本方法和技术要求

（1）要熟悉国家和当地的有关安全技术规定、标准，核对设计施工图中的电杆、拉线方位和地下设备现状的方位情况，尤其要注意在交叉路口和弯道处。

（2）现场勘察时要注意所施工的架空线路区域内是否有高压、低压、路灯线路和电话线等设施。若有障碍应考虑调整杆位、线路，尽量避开或减少其矛盾。如仍不能解决，再考虑以确定该线路的高度和防护措施来解决，并在立杆或放线前办好停电等手续。其次，勘察杆位和拉线地锚坑附近的地下设施情况，如个别杆位有冲突，可以调整杆距；若与杆位冲突较多又影响较大，应改变线路方位和走向。然后再根据现场引下线、路灯、行人和行车通过的要求，进行电杆的定点，确定立杆的方向和挖坑时车道的方向等。

（3）先从线路起点、转角点和终点的电杆位置开始确定，然后再确立中间杆的位置。工矿企业一般厂区道路已确定，要求由电杆至道边的距离为 0.75 ~ 1 m，电杆的挡距为 40 m 左右（根据情况可适当调整），以杆距和道边的距离来确定电杆的位置。

（4）根据线路要求，选用电杆材质，铁塔一般用于 35 kV 以上架空线路的重要位置。目前应用最广的是圆形钢筋混凝土杆，圆形杆又分为锥形杆和等径杆两种。

（5）根据线路传送电流的大小来选用导线，同时还要考虑架空线路导线能经受风、雪、冰、雨和空气温度等作用和周围所含化学杂质的侵蚀等因素。

2. 架空线路架设的施工方法

（1）挖坑：坑有杆坑和拉线坑两种。杆坑分有圆形坑和梯形坑。对不带卡盘和底盘的电杆，通常挖圆形坑；对杆身较高、较重和带卡盘的电杆，挖梯形坑。在坑深 1.6 m 以下者，采用二阶坑，坑深在 1.8 m 以上者，采用三阶坑。拉线坑的深度，根据具体情况确定，一般为 1 ~ 1.2 m。

（2）立杆：立杆方法很多，常用的有汽车起重机立杆，三脚架立杆，倒落式立杆和架腿立杆等。架腿立杆只能立木杆和 9 m 以下的钢筋混凝土电杆。在稻地、园田等松软的土地上立 8 ~ 12 m 钢筋混凝土电杆时，用汽车起重机进入施工场地立杆比较困难，可根据电杆的长短和重量，分别选用三角架立杆或倒落式立杆。

（3）横担组装：一般都在地面上将电杆顶部的横担、金具等全部组装完毕，然后整体立杆。如果电杆竖起后再组装，应从电杆的最上端开始安装，在杆上将横担紧固好后，再安装绝缘子。

（4）拉线制作：在有条件的地方，应尽量采用镀锌钢绞线。制作拉线时，在埋没拉线盘前，应把下把线组装好，然后进行整体埋没。接着做拉线上把，最后做拉线中把，使上部拉线和下部拉线盘连接起来成为一个整体。

(5) 架设导线：在检查导线规格符合要求后，可以进行放线。把导线从线盘上放出来，架设在电杆的横担上。放线有拖放法和展放法两种方法，拖放法是将线盘放在放线架上拖拉导线；展放法是将线盘架设在汽车上，在汽车行驶中展放导线。导线放完后，如果接头在跳线处（耐张杆两侧导线间的连接），可用线夹连接。若接头处在其他位置，则采用压接法连接。

(6) 导线连接：一般在任一挡距内的每条导线，只能有一个接头。在跨越铁路、公路、河流、电力和通信线路时，导线和避雷线不能有接头。不同金属、不同截面、不同捻绞方向的导线，只能在杆上跳线处连接。

(7) 竖线：竖线有两种，一种是导线逐根均匀收紧，另一种是三线同时收紧或两线同时收紧，这方法需有较大牵引力的卷扬机或绞磨机。一般中、小塑铝绞线和钢芯铝绞线可用紧线钳紧线。通常紧线工作与测定导线的弧垂配合进行。

(8) 导线固定：导线在绝缘子上通常用绑扎方法来固定。常用的有顶绑法，用于直线杆上绝缘子的导线固定绑扎。侧绑法，用于转角杆针式绝缘子上的导线固定绑扎。终端绑扎法，用于终端杆碟式绝缘子上的导线固定绑扎。

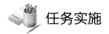
任务实施

架空线路架设的施工

1. 认识架空线路的各部件，并填写表 8－10。

表 8－10　架空线路的各部件的名称

	1	2	3	4
名称				

2. 架空线路架设的施工

在模拟场地完成架空线路架设的任务，按架空线路架设的施工程序和操作方法进行并填写表 8－11。

表 8－11　架空线路架设操作记录表

器材与工具名称	适用范围	架空线路架设的注意事项

评价总结

根据"架空线路架设的施工"操作和表 8－11 及收获体会进行评议，并填写成绩评议表（表 8－12）。

表 8-12 成绩评议表

评定人/任务	任务评议	等级	评定签名
自己评			
同学评			
老师评			
综合评定等级			

_____年_____月_____日

任务二 电力电缆线路的安装

电缆线路和架空线路一样，主要用于传输和分配电能。不过和架空线路相比，电缆线路的成本高，投资大，查找困难，工艺复杂，施工困难，但它受外界因素（雷电、风害等）的影响小，供配电可靠性高，不占路面，不碍观瞻，且发生事故不易影响人身安全。因此在建筑物或人口稠密的地方，特别是有腐蚀性气体和易燃、易爆的场所，不方便架设架空线路时，宜采用电缆线路。在现代化工厂和城市中，电缆线路已得到广泛的应用。

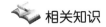 相关知识

一、电力电缆及其施工

1）电力电缆的类型、结构和用途

电力电缆类型品种很多，35 kV 及以下的电力电缆常用的有油浸纸绝缘电缆、塑料绝缘电缆和橡胶绝缘电缆三种类型。

（1）油浸纸绝缘电缆常用的有普通黏性浸渍电缆和不滴流电缆两种。这两种电缆结构完全相同，仅浸渍剂不同。广泛应用于 1~35 kV 的电压等级中。10 kV 及以下的多芯电缆，常共用一个金属护套，称为统包型结构。35 kV 电缆分有分相铅（铝）包型和分相屏蔽层型两种。分相铅（铝）包型每个绝缘线芯都有铅（铝）护套。分相屏蔽层型则为绝缘芯线分别加屏蔽并共用一个金属铅或铝护套。

普通黏性浸渍剂是低压电缆油与松香的混合物，浸渍剂黏度随温度的增高而降低，温度愈高愈易淌流，在较低的工作温度下也会流动。当电缆敷设于落差较大的场合时，浸渍剂会从高端淌下，造成绝缘干涸，绝缘水平下降，甚至可能导致绝缘击穿；同时，渍浸剂在低端淤积，有胀破铅套的危险。因此，黏性浸渍电缆其最高工作温度规定得较低，不宜用于高落差的场合。不滴流浸渍是低压电缆油和某些塑料合成的蜡的混合物，浸渍剂在浸渍温度下的温度相当低，能保证充分浸渍。在电缆工作温度下，呈塑性蜡体状，不易流动。在滴点温度下不会淌流，因此不滴流电缆不规定敷设落差的限制，其最高工作温度可规定得较高，还可提高载流量，是逐步取代普通黏性浸渍电缆的产品。

（2）油浸纸绝缘铅包电缆中的裸铅包和铅皮麻护套电缆，适用于室内无腐蚀处敷设。铅包钢带铠装和铅包裸钢带铠装电缆，适用于地下敷设，能承受机械外力，但不能承受较大拉力。铅包细钢丝铠装和铅包裸细钢丝铠装电缆，适用于地下敷设，能承受机械外力和相当的拉力。铅包粗钢丝铠装电缆，适用于水中敷设，能承受较大的拉力。

（3）塑料绝缘电缆分为聚氯乙烯电缆、聚乙烯电缆和交联聚乙烯电缆三种。塑料电缆

的绝缘层用热塑性塑料挤包制成，或由添加交联剂的热塑性塑料挤包交联而成。

塑料电缆通常采用聚氯乙烯护套，当需要加强力学性能时，在护套的内、外面层之间，用钢带或钢丝铠装，称铠装护套。

6 kV 及以上的交联聚氯乙烯和聚乙烯电缆，导线表面需有屏蔽层（半导电材料），6 kV 及以上的塑料电缆有绝缘屏蔽层（由半导电材料和金属带或金属细线组合而成）。绝缘屏蔽层的金属带（丝）的作用，是保持零电位，并在短路时承载短路电流，以免因短路电流引起电缆温度升过高而损坏绝缘层。

塑料电缆安装敷设简便，没有敷设落差限制，适用于高落差场合。广泛用于1～35 kV电压等级及以上的场所。

聚氯乙烯护套电缆可敷设在室内、外隧道或管道中。钢带铠装电缆可敷设在地下，能承受机械外力，但不能承受大的拉力。细钢丝铠装电缆可敷设在室内，能承受相当的拉力。

交联聚乙烯电缆工作温度高、耐腐蚀，可架空敷设及室内处理地敷设或缆沟、隧道、管道中敷设，有逐步取代油浸纸绝缘电缆。

（4）橡胶绝缘电缆按绝缘层常用材料分，有天然丁苯橡胶电缆、乙丙橡胶电缆和丁基橡胶电缆三种。橡胶电缆的护套常用聚氯乙烯护套、氯丁橡胶护套。

橡胶电缆敷设安装简便，适用于高落差的场合。由于其绝缘层柔软性最好，导线的绞线根数比其他形式的电缆稍多，故适用于弯曲半径较小的场合。

橡胶绝缘聚氯乙烯护套电缆，多用于交流500 V 以下线路，可以敷设在室内隧道和管道中，不能承受机械力作用。钢带铠装电缆可以在地下敷设，能承受机械力作用，但不能承受大的拉力。

通用橡胶电缆分为轻型、中型和重型三种。轻型橡胶电缆工作电压为 250 V，截面为 $0.3 \sim 0.75 \text{ mm}^2$，有2芯和3芯之分，适用于轻型移动电气设备和日用电器电源线及仪器、仪表电源线。中型橡胶电缆有2芯、3芯和3+1芯，截面积为 $0.5 \sim 6 \text{ mm}^2$，适用于 500 V 及以下的各种移动电气设备、农用移动机械动力电源线及电动工具电源线等。重型橡胶电缆，有1、2、3和3+1芯之分，截面积为 $2.5 \sim 120 \text{ mm}^2$ 时，适用于 500 V 及以下的各种移动电气设备、农用机械、港口机械和林业机械的移动式电源线。

2）电缆线路施工

（1）电缆线路应从技术上和经济上选择最有利的路径，符合城市或厂矿规划和规程规定的要求，应尽量减少与地面或地下各种设施的交叉跨越，避开正在进行或计划中建设工程需要挖掘的地方，防止和避免电缆线路遭到各种损坏（如机械、化学腐蚀、振动、热、杂散电流和其他的损坏），使用电缆最少，便于运行维护。

电缆敷设在城市或厂矿企业的道路上，原则上电缆线路与架空线路应在道路的同一侧，电缆线路应敷设在道路的西侧、南侧的人行道上，电缆线路中心位置应距规划建筑红线 1 m 处。

（2）电缆截面要根据负荷电流的大小来选择，要适量地为负荷的发展留有余地，有条件时要兼顾电缆备品的品种，综合来考虑。要根据用电负荷的重要情况来选择电缆线路的供配电方式。对两条并列运行的电力电缆，其长度、截面积和导体材质应相同。

（3）选择直埋线路应注意直埋电缆周围的土壤，不应含有腐蚀电缆金属保护层的物质（如烈性酸、碱溶液、石灰、炉渣、腐蚀物质和有机物渣泽等），还应注意虫害和严重阳极区。直埋电缆应采用具有防腐性能的 22 型电缆。35 kV 电缆采用 ZQFD22、ZLQFD22、

ZQF22、ZLQF22 等型号或交联聚乙烯电缆。10 kV 尽量采用 YJL22、YJLV22 或 ZQD22、ZLQD22、ZQ22、ZLQ22 等型号电缆。1 kV 以下电缆尽量采用 V22、VLV22 型电缆。直埋电缆一律不允许用无铠装的电缆。

（4）三相线路采用单芯电缆或三芯电缆分相后，每相周围应无铁件构成闭合磁路。在三相四线制系统中的电缆线路，不应采用一根单芯电缆或用导线作中性线的方式（除制造厂有规定外），禁止用电缆金属护套作中性线。

（5）在电缆的终端头和中间接头处，电缆的铠装铅（铝）包和金属接头盒应有良好可靠的电气连接，使其处于同一电位；在电缆两端终端头应有可靠接地，接地线为截面积不小于 25 mm² 的铜线。接地电阻不应大于 10 Ω，接地线应与接地网和避雷器地线连接。

（6）普通黏性浸渍电缆线路的最高点与最低点之间允许的最大高度差，不应超过表 8 - 13 的规定。

表 8 - 13　黏性浸渍电缆允许位差

电压/kV	有无铠装	铅包/m	铅包/m
1 ~ 3	铠装	25	25
6 ~ 10	无铠装	20	25
6 ~ 10 kV	铠装式	15	20
35	无铠装	5	/

（7）电缆最小弯曲半径与电缆外径的比值不小于表 8 - 14 的规定。

表 8 - 14　电缆最小弯曲半径与电缆外径的比值

电缆种类	电缆护套结构	单 芯	多 芯
油浸纸绝缘铅包电力电缆	铠装或无铠装	20	15
塑料、橡胶绝缘电力电缆	有金属屏蔽层	10	8
塑料、橡胶绝缘电力电缆	无金属屏蔽层	8	6
塑料、橡胶绝缘电力电缆	铠装	/	10

（8）电缆两端的终端头、中间接头和电缆隧道及电缆沟的进出口处，应安装标牌，标明电缆线号、去向起止点和电缆型号、电压、截面及长度。隧道内电缆每隔 50 m 应加装标牌。电缆沟内的电缆，每隔 20 m 应加装标牌，并在沟盖上或地面上有明显标记，标明标牌的所在点。电缆竣工时，应有电缆地形位置图和与其他管道交叉处的断面图及施工安装检修试验记录等。

（9）电力电缆试验知识。电力电缆在施工前、后，均应进行绝缘电阻和耐压试验，合格后方可投入运行。

绝缘电阻试验的目的是：检查电缆绝缘状况，是否受潮、脏污或存在局部缺陷。

对发电厂、变配电所运行的主干线路，绝缘电阻每年试验一次，对不重要分支线路每 1 ~ 3 年试验一次。

对额定电压为 1 kV 以上电缆测量时使用 2 500 V 兆欧表；1 kV 以下使用 1 kV 兆欧表。对三芯电缆测量一根芯线的绝缘电阻，其余两根芯线应和电缆外皮一起接地，读取 1 min 的数值。当电缆终端头潮湿或套管上脏污时，为测量出真实的电缆内部绝缘电阻，消除表面泄漏电阻的影响，还须将兆欧表屏蔽端子（E）接出，将线缠绕在脏污套管上或纸缆的纸绝缘上,测量线要悬空,用绝缘带吊起,不要拖在地上。

电力电缆的线间和对地电容较大,特别是长的电缆电容量更大,测量绝缘电阻时要注意保护兆欧表,在读出 1 min 兆欧表数值后,先将兆欧表引线拉断,再停止摇动,以免电缆电容蓄积的电荷反冲流入兆欧表使之损坏。

绝缘电阻的合格值,应与历史记录相比较决定。无历史记录时,可参考表 8-15,即电缆长度为 250 m 的绝缘电阻参考值。

表 8-15 电缆长度为 250 m 绝缘电阻参考值

额定电压/kV	1 及以下	3	6~10	20~35
绝缘电阻/MΩ	10	200	400	600

进行直流耐压试验与泄漏电流测量时,电缆在直流电压的作用下,其绝缘中的电压按绝缘电阻分布。当在电缆中有发展性局部缺陷时,则大部分电压将加在与缺陷串联的未损坏部分的电缆上。所以,从这种意义来说,直流耐压试验比交流耐压试验更容易发现局部缺陷。

电缆直流泄漏电流的测量和直流耐压试验在意义上是不相同的。之所以试验与测量同时进行,是因为在实际工作中,两者在接线、设备等方面完全相同。一般情况下,直流耐压试验对检查绝缘干枯、气泡、纸绝缘机械损伤和工厂中的包缠缺陷等比较有效;泄漏电流对检测绝缘老化、受潮比较有效。

对交联电缆还应测量屏蔽层对铠装、铠装层对地的绝缘电阻和屏蔽层的直流电阻。

二、10 kV 以下(含 10 kV)电缆敷设施工程序和操作方法

(1) 电缆沟的挖掘。电缆沟的挖掘应按设计图的路线进行定线、放线,然后再进行开挖。必要时应会同有关部门进行定线和验线。电缆沟的深度,应由设计和路面的标高决定。在道路尚未形成前,会同有关部门进行测量,决定标高,必要时进行填土或取土,保证电缆埋设深度。挖掘的电缆沟,应够深、够宽且沟底平整,在电缆沟的转弯处,应满足电缆最小弯曲半径的要求。

(2) 电缆的搬运。在搬运电缆前,应进行外观检查并核对电压等级、钢或铝线芯及截面等型号规格是否符合要求,必要时可截取 0.5 m 电缆作解剖检查并填写记录。在移动电缆线盘前,必须检查线盘是否牢固,电缆两端的固定情况如何,缆线有无松弛。对松弛、摇晃的线盘必须紧固(或更换)后,方可搬运。

禁止将电缆线盘平放储存或搬运,卸车时不准将线盘直接从车上滚下。

对保护板完整牢固的线盘,进行短距离搬运,允许将电缆线盘滚至敷设地点。当线盘无保护时,只有在马路面坚固、平整、无砖头石块,且线盘高出电缆外皮 100 mm 才能滚动。电缆线盘的滚动方向必须与电缆线盘上箭头指示方向一致,放线时的转动方向,必须与电缆盘上箭头指示方向相反。

短段电缆允许将电缆盘成圆圈搬运,其弯曲半径应符合要求,但应在线圈周围四点捆扎牢固。搬运中如发现有损伤,应及时采取措施消除,防止损坏部位扩大。

电缆运至现场,应置于便于放线处,避免第二次搬运。如存放时间较长,应采取防外力损伤的措施。

(3) 电缆的施工敷设。敷设前应消除沟底杂物和临时障碍物,检查电缆沟的走径、宽度、深度、转弯处和交叉跨越处的预埋管等是否符合设计和规程要求。核对电缆规范,检

查近期试验合格证,进行外观检查,如有怀疑要进行试验,合格后方可进行敷设。检查电缆两端头是否完好,保护层有无损伤或漏油现象。如有问题,根据情况进行处理,必要时作电气试验,对油浸纸缆要校验潮气和进行封焊、绑扎修补等。

根据每盘电缆的长度,确定中间接头位置,应避免接头放在交叉路口、建筑物的门口与其他管线交叉或地势狭窄处。一般在电缆两端留有适当余度,其长度最少要能作一次检修。

(4) 牵引强度。用牵引机械敷设电缆,牵引强度应不大于表 8-16 中的规定。

表 8-16 敷设电缆允许牵引强度

牵引方式	引头		钢丝网套	
受力部位	铜芯	铝芯	铅套	铝套
允许牵引强度/($kg \cdot mm^{-2}$)	7	4	1	4

(5) 电缆预热。如电缆存放地点在敷设前 24 h 内平均温度和敷设时的温度低于下列值时,应将电缆预先加热。

① 35 kV 及以下,油浸纸缆 0 ℃,不滴流电缆 +5 ℃。

② 充油电缆 -10 ℃。

③ 橡胶绝缘电缆分为橡胶或聚乙烯护套 -15 ℃,裸铅套 -20 ℃,铅护套钢带铠装 -7 ℃。

④ 塑料绝缘电缆 0 ℃。

(6) 电缆预热采用下列方法。用提高周围空气温度的方法加热。当温度为 5 ℃~10 ℃时,需要 72 h;如温度为 25 ℃时,需要 24~30 h;采用电流电缆线芯的加热方法,加热电流不应大于电缆的额定电流。加热后电缆表面不得低于 +5 ℃。用单相电流加热铠装电缆时,应采用能防止在铠装内形成感应电流的电缆芯连接方法。

经过预热的电缆应尽快敷设,敷设前放置的时间一般不超过 1 h。当电缆冷却到低于第 (5) 条所列的环境温度时,不得再弯曲。

当用电流加热法时,无论在任何情况下,都不应使油浸纸缆表面温度超过下列规定:35 kV 电缆 25 ℃;6~10 kV 电缆 35 ℃;3 kV 及以下电缆 40 ℃。加热时应随时用钳形电流表监视电缆加热电流的表面温度,敷设时间最好选择在中午气温最高时进行。

周围环境温度低于 -10 ℃时,只有在紧急情况下并在敷设前和敷设中均用电流加热时,才允许敷设电缆。

(7) 孔管内敷设电缆。在隧道、电缆沟或排管中敷设电缆,应注意按设计要求穿入管内,防止穿错位置,造成电缆相互交叉。

(8) 在排管内敷设电缆。敷设前应核对电缆盘上电缆的长度及工井间的距离,把中间接头安排在工井内施工。敷设时为了减少电缆与管壁间的摩擦力,电缆外部应涂以无腐蚀性的润滑剂(如滑石粉 50%、凡士林 50%的混合剂)。

(9) 电缆终端头和中间接头的绑扎应避免在雨天、雾天、大风天气及 80% 以上湿度的环境下进行。如遇紧急修理,应做好防护措施,在尘土较多或污染区应搭帐篷,防止尘土侵入。工作时应尽量缩短工作时间,避免电缆绝缘长时间裸露于空气中。在冬季气温低于 0 ℃时,电缆应预先加热。

(10) 电缆连接。进行电缆接头工作前,应先检查附件材料和施工工具是否齐全、合格,密封性能是否可靠,核对终端盒的结构尺寸并预先组装,防止搞错电缆剥切尺寸。工作前和工作中要随时检查电缆各部位外观情况，如发现有缺陷，要及时处理。

（11）相色要求。电缆终端头应有明显的相色标志，并且与电网相色一致。10 kV 及以下电缆终端头把绿相作为中相，不允许在接头和终端头内绞相。

（12）防水要求。在室内高压开关柜安装终端头，应考虑地下最高水位及保证在汛期不被沟内积水淹没。

室内墙壁上安装的终端头裸露带电部分对地的距离，10 kV 不小于 2.5 m，35 kV 不小于 2.6 m，否则应加设固定遮栏。

 任务实施

10 kV 电缆敷设施工

1. 截一段 10 kV 电缆，遥测电缆的绝缘电阻，并填写表 8-17。

表 8-17 10 kV 电缆的绝缘电阻

10 kV 电缆名称	工具	绝缘电阻

2. 电缆敷设施工

在模拟场地完成电缆敷设的任务，按电缆敷设施工程序和操作方法进行，并填写表 8-18。

表 8-18 电缆敷设操作记录表

器材与工具名称	适用范围	电缆敷设注意事项

 评价总结

根据"10 kV 电缆敷设施工"操作、"10 kV 电缆的绝缘电阻"的测量和收获体会进行评议，并填写成绩评议表（表 8-19）。

表 8-19 成绩评议表

评定人/任务	操作评议	等级	评定签名
自己评			
同学评			
老师评			
综合评定等级			

___年___月___日

思考与练习

一、填空题

(1) 架空线路的导线最低点到连接导线两个固定点的直线的垂直距离称为（　　　）。

(2) 高压架空线路，面向（　　），从（　　）起导线的排列顺序是 A、B、C。

(3) 当电力电缆和控制电缆敷设在电缆沟同一侧支架上时，应将控制电缆放在电力电缆的（　　），高压电力电缆应放在应放在低压电力电缆的（　　）。

(4) 架空线路的杆塔按用途不同可分为：A. 直线杆塔；B. 耐张杆塔；C. （　　）；D. （　　）；E. （　　）。

二、选择题

(1) 在 10 kV 架空配电线路中，水平排列的导线其弧垂相差不应大于（　　）mm。
  A. 100　　　　　　B. 80　　　　　　C. 50　　　　　　D. 30

(2) 一般当电缆根数少且敷设距离大时，采用（　　）。
  A. 直接埋设敷设　　　　　　　　B. 电缆隧道
  C. 电缆沟　　　　　　　　　　　D. 电缆排管

(3) 直埋电缆相互交叉时，高压电缆应放在低压电缆的（　　）。
  A. 上方　　　　　　B. 下方　　　　　　C. 都可以

三、简答题

(1) 架空线路由哪几部分组成？各部分有何作用？

(2) 按电杆在线路中的作用和地位不同分哪几种类型？各种电杆有和特点？用于何处？

(3) 电力电缆有哪几种类型？各种电缆的适用场合如何？

(4) 挡距、弧垂、导线的线间距离、横担长度与间距、电杆高度等参数相互之间有何联系和影响？为什么？

(5) 电缆的敷设方式有哪几种？各种敷设方式有何特点？其适用场合如何？

(6) 选择导线的一般原则是什么？为什么要考虑这些原则？

项目九　供配电系统的保护

☞ **项目引入**：

为了保证供配电的可靠性，在供配电系统发生故障时，必须有相应的保护装置将故障部分及时从系统中切除以保证非故障部分继续工作；或发出报警信号，以提醒值班人员检查并采取相应措施。

高压配电网的保护采用继电保护装置或高压熔断器；低压配电系统的保护采用低压断路器和低压熔断器。

通过此项目的学习，了解继电保护装置的概念和继电保护的基本知识，常用继电器的结构和作用，掌握电力线路和电力变压器继电保护的接线和整定，熟悉电流保护的接线方式和接线系数，高压电动机的继电保护。

☞ **知识目标**：

(1) 理解继电保护及继电保护装置的基本知识。
(2) 了解常用继电器的结构和作用。
(3) 掌握电力线路和电力变压器继电保护基本知识。
(4) 掌握高压电动机继电保护和工厂低压供配电系统保护。

☞ **技能目标**：

(1) 会电力线路继电保护整定计算。
(2) 会电力变压器继电保护整定计算。

☞ **德育目标**：

电力系统稳定运行对国民经济有着重要影响，造成大规模停电原因各不相同，有因为输电线路老化，有变电站故障，还有不可抗拒的自然灾害因素，甚至有的是因为人祸。要提高安全意识，定期进行全面设备隐患排查，发现问题及时整改的工作作风，立足本职工作，养成爱岗敬业，一丝不苟、精益求精的工作态度。

☞ **相关知识**：

(1) 电力线路和电力变压器继电保护。
(2) 高压电动机继电保护和工厂低压供电系统保护。

☞ **任务实施**：

(1) 电力线路继电保护整定计算。
(2) 电力主设备继电保护整定计算。

☞ **重点**：

(1) 电力线路和电力变压器继电保护基本知识。
(2) 高压电动机继电保护和工厂低压供电系统保护。

☞ 难点：

高压电动机继电保护和工厂低压供电系统保护。

任务一　电力线路继电保护整定计算

相关知识

一、继电保护装置的概述

1) 继电保护装置的概念

所谓继电保护装置是指能反映电力系统中电气设备或线路发生的故障和不正常运行状态，并能作用于断路器跳闸和发出信号的一种自动装置。

2) 继电保护装置的作用

（1）故障时跳闸。当被保护线路或设备发生故障时，继电保护装置能借助断路器，自动地、迅速地、有选择地将故障部分断开，保证非故障部分继续运行。

（2）异常状态发出报警信号。当被保护设备或线路出现不正常运行状态时，继电保护装置能够发出信号，提醒工作人员及时采取措施。

3) 对继电保护装置的基本要求

为了使继电保护装置能较好地发挥其作用，在选择和设计继电保护装置时，应满足以下几点要求。

（1）选择性。供配电系统发生故障时，要求保护装置只将故障部分切除，保证无故障部分继续运行。保护装置的这种性能称为选择性。

如图 9-1 所示，当走 k—1 点短路时，短路电流经断路器 QF_1、QF_3、QF_5。按选择性要求，保护装置 1 应动作，使断路器 QF_1 断开，如果保护装置 3 或 5 动作，则扩大了停电范围。但由于某种原因，保护装置 1 拒绝动作，而由其上一级线路的保护装置 3 动作，使断路器 QF_3 跳闸切除故障，这种动作虽然停电范围有所扩大，仍认为是有选择性的动作。保护装置 3 除了保护本线路外，还作为相邻元件 1 或 2 的后备保护。若不装设后备保护，当保护装置拒动时，故障将无法切除，后果极其严重。

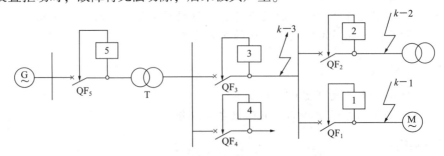

图 9-1　继电器保护装置的选择性示意图

（2）速动性。系统中发生短路故障时，必须快速切除故障，以减轻故障的危害程度，加速系统电压的恢复，减少对用电设备的影响，缩小故障影响的范围，提高电力系统运行的稳定性。

切除故障的时间是指从发生短路起至断路器跳闸、电弧熄灭为止所需要的时间，它等于保护装置的动作时间与断路器跳闸时间（包括灭弧时间）之和。因此，为了保证速动性，应采用快速动作的继电保护装置和快速动作的断路器。

(3) 灵敏性。继电保护的灵敏性是指对保护范围内发生故障或不正常运行状态的反应能力。在保护范围内不论发生任何故障，不论故障位置如何，均应反应敏锐并保证动作。反应的灵敏性用灵敏系数 S_P 衡量。

对过电流保护装置，灵敏系数 S_P 为：

$$S_P = \frac{I_{k.min}}{I_{OP_1}} \tag{9-1}$$

式中　　$I_{k.min}$ ——保护区内最小运行方式下的最小短路电流；

I_{OP_1} ——保护装置的一次侧动作电流。

对低电压保护装置，灵敏系数 S_P 为：

$$S_P = \frac{U_{OP_1}}{U_{k.max}} \tag{9-2}$$

式中　　$U_{k.max}$ ——被保护区发生短路时，连接该保护装置的母线上最大残余电压；

U_{OP_1} ——保护装置的一次动作电压，V。

在《继电保护和自动装置设计技术规程》中，对各种保护装置的最小灵敏系数规定为1.2、1.25、1.5、2 四级。通常主要保护的灵敏系数要求不小于1.5~2。在设计、选择继电保护装置时，必须严格遵守此规定。

(4) 可靠性。可靠性是指当保护范围内发生故障和不正常运行状态时，保护装置能可靠动作，不应拒动或误动。前者为信赖性，后者为安全性。继电保护装置的拒动和误动都会造成很大的损害。为保证保护装置动作的可靠性，应注意以下几点：

① 选用质量好、结构简单、工作可靠的继电器组成保护装置。

② 保护装置的接线应力求简单，使用最少的继电器和触点。

③ 正确调整保护装置的整定值。

④ 注意安装工作的质量，加强对继电保护装置的维护工作。

以上对保护装置的四项要求，在一个具体的保护装置中，不一定都是同等重要的。在各要求之间发生矛盾时，应进行综合分析，选取最佳方案。例如，为了满足保护装置的选择性，往往要牺牲一些速动性；而有时却要牺牲选择性，保证速动性。继电保护装置除满足上面的基本要求外，还要求投资少，便于调试和维护。

4) 继电保护装置的组成

继电保护装置由若干继电器组成，如图9-2所示。当线路发生短路故障时，启动用的电流继电器 KA 瞬时动作，使时间继电器 KT 启动，KT 经整定的一定时限后，接通信号继电器 KS 和中间继电器 KM，KM 触头接通故障线路断路器 QF 的跳闸回路，使故障线路断路器 QF 跳闸，把故障从系统中切除。

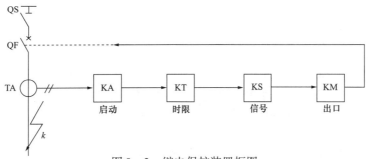

图9-2　继电保护装置框图

5) 电流保护装置的接线方式和接线系数

电流保护装置的接线方式是指电流继电器与电流互感器的连接方式。常用的连接方式有三种。

为了表述继电器电流 I_{KA} 与电流互感器二次侧电流 I_2 的关系，特引入一个接线系数 K_W：

$$K_W = \frac{I_{KA}}{I_2} \tag{9-3}$$

式中　I_{KA}——流入电流互感器的电流；
　　　I_2——电流互感器二次侧电流。

(1) 三相三继电器式接线。图 9-3 是三相三继电器的完全星形接线方式。当供配电系统发生三相短路、任意两相短路、中性点直接接地系统中任一单相接地短路时，至少有一个继电器中流过电流互感器的二次电流。

采用完全星形接线方式，流过继电器的电流就是互感器的二次电流，所以其接线系数 $K_W = 1$。该接线方式不仅能反应各种类型的短路故障，而且灵敏度相同，因此它的适用范围较广。但这种接线方式所用设备较多，主要用在中性点直接接地系统中作相间短路保护和单相接地短路保护。

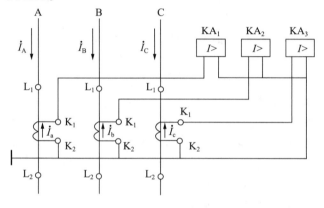

图 9-3　三相三继电器的完全星形接线方式

(2) 两相两继电器（两相三继电器）式接线。图 9-4 是两相两继电器和两相三继电器的不完全星形接线方式，电流互感器统一装在 A、C 两相上。在发生三相短路和任意两相短路时，至少有一个继电器流过互感器的二次电流，且各种相间短路时，接线系数 $K_W = 1$。但是当未接电流互感器的一相发生单相接地短路故障时，继电器不会动作。所以此接线方式不能用来保护单相接地短路。由于此种接线所用设备少，因此广泛用于 63 kV 及以下的中性点不直接接地的系统中。

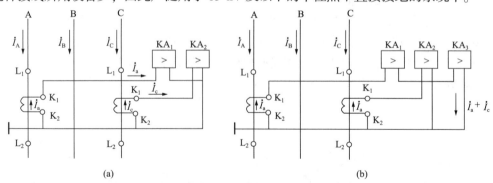

图 9-4　两相两继电器式接线和两相三继电器式接线
(a) 两相两继电器；(b) 两相三继电器

(3) 两相一继电器式接线（两相电流差式接线）。图 9-5 是两相一继电器式的接线方式。由于流入电流继电器的电流为两相互感器二次电流之差，所以叫两相电流差接线。

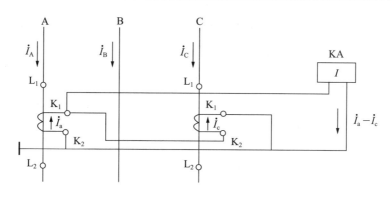

图 9-5 两相一继电器式接线方式

该接线方式在正常工作时和发生三相短路时,流入继电器的电流 I_{KA} 为电流互感器二次电流的 $\sqrt{3}$ 倍,所以其接线系数 $K_W = \sqrt{3}$。当 A、B 两相或 B、C 两相短路时,流入继电器的电流等于互感器的二次电流,其接线系数 $K_W = 1$。当 A、C 两相短路时,流入继电器的电流为互感器二次电流的 2 倍,其接线系数 $K_W = 2$。当 B 相发生单相接地短路时,继电器中无电流,继电器不动作。

由以上分析可知,两相电流差接线能够反映各种相间短路故障,只是在不同相间短路时,灵敏度不同。由于它对于 B 相的单短路不能反映,因此只能用作相间保护。两相电流差接线灵敏度较低,一般用作电动机和不太重要的 10 kV 及以下线路的过电流保护。不同接线方式的接线系数见表 9-1。

表 9-1 接线系数 K_W 的值

项 目	三相三继电器	两相两继电器	两相一继电器	两相三继电器
三相短路	1	1	$\sqrt{3}$	1
A、C 相短路	1	1	2	1
A、B 或 A、C 相短路	1	1	1	1

二、常用保护继电器

继电器是继电保护装置的基本元件,是一种传递信号的电器,用来接通或断开控制或保护电路。

继电器的分类方式很多,按其应用分有控制继电器和保护继电器两大类。控制继电器用于控制回路,保护继电器用于保护回路。

保护继电器按其组成元件分为机电型和晶体管型两大类,机电型又分为电磁型继电器和感应型继电器;按其反应的数量变化分,有过量继电器和欠量继电器;按其反应的物理量分有电流继电器、电压继电器、气体继电器等;按其在保护装置中的功能分为启动继电器、时间继电器、信号继电器等;按其与一次电路的联系分为一次式继电器和二次式继电器。

在供配电系统中常用的保护继电器,有电磁型继电器、感应型继电器以及晶体管继电器。前两种是机电式继电器,它们工作可靠,而且有成熟的运行经验,所以目前仍普遍使用。晶体管继电器具有动作灵敏、体积小、能耗低、耐振动、无机械惯性、寿命长等一系列优点,但由于晶体管器件的特性受环境温度变化影响大,器件的质量及运行维护的水平都影响到保护装置的可靠性，目前国内较少采用。但随着电力系统向集成电路和微机保护方向发展，晶体管继电器的应用水平也不断提高。

1）电磁式继电器

电磁式继电器包括以下四种。

（1）电磁式电流继电器。电磁式电流继电器在过电流保护装置中作为测量和启动元件，当电流超过某一整定值时继电器动作。供配电系统中常用 DL-10 系列电磁式电流继电器作为过电流保护装置的启动元件，其结构如图 9-6 所示，内部接线和图形符号如图 9-7 所示，电流继电器的文字符号为 KA。

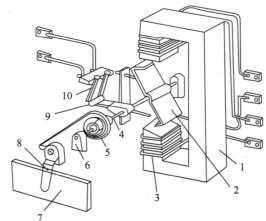

图 9-6　DL-10 系列电磁式电流继电器的结构
1—铁芯；2—钢舌片；3—线圈；4—转轴；5—反作用弹簧；
6—轴承；7—标度盘；8—调节转杆；9—动触点；10—静触点

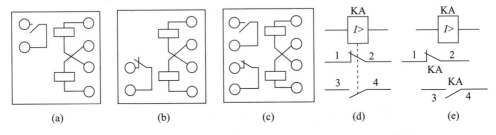

图 9-7　DL-10 系列电磁式电流继电器的内部接线和图形符号
（a）DL-11 型；（b）DL-12 型；（c）DL-13 型；
（d）集中表示的图形符号；（e）分开表示的图形符号

当继电器线圈 3 中通入电流时，在铁芯 1 中产生磁通，该磁通使钢舌片 2 磁化，并产生电磁力矩。作用于钢舌片的电磁力矩，使钢舌片沿磁阻减小的方向（图中为顺时针方向）转动，同时弹簧 5 被旋紧，弹簧的反作用力矩增大。当线圈中电流达到一定数值时，电磁力矩将克服弹簧的阻力矩与摩擦阻力矩，将钢舌片吸向磁极，带动转轴 4 顺时针转动，使常开触点闭合，常闭触点断开，此时称继电器动作或启动。能够使继电器动作的最小电流，称为继电器的"动作电流"，用 I_{OP} 表示。

继电器动作后，当流入继电器线圈的电流减小到一定值时，钢舌片在弹簧作用下返回，使动、静触点分离，此时称继电器返回。能够使继电器返回的最大电流，称为继电器的"返回电流"，用 I_{re} 表示。（注：对于欠量继电器，例如欠电压继电器，其返回电压 U_{re} 则为继电器线圈中的使继电器返回的最小电压。）

继电器的"返回电流"与"动作电流"的比值称为继电器的返回系数,用 K_{re} 表示,即:

$$K_{re} = \frac{I_{re}}{I_{op}} \tag{9-4}$$

由于此时摩擦力矩起阻碍继电器返回的作用,因此电流继电器的返回系数恒小于1(欠量继电器则大于1)。在保证接触良好的条件下,返回系数越大,说明继电器越灵敏。DL 系列电磁式电流继电器的返回系数较高,一般不小于0.8。

电磁式电流继电器的动作电流有两种调节方法:一种是平滑调节,即通过调节转杆来实现。当逆时针转动调节转杆时,弹簧被扭紧,反力矩增大,继电器动作所需电流也增大;反之,当顺时针转动转杆时,继电器动作电流减小。另一种是级进调节,即改变线圈的连接方式实现。当两线圈并联时,线圈串联匝数减少1倍,因继电器所需动作匝数是一定的,因此动作电流将增大1倍;反之,当线圈串联时,动作减少1倍。电磁式电流继电器动作较快,其动作时间为 0.01~0.05 s。电磁式电流继电器的接点容量较小,不能直接作用于断路器跳闸,必须通过其他继电器转换。

DL - 10 系列电磁式电流继电器只要通入继电器的电流超过某一预先整定的数值时,它就能动作,动作时限是固定的,与外电压无关,这种特性称作定时限特性,如图 9-8 所示。DL 型电磁式电流继电器的技术参数见表 9-2。

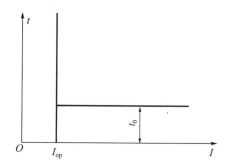

图 9-8 电磁式电流继电器的定时限特性

表 9-2 DL 型电磁式电流继电器的技术参数

型 号	最大稳定电流/A	长期允许电流/A		动作电流/A		最小整定值时功率消耗/W	返回系数
		线圈串联	线圈并联	线圈串联	线圈并联		
DL - 11/2	2	4	8	0.5~1	1~2	0.1	≥0.8
DL - 11/6	6	10	20	1.5~3	3~6	0.1	≥0.8
DL - 11/10	10	10	20	2.5~5	5~10	0.15	≥0.8
DL - 11/20	20	15	30	5~10	10~20	0.25	≥0.8
DL - 11/50	50	20	40	12.5~25	25~50	1.0	≥0.8
DL - 11/100	100	20	40	25~50	50~100	2.5	≥0.8

(2)电磁式中间继电器。电磁式中间继电器在继电保护中作为辅助继电器,以弥补主继电器触点数量和触点容量的不足。它通常用在保护装置的出口电路中,用来接通断路器的跳闸回路。工厂供配电系统中常用的 DZ - 10 系列中间继电器的内部结构如图 9-9 所示,其内部接线和图形符号如图 9-10 所示,中间继电器的图形符号为 KM。

当线圈1通电时,衔铁4被吸引向铁芯2,使其常闭触点 5—6 断开,常开触点 5—7

闭合；当线圈断电时，衔铁4在弹簧3作用下返回。

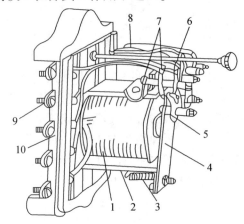

图9-9 DZ-10系列中间继电器的内部结构

1—线圈；2—铁芯；3—弹簧；4—衔铁；5—动触点；6，7—静触点；8—连接线；9—接线端子；10—底座

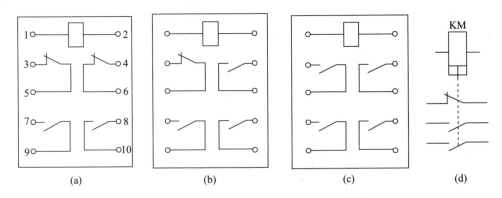

图9-10 中间继电器的内部接线和图形符号

(a) DZ-15型；(b) DZ-16型；(c) DZ-17型；(d) 图形符号

中间继电器种类较多，有电压式，电流式，有瞬时动作的，也有延时动作的。瞬时动作中间继电器，其动作时间为0.05~0.06 s。

中间继电器的特点是触点多，容量大，可直接接通断路器的跳闸回路，且其线圈允许时间通电运行。

(3) 电磁式时间继电器。时间继电器在继电器保护中作为时限（延时）元件，用来建立必要的动作时限。其特点是线圈通电后，触点延时动作，按照一定的次序和时间间隔接通或断开被控制的回路。

常用的DS-110（120）系列电磁式时间继电器的结构如图9-11所示，内部接线和图形符号如图9-12所示。

在图9-11中，当线圈1通电时，可动铁芯3被吸入，带动瞬时动触点8分离，与瞬时静触点5、6闭合。压杆9由于衔铁的吸入被放松，使扇形齿轮12在拉引弹簧17的作用下顺时针转动，启动钟表机构。钟表机构带动延时主动触点14，逆时针转向延时主静触点15经一段延时后，延时触点14与15闭合，继电器动作。调整延时主静触点15的位置来调整延时主动触点14到15之间的行程，从而调整继电器的延时时间。调整的时间在刻度盘上标出。线圈断电后，在返回弹簧4的作用下，可动铁芯3将压杆9顶起，使继电器返回。由于返回时钟表机构不起作用，所以继电器的返回是瞬时的。

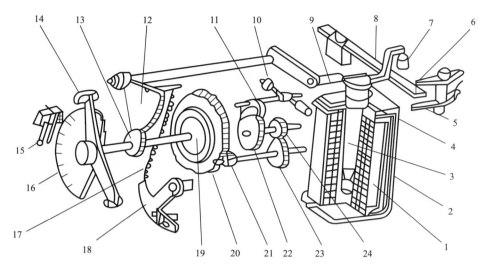

图 9-11 DS-110（120）系列电磁式时间继电器的结构

1—线圈；2—铁芯；3—可动铁芯；4—返回弹簧；5，6—瞬时静触点；7—绝缘杆；8—瞬时动触点；9—压杆；10—平衡锤；11—摆动卡板；12—扇形齿轮；13—传动齿轮；14—主动触点；15—主静触点；16—表度盘；17—拉引弹簧；18—弹簧拉力调节器；19—摩擦离合器；20—主齿轮；21—小齿轮；22—擎轮；23，24—钟表机构传动齿轮

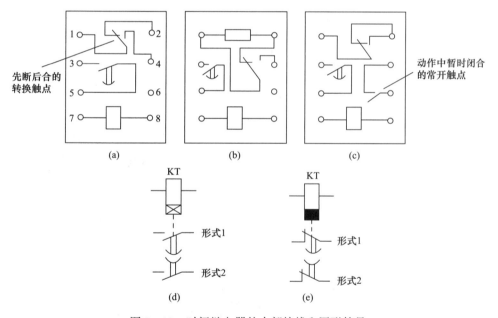

图 9-12 时间继电器的内部接线和图形符号

(a) DS-111、121、112、122、113、123 型；(b) DS-111C、112C、113C 型；(c) DS-115、125、116、126 型；
(d) 带延时闭合触点的时间继电器图形符号；(e) 带延时断开触点的时间继电器图形符号

（4）电磁式信号继电器。在继电保护和自动装置中，信号继电器用作动作指示，以便判别故障性质或提醒工作人员注意。工厂配电系统常用的 DX-11 型信号继电器的结构如图 9-13 所示，内部接线和图形符号如图 9-14 所示，信号继电器的文字符号为 KS。

正常时，继电器的信号牌 5 支撑在衔铁 4 上面。当线圈 1 通电时，衔铁被吸向铁芯 2 使信号牌落下，同时带动转轴旋转 90°，使固定在转轴上的动触点 8 与静触点 9 接通，从而接通了灯光和音响信号回路。要使信号复归，可旋转复位旋钮 7，断开信号回路。

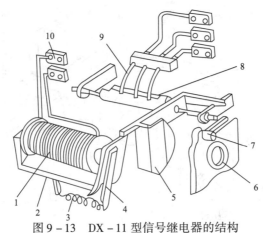

图 9-13 DX-11 型信号继电器的结构

1—线圈；2—铁芯；3—弹簧；4—衔铁；5—信号牌；
6—玻璃孔窗；7—复位旋钮；8—动触点；9—静触点；10—接线端子

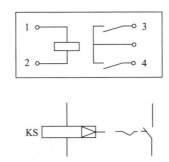

图 9-14 DX-11 系列信号继电器内部接线和图形符号

2) 感应式电流继电器

(1) 结构组成与工作原理。在 6 (10) kV 供配电系统中，广泛使用感应式电流继电器作电流保护。因为它兼有电流继电器、时间继电器、中间继电器和信号继电器的作用，从而能大大简化继电器保护装置。

常用的 GL-10 系列感应式电流继电器结构如图 9-15 所示。它由两大系统构成，一个是感应系统，其动作是反时限的；另一个是电磁系统，其动作是瞬时的。感应式电流继电器的内部接线和图形符号如图 9-16 所示。

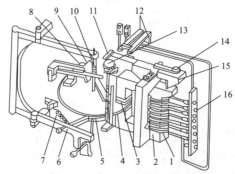

图 9-15 GL-10 系列感应式电流继电器结构

1—线圈；2—铁芯；3—短路环；4—铝盘；5—钢片；6—铝框架；7—调节弹簧；
8—制动永久磁铁；9—扇形齿轮；10—蜗杆；11—扁杆；12—触点；13—时限
调节螺钉；14—速断电流调节螺杆；15—衔铁；16—动作电流调节插销

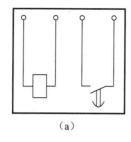 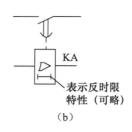

图 9-16 感应式电流继电器的内部接线和图形符号
(a) GL-10、20 型内部接线；(b) 图形符号

在图 9-15 中，当线圈 1 中有电流 I_{KA} 通过时，铁芯 2 在短路环 3 的作用下，产生在时间和空间位置上不相同的两个磁通 φ_1 和 φ_2，φ_1 在相位上超前 φ_2 一个角度 φ。这样在铁芯端部的空气隙中产生了两个空间位置和相位均不同的磁通，而且都穿过铝盘，由电工基础知识可知，如果两个磁通空间位置不重合，在时间上又有相位差时，那么其中一个磁通在铝盘内产生的感应涡流与另一个磁通相互作用，便产生了作用于铝盘的电磁力矩 M_1。该电磁力矩的方向是使铝盘由空间位置上相位超前的磁通转向相位滞后的磁通，即由磁极未套短路环部分向套有短路环的部分旋转，电磁力矩的大小则可由下式决定，即：

$$M_1 = K_1 \varphi_1 \varphi_2 \sin \varphi \tag{9-5}$$

由式（9-5）可见，电磁力矩 M_1 的大小不但与磁通 φ_1、φ_2 的大小有关，还与它们的相位差 φ 有关。当继电器结构一定时，K_1 与相位差 φ 为常数，当磁路未饱和时，磁通 φ_1、φ_2 与继电器线圈中的电流 I_{KA} 成正比。故式（9-5）可写成：

$$M_1 = K I_{KA}^2 \tag{9-6}$$

式（9-6）说明，通入继电器线圈的电流 I_{KA} 越大，电磁力矩 M_1 越大，铝盘转动越快。

铝盘 4 转动时，切割制动永久磁铁 8 的磁力线，因而在铝盘上产生涡流。该涡流与永久磁铁的磁场相互作用产生与转矩 M_1 方向相反的制动力矩 M_2，其大小与铝盘的转速 n 成正比，即：

$$M_2 = K_2 n \tag{9-7}$$

当转速 n 增大到某一值时，M_1 与 M_2 平衡，铝盘匀速运转。铝盘转动时，M_1 与 M_2 二者作用于铝盘，使铝盘带动铝框架 6 有克服调节弹簧 7 的拉力绕轴顺时针偏转的趋势。线圈中的电流越大，则铝框架受力也越大。当电流足够大时，铝框架克服弹簧阻力而顺时针偏转，使铝盘前移。当铝框架转到蜗杆 10 与扇形齿轮 9 啮合，扇形齿轮便随着铝盘的旋转而上升，从而启动继电器的感应系统。当铝盘继续旋转使扇形齿轮上升抵达扁杆 11 时，将扁杆顶起，使衔铁 15 的右端因与铁芯 2 的空气隙减小而被吸向铁芯，触点 12 闭合。从继电器启动（螺杆与扇形齿轮啮合瞬间）到触点闭合的这段时间，称为继电器的动作时限。图 9-17 为 GL-10 系列感应式电流继电器的时限特性曲线。当通过线圈的电流越大，铝盘转动也越快，动作时限就越短，这种时限特性称为反时限特性。如图 9-17 所示曲线的 ab 段。随着继电器线圈电流的继续增大，铁芯逐渐到达饱和状态。这时，M_1 不再随 I_{KA} 增大而增大，继电器动

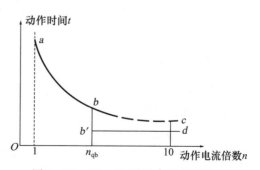

图 9-17 GL-10 系列感应式电流
继电器的时限特性曲线

作时限也不再减小，即进入定时限部分，如曲线中的 bc 段所示。这种有一定限度的反时限特性，称为有限反时限特性。

这种继电器还装有瞬动元件，当继电器线圈中电流再继续增大到某一预先设定的倍数时，衔铁的右端被吸向铁芯。扁杆 11 向上运动使触点瞬时闭合，电磁系统瞬时动作，进入曲线的"速断"部分，如曲线中的 b'd 段所示。电磁系统的动作时间为 0.05~0.1 s。动作 II 曲线对应于开始速断时间的动作电流倍数，称为速断电流倍数 n_{qb}。即：

$$n_{qb} = \frac{I_{qb}}{I_{OP}} \tag{9-8}$$

式中 I_{qb}——感应式电流继电器的速断电流，即继电器线圈中使速断元件动作的最小电流；

I_{OP}——感应式电流继电器的动作电流。

速断电流倍数可以通过速断电流调节螺杆 14 改变衔铁 15 与铁芯 2 之间的空气隙大小来调节。空气隙越大，速度电流倍数 n_{qb} 越大。当线圈中的电流减小到一定程度时，调节弹簧 7 时将框架 6 拉回，使扇形齿轮 9 与螺杆脱离，继电器则返回。

（2）动作电流与动作时限的调节。

使蜗杆与扇形齿轮 9 啮合的最小电流，称为继电器感应系统的动作电流。继电器感应系统的动作电流是利用动作电流调节插销 16 改变继电器线圈的匝数来调整的。GL 型感应式电流继电器的技术参数见表 9-3。

表 9-3 GL 型感应式电流继电器的技术参数

型 号	额定电流/A	整 定 值		速断电流倍数	返回系数
		动作电流/A	10 倍动作电流的动作时间/s		
GL-11/10 GL-21/10	10	4, 5, 6, 7, 8, 9, 10	0.5, 1, 2, 3, 4	2~8	0.85
GL-11/5 GL-21/5	5	2, 2.5, 3, 3.5, 4, 4.5, 5			
GL-15/10 GL-25/10	10	4, 5, 6, 7, 8, 9, 10	0.5, 1, 2, 3, 4		0.8
GL-15/5 GL-25/5	5	2, 2.5, 3, 3.5, 4, 4.5, 5			

感应系统的动作时限，可以通过转动螺杆 13 使挡板上下移动，改变扇形齿轮的起始位置来调节。扇形齿轮与摇柄的距离越大，则在一定电流作用下，继电器动作时限越长。

由于 GL-10 系列感应式继电器的动作时限与通过继电器线圈的电流大小有关，所以继电器铭牌上标注的时间，均指继电器线圈通过的电流为其整定的动作电流 10 倍时动作电流的动作时间。其他电流的动作时限可从对应的时限特性曲线上查得。电磁系统的动作电流，可通过速断电流调节螺杆 14 改变衔铁右端与铁芯之间的空气隙来调节。空气隙越大，速断动作电流也越大。

GL-10 系列继电器的优点是接点容量大，能直接作用于断路器跳闸，本身还具有机械掉牌装置，不需附加其他继电器就能实现有时限的过电流保护功能和信号指示功能。其缺点是结构复杂，精确度较低，感应系统惯性较大，动作后不能及时返回，为了保证其动作的选择性必须加大时限阶段。

三、高压配电电网的继电保护

输电线路或电气设备发生短路故障时，其重要的特征是电流突然增大和电压下降。过电流保护就是利用电流增大的特点构成的保护装置。

1. 带时限的过电流保护

带时限的过电流保护，按其动作时间特性分，有定时限过电流保护和反时限过电流保护两种。定时限，就是指保护装置的动作时间是固定的，与短路电流的大小无关；反时限，就是指保护装置的动作时间与反映到继电器中的短路电流的大小成反比关系，短路电流越大，动作时间越短，所以反时限特性也称为反比延时特性或反延时特性。

1）定时限过电流保护

电网的过电流保护装置均设在每一段线路的供配电端，其接线如图 9-18 所示。图中 TA_1、TA_2 为电流互感器；KA_1、KA_2 为电磁式过电流继电器，作为过电流保护的启动元件；KT 为时间继电器，作为过电流保护的时限元件；KS 为信号继电器，作为过电流保护的信号元件；KM 为中间继电器，作为保护的执行元件；YR 为断路器的跳闸线圈；触点 QF 为断路器操作机构控制的辅助常开触点。保护采用两相两继电器式接线方式。

正常情况下，线路中流过的工作电流小于继电器的动作电流，继电器不能动作。当线路保护范围内发生短路故障时，流过线路的电流增加，当电流达到电流继电器的整定值时，电流继电器动作，闭合其常开触点，使时间继电器 KT 线圈有电；经过一定延

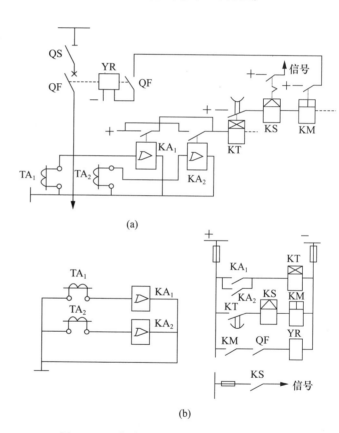

图 9-18 定时限过电流保护装置电路图
（a）原理图；（b）展开图

时，KT 触点闭合，接通信号继电器 KS 线圈回路，KS 触点闭合，接通灯光、声响信号回路；信号继电器本身也具有掉牌显示，指示该保护装置动作。在 KT 触点闭合接通信号继电器的同时，中间继电器 KM 线圈也同时有电，其触点闭合使断路器跳闸线圈 YR 有电，动作于断路器跳闸，切除故障线路。断路器跳闸后，QF 随即打开，切断断路器跳闸线圈回路，以避免直接用 KM 触点断开跳闸线圈时，其触点被电弧烧坏。在短路故障切除后，继电保护装置除 KS 外的其他所有继电器都自动返回起始状态，而 KS 需手动复位，完成

保护装置的全部动作过程。

(1) 动作电流的整定。

动作电流的整定必须满足下面两个条件：

① 应该躲过线路的最大负荷电流 $I_{L.max}$，以免在最大负荷通过时保护装置误动作。

② 保护装置的返回电流 I_{re} 也应该躲过线路最大负荷电流 $I_{L.max}$，以保证保护装置在外部故障切除后，能可靠地返回原始位置，以免发生误动作。为说明这点，现如图 9-19 所示的线路定时限过流保护整定为例来介绍。

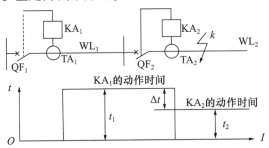

图 9-19 线路定时限过电流保护整定说明图

当线路 WL_2 的首端 k 点发生短路时，由于短路电流远远大于线路上的所有负荷电流，所以沿线路的过电流保护装置包括 KA_1、KA_2 均应启动。按照保护选择性的要求，应是靠近故障点的保护装置 KA_2 首先断开 QF_2，切除故障线路 WL_2，而 KA_1 应立即返回，不至于断开 QF_1。如果 KA_1 在整定其返回电流时没有躲过线路 WL_1 的最大负荷电流，尽管 KA_2 切除 WL_2 后，WL_1 恢复正常运行，但 KA_1 继续保持启动状态，从而达到它所整定的时限后，必将错误地断开 QF_1 造成 WL_1 停电，扩大了事故停电的范围，这是不允许的。所以保护装置的返回电流也必须躲过线路的最大负荷电流 $I_{L.max}$。线路的最大负荷电流应根据线路实际的过负荷情况，特别是尖峰电流（包括电动机的自启动电流）情况而定。

过电流保护动作电流的整定公式为：

$$I_{OP} = \frac{K_{rel}K_W}{K_{re}K_i}I_{L.max} \quad (9-9)$$

式中　I_{OP}——继电器的动作电流；

　　　K_{rel}——保护装置的可靠系数，对 DL 型继电器取 1.2，对 GL 型继电器取 1.3；

　　　K_W——保护装置的接线系数，三相式、两相式接线取 1，两相差式接线取 $\sqrt{3}$；

　　　K_{re}——保护装置的返回系数，对 DL 型继电器取 0.85，对 GL 型继电器取 0.8；

　　　K_i——电流互感器变比；

　　　$I_{L.max}$——线路的最大负荷电流，可取为 $(1.5 \sim 3)I_{30}$。

如果用断路器手动操作机构的过电流脱扣器 YR 作过电流保护，则脱扣器动作电流按下式进行整定，即：

$$I_{OP} = \frac{K_{rel}K_W}{K_i}I_{L.max} \quad (9-10)$$

式中　K_{rel}——保护装置 YR 的可靠系数，取 2~2.5。

由式 (9-9) 求得继电器动作电流计算值，确定其动作电流整定值。保护装置一次侧的动作电流为：

$$I_{OP_1} = \frac{K_i}{K_W}I_{OP} \quad (9-11)$$

(2) 动作时间的整定。

定时限过流保护装置的时限整定应遵守时限的"阶梯原则"。为了使保护装置以可能的最小时限切除故障线路,位于电网末端的过电流保护不设延时元件,其动作时间等于电流继电器和中间继电器本身固有的动作时间之和,为 0.07~0.09 s。

为了保证前后两级保护装置动作的选择性,在后一级保护装置的线路首端即 k 点发生三相短路时,前一级保护的动作时间 t_1,应比后一级保护的动作时间 t_2 要大一个时间差 Δt,即:

$$t_1 \geq t_2 + \Delta t \tag{9-12}$$

靠近电源侧的各级保护装置的动作时间,取决于时限级差 Δt 的大小。Δt 越小,各级保护装置的动作时限越小。但 Δt 不可过小,否则不能保证选择性。在确定出时,应考虑到断路器的动作时间,前一级保护装置工作时限可能发生提前动作的负误差,后一级保护装置可能发生滞后动作的正误差,为了保证前后级保护的动作选择性,还应该考虑加上一个保险时间,Δt 在 0.5~0.7 s。

对于定时限过电流保护,可取 $\Delta t = 0.5$ s;对于反时限过电流保护,可取位 $\Delta t = 0.7$ s。

[例 9-1] 如图 9-20 所示,某厂 10 kV 供配电线路,保护装置接线方式为两相式接线。已知 WL_2 的最大负荷电流为 60 A,TA_1 的变比为 150/5,TA_2 的变比为 100/5,继电器均为 DL 型电流继电器。已知 TA_1 已整定,其动作电流为 10 A,动作时间为 1 s。试求整定保护装置 TA_2 的动作电流、一次侧动作电流和动作时间。

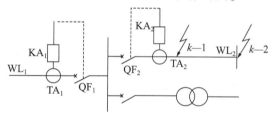

图 9-20 10 kV 供配电线路图

[解]

① 整定 KA_2 的动作电流。

取 $K_{rel} = 1.2, K_{re} = 0.85$,已知 $I_{L\,max} = 60$ A,故:

$$I_{OP(2)} = \frac{K_{rel} K_W}{K_{re} K_i} I_{L\,max} = \frac{1.2 \times 1}{0.85 \times 20} \times 60 = 4.23 \text{ (A)}$$

查表 9-2,KA_2 选择 DL-10/10 型电流继电器,线圈串联,动作电流整定为 4 A。KA_2 的一次侧动作电流为:

$$I_{OP1(2)} = \frac{K_i}{K_W} I_{OP(2)} = \frac{100/5}{1} \times 4 = 80 \text{ (A)}$$

② 整定 KA_2 的动作时间。

保护装置 KA_1 的动作时限应比保护装置 KA_2 的动作时限大一个时间阶段 Δt,取 $\Delta t = 0.5$ s,因为 KA_1 的动作时间是 $t_1 = 1$ s,所以 KA_2 的动作时间为:

$$t_2 = t_1 - \Delta t = 1 - 0.5 = 0.5 \text{(s)}$$

2)反时限过电流保护

反时限就是指保护装置的动作时间与反映到继电器中的短路电流的大小成反比关系,短路电流越大,动作时间越短。

反时限过电流保护的基本元件是 GL 型感应式电流继电器。晶体管继电器也可组成反时限过流保护装置。这种保护的特点是在同一线路的不同地点时，由于短路电流大小不同，因此保护具有不同的动作时限。短路点越靠近电源端，短路电流越大，动作时限越短。

图 9-21 是由 GL 型感应式电流继电器构成的反时限过电流保护装置（不完全星形接线）接线图。图中，KA_1、KA_2 为 GL 型感应式带有瞬时触电的反时限过电流继电器，继电器本身带有时限，并有动作及指示信号牌，所以回路不需要时间继电器和信号继电器。

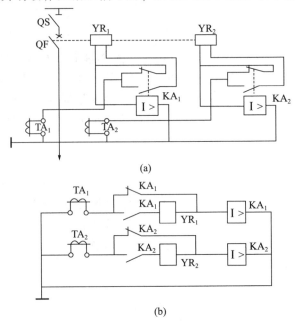

图 9-21 反时限过电流保护装置接线图
(a) 原理图；(b) 展开图

当一次电路发生相间短路时，电流继电器 KA_1、KA_2 至少有一个动作，经过一定的延时后（延时时间与短路电流大小成反比关系），其常开触点闭合，紧接着其常闭触点断开，断路器跳闸线圈 YR 因"去分流"而通电，使断路器跳闸，切除故障部分。在继电器去分流跳闸的同时，其信号牌自动掉下，指示保护装置已经动作。在故障切除后，继电器自动复位，信号牌则需要手动复位。

注意：GL 型感应式电流继电器的常开、常闭触点的动作先后顺序是：常开触点先闭合，常闭触点后断开（与一般的继电器触点状态变化正好相反）。这样不仅保证了继电器的可靠动作，而且还保证了在继电器触点转换过程中，电流互感器二次侧不会带负荷开路。

(1) 动作电流的整定。反时限过电流保护装置的动作电流整定计算与定时限过电流保护装置相同，只是 K_{rel} 取 1.3，此处不再赘述。

[例 9-2] 某高压线路的计算电流为 100 A，线路末端的三相短路电流为 1 300 A，采用 GL—15 型电流继电器组成两相电流差接线的相间短路保护，电流互感器的变比 315/5。试整定此继电器的动作电流。

[解]

取 $K_{rel}=1.3$，$K_{re}=0.85$，$K_W=\sqrt{3}$，$I_{L.max}=2\times I_{30}=2\times 100=200$ (A)，根据公式，有：

$$I_{OP}=\frac{K_{rel}K_W}{K_{re}K_i}I_{L.max}=\frac{1.3\times\sqrt{3}}{0.85\times 63}\times 200=8.4 \text{ (A)}$$

查表 9-3，根据 GL-15/10 型感应式继电器的规格，动作电流可整定为 8 A。

（2）动作时限的整定。为了保证动作的选择性，反时限过电流保护也应满足时限的"阶梯原则"。但由于感应电流继电器的动作时限与短路电流的大小有关，继电器的时限调节机构是按 10 倍动作电流来标度的，而实际通过继电器的电流一般不会正好就是动作电流的 10 倍，所以，必须根据继电器的动作特性曲线来确定。

假定图 9-22 所示线路中的 KA_2 的 10 倍动作电流时间已整定为 t_2，现在要求整定前一级保护 KA_1 的 10 倍动作电流时间 t_1，整定计算步骤如下：

（1）计算 KL_2 首端三相短路电流 I_k 反映到 KA_2 中的电流值，即：

$$I'_{k(2)} = \frac{K_{W(2)}}{K_{i(2)}} I_k \tag{9-13}$$

式中　$K_{W(2)}$——KA_2 与 TA_2 的接线系数；
　　　$K_{i(2)}$——TA_2 的变比。

（2）计算 $I'_{k(2)}$ 对 KA_2 的动作电流倍数，即：

$$n_2 = \frac{I'_{k(2)}}{I_{OP(2)}} \tag{9-14}$$

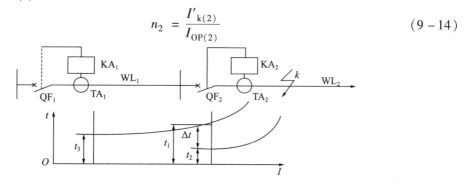

图 9-22　反时限过电流保护的时限配合

（3）确实 KA_2 的实际动作时间。在图 9-23 所示的 KA_2 的动作特性曲线的横轴上，找出 n_2，然后往上找到该曲线上的 b 点，该点所对应的动作时间 t'_2 就是 KA_2 通过 $I'_{k(2)}$ 时的实际动作时间。

（4）计算 KA_1 的实际动作时间，即：

$$t'_1 = t'_2 + \Delta t = t'_2 + 0.7 \text{ s} \tag{9-15}$$

（5）计算 WL_2 首端三相短路电流 I_k 反映到 KA_1 中的电流值，即：

$$I'_{k(1)} = \frac{K_{W(1)}}{K_{i(1)}} I_k \tag{9-16}$$

式中　$K_{W(1)}$——KA_1 与 TA_1 的接线系数；
　　　$K_{i(1)}$——TA_1 的变比。

（6）计算 $I'_{k(1)}$ 对 KA_1 的动作电流倍数，即：

$$n_1 = \frac{I'_{k(1)}}{I_{OP(1)}} \tag{9-17}$$

式中　$I_{OP(1)}$——KA_1 已整定的动作电流。

（7）确定 KA_1 的 10 倍电流动作时间。

从图 9-23 所示的 KA_1 的动作特性曲线的横坐标找出 n_1，在根据 n_1 与 KA_1 的实际动作时间 t'_1，从 KA_1 的动作特性曲线的坐标图上找出其坐标点 a 点，则此点所在曲线的 10 倍动作电流的动作时间 t_1 即为所求。

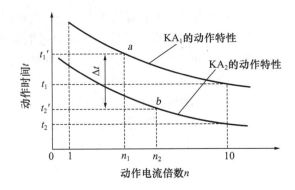

图 9-23 反时限过电流保护的动作时间整定

3）定时限和反时限过电流保护的比较

定时限过电流保护的优点是：动作时间准确，容易整定。而且不论短路电流大小，动作时间是一定的，不会因短路电流小而动作时间长。

定时限过电流保护的缺点是：继电器数目较多，接线比较复杂。在靠近电源处短路时，保护装置的动作时间太长。

反时限过电流保护的优点是：可采用交流操作，接线简单，所用保护设备数量少，因此这种方式简单经济，在工厂供配电系统中的车间变电所和配电线路上用得较多。

反时限过电流保护的缺点是：整定、配合较麻烦，继电器动作时限误差较大，当距离保护装置安装处较远的地方发生短路时，其动作时间较长，延长了故障持续时间。

由以上比较可知，反时限过电流保护装置具有继电器数目少，接线简单以及可直接采用交流操作电源等优点，所以在 6~10 kV 供配电系统中得到了广泛的使用。

2. 过电流保护装置的灵敏度

过电流保护的灵敏系数为：

$$S_P = \frac{I_{k.\min}^{(2)}}{I_{OP_1}} = \frac{K_W I_{k.\min}^{(2)}}{K_i I_{OP}} \tag{9-18}$$

式中 $I_{k.\min}^{(2)}$——被保护线路末端在系统最小运行方式下的两相短路电流。

按规定，灵敏系数 $S_P \geq 1.5$，当过电流保护作后备保护时，满足不了要求，可以取 $S_P \geq 1.2$。

[例 9-3] 校验例 9-1 中保护装置 KA_2 的灵敏度。

[解]

KA_2 保护的线路 WL_2 末端是 $k-2$ 点的两相短路电流为其最小短路电流，即：

$$I_{k.\min}^{(2)} = \frac{\sqrt{3}}{2} \times I_{K(k-2)}^{(2)} = 0.866 \times 220 = 190.5(A)$$

KA_2 灵敏度为：

$$S_P = \frac{K_W I_{k.\min}^{(2)}}{K_i I_{OP}} = \frac{1 \times 190.5}{20 \times 4} = 2.38 > 1.5$$

由此可见，灵敏度满足要求。

3. 越级跳闸的处理

如果是 WL_2 的保护装置动作，断路器 QF_2 拒绝跳闸造成越级，则应在拉开拒跳段路器

QF₂ 两侧的隔离开关后，将其他非故障线路送电。

如果是因为 WL₂ 的保护装置未动作造成越级跳闸，则应将各线路断路器断开，合上越级跳闸的断路器 QF₁，再逐条线路试送电，发现故障线路后，将该线路停电，拉开断路器两侧的隔离开关，再将其他非故障线路送电。

如果是保护装置动作，断路器 QF₂ 跳闸，则应拉开断路器 QF₂ 两侧的隔离开关，然后再查找保护装置动作的原因。

1）电流速断保护

从上节带时限的过流保护可看出，为了保证动作的选择性，前一级保护的动作时限要比后一级保护的动作时限延长一个时限 Δt。这样，越靠近电源处，其保护装置的动作时限越长，而越接近电源发生短路时的短路电流越大，因此短路的危害就更加严重。所以，一般过电流保护装置的动作时限如果超过 $0.5 \sim 0.7\ \mathrm{s}$，还需装设电流速断保护。

（1）电流速断保护的组成和工作原理。电流速断保护是一种不带时限的过电流保护，实际中电流速断保护常与过电流保护配合使用。电流速断保护的原理图如图 9-24 所示。图中，TA_1、TA_2 为电流互感器，KA_1、KA_2 为电磁式过电流继电器，作为过电流保护的启动元件；KS 为信号继电器，KM 为中间继电器，作为保护的执行元件；YR 为断路器的跳闸线圈，作为执行元件；QF 为断路器操作机构控制的辅助常开触点。保护采用两相两继电器式接线方式。

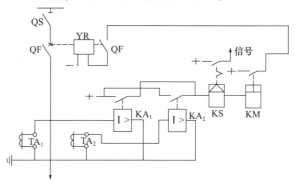

图 9-24 电流速断保护原理图

当线路发生短路，流经继电器的电流大于电流速断的动作电流时，电流继电器动作，其常开触点闭合，接通信号继电器 KS 和中间继电器 KM 回路，KM 动作，其常开触点闭合，接通断路器跳闸线圈 YR 回路，断路器 QF 跳闸，将故障部分切除；同时，KS 常开触点闭合，接通信号回路发出灯光和音响信号。

（2）电流速断保护的整定。由于电流速断保护不带时限，为了保证速断保护动作的选择性，在下一级线路首端发生最大短路电流时，电流速断保护不应动作。所以，电流速断保护的动作电流必须按躲过它所保护线路末端在最大运行方式下发生的短路电流来整定。

如图 9-25 所示的电路中，WL_1 末端 k—1 点的三相短路电流，实际上与其后一段 WL_2 首端 k—2 点的三相短路电流几乎是相等的。

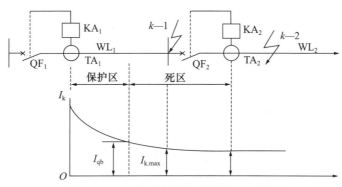

图 9-25 电流速断保护的保护区和死区

因此，电流速断保护动作电流（速断电流）的整定计算公式为：

$$I_{\text{qb}} = \frac{K_{\text{rel}} K_{\text{W}}}{K_{\text{i}}} I_{\text{k.max}} \qquad (9-19)$$

式中　I_{qb}——速断保护动作电流；

　　　K_{rel}——可靠系数，对 DL 系列电流继电器可取 1.2~1.3，对系列电流继电器可取 1.4~1.5；

　　　$I_{\text{k.max}}$——被保护线路末端短路时的最大短路电流。

（3）电流速断保护的"死区"及其弥补。由于电流速断保护的动作电流是按躲过线路末端的最大短路电流来整定的，因此，在靠近线路末端的一段线路上发生的不一定是最大短路电流时，速断保护就不会动作。也就是说，电流速断保护实际不能保护线路的全长，这种保护装置不能保护的区域，就称为"死区"，如图 9-25 所示。

为了弥补"死区"得不到保护的缺点，在装设电流速断保护的线路上，必须配备带时限的过电流保护。在电流速断的保护区内，速断保护为主保护，时限不超过 0.1 s，过电流保护为后备保护；而在电流速断保护的"死区"内，过电流保护为基本保护。

（4）电流速断保护的灵敏度。电流速断保护的灵敏度必须满足的条件是：

$$S_{\text{P}} = \frac{K_{\text{W}} I_{\text{k.min}}^{(2)}}{K_{\text{i}} I_{\text{qb}}} \geq (1.5 \sim 2) \qquad (9-20)$$

式中　$I_{\text{k.min}}^{(2)}$——线路首端在系统最小运行方式下的两相短路电流。

[例 9-4] 如图 9-26 所示的 10 kV 线路中，WL_1 和 WL_2 都采用 GL-15/10 电流继电器构成两相两继电器接线的过电流保护和速断保护。已知 TA_1 的变比为 100/5，TA_2 的变比为 75/5，WL_1 的过电流保护动作电流整定 9 A，10 倍动作电流倍数为 1 s，WL_2 的计算电流为 36 A，WL_2 首端三相短路电流为 900 A，末端三相短路电流为 320 A，试整定线路 WL_2 的保护。

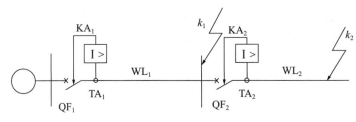

图 9-26

[解]

线路由 GL-15/10 感应式电流继电器构成两相式的过电流保护和电流速断保护。

（1）过电流保护。

① 动作电流的整定步骤如下：

$$I_{\text{OP}(2)} = \frac{K_{\text{rel}} K_{\text{W}}}{K_{\text{re}} K_{\text{i}}} I_{\text{L.max}} = \frac{1.3 \times 1}{0.8 \times (75/5)} \times 2 \times 36 = 7.8 \text{ (A)}$$

查表 9-3，整定继电器动作电流 8 A，过电流保护一次侧动作电流为

$$I_{\text{OP1}(2)} = \frac{K_{\text{i}}}{K_{\text{W}}} I_{\text{OP}(2)} = \frac{75/5}{1} \times 8 = 120 \text{ (A)}$$

② 动作时限的整定。由线路 WL_1 和 WL_2 保护短路点 k_1，整定 WL_2 的电流继电器的动作时限。

计算 k_1 点短路，WL_1 保护的动作电流倍数 n_1 和动作时限 t_1。

$$n_1 = \frac{I_{k(1)}^{(3)}}{I_{OP_{1(1)}}} = \frac{900}{9 \times (100/5)} = 5$$

由 $n_1 = 5$ 查 GL-15 电流继电器 $t|_{n=10} = 1\,\text{s}$ 的特性曲线得 $t_1 = 1.4\,\text{s}$。

计算 k_1 点短路，WL_2 保护的动作电流倍数 n_2 和动作时限 t_2。

$$n_2 = \frac{I_{k(2)}^{(3)}}{I_{OP_{1(2)}}} = \frac{900}{120} = 7.5$$

$$t_2 = t_1 - \Delta t = 1.4 - 0.7 = 0.7(\text{s})$$

由 $n_2 = 7.5$、$t_2 = 0.7\,\text{s}$，从 GL-15 电流继电器动作特性曲线查得，10 倍动作电流时限为 $0.6\,\text{s}$。

③ 灵敏度校验。

$$I_{k.\min}^{(2)} = \frac{\sqrt{3}}{2} \times I_{k(2)}^{(3)} = 0.866 \times 320(\text{A})$$

$$S_P = \frac{K_W I_{k.\min}^{(2)}}{I_{OP_{1(2)}}} = \frac{1 \times 0.866 \times 320}{120} = 2.3 > 1.5$$

WL_2 过电流保护整定满足要求。

(2) 电流速断保护的整定。

① 动作电流的整定。

$$I_{qb} = \frac{K_{rel} K_W}{K_i} I_{k.\max} = \frac{1.5 \times 1}{75/5} \times 320 = 32(\text{A})$$

② 灵敏度校验。

$$S_P = \frac{K_W I_{k.\min}^{(2)}}{K_i I_{qb}} = \frac{1 \times 0.866 \times 900}{15 \times 32} = 1.63 > 1.5$$

WL_2 电流速断保护整定满足要求。

4. 中性点不接地的单相接地保护

工厂企业 3~63 kV 供配电系统，电源中性点的运行方式采用小接地电流系统。当这种电网发生单相接地故障时，故障电流往往比负荷电流要小得多，并且系统的相间电压仍保持对称，所以不影响电网的继续运行。但是单相接地后，非故障相对地电压升高，长期运行，将危害系统绝缘，甚至击穿对地绝缘，引发两相接地短路，造成停电事故。因此，线路必须装设有选择性的单相接地保护装置或无选择性的绝缘监视装置，动作于信号或跳闸。

1) 多线路系统单相接地分析

供配电系统中有若干条线路，现分析如图 9-27 所示的具有三回出线的供配电系统在线路 WL_3 的 C 相发生接地时的电容电流和接地电流的分布。全系统该相对地电压为零，所有流经该相的对地电容电流也为零。各线路上的非故障相（A、B）的电容电流和 I_{C_1}、I_{C_2}、I_{C_3} 都通过故障线路流过接地点构成回路，如图 9-27 中的箭头所示。

单相接地时每回线路的电容电流为：

$$I_{C_1} = 3I_{C_{01}} = 3U_\varphi \omega C_1 \tag{9-21}$$

$$I_{C_2} = 3I_{C_{02}} = 3U_\varphi \omega C_2 \tag{9-22}$$

$$I_{C_3} = 3I_{C_{03}} = 3U_\varphi \omega C_3 \tag{9-23}$$

式中　下标 1、2、3——线路的编号；
I_{C_0}——正常情况下的每相的电容电流；
I_{C_1}、I_{C_2}——分别为流经非故障相线路 WL_1、WL_2 的电流互感器 TA_1、TA_2 的电容电流。

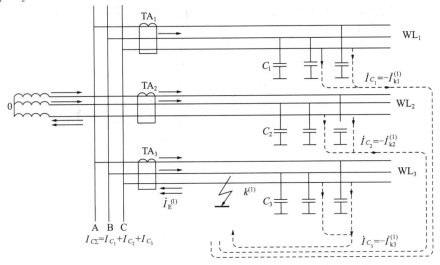

图 9-27　单相接地时电容电流和接地电流的分布图

流经故障线路 WL_3 的电流互感器 TA_3 的是接地故障电流 $I_E^{(1)}$，即：

$$I_E^{(1)} = I_{C\Sigma} - I_{C_3} = (I_{C_1} + I_{C_2} + I_{C_3}) - I_{C_3} = 3(I_{C01} + I_{C02}) \quad (9-24)$$

它是非故障线路正常电容电流 I_{C_0} 之和的 3 倍，电流的流向由线路指向母线。

2）绝缘监视装置

在变电所中，一般均装设绝缘监视装置来监视电网对地的绝缘状况。如图 9-28 所示电网绝缘监视装置的原理接线图。该装置由三相五柱式电压互感器、三个电压表和一个电压继电器组成。

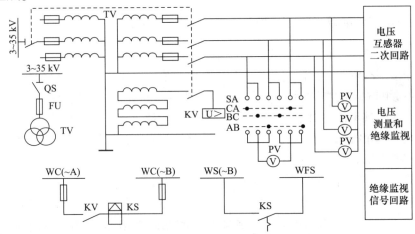

图 9-28　电网绝缘监视装置的原理接线图

三相五柱式电压互感器有五个铁芯柱，三相绕组绕在其中的三个铁芯柱上，如图 9-29 所示。原绕组接成星形，副绕组有两组，其中一个副绕组接成星形，三个电压表接在相电压上。另一个副绕组接成开口三角形，开口处接入一个电压继电器，用来反应线路单相接地时出现的零序电压。为了使电压互感器反应出电网单相接时的零序电压，电压互感器的中性点必须直接接地。

正常运行时，电网三相对地电压对称，无零序电压产生，三个电压表读数相同且指示的是电网的相电压，接在开口三角处电压继电器的电压接近零值，电压继电器不动作。

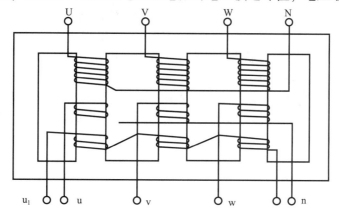

图9-29　三相五柱式电压互感器结构图

当电网出现接地故障时，接地一相的对地电压下降，其他两相对地电压升高，这可从三个电压表的读数上看出，同时出现零序电压，使电压继电器动作，发出接地故障信号。

运行人员听到接地音响信号后，通过三个电压表的指示，可以知道哪一相发生了接地故障。但绝缘监视装置的动作没有选择性，所以要查找具体的故障线路，必须依次断开各个线路。当断开某一线路时，三个电压表的指示又回到相等状态，系统恢复正常时，说明该线路即是故障线路。

采用绝缘监视装置依次断开各线路来查找故障线路的方法虽然简单，但查找故障要使无故障的用户暂时停电，且查找故障的时间也长。一般用于出线不太多，并且允许停电的供配电系统。在复杂和重要的电网中，还需装设有选择性的接地保护装置。

3）有选择性的单相接地保护

(1) 单相接地保护和工作原理。单相接地保护利用故障线路零序电流比非故障线路零序电流大的特点，实现有选择性保护。

如图9-30所示，在系统正常运行或发生三相对称短路时，由三相电流产生的三相磁通向量之和在零序电流互感器二次侧为零，所以在电流互感器中不会感应产生零序电流，继电器不动作。当发生单相接地故障时，就有接地电容电流通过，此电流在零序互感器二次侧感应出零序电流，使继电器动作，并发出信号。

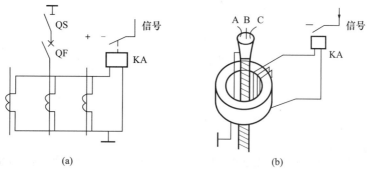

图9-30　零序电流保护装置原理图
(a) 架空线路；(b) 电缆线路

这种单相接地保护装置能较灵敏地监察小接地电流系统对地绝缘，而且从各条线路的接地保护信号中可以准确判断出发生单相接地故障的线路。它适用于高压出线较多的供配电系统。

对于架空线路，保护装置可接在一个电流互感器构成的零序电流过滤回路中，如图9-30（a）所示。对于电缆线路，零序电流通过零序电流互感器取得，如图9-30（b）所示。零序电流互感器有一个环状铁芯，套在被保护的电缆上，利用电缆作为一次线圈，二次线圈绕在环状铁芯上与电流继电器连接。

（2）单相接地保护动作电流的整定。保护装置的动作电流整定必须保证选择性。当电网某线路发生单相接地故障时，因为非故障线路流过的零序电流是其本身的电容电流，在此电流作用下，零序电流保护不应动作。因此，其动作电流应为：

$$I_{\text{OP}} = 3K_{\text{rel}}U_\varphi \omega C_0 \tag{9-25}$$

式中　U_φ——电网的相电压，V；
　　　C_0——本线路每相的对地电容，F；
　　　K_{rel}——可靠系数，它的大小与动作时间有关，如果保护为瞬时动作，K_{rel}取4~5；如果保护为延时动作，K_{rel}取1.5~2。

（3）单相接地保护的灵敏度。保护装置的灵敏度按被保护线路上发生单相接地故障时流过保护装置的最小零序电流来校验，即：

$$S_{\text{P}} = \frac{3U_\varphi \omega (C_{0\Sigma} - C_0)}{I_{\text{OP}}} \tag{9-26}$$

式中　S_{P}——灵敏系数，电缆线路 $S_{\text{P}} \geq 1.25$，架空线路 $S_{\text{P}} \geq 1.5$；
　　　$C_{0\Sigma}$——电网在最小运行方式下各线路每相对地电容之和，F。

对于电缆线路，在发生单相接地时，接地电流不仅可能沿着故障电缆的导电外皮流动，而且也可能沿着非故障电缆的导电外皮流动。这部分电流不仅降低了故障线路接地保护的灵敏度，有时还会造成接地保护装置的误动作。因此，应将电缆终端盒的接地线穿过零序电流互感器的铁芯，如图9-30（b）所示。使铠装电缆流过的零序电流，再经接线盒的接地线回流穿过零序电流互感器，防止引起零序电流保护的误动作。

任务实施

电力线路继电保护整定计算

任务实施表如表9-4所示。

表9-4　任务实施表

姓名		专业班级		学号	
任务名称及内容		电力线路继电保护整定计算			
1. 任务实施目的： 掌握电力线路继电保护整定计算			2. 任务完成的时间：2学时		
3. 任务实施内容及方法步骤： （1）某10 kV电力线路，采用两相两继电器接线的去分流跳闸原理的反时限过电流保护，电流互感器电流比为150/5，路最大负荷电流（含自启动电流）为85 A，线路末端三相短路电流为 $I_k^{(3)}$ = 1.2 kA，试整定该装置 GL-15 型感应式过电流继电器的动作电流和速断电流倍数。					

续表

（2）某高压线路采用两相两继电器接线的去分流跳闸原理的反时限过电流保护装置，电流互感器的电流比为 250/5，线路最大负荷电流为 220 A，首端三相短路电流有效值为 5.1 kA，末端三相短路电流有效值为 1.9 kA，试整定计算其采用 GL－15 型电流继电器和速断电流倍数，并检验其过电流保护和速断保护的灵敏度。 （3）现有前后两级反时限过电流保护，均采用 GL－25 型过电流继电器，前一级按两相两继电器接线，后一级按两相一继电器接线，后一级过电流保护动作时间（10 倍动作电流）整定为 0.5 s，动作电流为 8 A，前一级继电器的动作电流已整定为 4 A，前一级电流互感器的电流比为 300/5，后一级电流互感器的电流比为 200/5，后一级线路首端的三相短路电流有效值为 1 kA，试整定前一级继电器的工作时间
4. 整定及结果分析
指导教师评语（成绩）   年　月　日

评价总结

根据整定及结果分析，进行评议总结，并填写成绩评议表（表 9－5）。

表 9－5　成绩评议表

评定人/任务	任务评议	等级	评定签名
自己评			
同学评			
指导教师评			
综合评定等级			

____年____月____日

任务二　电力系统主设备继电保护整定计算

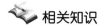
相关知识

一、电力变压器的继电保护

变压器是供配电系统中的重要设备，它运行较为可靠，故障概率较小。但在运行中，仍可能发生内部故障、外部故障及不正常运行状态。这对工厂企业的正常供配电和安全运行将带来严重的影响，同时会造成很大的经济损失。因此，必须根据变压器的容量大小及重要程度装设专用的保护装置。

变压器的内部故障主要有绕组的相间短路、绕组匝间短路和单相接地短路等。内部故障是很危险的，因为短路电流产生的电弧不仅会破坏绝缘，烧坏铁芯，还可能使绝缘材料和变压器油受热而产生大量气体，引起变压器油箱爆炸。

变压器常见的外部故障是引出线和绝缘套管的相间短路或接地短路等。变压器的不正常运行状态有：由外部短路引起的过电流、过负荷及油面过低和温度升高等。

对于变压器的正常运行状态，变压器应设置以下保护装置：对容量不大的小型变压器，保护应力求简化。首先，可考虑用熔断器保护；其次，可考虑采用定时限或反时限的过流保护，其整定方法与单端供配电线路情况相同。当动作时限大于0.7 s时，可装设速断保护。容量为800 kV·A及以上的油浸式变压器和容量为400 kV·A及以上的室内油浸式变压器，还需装设瓦斯保护。对有可能过负荷的变压器，应装设过负荷保护，过负荷保护用于信号。

对容量较大的变压器，应装设过电流保护、电流速断保护和瓦斯保护，同时还应装设过负荷保护。如果单台运行的变压器容量在1 000 kV·A及以上或两台并列运行的变压器容量在6 300 kV·A及以上时，必须装设差动保护。

1）变压器的瓦斯保护

当变压器发生内部故障时，短路电流所产生的电弧将使变压器油和其他绝缘物分解生成大量的气体，利用这种气体作为信号实现保护的装置称为瓦斯保护装置。瓦斯保护的主要元件是瓦斯继电器。

（1）瓦斯继电器的结构和工作原理。目前，国内采用的瓦斯继电器有三种类型：浮筒式、挡板式和复合式。前两种类型的瓦斯继电器由于存在抗振性能较差和动作不快等缺点，逐渐被淘汰。近年来推广使用FJ3-80、QJ1-80型复合式瓦斯继电器。图9-31为FJ3-80型复合式瓦斯继电器的结构示意图。

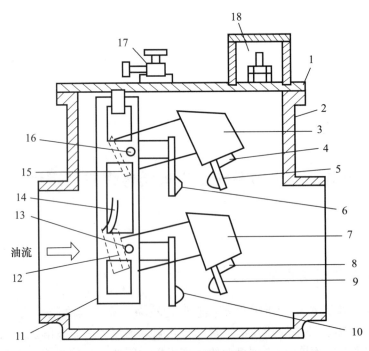

图9-31　FJ3-80型复合式瓦斯继电器的结构示意图

1—盖；2—容器；3—上油杯；4—永久磁铁；5—上动触点；6—上静触点；
7—下油杯；8—永久磁铁；9—下动触点；10—下静触点；11—支架；12—下油杯平衡锤；
13—下油杯转轴；14—挡板；15—上油杯平衡锤；16—上油杯转轴；17—放气阀；18—接线盒

变压器正常运行时,上油杯3及下油杯7都浸在油内,均受到浮力。因平衡锤的重量所产生的力矩大于油杯(包括杯内的油重)一侧的力矩,油杯处于向上倾斜的位置,此时上、下两对触点都是断开的。

当变压器内部发生轻微故障时,产生的气体聚集在继电器的上部,迫使继电器内油面下降,上浮的上油杯3逐渐露出油面,浮力逐渐减小,上油杯因其中盛有残余的油而使其力矩大于另一端平衡锤的力矩而降落,这时上触点闭合而接通信号回路,这称为"轻瓦斯动作"。

当变压器内部发生严重故障时,产生的大量气体或强烈的油流将冲击挡板14,使下油杯7立刻向下转动,使下触点接通跳闸回路,这称为"重瓦斯动作"。

如果变压器油箱漏油,使得瓦斯继电器内的油也慢慢流尽,先是继电器的上油杯下降,发出信号,接着继电器的下油杯下降,使断路器跳闸。

(2)瓦斯保护的接线。瓦斯保护的接线原理图如图9-32所示。KG为瓦斯继电器,KS为信号断电器,KM为带串联自保持电流线圈的中间继电器。轻瓦斯继电器动作,其上触点闭合,发出轻瓦斯信号。重瓦斯电器动作,其下触点闭合,由KS发出重瓦斯信号,同时继电器KM吸合使变压器两侧的断路器跳闸。由于重瓦斯保护是按油的流速大小动作的,而油的流速在故障中往往是不稳定的。因此,重瓦斯动作后必须有自保持回路,以保证有足够的时间使断路器可靠地跳闸。为此,KM应具有串联自保持电流线圈。变压器在运行中进行滤油、加油、换硅胶时,必须将重瓦斯经切换片XB改接信号灯HL,防止重瓦斯动作,断路器跳闸。

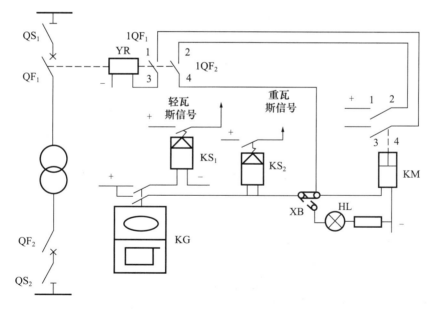

图9-32 瓦斯保护的接线原理图

(3)瓦斯保护的安装和运行。瓦斯继电器安装在变压器油箱和油枕的连接管处,如图9-33所示。内部故障时,油箱内气体流向油枕并驱动瓦斯继电器动作。为了使气体易于流进油枕及防止气泡聚集在变压器的油箱顶盖下,在安装具有瓦斯继电器的变压器时,要求变压器的油箱顶盖与水平面具有1%~1.5%的坡度,通往油枕的连通管与水平面间有2%~4%的坡度。为了使瓦斯继电器可靠动作。在安装瓦斯继电器时,一定要使瓦斯继电器的箭头标志指向油枕方向。

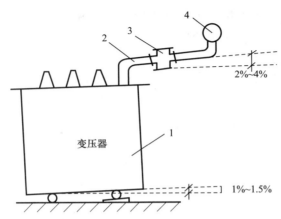

图 9-33 瓦斯继电器安装示意图
1—变压器油箱；2—连接管；3—瓦斯继电器；4—油枕

变压器瓦斯保护动作后，运行人员应立即对变压器进行检查，查明原因，可在瓦斯继电器顶部打开放气阀，用干净的玻璃瓶收集气体（收集时人体不得靠近带电部分），通过分析气体性质可判断发生故障的原因和处理要求，如表 9-6 所示。

表 9-6 瓦斯继电器动作后的气体分析和处理要求

气体性质	故障原因	处理要求
无色、无臭、不可燃	变压器含有空气	允许继续运行
灰白色、有剧臭、可燃	纸质绝缘物烧毁	应立即停电检修
黄色、难燃	木质绝缘部分烧毁	应停电检修
深灰色或黑色、易燃	油内闪络、油质炭化	分析油样，必要时停电检修

瓦斯保护的主要优点是：动作迅速，灵敏度高，接线和安装简单，能反应变压器油箱内部各种类型的故障。特别是当变压器绕组匝间短路的匝数很少时，虽然故障回路电流很大，可能造成严重过热，而反映到外部的电流变化却很小，其他保护装置都不能动作。因此，瓦斯保护对于切除这类故障有特别重要的意义。

瓦斯保护的缺点是：不能反映外部套管和引出线的短路故障，因而还必须与其他保护装置配合使用。

2）变压器的速断保护

瓦斯保护虽然能很好地反应变压器油箱内部的故障，但由于它不能反映油箱外部套管和引出线的故障。因此，对容量较小的变压器在电源侧设电流速断保护，它与瓦斯保护互相配合，就可以对变压器内部和电源侧套管及引出线上全部故障作出反应。

变压器的电流速断保护原理接线图如图 9-34 所示。电源侧为大电流接地系统时，保护采用完全星形接线；电源侧为小电流接地系统时，则可采用两相不完全星形接线。

电流速断保护的动作电流，按躲过变压器外部故障（如 $k—2$ 点）的最大短路电流来整定，即：

$$I_{qb} = \frac{K_{rel}K_W}{K_i}I_{k.max} \tag{9-27}$$

式中 K_{rel}、K_W、K_i——分别为与线路速断保护电流整定公式中的意义相同；

$I_{k.max}$——低压母线三相短路电流周期分量有效值换算到高压侧的电流值。

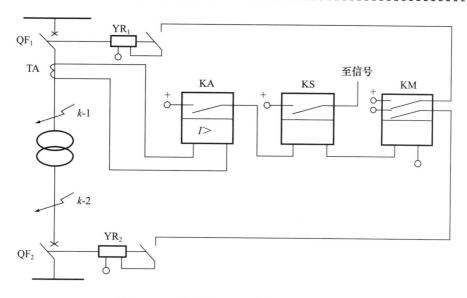

图 9 – 34 变压器的电流速断保护原理接线图

另外，变压器速断保护的动作电流还应躲过变压器空载投入时的励磁涌流。运行经验证明，一般动作电流应大于变压器额定电流的 3～5 倍。

电流速断保护的灵敏系数为：

$$S_P = \frac{K_W I_{k.\min}^{(2)}}{K_i I_{qb}} \geqslant 1.5 \tag{9-28}$$

式中 $I_{k.\min}^{(2)}$ ——保护装置安装处（$k—1$）最小运行方式下的两相短路电流，单位为 A。

变压器电流速断保护的优点是接线简单，动作迅速。但还存在下述缺点，从式（9 – 19）看出，由于电流速断保护的启动电流是按躲开变压器二次侧时最大短路电流整定的，因此它仅能保护变压器绕组的一部分，其余部分绕组及非电源侧套管及引出线则不能保护，有"死区"，也必须以带有时限的过电流保护来弥补"死区"。

3) 变压器的过电流保护

变压器的过电流保护装置安装在变压器的电源侧，它既能反映变压器的外部故障，又能作为变压器内部故障的后备保护，同时也作为下一级线路的后备保护。图 9 – 35 为变压器过电流保护的单相原理接线图，当过电流保护装置动作后，断开变压器两侧的断路器。过电流保护的动作电流，应按躲过变压器的最大负荷电流 $I_{L.\max}$ 来整定，即：

$$I_{OP} = \frac{K_{rel} K_W}{K_{re} K_i} I_{L.\max} \tag{9-29}$$

式中，K_{rel}、K_W、K_{re}、K_i 与线路过电流保护动作电流整定公式中的意义相同。

$$I_{L.\max} = (1.5～3) I_{INT} \tag{9-30}$$

式中 I_{INT} ——变压器额定一次电流。

保护装置的灵敏度应按下式校验：

$$S_P = \frac{K_W I_{k.\min}^{(2)}}{K_i I_{OP}} \tag{9-31}$$

式中 $I_{k.\min}^{(2)}$ ——变压器低压侧母线在系统最小运行方式时发生两相短路电流换算到高压侧的电流值，A。

灵敏度的要求 $S_P \geqslant 1.5$；当作为后备保护时，$S_P \geqslant 1.2$。

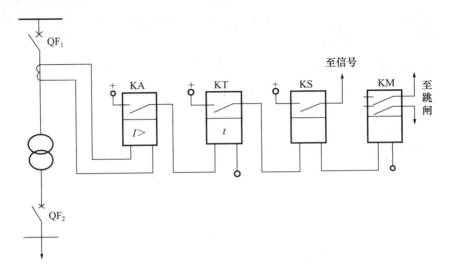

图 9-35 变压器过流保护单相原理接线图

保护装置的动作时限仍按"阶梯原则"整定,与线路过电流保护完全相同。即比下一级保护装置大一个时限阶段 Δt。对车间变电所来说,其动作时间可整定为最小值(0.5 s)。

[例 9-5] 某降压变电所装有一台 10/0.4 kV、1 000 kV·A 的电力变压器。已知变压器低压母线三相短路电流 $I_k^{(3)} = 13\text{kA}$,高压侧继电保护用 CT 的电流比为 100/5,继电器采用 GL-25 型,接成两相两继电器式。试整定该继电器的反时限过电流保护的动作电流、动作时间及电流速断保护的速断电流倍数。

[解]
(1) 过电流保护。
① 动作电流整定。取 $K_{rel} = 1.3$,而 $K_W = 1$,$K_{re} = 0.8$,$K_i = 100/5 = 20$,

$$I_{L.max} = (1.5 \sim 3)I_{INT} = 2 \times \frac{1\,000}{\sqrt{3} \times 10} \approx 115.5\,(A)$$

$$I_{OP} = \frac{K_{rel}K_W}{K_{re}K_i}I_{L.max} = \frac{1.3 \times 1}{0.8 \times 20} \times 115.5 \approx 9.38\,(A)$$

因此,查表 9-3,过电流保护动作电流 I_{OP} 整定为 9A。

② 动作时间的整定。考虑该变电所为终端车间变电所,其过流保护电流的动作时间整定为最小值 0.5 s。

③ 灵敏度校验。

$$I_{k.min}^{(2)} = 0.866 \times 13\,000 \times \frac{5}{100} = 562.9\,(A)$$

$$S_P = \frac{K_W I_{k.min}^{(2)}}{K_i I_{OP}} = \frac{1 \times 562.9}{20 \times 9} \approx 3.1 > 1.5$$

(2) 电流速断保护的速断电流整定。

$$I_{k.max} = 13\,000 \times \frac{0.4}{10} = 520\,(A)$$

取 $K_{rel} = 1.4$,则:

$$I_{qb} = \frac{K_{rel}K_W}{K_i}I_{k.max} = (1.4 \times 1 \times 520) \div 20 = 36.4\,(A)$$

因此,速断电流倍数整定为:

$$n_{qb} = \frac{I_{qb}}{I_{op}} = \frac{36.4}{9} \approx 4.40$$

（3）变压器的过负荷保护。变压器的过负荷保护是反应变压器不正常运行状态的，一般经延时后动作于信号。变压器的过负荷电流是对称的，因此只需在任一相上装设电流继电器即可，如图9-36所示。过负荷保护装置的动作电流应躲过变压器的额定一次电流整定，即：

$$I_{\text{OP(OL)}} = (1.2 \sim 1.5) \frac{I_{\text{INT}}}{K_i} \tag{9-32}$$

式中　K_i——电流互感器的电流比。

为防止短路时和电动机启动时误发信号，过负荷保护的动作延时要大于变压器的过电流保护的动作时间和电动机的启动时间，一般取 10~15 s。

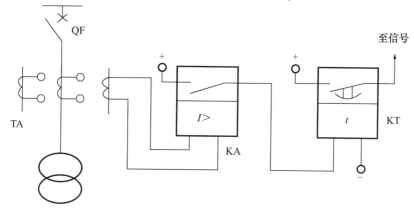

图 9-36　变压器的过负荷保护

4）变压器的差动保护

电流速断保护虽然动作迅速，但它有保护"死区"，不能保护整个变压器。过电流保护虽然能保护整个变压器，但动作时间较长。瓦斯保护虽然动作灵敏，但它只能保护变压油箱的内部故障。为了克服这些保护的缺点，对较大容量的变压器可采用差动保护装置作为变压器的主保护，用它来保护变压器内部及套管和引出线上的各种短路故障。变压器差动保护分为纵联差动保护和横联差动保护两种，本章主要讲述纵联差动保护。

（1）差动保护的基本原理。纵联差动保护是反应变压器两侧电流之差的保护装置，其保护原理接线图如图9-37所示。将变压器两侧的电流互感器同极性串联，使继电器跨接在两连线之间，流入差动继电器的电流就是两侧电流互感器二次电流之差，即：

$$I_{KA} = |I''_1 - I''_2|$$

当变压器正常运行或在差动保护范围之外 k—1 点发生短路时，流入继电器 KA 的电流相等或相差很小，继电器 KA 不动作。当在保护范围之内的 k—2 点发生短路时，对于单端供配电的变压器，$I''_2 = 0$，因此，$I_{KA} = I''_1$。超过继电器 KA 所整定的动作电流，KA 瞬时作用于出口继电器 KM 使断路器 QF_1、QF_2 同时跳闸，将变压器退出，切除短路故障，同时发出信号。

通过上面的分析，变压器差动保护的工作原理是：在变压器正常工作或保护区域外部发生短路故障时，电流互感器二次侧电流同时增加，流入继电器的动作电流也为零，或仅为变压器一、二次侧的不平衡电流，不平衡电流小于继电器动作电流，故保护装置不动作。在变压器差动保护范围内发生故障时,在单电源的情况下,流入继电器回路的电流,大于其动作电流,保护装置动作,使 QF_1、QF_2 同时跳闸,将变压器从线路中切除。

通过对变压器的差动保护工作原理分析可以知道,为了提高差动保护的灵敏度,需设法减小不平衡电流,但为了防止保护误动作,又必须使差动保护的动作电流值大于最大的不平衡电流。

变压器差动保护的保护范围是变压器两侧电流互感器安装地点之间的区域。它可以保护变压器内部及两侧绝缘套管和引出线上的相间短路。

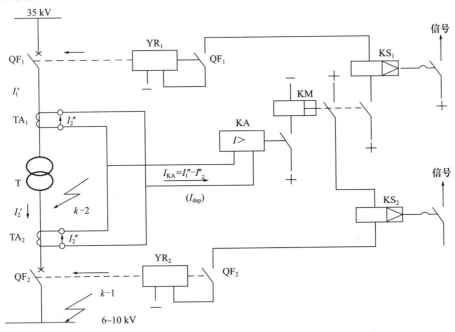

图 9-37 变压器差动保护单相原理接线图

(2) 变压器差动保护动作电流的整定。变压器差动保护的动作电流 $I_{OP(ed)}$ 应满足下面三个条件:

① 应躲过变压器差动保护区外短路时出现的最大不平衡电流 I_{dspmax},即:

$$I_{OP(ed)} = K_{rel}I_{dspmax} \quad (9-33)$$

式中 K_{rel}——可靠系数,取 1.3。

② 应躲过变压器励磁涌流,即:

$$I_{OP(ed)} = K_{rel}I_{INT} \quad (9-34)$$

式中 I_{INT}——变压器额定一次电流;
K_{rel}——可靠系数,取 1.3~1.5。

③ 动作电流应大于变压器最大负荷电流。

$$I_{OP(ed)} = K_{rel}I_{L.max} \quad (9-35)$$

式中 $I_{L.max}$——最大负荷电流,取 $I_{L.max} = (1.2 \sim 1.3)I_{INT}$;
K_{rel}——可靠系数,取 1.3。

按以上三个条件计算的一次侧动作电流最大值进行整定。

二、高压电动机的继电保护

企业中大量采用高压电动机,它们在运行中发生的常见短路故障和不正常工作状况主要有定子绕组相间短路、单相接地、电动机过负荷、低电压、同步电动机失磁、失步等。

按 GB 50062—1992 规定,对 2 000 kW 以下的高压电动机相间短路,应装设电流速断保护;对 2 000 kW 及以上的高压电动机,或电流速断保护灵敏度不满足要求的高压电动机,应装设差动保护;对易发生过负荷的电动机,应装设过负荷保护;对不重要的高压电动机或不允许自启动的电动机,应装设低电压保护;高压电动机单相接地电流如果大于 5A,应装设选择性的单相接地保护。

1) 高压电动机的过负荷保护和电流速断保护

电动机的过负荷保护和电流速断保护一般采用 GL 型感应式电流继电器。不易过负荷的电动机,也可采用 DL 型电磁式继电保护构成电流继电器。

(1) 过负荷保护和过电流保护。高压电动机的过负荷保护和电流速断保护接线图如图 9-38 所示。保护广泛采用两相一继电器式接线,灵敏度不符合要求或 2 000 kW 及以上的电动机采用两相两继电器式接线。

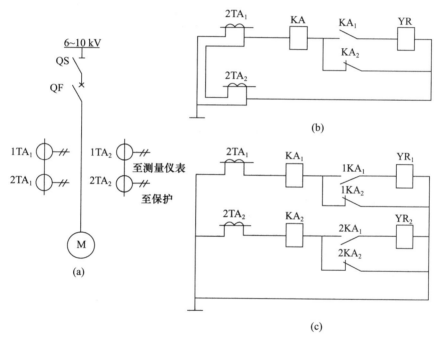

图 9-38 高压电动机的过负荷保护和电流速断保护接线图
(a) 主接线;(b) 两相一继电器接线;(c) 两相两继电器接线

当电动机过负荷或发生短路时,电流增大,反映到互感器二次侧,使继电器 KA 或 KA_1、KA_2 动作,接通跳闸回路线圈 YR 或 YR_1、YR_2,QF 跳闸。

(2) 动作电流的整定。

① 过负荷保护动作电流的整定。

过负荷保护动作电流按躲过电动机的额定电流整定,即:

$$I_{OP} = \frac{K_{rel}K_W}{K_{re}K_i}I_{N.M} \tag{9-36}$$

式中 K_{rel}——可靠系数,取 1.3;
     K_W——继电器的接线系数;
     $I_{N.M}$——电动机的额定电流。

过负荷保护动作时限应大于电动机的启动时间。

② 速断保护动作电流的整定。

电动机的电流速断保护动作电流按躲过电动机的最大启动电流 $I_{st.\,max}$ 整定，即：

$$I_{OP} = \frac{K_{rel}K_W}{K_i}I_{st.\,max} \qquad (9-37)$$

式中 K_{rel}——可靠系数，DL 型继电器取 1.4~1.6，GL 型继电器取 1.8~2.0。

电流速断保护动作灵敏度的校验，即：

$$S_P = \frac{K_W I_{k.\,min}^{(2)}}{K_i I_{OP}} \geqslant 2 \qquad (9-38)$$

2）高压电动机的单相接地保护

高压电动机单相接地电流大于 5 A 时，应该装设单相接地保护。

(1) 单相接地保护的接线和动作原理。高压电动机的单相接地保护接线图如图 9-39 所示。当单相接地电流大于 5 A 时，零序电流互感器二次侧的电流使 KA 瞬时动作，从而接通 KS、KM 回路，KM 常开触点闭合，使跳闸线圈 YR 通电，瞬时作用与跳闸，QF 跳闸。

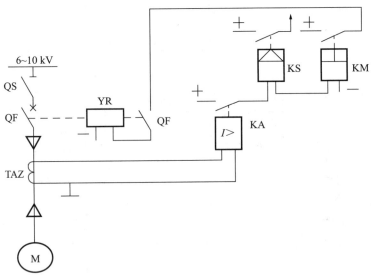

图 9-39 高压电动机的单相接地保护接线图

(2) 单相接地保护动作电流的整定。单相接地保护动作电流按躲过其接地电容电流进行整定，即：

$$I_{OP} = \frac{K_{rel}U_\varphi \omega C_0}{K_i} \qquad (9-39)$$

三、工厂低压供配电系统的保护

低压配电系统的保护，通常采用熔断器保护和低压断路器保护。

1）熔断器保护

低压熔断器广泛应用于低压 500 V 以下的电路中。通常它串联在被保护的设备前端或在电源引出线上，作为电力线路、电动机及其他电器的过载及短路保护。

(1) 熔断器的选用及其与导线的配合。对保护电力线路和电气设备的熔断器，熔体选择条件如下。

① 熔断器的熔体电流应不小于线路正常运行时的计算负荷电流 I_{30}，即：

$$I_{NFU} \geq I_{30} \tag{9-40}$$

② 熔断器的熔体电流应躲过由于电动机启动而引起的尖峰电流 I_{PK}，即：

$$I_{NFU} \geq kI_{PK} \tag{9-41}$$

式中　k——选择熔体时用的计算系数。轻负荷启动时间在 3 s 以下者，$k = 0.25 \sim 0.35$；重负荷启动，启动时间应在 $3 \sim 8$ s，$k = 0.35 \sim 0.5$；超过 8s 的重负荷启动或频繁启动、反接制动等，$k = 0.5 \sim 0.6$；

　　　I_{PK}——尖峰电流，计算公式见式（9-40）、式（9-41）。

③ 熔断器的保护还应与被保护的线路相配合，使之不至于发生因过负荷和短路引起绝缘导线或电缆过热自燃而熔断器不熔断的事故。即：

$$I_{NFU} \leq K_{OL}I_{a_1} \tag{9-42}$$

式中　K_{OL}——绝缘导线和电缆运行短路过负荷系数，电缆或穿管绝缘导线取 $K_{OL} = 2.5$，明敷电缆取 $K_{OL} = 1.5$；对于已装设其他过负荷保护的绝缘导线、电缆线路需要装设熔断器保护时，取 $K_{OL} = 1.25$；

　　　I_{a_1}——导线或电缆的允许电流。

对保护变压器的熔断器，其熔体额定电流可按下式选定。

$$I_{NFU} = (1.5 \sim 2.0)I_{NT} \tag{9-43}$$

式中　I_{NT}——熔断器装设位置侧的变压器的额定电流。

（2）熔断器保护灵敏度的校验。为了保证熔断器在其保护范围内发生最轻微的短路故障时都能可靠、迅速地熔断，熔断器保护的灵敏度 S_P，必须满足下式：

$$S_P = \frac{K_{k.min}}{I_{NFU}} \geq k \tag{9-44}$$

式中　$K_{k.min}$——熔断器保护线路末端在系统最小运行方式下的短路电流。对中性点直接接地系统，取单相短路电流；对中性点不接地系统，取两相短路电流；对保护降压变压器的高压熔断器，取低压母线的两相短路电流换算到高压侧之值。

　　　k——检验熔断器保护灵敏度的最小比值，见表 9-7。

表 9-7　检验熔断器保护灵敏度的最小比值 k

熔体额定容量/A	4~10	16~32	40~63	80~200	250~500
熔断时间/s	5	4.5	5	5	6	7
	0.4	8	9	20	11	—

（3）前后熔断器之间的选择性配合。为了保证动作选择性，也就是保证最接近短路点的熔断器熔体先熔断，以避免影响更多的用电设备正常工作，必须要考虑上、下级熔断器熔体的配合。前、后级熔断器的选择性配合，宜按它们的保护特性曲线（安秒特性曲线）来校验。

在如图 9-40（a）所示的线路中，假设支线 WL_2 的 k 点发生三相短路，则三相短路电流 $I_k^{(2)}$，要同时流过 FU_1 和 FU_2。但按保护选择性要求，应该是 FU_2 的熔体首先熔断，切除故障线路 WL_2，而 FU_1 不再熔断，干线 WL_1 保持正常。但是，熔体实际熔断时间与其标准保护特性曲线上（又称安秒特性曲线）所查得的熔断时间可 t 能有 $\pm$（30% ~ 50%）的偏差。从最不利的情况考虑，设 k 点短路时，FU_1 的实际熔断时间 t'_1 比由标准保护特性曲线查得的时间 t_1 小 50%（负偏查），即 $t'_1 = 0.5t_1$，而 FU_2 的实际熔断时间 t'_2 又比由标准保护特性曲线查得的时间 t_2 大 50%（正偏差），即 $t'_2 = 1.5t_2$。这时由图 9-40（b）可以看出，要保证前、后两级熔断器的动作选择性，必须满足的条件为：$t'_1 > t'_2$，即 $0.5t_1 > 1.5t_2$。因此，保证前、后级熔断器之间选择性动作的条件为：

$$t'_1 > t'_2 \text{ 即 } t_1 > 3t_2 \tag{9-45}$$

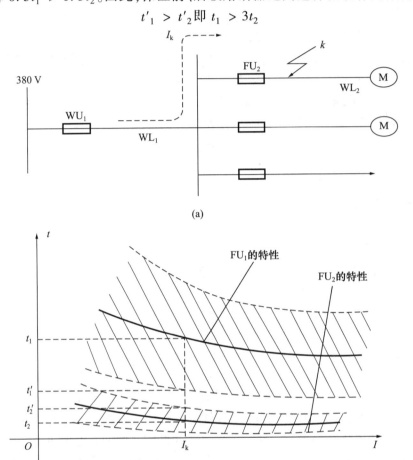

图 9-40 熔断器选择性配合示意图
(a) 线路图；(b) 特性曲线图

2）低压断路器保护

低压断路器既能带负荷通断电流，又能在短路、过负荷和失压时自动跳闸。

(1) 低压断路器在低压配电系统中的配置。如图 9-41 所示，3、4 号接线适用于低压配电出线；1、2 号接线适用于两台变压器供配电的情况。配置的刀开关 QK 是为了方便检修；5 号出线适用于电动机频繁启动；6 号出线是低压断路器与熔断器的配合使用方式，适用于开关断流能力不足的情况下作过负荷保护，靠熔断器进行短路保护，在过负荷和失压时断路器动作断开电路。

(2) 低压断路器的过电流脱扣器的分类和整定。

低压断路器的过电流脱扣器的分类有以下三种：

① 具有反时限特性的长延时电磁脱扣器，动作时间可以不小于 10 s。

② 动作时限小于 0.1 s 的瞬时脱扣器。

③ 延时时限分别为 0.2 s、0.4 s、0.6 s 的短延时脱扣器。

低压断路器各种过流脱扣器的电流整定：

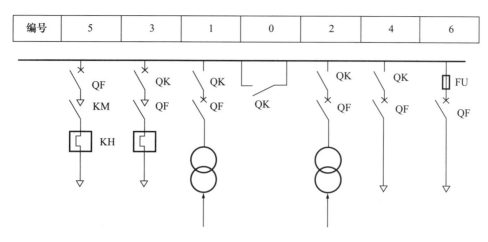

图 9-41 低压断路器在低压配电系统中常用的配置

① 长延时过流脱扣器的整定。这种脱扣器主要用于线路过负荷保护，整定按下式进行：

$$I_{OP(1)} \geq 1.1 I_{30} \tag{9-46}$$

② 瞬时过电流脱扣器的整定。瞬时过电流脱扣器的动作电流 $I_{OP(0)}$ 应躲过线路的尖峰电流 I_{PK}，即：

$$I_{OP(0)} \geq K_{rel} I_{PK} \tag{9-47}$$

式中　K_{rel} ——可靠系数，对于动作时间大于 0.4 s 的 DW 型断路器，取 $K_{rel}=1.35$；对于动作时间小于 0.2 s 的 DZ 型断路器，取 $K_{rel}=1.7$；对于多台设备的干线，取 $K_{rel}=1.3$。

③ 短延时过电流脱扣器动作电流的整定。短延时过电流脱扣器的动作电流 $I_{OP(S)}$ 也应躲过线路的尖峰电流 I_{PK}，即：

$$I_{OP(S)} \geq K_{rel} I_{PK} \tag{9-48}$$

式中　K_{rel} ——可靠系数，取 1.2。

低压断路器过流脱扣器整定值与线路的允许载流量 I_{a_1} 的配合。

$$I_{OP(1)} \leq I_{a_1} \quad \text{或} \quad I_{OP(0)} \leq 4.5 I_{a_1} \tag{9-49}$$

当不满足上式要求时，可改选脱扣器动作电流或增大配电线路导线截面。

(3) 前、后级低压短路器的选择性配合。为了保证前、后级断路器的选择性要求，在动作电流选择性配合时，前一级（靠近电源）动作电流 $I_{op.1}$ 大于后一级（靠近负载）动作电流 $I_{op.2}$ 的 1.2 倍，即：

$$I_{op.1} \geq 1.2 I_{op.2} \tag{9-50}$$

在动作时间选择性配合时，如果后一级采用瞬时过电流脱扣器，则前一级要求采用短延时过电流脱扣器；如果前、后级都采用短延时过电流脱扣器，则前一级短延时过电流脱扣器延时时间应至少比后一级短延时时间大一级；为了防止误动作，应把前一级动作时间计入负误差，后一级动作时间计入正误差，并且还要确保前一级动作时间大于后一级动作时间，这样才能保证短路器选择性配合。

(4) 低压断路器灵敏度校验。

$$S_P = \frac{I_{k.min}}{I_{op}} \geq 1.5 \tag{9-51}$$

式中　$I_{k.min}$ ——保护线路末端在最小运行方式下的短路电流；

I_{op} ——瞬时或短延时过电流脱扣器的动作电流整定值。

四、低压电网的漏电保护

在电力系统中，当导体对地的绝缘阻抗降低到一定程度时，流入大地的电流也将增大到一定程度，说明该系统发生了漏电故障，流入大地的电流，叫做漏电电流。

在中性点直接接地系统中，如果一相导体直接与大地接触，即为单相接地短路故障，这时流入地中的电流为系统的单相短路电流。此时，过流保护装置将会动作，切断故障线路的电源。这种情况不属于漏电故障。但是，若在该系统中发生一相导体经一定数值的过渡阻抗（如触电时的人体电阻）接地，接地电流就很小，此时过流保护装置根本不会动作，而应使漏电保护装置动作。这种情况属于漏电故障的范围。

在中性点对地绝缘的供配电系统中，若发生一相带电导体直接或经一定的过渡阻抗接地，流入地中的电流都很小，这种情况属于漏电故障。

在电网发生漏电故障时，必须采取有效的保护措施，否则，会导致人身触电事故，导致电雷管的提前引爆；接地点产生的漏电火花会引起爆炸气体的爆炸；漏电电流的长期存在，会使绝缘进一步损坏，严重时将烧毁电气设备，甚至引起火灾，还可能引发更严重的相间接地短路故障。

由此可见，漏电故障的危害极大，在供配电系统中必须装设漏电保护装置，以确保安全。

1) 漏电保护器的种类

按漏电保护器的保护功能和结构特征分，可分为分装式漏电保护器、组装式漏电保护器和漏电保护插座三类。其中组装式漏电保护器是将零序电流互感器、漏电脱扣器、电子放大器、主开关组合安装在一个外壳中。其使用方便，结构合理，功能齐全，所以是目前使用最多的一种。

按漏电保护器的动作原理分，可分为电压动作型、电流动作型、电压电流动作型、交流脉冲型和直流动作型等。由于电流动作型的检测特性较好，使用零序电流互感器作检测元件，安装在变压器中性点与接地极之间，可构成全网的漏电保护；安装在干线或支线上，可构成干线或支线的漏电保护。因此，电流动作型漏电保护器是目前应用较为普通的一种。

下面介绍一种电流动作型组装式漏电保护器。

2) $DZ_{15}LE$ 系列漏电断路器

(1) 结构及用途。该系列漏电断路器属于电流动作型组装式漏电保护器。它由零序电流互感器、电子控制漏电脱扣器、带有过载和短路保护的断路器及塑料外壳等组成。它可用作电网的漏电保护，并可用来保护线路和电动机的过载及短路，也可用作线路的不频繁转换及电动机的不频繁启动。

漏电保护器中的零序电流互感器是一个检测元件，可以安装在变压器中性点与接地极之间，构成全网的漏电保护，也可安装在干线或支线上用于漏电保护，如图 9-42 所示。

(2) 工作原理。当被保护线路发生漏电或有人触电时，三相电流的矢量和不为零，此时零序电流互感器的二次线圈上就会产生感应电流；当该电流达到漏电保护器的动作整定值时，脱扣器 YA 动作，使断路器迅速切断故障电源，从而起到了漏电保护作用；当其他线路接地或有人触电时，本线路的零序电流很小，漏电保护断路器不会动作，保证了动作的选择性。在漏电保护断路器中还装有试验按钮 SB，使用中必须每周按下试验按钮一次，以便检查漏电断路器动作的可靠性。

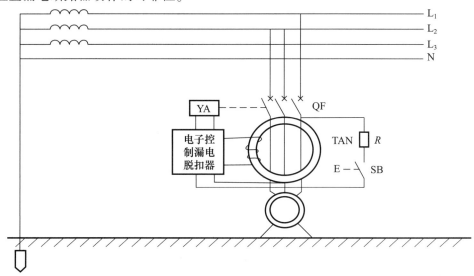

图 9-42 DZ$_{15}$LE 系列漏电断路器保护原理图

任务实施

电力主设备继电保护整定计算

任务实施表如表 9-8 所示。

表 9-8 任务实施表

姓名		专业班级		学号	
任务名称及内容	电力主设备继电保护整定计算				
1. 任务实施目的 掌握电力设备继电保护整定计算			2. 任务完成的时间：2 学时		
3. 任务实施内容及方法步骤： （1）某给水泵高压电动机参数为：$U_N = 10$ kV，$P_N = 2\ 000$ kW，$I_N = 138$ A，$K_{ST} = 6$，电动机端子处三相短路电流为 4.14 kA，试确定该电动机的保护配置，并进行整定。 （2）已知 SF$_7$ 型变压器的容量为 10 000 kV·A，35±2×2.5%/6.3 kV，(Y, d11) 接线。最大运行方式下，35 kV 侧三相短路电流 $I^{(3)}_{k1.min} = 5.04$ kA，6.3 kV 侧三相短路电流 $I^{(3)}_{k2.min} = 8.65$ kA。最小运行方式下，35 kV 侧三相短路电流 $I^{(3)}_{k1.min} = 3.3$ kA，6.3 kV 侧三相短路电流 $I^{(3)}_{k2.min} = 6.84$ kA。试作该变压器的 BCH-2 差动保护整定计算					
4. 整定及结果分析：					
指导教师评语（成绩） 年　月　日					

评价总结

根据整定及结果分析，进行评议总结，并填写成绩评议表（表 9-9）。

表 9-9 成绩评议表

评定人/任务	任务评议	等级	评定签名
自己评			
同学评			
指导教师评			
综合评定等级			

___年___月___日

思考与练习

一、填空题

（1）根据保护装置对保护元件所起的作用，可分为（　　）保护、（　　）保护。

（2）10 kV 线路的过流保护是（　　）的后备保护。

（3）过流保护的动作电流按躲过（　　）来规定。

（4）变压器的（　　）保护是按循环电流原理设计的一种保护。

（5）继电器的动作时间不是固定的，而是按照短路电流的大小，沿继电器的特性曲线作相反的变化，即短路电流越大，动作时间越短，这种保护称为（　　）保护。

（6）电力系统常用电流保护装置有定时限过流保护装置，（　　）过流保护装置和（　　）保护装置三种。常用的电压保护装置有（　　）保护和（　　）保护两种。

二、选择题

（1）10 kV 线路发生短路时，（　　）保护动作断路器跳闸。
　　A. 过电流　　　　B. 速断　　　　C. 低频减载

（2）下述变压器保护装置中，当变压器外部发生短路时，首先动作的是（　　），不应动作的是（　　）。
　　A. 过流保护　　　　　　　　　B. 过负荷保护
　　C. 瓦斯保护　　　　　　　　　D. 差动保护

（3）变压器发生内部故障时的主保护是（　　）动作。
　　A. 瓦斯　　　　B. 差动　　　　C. 过流

（4）零序电流，只有在系统（　　）才会出现。
　　A. 相间故障
　　B. 接地故障或非全相运行时
　　C. 振荡时

三、简答题

（1）为什么有的配电线路只装过流保护，不装速断保护？

（2）简述定时限过流保护动作电流和动作时限整定原则。

（3）变压器的保护有哪几种？

（4）单相接地有几种保护？

项目十　防雷、接地和电气安全

☞ **项目引入：**

本项目的主要内容：过电压、雷电及防雷设备和防雷措施；接地的概念及接地装置的装设、计算；电压、电流对人体的作用、电气安全和触电急救的有关知识。

通过本项目的学习，了解过电压和雷电的有关概念及常用的防雷设备和防雷措施。学会接地装置的有关计算。学习中要树立安全意识，清楚电流对人体的作用和掌握触电现场急救处理。

☞ **知识目标：**

(1) 掌握防雷设计和接地保护基本知识。
(2) 掌握触电预防与触电急救常识。

☞ **技能目标：**

(1) 能进行防雷设计和对接地保护、接地电阻进行计算与测量。
(2) 会触电急救与处理。

☞ **德育目标：**

供配电系统的基本要求本身就包括安全、可靠、优质、经济，如发生电力安全事故将造成人身伤害和经济损失，在工作中不要急躁、严格按安全操作规程，仔细认真。我国特高压电网和电网额定电压等级很高，更要引起重视，远离高压线。作为学生要养成有纪律观念、遵纪守法、廉洁自律良好习惯。

☞ **相关知识：**

(1) 防雷装置，防雷保护。
(2) 接地装置，接地保护。
(3) 安全用电。
(4) 触电急救与处理。
(5) 地电阻计算与测量。

☞ **任务实施：**

(1) 接地极接地电阻的测定。
(2) 触电现场急救。

☞ **重点：**

(1) 防雷设计和接地保护。
(2) 安全用电。

☞ **难点：**

防雷设计。

任务一 防雷设计与接地保护

相关知识

一、过电压的种类

过电压是指电气设备或线路上出现的超过正常工作要求并威胁其电气绝缘的电压。过电压按其发生的原因可以分为两类：内部过电压和雷电过电压。

1）内部过电压

内部过电压往往是由于操作不当等原因而形成持续的电弧或由于系统本身的参数不当而发生谐振引起的，可分为操作过电压、弧光接地过电压及谐振过电压。内部过电压一般不会超过系统运行时额定电压的 3~4 倍，内部过电压的问题可以通过提高绝缘而得以解决。

2）雷电过电压

雷电过电压又称为大气过电压。它是由于电气设备或建筑物受到直接雷击或雷电感应而产生的过电压。雷电过电压产生的雷电冲击波，其电压幅值可达 10^8 V，电流幅值可达几千安培，危害相当大。

雷电过电压的基本形式可以分为以下三类：

（1）直击雷过电压是雷电直接击中而产生的过电压，如图 10-1 所示。遭受直击雷会产生灾难性的后果，因此必须采取有效的防御措施。

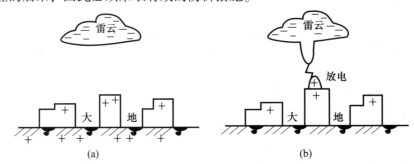

图 10-1 直击雷示意图
(a) 雷电在建筑物上方时；(b) 雷电对建筑物放电

（2）感应过电压是雷电对设备、线路或其他物体产生静电或电磁感应而引起的过电压，如图 10-2 所示。感应过电压对电力系统的危害也很大。

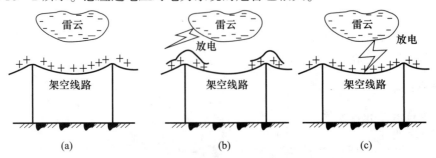

图 10-2 架空线路上的感应过电压
(a) 雷云在线路上方时；(b) 雷云对地或其他放电时；(c) 雷云对架空线放电时

（3）雷电波侵入是由于直击雷或感应雷而产生的高电位雷电波，沿架空线侵入变电所或建筑物，并在变压器的内部引起反射，产生很高的过电压。

二、雷电的有关概念

1）雷电流的幅值和陡度

雷电流的幅值 I_m 变化范围很大，一般为数十千安至数百千安。雷电流的幅值一般在第一次雷击时出现。雷电流的幅值和极性可以用磁钢记录器测量。

典型的雷电流波形如图 10-3 所示。雷电流一般在 1~4 μs 内增长到幅值 I_m，到幅值前的波形称为波前，从幅值起至雷电流衰减到 $\frac{I_m}{2}$ 的这段波形称为波尾。

雷电流的陡度 a 是指雷电波波前部分雷电流的变化速度，即 $a = di/dt$。因雷电流开始时数值很快增加，陡度也很快达到极限值，当雷电流达到最大值时，陡度降为零。陡度可以用电火花组成的陡度仪测量。

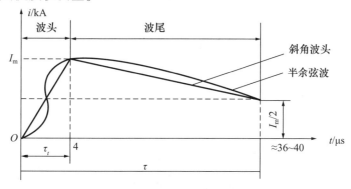

图 10-3 雷电流波形示意图

2）年平均雷暴日数 T_d

在一天中听到一声雷声或看到一次闪电，则该日称为一个雷暴日。年平均雷暴日数就是当地气象部门统计的多年雷暴日的年平均值。此值不大于 15 的称为少雷区，大于 40 的称为多雷区。

3）年预计雷击次数

这是表征建筑物可能遭受雷击的一个频率参数。按《GB 50057—1994 建筑物防雷设计规范》规定，年预计雷击次数可以用下式进行计算：

$$N = 0.024 K T_d^{1.3} A_e \tag{10-1}$$

式中 N——为年预计雷击次数，次/年；

K——为校正系数，一般取 1，位于旷野孤立地建筑物取 2；

A_e——为与建筑物接收相同雷击次数的等效面积，km²。

三、防雷设计

防雷设计应认真调查当地的地质、地貌、气象、环境等条件和当地的雷电活动规律以及被保护物的特点来确定防雷措施，做到安全可靠、技术先进、经济合理。

1）防雷装置

防直击雷主要是把直击雷迅速流散到大地中去。往往采用避雷针、避雷线、避雷网等避雷装置；防感应雷主要是对建筑物所有的金属物进行可靠的接地；防雷电侵入波一般采用避雷器。避雷器一般装在输电线路进线处或 10 kV 母线上。避雷器的接地线应与电缆金属外壳相连后直接接地，并连入公共地网；防雷装置是接闪器、引下线和接地装置等的综合。

接闪器是专门用来接受直击雷的金属物体。接闪的金属杆称为避雷针；接闪的金属线称为避雷线；接闪的金属带、金属网分别称为避雷带、避雷网。

（1）避雷针。一般采用镀锌圆钢、镀锌圆钢管制成。通常安装在电杆、构架或建筑物上，它的下端通过引下线与接地装置可靠连接，如图 10 - 4 所示。

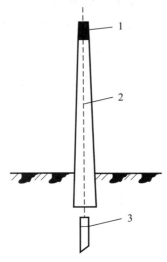

图 10 - 4　避雷针的结构示意图
1—避雷针；2—引下线；3—接地装置

避雷针的功能是引雷，它把雷电流引入地下，从而保护附近的线路，设备和建筑物。一定高度的避雷针（线）下面，有一个安全域，此区域内的物体基本上不受雷击。我们把这个安全域叫做避雷针的保护范围。避雷针的保护范围用"滚球法"来确定。

"滚球法"就是选择一个半径为 h_r（滚球半径）的滚球，沿着需要防护直击雷的部分滚动，如果球体只触及接闪器或接闪器和地面，而不触及需要保护的部位时，则该部位就在这个接闪器的保护范围之内。滚球半径是按建筑物防雷类别确定的，见表 10 - 1。

表 10 - 1　各类防雷建筑物的滚球半径和避雷网格尺寸

建筑物防雷类别	滚球半径 h_r/m	避雷网格尺寸/m
第一类防雷建筑物	30	≤5 × 5 或 ≤6 × 4
第二类防雷建筑物	45	≤10 × 10 或 ≤12 × 8
第三类防雷建筑物	60	≤20 × 20 或 ≤24 × 16

避雷针的保护范围如图 10 - 5 所示，按下面方法确定：

当避雷针高度为 h 时，如 $h ≤ h_r$ 时，有：

① 距地面 h_r 处作一平行于地面的平行线。

② 以避雷器的针尖为圆心、h_r 为半径，作弧线交平行线于 A、B 两点。

③ 以 A、B 为圆心、h_r 为半径作弧线，该弧线与针尖相交，并与地面相切。由此弧线起到地面为止的整个锥形空间，就是避雷针的保护范围。

地面上的保护半径 r_0 为：

$$r_0 = \sqrt{h(2h_r - h)} \qquad (10-2)$$

在高度为 h_x 的平面 xx' 上的保护半径 r_x 为：

$$r_x = r_0 - \sqrt{h_x(2h_r - h_x)} \qquad (10-3)$$

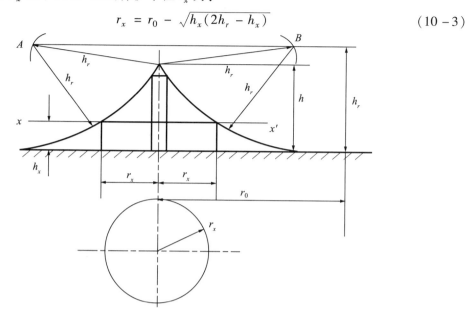

图 10-5 按"滚球法"确定单支避雷针保护范围的示意图

[例 10-1] 某厂在一座 30 m 高的水塔旁建有一个锅炉房（三类建筑物），尺寸如图 10-6 所示，水塔上面安装有一个 3 m 高的避雷针，问此避雷针能否保护这一锅炉房？

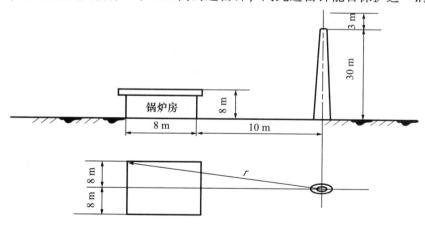

图 10-6 锅炉房

[解]

查表 10-1 可以得出三类建筑物的滚球半径 $h_r = 60$ m，已知 $h = 30 + 3 = 33$（m），$h_x = 8$ m，则：

$$r_0 = \sqrt{h(2h_r - h)} = \sqrt{33 \times (2 \times 60 - 33)} = 53.6(\text{m})$$

$$r_x = r_0 - \sqrt{h_x(2h_r - h_x)} = 18.68 - \sqrt{8 \times (2 \times 60 - 8)} = 23.65(\text{m})$$

锅炉房最远角距离避雷针的水平距离为：

$$r = \sqrt{(10+8)^2 + 8^2} = 19.7(\text{m})$$

由此可见，$r_x > r$，水塔上面的避雷针可以保护锅炉房。

(2) 避雷线。避雷线是用来保护架空电力线路和露天配电装置免受直击雷的装置。它由悬挂在空中的接地导线、接地引下线和接地体等组成，因而也称为"架空地线"。它的作用和避雷针一样，将雷电引向自身，并安全导入大地，使其保护范围内的导线或设备免遭直击雷。

当单根避雷线高度 $h \geq 2h_r$ 时，无保护范围。

当避雷线的高度 $h < 2h_r$ 时，保护范围如图 10-7 所示，保护范围应按如下方法确定：

① 距地面 h_r 处作一平行地面的平行线。

② 以避雷线为圆心、h_r 为半径作圆弧交平行线于 A、B 两点。

③ 以 A、B 为圆心、h_r 为半径作圆弧，这两条弧线相交或相切，并于地面相切。这两条弧线与地面所围成的空间就是避雷线的保护范围。

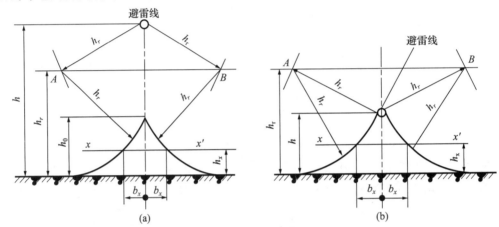

图 10-7 单根避雷线的保护范围

(a) 当 $2h_r > h > h_r$ 时；(b) 当 $h < h_r$ 时

当 $h_r < h < 2h_r$ 时，保护范围最高点的高度 h_0 按下式计算：

$$h_0 = 2h_r - h \tag{10-4}$$

避雷线在 h_x 高度的 xx' 平面上的保护宽度 b_x。按下式计算：

$$b_x = \sqrt{h(2h_r - h)} - \sqrt{h_x(2h_r - h_x)} \tag{10-5}$$

式中　h_x——保护物的高度；

　　　h——避雷线的高度。

注意：确定架空避雷线的高度时，应考虑弧垂。在无法确定弧垂的情况下，等高支柱间的挡距小于 120 m 时，其避雷线中点的弧垂宜选 2 m；挡距为 120～150 m 时，选 3 m。

避雷带和避雷网。避雷带和避雷网用于在建筑物的边缘及凸出部分上加装，通引下线和接地装置很好地连接，对建筑物进行保护。为了达到保护的目的，避雷网的网格尺寸具体要求见表 10-1。

(3) 避雷器。避雷器是用来防止线路上的感应雷及沿线路侵入的过电压波对变电所内的电气设备造成损害。它一般接于各段母线与架空线的进出口处，装在被保护设备的电源侧，与被保护设备并联，如图 10-8 所示。

2) 防雷装置接地的要求

防雷装置按地的要求具体如下：

(1) 避雷针接地必须良好，接地电阻不宜超过 10 Ω。

(2) 35 kV 及以下变配电所的避雷针应单独装设支架，避雷针与被保护设备之间的空间距离不小于 5 m。

(3) 独立避雷针应有自己专用的接地装置，接地装置与变配电所接地网间的距离应不小于 3 m。

(4) 避雷针及接地装置与道路入口等的距离应不小于 3 m。

四、防雷保护

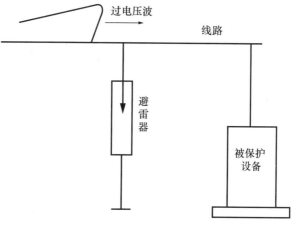

图 10-8　避雷器安装示意图

1) 架空线的防雷保护

(1) 在 60 kV 及以上的架空线路上全线装设避雷线。

(2) 在 35 kV 的架空线路上，一般只在进出变配电所的一段线路上装设避雷线。

(3) 在 10 kV 及以下线路上一般不装设避雷线。一般采用下列方法：

① 提高线路本身的绝缘水平。可以采用高一级电压的绝缘子，以提高线路的防雷水平。

② 尽量装设自动重合闸装置。线路发生雷击闪络之所以跳闸，是因为闪络造成了稳定的电弧而形成短路。当线路断开后，电弧即行熄灭，而把线路再接通时，一般电弧不会重燃，因此重合闸能缩短停电时间。

③ 装设避雷器和保护间隙用来保护线路上个别绝缘薄弱地点。

(4) 对于低压（380 V/220 V）架空线路的保护一般可采取以下措施：

① 在多雷地区，当变压器采用 Yyn0 接线时，宜在低压侧装设阀式避雷器或保护间隙。当变压器低压侧中性点不接地时，应在其中性点装设击穿保险器。

② 对于重要用户，宜在低压线路进入室内前 50 m 处安装低压避雷器，进入室内后再装低压避雷器。

③ 对于一般用户，可在低压进线第一支持处装设低压避雷器或击穿保险器。

2) 变配电所的防雷保护

(1) 装设避雷针用来防止直击雷。

(2) 装设避雷器用来保护主变压器，以免雷电冲击波沿高压线路侵入变电所，损坏变电所的关键设备，如图 10-9 所示。

为了防止雷电波侵入变电所的 3~10 kV 配电装置，应当在变电所的每组母线和每路进线上装设阀型避雷器，如图 10-10 所示。

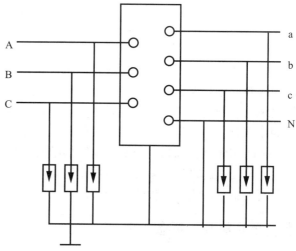

图 10-9　3~10 kV 系统变压器的防雷保护

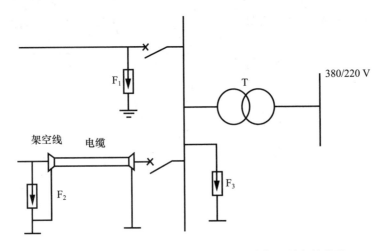

图 10-10　3~10 kV 配电装置防止雷电波侵入的保护接线

3）高压电动机的防雷保护

高压电动机对雷电波侵入的保护应采用 FCD 磁吹阀型避雷器或氧化锌避雷器。为了降低沿线路侵入的雷电波波头陡度，减轻其对电动机绕组绝缘的危害，可在电动机进线前面加一段 100~150 m 的引入电缆，并在电缆前的电缆头处安装一组阀型避雷器，而在电动机电源端（母线上）安装一组并联有电容器的磁吹阀型避雷器，这样可以提高防雷效果。如图 10-11 所示。

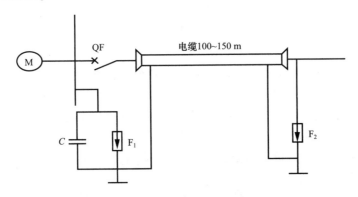

图 10-11　高压电动机的防雷保护接线

4）建筑物的防雷措施

根据发生雷电事故的可能性和后果，将建筑物分为三类。第一类防雷建筑物是制造、使用或储存爆炸物，因电火花会引起爆炸，造成巨大破坏和人身伤亡的建筑物；第二类防雷建筑物是制造、使用或储存爆炸物，电火花不易引起爆炸或不致造成巨大破坏和人身伤亡的建筑物；第三类防雷建筑物是除第一、第二类建筑物以外的爆炸、火灾危险的场所。第一类防雷建筑物和第二类防雷建筑物中有爆炸危险的场所，应有防直击雷、防感应雷和防雷电波侵入的措施。第二类防雷建筑物（除有爆炸危险者外）及第三类防雷建筑物，应有防直击雷和防雷电波侵入的措施。

五、接地的有关概念

1）接地和接地装置

电气系统的任何部分与大地间作良好的电气连接，叫做接地。埋入地中用来直接与土壤接触并存在一定流散电阻的一个或多个金属导体组,称为接地体或接地极。电气设备接地部分与接地体连接用的金属导体,称为接地线。接地线在设备正常运行情况下是不载流的,但在故障情况下要通过接地故障电流。接地体与接地线,称为接地装置。由若干接地体在大地中用接地线相互连接起来的一个整体,称为接地网。其中接地线分为接地干线和接地支线,如图 10-12 所示。接地干线一般不少于两根导体,在不同地点与接地网连接。

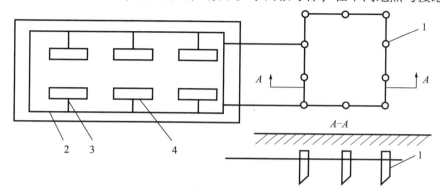

图 10-12　接地网示意图

1—接地体；2—接地干线；3—接地支线；4—设备

2）接地电流和对地电压

当电气设备发生接地故障时,电流通过接地体向大地做半球形散开,这一电流称为接地电流,用 I_E 表示,如图 10-13 所示。距离接地体越远的地方,散流电流越小,实验表明,在距离接地点约 20 m 远处,实际散流电流基本为零。电气设备的接地部分与零电位的地的电位差为对地电压,用 U_E 表示。

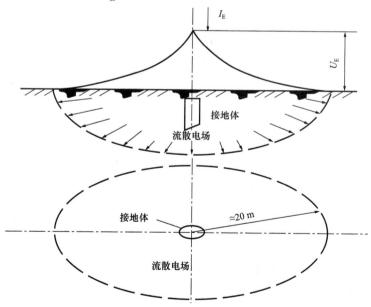

图 10-13　接地电流、对地电压及接地电位分布曲线

3）接触电压和跨步电压

接触电压是指电气设备绝缘损坏时,人体在地面上接触该电气设备,人体所承受的电位差,用 U_{tom} 表示,如图 10-14 所示。跨步电压是指在接地故障点附近行走,由于人的双脚位置不同而使人的双脚之间所呈现的电位差,用 U_{step} 表示,如图 10-14 所示。跨步

电压的大小与离接地点的距离及跨步的长短有关，离接地点越近，跨步越长，跨步电压就越大。当离接地点约 20 m 时，跨步电压通常为零。

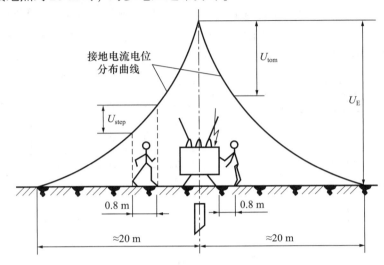

图 10-14　接触电压与跨步电压

接触电压和跨步电压均不能高于安全电压。

六、接地的种类

接地按其目的和作用可分为：工作接地、保护接地、防雷接地、防静电接地和重复接地等。这里我们详细介绍工作接地、保护接地和重复接地。

1）工作接地

为了确保电力系统中电气设备在任何情况下都能安全、可靠地运行，要求系统中某一点必须用导体与接地体相连接，称为工作接地。如电源中性点的直接接地或经消弧线圈的接地、绝缘监视装置和漏电保护装置的接地等都属于工作接地。

各种工作接地都有各自的作用。例如，电源中性点的直接接地，能在运行中维持三相系统对地电压不变；电源中性点经消弧线圈的接地，能在单相接地时消除接地点的断续电弧，防止系统出现过电压。

2）保护接地

为防止人体触及电气设备因绝缘损坏而带电的外露金属部分造成人体触电事故，将电气设备中所有正常时不带电、绝缘损坏时可能带电的外露部分接地，称为保护接地。根据电源中性点对地绝缘状态不同，保护接地分为 TT 系统、IT 系统和 TN 系统。

（1）TT 系统。TT 系统是在中性点直接接地系统中，将电气设备金属外壳通过与系统接线装置无关的独立接地体直接接地，如图 10-15 所示。

如果设备的外露可导电部分未接地，则当设备发生一相碰壳接地故障时，外露可导电部分就要带上危险的相电压。由于故障设备与大地接触不良，这一单相故障电流较小，通常不足以使电路中的过电流保护装置动作，因而也就不能切除故障电源。这样，当人体触及带电的设备外壳时，加在人体上的就是相电压，触电电流大大超过极限安全值，增大了触电的危险性。

如果将设备的外露可导电部分直接接地，则当设备发生一相碰壳接地故障时，通过接地装置形成单相短路。这一短路电流通常可使故障设备电路中的过电流保护装置动作，迅

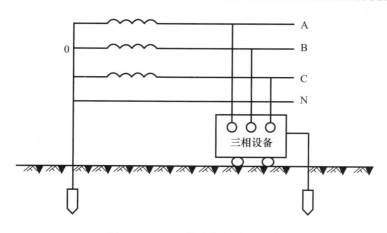

图 10-15 TT 方式保护接地系统

速切除故障设备，从而大大减少了人体触电的危险。即使在故障未切除时人体触及故障设备的外露可导电部分，也由于人体电阻远大于保护接地电阻，因此通过人体的电流也比较小，对人体的危害性相对也较小。

但在这种系统中，如果电气设备的容量较大，这一单相接地短路电流将不能使线路的保护装置动作，故障将一直存在下去，使电气设备的外壳带有一个危险的对地电压。例如，保护某一电气设备的熔体额定电流为 30 A，保护接地电阻和中性点工作接地电阻均为 4 Ω 时，当该设备发生单相碰壳时，其短路电流仅为 27.5 A（设相电压为 220 V），不能熔断 30 A 的熔体。这时电气设备外壳的对地电压为 110 V，远远超出了安全电压。所以 TT 系统只适用于功率不大的设备，或作为精密电子仪器设备的屏蔽接地。为了克服上述缺点，还应在线路上装设漏电保护装置。

（2）IT 系统。IT 系统是在中性点不接地或通过阻抗接地的系统中，将电气设备正常情况下不带电的外露金属部分直接接地。在矿井井下全部使用这种保护接地系统。系统中没有装设保护接地时，如图 10-16（a）所示。当电气设备发生一相碰壳接地故障时，若人体触及带电外壳，则电流经过人体入地，再经其他两相对地绝缘电阻和对地分布电容流回电源。当线路对地绝缘电阻显著下降或电网对地分布电容较大时，通过人体的电流将远远超过安全极限值，对人的生命构成了极大的威胁。

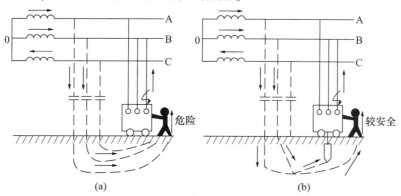

图 10-16 IT 方式保护接地系统
(a) 没有接地；(b) 有接地

当装设保护接地装置时，如图 10-16（b）所示。当人体触及碰壳接地的设备外壳时，接地电流将同时通过人体和接地装置流入大地，经另外两相对地绝缘电阻和对地分布电容流回电源。由于接地电阻比人体电阻小得多,所以接地装置有很强的分流作用,使通过人体的触电电流大大减小,从而降低了人体触电的危险性。

由于接地电阻与人体电阻是并联关系,所以接地电阻 R_E 越小,流过人体的电流也就越小。为了将流过人身的电流限制在一定范围之内,必须将接地电阻限制在一定数值以下。

（3）TN 系统。TN 系统分为下面三种,如图 10-17 所示。

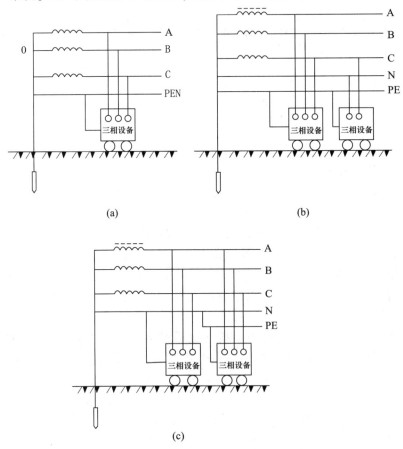

图 10-17 TN 方式保护接地系统
(a) TN—C 系统；(b) TN—S 系统；(c) TN—C—S 系统

TN—C 系统。该系统的中性线 N 与保护线 PE 是合在一起,电气设备不带电金属部分与之相连。

TN—S 系统。该系统的配电线路中性线 N 与保护线 PE 分开,电气设备的金属外壳接在保护线 PE 上。

TN—C—S 系统。该系统是 TN—C 和 TN—S 系统的综合,电气设备大部分采用 TN—C 系统接线,在设备有特殊要求的场合局部采用专设保护线接成 TN—S 形式。

3) 重复接地

在三相四线制供配电系统中,将零线上的一处或多处,通过接地装置与大地再次连接的措施称为重复接地,如图 10-18 所示。

保护接地系统中,当零线断线,断线点负荷侧的设备发生单相碰壳时,其外壳的对地电压为电网的相电压（设外壳与地的接触电阻为无穷大),此时当人体触及该外壳时,对

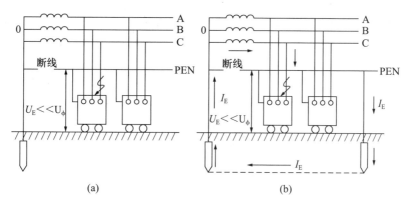

图 10-18　重复接地电气原理图
(a) 没有重复接地；(b) 有重复接地

人有绝对危险。当采用重复接地时，发生碰壳的电气设备外壳的对地电压为断线点后面重复接地装置的总接地电阻与断线点前面接地装置总接地电阻串联分压值，从而大大降低了人体触及带电外壳时的触电危险性。

重复接地不仅可降低零线断线时的危险性，在零线完好时也可降低碰壳设备的对地电压；还能增大碰壳短路时的短路电流，以缩短线路保护装置的动作时间；还可降低正常时零线上的电压损失。由此可见，在保护接地系统（TN 系统）中重复接地是不可缺少的。

为了提高保护接地系统的安全性能，应按以下要求进行可靠的重复接地：

（1）在架空线路的干线和分支线的终端及沿线每 1 km 处，零线都要进行重复接地。

（2）架空线的零线进出户内时，在进户处和出户处零线都要进行重复接地。

（3）户内的零线应与配电盘、控制盘的接地装置相连。每一处重复接地装置的接地电阻均不得大于 10 Ω。

（4）零线的重复接地装置，应充分利用自然接地体，以节约投资。

七、保护接零

地面低压电网为了获得 380/220 V 两种电压，采用三相四线制供配电系统，其电源中性点采用直接接地的运行方式。直接接地的中性点称为零点，由零点引出的导线称为零线。

保护接零系统属于 TN（TN—C）系统，就是将电气设备正常情况下不带电的外露金属部分与电网的零线作电气连接，如图 10-19 所示。

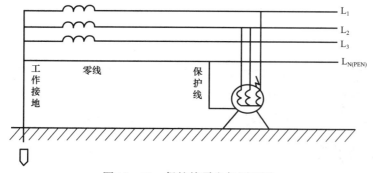

图 10-19　保护接零电气原理图

当电气设备发生一相碰壳时，则通过设备外壳造成相线对零线的金属性单相短路，使线路中的过流保护装置迅速动作,切断故障电路,减少了触电的概率。如果在电源被切断之前恰有人触及该带电外壳,则利用保护接零的分流作用,减少了人身触电电流,降低了人接触电压,从而使人身触电的危险性得以减少。

保护接零与保护接地相比,其最大的优越性就是能使保护装置迅速动作,快速切断电源,从而克服了保护接地的局限性。接零系统必须注意以下问题:

(1) 保护接零只能用在中性点直接接地系统中,否则当发生单相接地故障时,由于设备外壳与地接触不良,不能使保护装置动作,此时当人体触及任一接零的设备外壳时,故障电流将通过人体和设备流回零线,危及人身体安全。

(2) 在接零系统中不能有一些设备接零,而另一些设备接地,这种情况属于在同一供配电系统中,TN 方式和 TT 方式混合使用。如前所述,在 TT 方式下当接地设备发生单相碰壳时,线路的保护装置可能不会动作,使设备外壳带有 110 V 危险的对地电压,此时零线上的对地电压也会升高到 110 V,这将使所有接零设备的外壳全部带有 110 V 的对地电压,这样人只要接触到系统中的任一设备都会有触电的危险。

(3) 在保护接零系统中,电源中性点必须接地良好,其接地电阻不得超过 4 Ω。

(4) 为迅速切除线路故障,电网任何一点发生单相短路时,短路电流应不小于其保护熔体额定电流的 4 倍或不小于自动开关过电流保护装置动作电流的 1.5 倍。

(5) 为了保证零线不致断线和有足够单相短路电流,要求零线的材料应与相线的相同。零线的截面不应小于表 10-2 所列数值。

表 10-2 零线允许的最小截面 (单位:mm²)

相线	零线	
	钢管、多芯导线、电缆	架空线、户内、户外明线
1.5	1.5	
2.5	2.5	
4	4	
6	6	4
10	10	6
16	16	10
25	16	16
35	25	25
50	25	35
70	35	50
95	50	50
120	70	50
150	70	70
185	95	95

注意:在中性线上不允许安装熔断器和开关,以防中性线断线,失去保护接零的作用,为安全起见,中性线还必须实行重复接地,以保证保护接零的可靠性。

八、接地装置的装设

接地体是接地装置的主要部分,其选择与装设是能否取得合格接地电阻的关键,接地体分为自然接地体和人工接地体。

(1) 自然接地体的利用。利用自然接地体不但可以节约钢材，节省施工费用，还可以降低接地电阻。因此设计保护接地装置时，应首先考虑利用自然接地体，如地下金属管道（输送燃料管道除外）、建筑物金属结构和埋在土壤中的铠装电缆的金属外皮等。如果采用自然接地体接地电阻不满足要求或附近没有可使用的自然接地体时，应装设人工接地体。

利用自然接地体，必须保证良好的电气连接，在建筑物钢结构结合处凡是用螺栓连接的，只有在采取焊接与加跨接线等措施后才能利用。

(2) 人工接地体的装设。自然接地体不能满足接地要求或无自然接地体时，应采用人工接地体。人工接地体通常采用垂直打入地中的钢管、圆钢或角钢，以及埋入土壤中的钢带制作。一般情况下，人工接地体都采取垂直敷设，特殊情况下（如多岩石地区），可采取水平敷设。如图 10-20 所示。

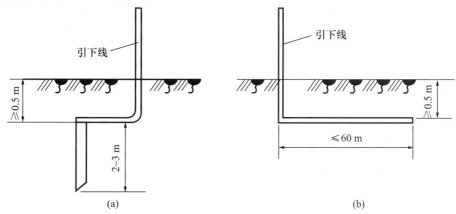

图 10-20 人工接地体的结构
(a) 垂直埋设的人工接地体；(b) 水平埋设的人工接地体

垂直埋入地中的接地体一般长 2~3 m，为防止冬季土壤表面冻结和夏季水分的蒸发而引起接地电阻的变化，接地体上端与地面应有 0.5~1 m 的距离。若采用扁钢作为主要接地体，其敷设深度一般不小于 0.8 m。埋入地中的接地体的上端与连接钢带焊接起来，就构成了一个良好的接地系统。

按国标 GB 5016—1992 有关规定，钢接地体和接地线的截面积不应小于表 10-3 的规定。

表 10-3 钢接地体的最小尺寸

种类、规格及单位		地 上		地 下	
		室 内	室 外	交流回路	直接回路
圆钢直径/mm		6	9	10	12
扁钢	截面积/mm²	60	100	100	100
	厚度/mm	3	4	4	6
角钢厚度/mm		2	2.5	4	6
钢管管壁厚度/mm		2.5	2.5	3.5	4.5

对于 110 kV 及以上变电所或腐蚀性较强场所的接地装置，应采用热镀锌钢材，或适当加大截面。

由于单根接地体周围地面电位分布不均匀，并且可靠性也差。为了使地面电位分布尽量均匀,以降低接触电压和跨步电压及提高接地可靠性,接地网的布置可采用环路式接地网,如图 10-21 所示。

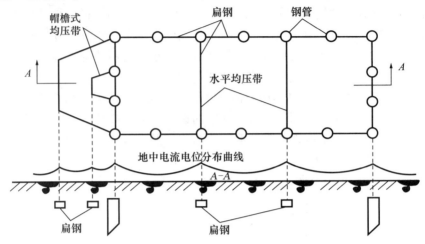

图 10-21 加装均压带的环路式接地网

九、接地装置的接地电阻计算

接地体与土壤接触时,二者之间的电阻及土壤的电阻,称为流散电阻。而接地线电阻、接地体电阻及流散电阻之和,称为接地电阻。其中,接地体、接地线电阻甚小,可忽略不计,故可以认为接地电阻等于流散电阻。

1) 接地电阻的要求

对接地装置的接地电阻进行限定,实际上就是限制接触电压和跨步电压,保证人身安全。电力装置的工作接地电阻应满足以下几个要求。

(1) 电压为 1 000 V 以上的中性点接地系统中,电气设备实行保护接地。由于系统中性点接地,故电气设备绝缘击穿而发生接地故障时,将形成单相短路,由继电保护装置将故障部分切除,为确保可靠动作,此时接地电阻 $R_E \leqslant 0.5\ \Omega$。

(2) 电压为 1 000 V 以上的中性点不接地系统中,由于系统中性点不接地,当电气设备绝缘击穿而发生接地故障时,一般不跳闸而是发出接地信号。此时,电气设备外壳对地电压为 $R_E I_E$,I_E 为接地电容电流,当这个接地装置单独用于 1 000 V 以上的电气设备时,为确保人身安全,取 $R_E I_E$ 为 250 V,同时还应满足设备本身对接地电阻的要求,即:

$$R_E \leqslant \frac{250}{I_E}$$

同时:

$$R_E \leqslant 10\Omega \tag{10-6}$$

当这个接地装置与 1 000 V 以下的电气设备共用时,考虑到 1 000 V 以下设备分布广、安全要求高的特点,所以取:

$$R_E \leqslant \frac{250}{I_E} \tag{10-7}$$

同时还应满足下述 1 000 V 以下设备本身对接地电阻的要求。

(3) 电压为 1 000 V 以下的中性点不接地系统中,考虑到其对地电容通常都很小,因此,规定 $R_E \leqslant 4\ \Omega$,即可保证安全。

对于总容量不超过 100 kV·A 的变压器或发电机供配电的小型供配电系统，接地电容电流更小，所以规定 $R_E \leqslant 10\ \Omega$。

(4) 电压为 1 000 V 以下的中性点接地系统中，电气设备实行保护接零，电气设备发生接地故障时，由保护装置切除故障部分，但为了防止零线中断时产生危害，仍要求有较小的接地电阻，规定 $R_E \leqslant 4\ \Omega$。同样，对总容量不超过 100 kV·A 的小系统可采用 $R_E \leqslant 10\ \Omega$。

2) 接地电阻的计算

(1) 人工接地体工频接地电阻的计算。

在工程设计中，人工接地的工频接地电阻采用下式计算。

① 单根垂直管型接地体的接地电阻为：

$$R_{E_{(1)}} \approx \frac{\rho}{l} \qquad (10-8)$$

式中 ρ ——为土壤电阻率，$\Omega \cdot m$；

l ——为接地体的长度，m。

② 多根垂直管型接地体的接地电阻。

n 根垂直接地体并联时，由于接地体间的屏蔽效应的影响，使得总的接地电阻 $R_E < R_{E_{(1)}}/n$。实际总的接地电阻为：

$$R_E = \frac{R_{E_{(1)}}}{n \eta_E} \qquad (10-9)$$

式中 η_E ——接地体的利用系数，可以查相应的表得出。

③ 单根水平带形接地体的接地电阻为使得总的接地电阻：

$$R_{E_{(1)}} \approx \frac{2\rho}{l} \qquad (10-10)$$

④ n 根放射形水平接地带（$n \leqslant 12$，每根长度 $l \approx 60\ m$）的接地电阻为：

$$R_E = \frac{0.062\rho}{n + 1.2} \qquad (10-11)$$

⑤ 环形接地带的接地电阻为：

$$R_E = \frac{0.6\rho}{\sqrt{A}} \qquad (10-12)$$

式中 A ——环形接地带所包围的面积，m^2。

(2) 自然接地体工频接地电阻的计算。

一些自然接地体工频接地电阻可用下式进行计算。

① 电缆金属外皮及水管等的接地电阻为：

$$R_E \approx \frac{2\rho}{l} \qquad (10-13)$$

式中 l ——电缆及水管等的埋地长度，m。

② 钢筋混凝土基础的接地电阻为：

$$R_E = \frac{0.2\rho}{\sqrt{V}} \qquad (10-14)$$

式中 V ——钢筋混凝土基础的体积，m^3。

③ 冲击接地电阻的计算。

冲击接地电阻是指雷电流流经接地装置泄放入地时的接地电阻，其一般小于工频接地电阻。冲击接地电阻可按下式进行计算：

$$R_{sh} = \frac{R_E}{\alpha} \quad (10-15)$$

式中　α——换算系数。

3）接地装置的设计计算

在已知接地电阻要求值的前提下，所需接地体根数的计算可按下列步骤进行：

(1) 按国标 GB 50057—1994 规定确定允许的接地电阻 R_E。

(2) 实测或估算可以利用的自然接地体的接地电阻 $R_{E(nat)}$。

(3) 计算需要补充的人工接地体的接地电阻 $R_{E(man)}$，即：

$$R_{E(man)} = \frac{R_{E(nat)} R_E}{R_{E(nat)} - R_E} \quad (10-16)$$

若不考虑自然接地体，则 $R_{E(man)} = R_E$。

(4) 按经验初步确定接地体和连接导线长度、接地体的布置，并计算单根接地电阻 $R_{E(1)}$。

(5) 计算接地体的数量，即：

$$n = \frac{R_{E(1)}}{\eta_E R_{E(man)}} \quad (10-17)$$

(6) 校验短路热稳定度。对于大接地电流系统的接地装置，应进行单相短路热稳定度校验。由于钢线的热稳定系数 $C = 70$，因此接地钢线的最小允许截面（mm²）为：

$$A_{min} = I_k^{(1)} \frac{\sqrt{t_k}}{70} \quad (10-18)$$

式中　$I_k^{(1)}$——单相接地短路电流；

　　　t_k——短路电流持续时间。

十、接地装置接地电阻的测量

接地装置施工完成后，使用前应测量接地电阻的实际值，以判断其是否符合设计要求。若不满足设计要求，则需要补打接地极。每年雷雨季节来临之前还需要重新检查测量。接地电阻的测量有电桥法、补偿法、电压—电流法和接地电阻测量仪法。

1）测量接地电阻的一般原理

如图 10-22 所示，在两接地体上加一电压 u 后，就有电流 i 通过接地体 A 流入大地后经接地体 B 构成回路，形成图中所示的电位分布曲线，离接地体 A（或 B）20 m 处电位等于零，即在 CD 区为电压降实际上等于零的零电位区。只要测得接地体 A（或 B）与大地零电位的电压 u_{AC}（或 u_{BD}）和电流 i，就可以方便地求出接地体的接地电阻。

2）电压—电流法测量接地电阻

电压极和电流极为测量用辅助电极。电压极 2、电流极 3 与接地体 1（接地极）之间的布置方案有直线布置和等腰三角形布置两种，如图 10-23 所示。直线布置如图 10-23 (a) 所示，取 $S_{13} \geq (2 \sim 3)D$，D 为被测接地网的对角线长度；而 $S_{12} \approx 0.6 S_{13}$。等腰三角形布置如图 10-23 (b) 所示，取 $S_{12} \approx 0.6 S_{13} \geq 2D$，夹角 $\alpha = 30°$。

在如图 10-23 所示电路加上电源后，同时读取电压 U、电流 I 的值，即可由下式计算出接地装置的接地电阻：

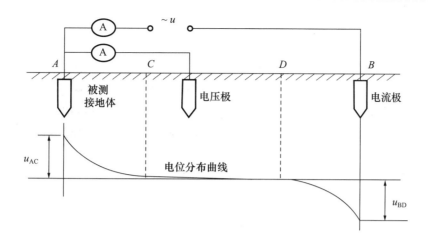

图 10-22 测量接地电阻的原理图

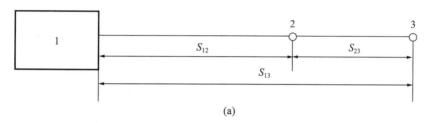

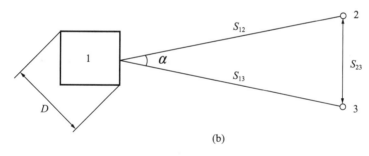

(b)

图 10-23 接地电阻测量的电极布置方案
(a) 直线布置；(b) 等腰三角形布置
1—接地气；2—电压极；3—电流极

$$R_E = \frac{U}{I} \tag{10-19}$$

3）直接法测量接地电阻

采用接地电阻测量仪（俗称接地电阻摇表）可以直接测量接地电阻。

以常用的国产接地电阻测量仪 ZC-8 型为例，如图 10-24 所示。三个接线端子 E、P、C 分别接于被测接地体（E′）、电压极（P′）和电流极（C′）。以大约 120 r/min 的转速转动手柄，摇表内产生的交变电流将沿被测接地体和电流极形成回路，调节"粗调旋钮"和"细调拨盘"，使表针处于中间位置，便可以读出被测接地电阻。被保护电气设备具体操作过程如下：

（1）拆开接地干线和接地体的连接点。

（2）将两支测量接地钢棒分别插入离接地体 20 m（接地棒 P′）与 40 m（接地棒 C′）远的地中，深度约为 400 mm。

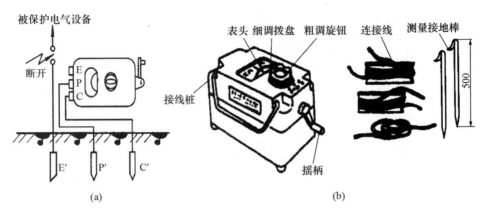

图 10-24 直接法测量接地电阻的电路
(a) 接线图；(b) 实物图

（3）把接地电阻摇表放置在接地体附近平整的地方，按图10-23所示接线。

（4）根据被测接地体的估计电阻值，调节好"粗调旋钮"。

（5）摇测时，首先慢慢转动摇柄，同时调整"粗调旋钮"，使指针指零（中线），然后加快转速（约为120 r/min），并同时调整"细调拨盘"，使指针指示表盘中线为止。

（6）"细调拨盘"所指示的数值乘以"粗调旋钮"的数值，即为接地装置的接地电阻值。

十一、低压配电系统的等电位连接

等电位连接是指使电气装置各外露可导电部分及装置外的导电部分的电位作实质上相等的电气连接。等电位连接是为了降低接触电压，保障人身安全。图10-25所示为一个总等电位连接和局部等电位连接示意图。

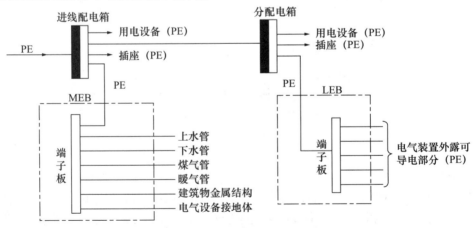

图 10-25 一个总等电位连接和局部等电位连接示意图
MEB—总等电位连接；LEB—局部等电位连接

按GB 50054—1995的规定，进行低压接地故障保护时，应该在建筑物内作总等电位连接；当电气装置或某一部分的接地故障保护不能满足要求时，还应该在局部范围内作局部等电位连接。

总等电位连接是在建筑物进线处，将PE线或PEN线与电气装置接地干线、建筑物内的各种金属管道，以及建筑物金属构件等都接向总等电位连接端子板，使它们都具有基本相等的电位，如图 10-25 所示的 MEB 部分。

局部等电位连接（辅助等电位连接）是在远离总等电位连接处、非常潮湿、有腐蚀性物质、触电危险性大的局部范围内进行的等电位连接，作为总等电位连接的一种补充，如图 10-25 所示的 LEB 部分。

在一般电气装置中，要求等电位连接系统的导通良好，从等电位连接端子板到被连接体末端的阻抗不大于 4 Ω。

注意：无论是总等电位连接还是局部等电位连接，与每一电气装置的其他系统只可连接一次。

任务实施

接地极接地电阻的测定

任务实施表如表 10-4 所示。

表 10-4 任务实施表

姓名		专业班级		学号	
任务名称及内容			接地极接地电阻的测定		
一、任务实施目的 1. 了解接地电阻测定仪的结构及原理； 2. 掌握接地电阻测定仪测定接地极接地电阻的方法； 3. 掌握伏、安表测定接地极接地电阻的方法			二、任务实施所需的设备、材料 接地电阻测定仪、电压表、电流表		
三、任务完成时间：2 学时			四、安全生产与文明生产要求 1. 安全、迅速、正确、严谨 2. 不损坏设备、仪器		
五、任务内容及步骤 1. 接地电阻测定仪测定接地极接地电阻 （1）接地电阻测定仪测定接地极接地电阻的任务接线图，如图 10-26 所示。 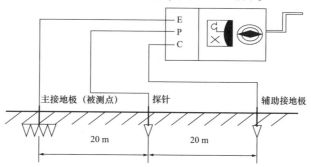 图 10-26 接地电阻测定仪测定接地极接地电阻的接线图 （2）接地电阻测定。 用导线将主接地极、探针、辅助接地极与测定仪 E、P、C 端子连接，如图 10-26 所示。再将探针和辅助接地极（钢棒）按要求插入潮湿的土中，校正测定仪的指针至零，调节合适的比率，均匀地摇动手柄（120 转/分），同时调节刻度盘使指针重新回到零位，读取刻度盘上的读数，乘上相应的比率，即为主接地极的接地电阻值。再改变探针的位置，重复上述步骤，并做好记录。 2. 用伏、安表测定接地极接地电阻。 （1）用伏、安表测定接地极接地电阻的实验接线图，如图 10-27 所示。					

续表

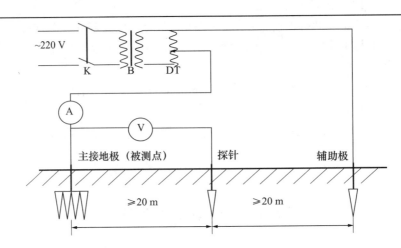

图 10-27　用伏安表测定接地极接地电阻的接线图

（2）接地电阻测定。

按图接好线，合闸送电，此时被测接地极的接地电阻 R_d 等于接地极的对地电压 U_d 与通过接地极的入地电流 I_d 之比，即：$R_d = U_d / I_d$。

为了使测量电流能够通过接地极，除被测接地极外，必须有另一个接地极，因此增设一个辅助接地极，使电源一个端子与被测接地极相连，另一个端子与辅助接地极相连，从而得到一个电流通路。电流表串接于此回路中，即可测得通过接地极的入地电流 I_d。同理，为了测得对地电压，也必须增设一个探针接地极。为了使测量准确，探针接地极和辅助接地极应直线排列，间距应大于等于 20 m

测定结果分析：

指导教师评语（成绩）

年　月　日

 评价总结

根据接地极接地电阻的测定结果，结合任务报告进行评议总结，并填写成绩评议表（表 10-5）。

表 10-5　成绩评议表

评定人/任务	任务评议	等级	评定签名
自己评			
同学评			
指导教师评			
综合评定等级			

___年___月___日

任务二　安全用电

随着生产技术的发展，自动化、电气化水平不断提高，电能在各个领域中得到了越来越广泛的应用,人们接触电气设备的机会也随之增多,如果缺乏安全用电知识,就很容易发生触电事故,影响生产,危及生命安全。安全用电包括供配电系统的安全、用电设备的安全及人身安全三个方面,它们之间是紧密联系的。供配电系统的故障可能导致用电设备的损坏或人身伤亡事故,而用电事故也可能导致局部或大范围停电,甚至造成严重的社会灾难。在用电过程中,必须特别注意电气安全,如果稍有麻痹或疏忽,就可能造成严重的人身触电事故或引起火灾或爆炸,给国家和人民带来极大的损失。因此,研究、分析触电事故起因及预防对于安全用电是十分重要的。

相关知识

一、安全电压

采用低压安全电源的目的是保障人身的安全,当人体处于直接接触用电设备或用电器具的劳动条件下,如翻砂工手拿行灯作造型照明、钳工在潮湿环境中用电钻钻孔等时,人体就有构成触电的危险。要确保处于这种条件下的人体不受触电伤害,就必须使这些用电设备的电源电压降低到不致威胁人身安全的程度。

电压低到什么程度才是安全的,是综合触电时电流的大小、时间的长短、电压的高低对人体危害的程度,以及劳动环境和劳动条件影响人体电阻的变化等因素为主要依据的。在干燥无汗时,人体电阻一般为 2~3 kΩ,因此,交流工频安全电压的上限值,在任何情况下,两导体间或任一导体与地之间都不得超过 50 V。

我国安全电压的额定值为 42 V、36 V、24 V、12 V、6 V。如手提照明灯、危险环境的携带式电动工具,应采用 36 V 安全电压;金属容器内、隧道内、矿井内等工作场合,狭窄、行动不便及周围有大面积接地导体的环境,应采用 24 V 或 12 V 安全电压,以防止因触电而造成的人身伤害。

二、安全距离

为了保证电气工作人员在电气设备运行、操作、维护、检修时不致误碰带电体,规定了工作人员离带电体的安全距离;为了保证电气设备在正常运行时不会出现击穿短路事故,规定了带电体离附近接地物体和不同相带电体之间的最小距离。安全距离主要指以下几个方面:

(1) 设备带电部分与接地部分和设备不同相带电部分之间的距离,如表 10-6 所示。

表 10-6 各种不同电压等级的安全距离

设备额定电压/kV		1~3	6	10	35	60	110①	220①	330①	500①
带电部分与接地部分/mm	屋内	75	100	125	300	550	850	1 800	2 600	3 800
	屋外	200	200	200	400	650	900	1 800	2 600	3 800
不同相带电部分之间/mm	屋内	75	100	125	300	550	900	—	—	—
	屋外	200	200	200	400	650	1 000	2 000	2 800	4 200

注:①中性点直接接地系统。

(2) 设备带电部分与各种遮拦间的安全距离,如表 10-7 所示。

表10-7 设备带电部分到各种遮拦间的安全距离

设备额定电压/kV		1~3	6	10	35	60	110[①]	220[①]	330[①]	500[①]
带电部分与遮拦/mm	屋内	825	850	875	1 050	1 300	1 600	—	—	—
	屋外	950	950	950	1 150	1 350	1 650	2 550	3 350	4 500
带电部分与网状遮拦/mm	屋内	175	200	225	400	650	950	—	—	—
	屋外	300	330	300	500	700	1 000	1 900	2 700	5 000
带电部分与板状遮拦/mm	屋内	105	130	155	330	580	880	—	—	—

注：①中性点直接接地系统。

（3）无遮拦裸导体与地面间的安全距离，如表10-8所示。

表10-8 无遮拦裸导体与地面间的安全距离

设备额定电压/kV		1~3	6	10	35	60	110[①]	220[①]	330[①]	500[①]
无遮拦裸导体与地面间的安全距离/mm	屋内	2 375	2 400	2 425	2 600	2 850	3 150	—	—	—
	屋外	2 700	2 700	2 700	2 900	3 100	3 400	4 300	5 100	7 500

注：①中性点直接接地系统。

（4）电气工作人员在设备维修时与设备带电部分间的安全距离，如表10-9所示。

表10-9 电气工作人员与带电设备间的安全距离

设备额定电压/kV	10 及以下	20~35	44	60	110	220	330
设备不停电时的安全距离/mm	700	1 000	1 200	1 500	1 500	3 000	4 000
工作人员工作时正常活动范围与带电设备的安全距离/mm	350	600	900	1 500	1 500	3 000	4 000
带电作业时人体与带电体之间的安全距离/mm	400	600	600	700	1 000	1 800	2 600

三、绝缘安全用具

绝缘安全用具是保证作业人员安全操作带电体及人体与带电体安全距离不够时所采取的绝缘防护工具。绝缘安全用具按使用功能可分为如下两种。

1. 绝缘操作用具

绝缘操作用具主要用来进行带电操作、测量和其他需要直接接触电气设备的特定工作。常用的绝缘操作用具，一般有绝缘操作杆、绝缘夹钳等，如图10-28、图10-29所示。这些绝缘操作用具均由绝缘材料制成。正确使用绝缘操作用具，应注意以下两点：

（1）绝缘操作用具本身必须具备合格的绝缘性能和机械强度。
（2）只能在和其绝缘性能相适应的电气设备上使用。

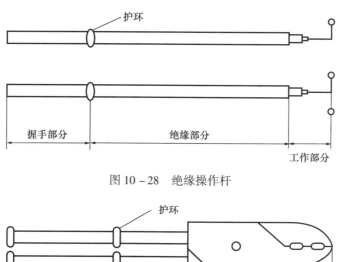

图 10-28 绝缘操作杆

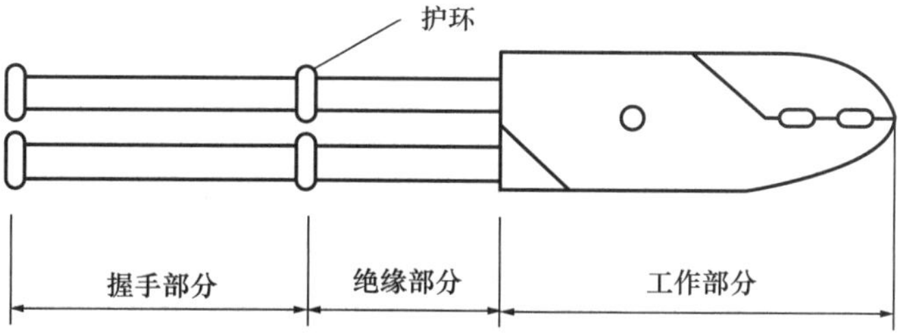

图 10-29 绝缘夹嵌

2. 绝缘防护用具

绝缘防护用具对可能发生的有关电气伤害起到防护作用,主要用于对泄漏电流、接触电压、跨步电压和其他接近电气设备存在的危险等进行防护。常用的绝缘防护用具有绝缘手套、绝缘靴、绝缘隔板、绝缘垫、绝缘站台等,如图 10-30 所示。

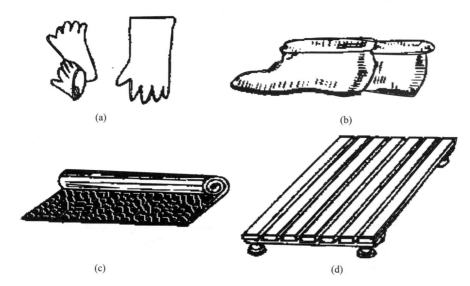

图 10-30 绝缘防护用具
(a) 绝缘手套;(b) 绝缘靴;(c) 绝缘垫;(d) 绝缘站台

当绝缘防护用具的绝缘强度足以承受设备的运行电压时,才可以用来直接接触运行的电气设备,一般不直接触及带电设备。使用绝缘防护用具时,必须做到使用合格的绝缘防护用具,并掌握正确的使用方法。

四、电工安全操作知识

1. 电气安全技术操作规程

（1）电气工作人员必须经医生鉴定，没有疾病或只是无碍本工作的病症，具备必要的电气知识并经考试合格，取得特种作业证才能上岗作业。

（2）电气工作人员必须严格执行相关工种颁发的《电气安全工作规程》，不得玩忽职守。

（3）电气工程投产前必须事先配齐合格的操作人员和电气安全用具。

（4）电工用的工具、器具、测量仪表及防护用具应由专人负责保管，保证完整、良好，合理使用。

（5）电气工作人员必须严格执行停送电、验电和监护等制度，并熟知触电紧急救护知识；工作前必须了解清楚工作内容及要求。

（6）不准带电作业，不得将电源引线接于现场；特殊情况需带电，必须经主管部门批准并采取安全防范措施。

（7）带电作业人员应有带电作业实践经验，必须设专人监护，监护人应具有带电作业实践的人员担任，监护人不得直接操作，并且监护的范围不得超过一个作业点。

（8）电气线路和设备拆除后，不得留有带电的裸露接头或接点。

（9）严禁用无插头的导线直接插入电源插座，动力开关和照明开关不得共用。

（10）各种手持电动工具要有管理制度，必须保持完好并定期检查。

（11）对高压电气设备和绝缘工具要定期进行预防性的耐压试验。

（12）接近带电设备或线路施工时必须符合安全电压工作距离，并采取可靠的安全措施。

（13）电气设备着火时应立即将有关设备电源切断，并用 CO、CCl_4、1211灭火剂、干粉灭火器灭火，严禁用泡沫灭火器带电灭火。

（14）高处作业时，必须严格执行高处作业安全技术操作规程。

2. 安全用电标志

明确统一的标志是保证用电安全的一项重要措施。统计表明，不少电气事故完全是由于标志不统一而造成的。例如由于导线的颜色不统一，误将相线接设备的机壳而导致机壳带电，造成触点伤亡事故。

标志分为颜色标志和图形标志：颜色标志常用来区分各种不同性质、不同用途的导线或用来表示某处安全程度；图形标志一般用来告诫人们不要去接近有危险的场所。为保证安全用电，必须严格按有关标准使用颜色标志和图形标志。我国安全色标采用的标准基本上与国际标准草案（ISD）相同。一般采用安全色有以下几种：

（1）红色。用来标志禁止、停止和消防，如信号灯、信号旗、机器上用红色来表示"禁止"的信息。

（2）黄色。用来标志注意危险，如"当心触电""注意安全"等。

（3）绿色。用来标志安全无事，如"在此工作""已接地"等。

（4）蓝色。用来标志强制执行，如"必须戴安全帽"等。

（5）黑色。用来标志图像、文字符号和警告标志的几何图形。

按照规定，为便于识别，防止误操作，确保运行和检修人员的安全，采用不同颜色来区别设备特征。如电气母线，A相为黄色，B相为绿色，C相为红色，明敷的接地线涂为黑色。在二次系统中，交流电压回路用黄色，交流电流回路用绿色，信号和警告回路用白色。

3. 安全用电的注意事项

随着生活水平的不断提高，生活中用电的地方也越来越多。因此，掌握以下最基本的安全用电常识是十分必要的。

（1）认识、了解电源总开关，学会在紧急情况下关断总电源。

（2）不用手或导电物（如铁丝、钉子、别针等金属制品）去接触、探试电源插座内部。

（3）不用湿手触摸电器，不用湿布擦拭电器。

（4）电器使用完毕后应拔掉电源插头；插拔电源插头时不要用力拉拽电线，以防止电线的绝缘层受损造成触电；电线的绝缘皮剥落，要及时更换新线或者用绝缘胶布包好。

（5）发现有人触电，要设法及时关断电源或者用干燥的木棍等物将触电者与带电的电器分开，不要用手去直接救人。

（6）不随意拆卸、安装电源线路、插座插头等。

（7）入户电源线避免过负荷使用，破旧老化的电源线应及时更换，以免发生意外。

（8）入户电源总保险与分户保险应配置合理，使之能起到对家用电器的保护作用。

（9）接临时电源要用合格的电源线、电源插头，插座要安全可靠，损坏的不能使用；电源线接头要用胶布包好。

（10）临时电源线临近高压输电线路时，应与高压输电线路保持足够的安全距离。

（11）严禁私自从公用线路上接线。

（12）线路接头应确保接触良好，连接可靠。

（13）房间装修，隐藏在墙内的电源线要放在专用阻燃护套内，电源线的截面应满足负荷要求。

（14）使用电动工具如电钻等，须戴绝缘手套。

（15）遇有家用电器着火，应先切断电源再救火。

（16）家用电器接线必须确保正确，有疑问应及时询问专业人员。

（17）家庭用电应装设带有过电压保护的调试合格的漏电保护器，以保证使用家用电器时的人身安全。

（18）家用电器在使用时应有良好的外壳接地，室内要设有公用地线。

（19）家用电热设备、暖气设备一定要远离煤气罐、煤气管道，发现煤气漏气时先开窗通风，绝不能拉合电源，要及时请专业人员修理。

（20）使用电熨斗、电烙铁等电热器件，必须远离易燃物品，用完后切断电源以防意外。

（21）在雷雨时不可走近高压电杆、铁塔、避雷针的接地线和接地体周围，以免因跨步电压而造成触电。

（22）在一个插座或灯座上不可引接功率过大的用电器具。

（23）严禁采用一线一地、两线一地、三线一地（指大地）安装用电设备和器具。

（24）在潮湿环境中使用移动电器时，一定要采用36 V安全低压电源。在金属容器内（如锅炉、蒸发器或管道等）使用移动电器时，必须采用12 V安全电源，并应有人在容器外监护。

任务实施

1) 谈一谈对安全用电的认识

谈一谈对安全用电的认识,并将认识写在下面空格中。

2) 查一查安全用电防范工作

进行安全用电防范工作的检查,并将检查后的意见写在下面空格中。

 评价总结

根据"谈、查"工作评价意见,填写成绩评议表(表 10-10)。

表 10-10 成绩评议表

评定人/任务	任务评议	等级	评定签名
自己评			
同学评			
指导教师评			
综合评定等级			

___年___月___日

任务三 触电现场急救

日常生活和生产的各个场所中,广泛存在着易燃易爆物质,如石油液化气、煤气、天然气、汽油、柴油、乙醇、棉、麻、化纤织物、木材、塑料等。另外,一些设备本身可能会产生易燃易爆物质,如设备的绝缘油在电弧的作用下分解和气化,喷出大量油雾和可燃气体;酸性电池排出氢气并形成爆炸性混合物等。一旦这些易燃易爆物遇到电气设备和线路故障导致的火源,便会立刻着火燃烧。周围存放易燃易爆物是电气火灾的环境条件。

 相关知识

一、电气火灾的主要原因

电气火灾是指由于电气原因引发燃烧而造成的火灾,短路、过载、漏电等电气事故都有可能导致火灾。设备自身缺陷、施工安装不当、电气接触不良、雷击静电引起的高温、电弧和电火花导致电气火灾的直接原因。

1. 设备或线路发生短路故障

电气设备由于绝缘损坏、电路年久失修、疏忽大意、操作失误及设备安装不合格等可能造成短路故障，其短路电流可达正常电流的几十倍甚至上百倍，产生的热量（正比于电流的平方）使温度上升超过自身和周围可燃物的燃点引起燃烧，从而导致火灾。

2. 过载引起电气设备过热

选用线路或设备不合理，线路的负载电流量超过了导线额定的安全载流量，电气设备长期超载（超过额定负载能力），引起线路或设备过热而导致火灾。

3. 接触不良引起过热

如接头连接不牢、触点压力过小等使接触电阻过大，在接触部位会发生过热而引起火灾。

4. 通风散热不良

大功率设备缺少通风散热设施或通风散热设施损坏造成过热而引发火灾。

5. 电器使用不当

如电炉、电熨斗、电烙铁等未按要求使用，或用后忘记断开电源，引起过热而导致火灾。

6. 电火花和电弧

有些电气设备正常运行时就能产生电火花、电弧，如大容量开关、接触器触点的分、合操作，都会产生电弧和电火花。电火花温度可达数千摄氏度，遇可燃物可点燃，遇到可燃气体便会发生爆炸。

二、电气火灾的防护措施

电气火灾的防护措施主要致力于消除隐患、提高用电安全，具体措施如下。

1. 保持电气设备的正常运行，防止电气火灾发生

（1）正确使用电气设备，是保证电气设备正常运行的前提。因此，应按设备使用说明书的规定操作电气设备，严格执行操作规程。

（2）保持电气设备的电压、电流、温升等不超过允许值；保持各导电部分连接可靠，接地良好。

（3）保持电气设备的绝缘良好；保持电气设备的清洁；保持良好通风。

2. 正确选用保护装置，防止电气火灾发生

（1）对正常运行条件下可能产生电热效应的设备应采用隔热、散热、强迫冷却等结构，并注重耐热防火材料的使用。

(2) 按规定要求设置包括短路、过载、漏电保护设备的自动断电保护：对电气设备和线路，要正确设置接地、接零保护；为防雷电，应安装避雷器及接地装置。

(3) 根据使用环境和条件正确设计选择电气设备：恶劣的自然环境和有导电尘埃的地方，应选择有抗绝缘老化功能的产品，或增加相应的措施；对易燃易爆场所，则必须使用防爆电气产品。

3. 正确安装电气设备，防止电气火灾发生

(1) 合理选择安装位置：对于爆炸危险场所，应该考虑把电气设备安装在爆炸危险场所以外或爆炸危险性较小的部位。开关、插座、熔断器、电热器、电焊设备和电动机等应根据需要，尽量避开易燃物或易燃建筑构件。起重机滑触线下方不应堆放易燃品。露天变、配电装置，不应设置在易于沉积可燃性粉尘或纤维等地方。

(2) 保持必要的防火距离：对于在正常工作时能够产生电弧或电火花的电气设备，应使用灭弧材料将其全部隔围起来，或将其与可能被引燃的物料，用耐弧材料隔开或与可能引起火灾的物料之间保持足够的距离，以便安全灭弧。安装和使用有局部热聚焦或热集中的电气设备时，在局部热聚焦热集中的方向与易燃物料之间必须保持足够的距离，以防引燃。电气设备周围的防护屏障材料，必须能承受电气设备产生的高温（包括故障情况下）；应根据具体情况选择不可燃、阻燃材料或在可燃性材料表面喷涂防火涂料。

三、电气火灾的扑救

发生火灾，应立即拨打"119"火警电话报警并向公安消防部门求助。扑救电气火灾时，应注意触电危险，为此要及时切断电源，通知电力部门派人到现场指导监护扑救工作。初起火最容易扑灭，在消防车未到前如能集中全力抢救，常能化险为夷、转危为安。

1. 常用灭火方法

根据物质燃烧的原理，通常的灭火方法有以下几种：

(1) 隔离法：这是一种隔离火源与可燃物的方法。当发生火情时，迅速将火源移到没有可燃物质的地方，或是将火源附近的可燃物隔离至安全的地方，或用灭火器把周围的可燃物作防火处理。关闭可燃气体、液体管道阀门，减少或中止可燃物进入燃烧区域，或者拆除与火源相毗连的可燃物，形成阻止火势蔓延的空间地带。这种方法适用于扑救各种物质火灾。

(2) 冷却法：把水或其他灭火剂喷射到燃烧物上，将其温度降到燃点以下，迫使燃烧停止。也可以将水或灭火剂喷洒到火源附近的可燃物上，降低可燃物的温度，避免火情扩大。冷却法是灭火的重要方法，主要用水来冷却降温，一般物质如木材、麦草、纸张、布匹、棉花、家具等起火都可用水冷却灭火。

(3) 窒息法：根据着火时一般是大量空气助燃这个条件，阻止空气进入燃烧区域，使火源得不到足够的氧气而熄灭。在火场上运用窒息法灭火时，可采用不燃物或难燃物如石棉毯、湿麻袋、湿棉被、沙土、泡沫等物品覆盖在燃烧物体上，以隔绝空气使火熄灭。

(4) 抑制法：这种灭火方法是将化学灭火剂喷入燃烧区，使之参与燃烧的化学反应，从而使燃烧反应中止达到灭火的目的。目前，这种灭火方法主要使用干粉和卤代烷灭火剂，灭火后不留痕迹，不会造成污损，是扑救家用电器、计算机等精密设备、档案资料和

各种可燃气体火灾较为理想的方法，灭火后应立即采取降温措施。

2. 正确选择使用灭火器

在扑救尚未确定断电的电气火灾时，应选择适当的灭火器和灭火装置；否则，有可能造成触电事故和更大的危害，如使用普通水枪射出的直流水柱和泡沫灭火器射出的导电泡沫会破坏绝缘。常用灭火器的种类、用途及使用方法，如表10-11所示。

表10-11 常用灭火器的主要性能

种类	二氧化碳	四氯化碳	干粉	1211灭火剂	泡沫
规格	<2 kg 2~3 kg 5~7 kg	<2 kg 2~3 kg 5~8 kg	8 kg 50 kg	1 kg 2 kg 3 kg	10 L 65~130 L
药剂	液态	液态四氯化碳	钾盐、钠盐	二氟一氯一溴甲烷	碳酸氢钠、硫酸铝
导电性	无	无	无	无	有
灭火范围	电气、食品、油类、酸类	电气设备	电气设备、石油、油漆、天然气	油类、电气设备、化工、化纤原料	油类及可燃物质
不能扑救的物质	钠、钾、镁、乙炔、二氧化碳	钠、钾、镁、铝等	旋转电机火灾		忌水和带电物质
效果	距着火点3 m的距离	3 kg喷30s,7 m内	8 kg喷14~18 s,4.5 m内;50 kg喷50~55 s,6~8 m内	1 kg喷6~8 s,2~3 m内	10 L喷60 s,8 m内;65 L喷170 s,13.5 m内
使用	一只手将喇叭口对准火源，另一只手打开开关	扭动开关，喷出液体	提起圆环，喷出干粉	拔下铅封或横锁，用力压下压把	倒置摇动，拧开开关，喷出药剂
保养	置于方便处，注意防冻、防晒和使用期	置于方便处	置于干燥通风处、防潮、防晒	置于干燥处，勿摔碰	置于方便处
检查	每月测量一次，低于原质量的1/10时应充气	检查压力，注意充气	每年检查一次干粉是否结块，每半年检查一次压力	每年检查一次质量	每年检查一次，泡沫发生倍数低于4倍时，应更换药剂

使用四氯化碳灭火器灭火时，灭火人员应站在上风侧，以防中毒；灭火后要注意空间通风。使用二氧化碳灭火，当其浓度达85%时，人就会感到呼吸困难，要注意防止窒息。

3. 正确使用喷雾水枪

带电灭火时不能用水来冷却降温，但使用喷雾水枪比较安全，因为这种水枪通过水柱的泄漏电流较小。用喷雾水枪扑救电气火灾时，水枪喷嘴与带电体的距离可参考以下数据。

(1) 10 kV 及以下者,不小于 0.7 m。

(2) 35 kV 及以下者,不小于 1 m。

(3) 110 kV 及以下者,不小于 3 m。

(4) 220 kV,应不小于 5 m。

需要注意的是,使用喷雾水枪带电灭火,必须有人监护。

4. 灭火器的保管

灭火器在不使用时,应注意对它的保管与检查,保证随时可正常使用,其具体保养和检查可参考表 10-11。

四、触电的预防与触电的急救

1. 触电的危险性

触电对人体的破坏程度很复杂。一般讲,电流对人体的伤害大致分为两大类,即电击和电伤。电击是指电流通过人体内部,造成人体内部组织的损伤和破坏。电伤是指强电流瞬间通过人体的某一局部或电弧对人体表面的烧伤。在触电事故中,多数是电击造成的,而且电击的危险也高于电伤。电流对人体的伤害程度主要与以下几个因素有关。

(1) 流过人体的电流。流过人体的电流又称人体触电电流,它的大小对人体全组织的伤害程度起着决定性的作用。表 10-12 列出了不同触电电流时人体的生理反应情况。

表 10-12 不同触电电流时人体的生理反应情况

电流类别 电流/mA	50 Hz 交流	直流
0.6~1.5	开始有手感,手指有麻刺感	没有感觉
2~3	手指有强烈麻刺感、颤抖	没有感觉
5~7	手部痉挛	感觉痒、刺痛、灼热
8~10	手指尖部到腕部痛得厉害,可以摆脱导体但较困难	热感觉增强
20~30	手迅速麻痹不能摆脱导体、痛得厉害、呼吸困难	热感觉增强、手部肌肉收缩但不强烈
30~50	引起强烈痉挛、心脏跳动不规则、时间长则心室颤动	热感觉增强、手部肌肉收缩但不强烈
50~80	呼吸麻痹、发生心室颤动	有强烈热感觉、手部肌肉痉挛、呼吸困难
80~100	呼吸麻痹、持续 3 s 以上心脏麻痹以至停止跳动	呼吸麻痹
300 及以上	作用时间 0.15 s 以上,呼吸和心脏麻痹,肌体组织遭受电流的热破坏	心室颤动直至死亡

由表 10-12 可知,流过人体的电流越大,对人体组织的破坏程度也就越大,因而也就越危险。一般规定:工频交流的极限安全电流值为 30 mA。

(2) 人体电阻。流经人体电流的大小，与人体电阻有着密切的关系。当电压一定时，人体电阻越大，流过人体的电流越小，反之亦然。

人体电阻包括两部分，即体内电阻和皮肤电阻。体内电阻由肌肉组织、血液、神经等组成，其值较小，且基本上不受外界条件的影响。皮肤电阻是指皮肤表面角质层的电阻，它是人体电阻的主要部分，且它的数值变化较大。人体电阻与人体皮肤状况、触电的状况等因素有关。当皮肤干燥完整时，人体电阻可达 10 kΩ 以上，而当皮肤角质层受潮或损伤时，人体电阻会降到 1 kΩ 左右；当皮肤遭到破坏时，人体电阻将下降到 600～800 Ω。

(3) 人体接触电压。流经人体电流的大小与人体接触电压的高低有直接关系，接触电压越高，触电电流越大。但二者之间并非线性关系，如图 10-31 所示。这是因为人体电阻不是固定不变的，随着电压增加，触电电流增大，人体会出汗，此外人体皮肤角质层可能炭化或击穿，使人体电阻急剧下降，触电电流便迅速增大，触电的危险性也就越大。

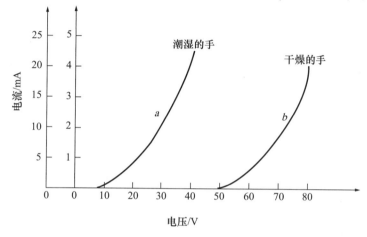

图 10-31 触电电流与接触电压的关系

极限安全电流和人体电阻的乘积，称为安全接触电压，它与工作环境有关。根据 GB 3805—1983 规定其有效值最大不超过 50V，安全额定电压等级为 42 V、36 V、24 V、12 V 和 6 V。一般工厂企业安全电压采用 36 V。

(4) 触电持续时间。触电持续时间是指从触电瞬间开始到人体脱离电源或电源被切断时的时间。它与触电电流一样是影响危害程度的重要因素。触电持续时间越长，对人体引起的热伤害、化学伤害和生理伤害就越严重，越易引起心室颤动。此外，随着电流在人体内持续时间的增加，人体发热出汗，人体电阻会逐渐减小，因而触电电流增大。所以，即使是比较小的电流，若流经人体的时间长，也会造成伤亡事故；反之，即使触电电流较大，若能在很短时间脱离，也不致造成生命危险。因此，我国规定：触电电流与触电时间的乘积不得超过 30 mA·s。

触电对人体的伤害程度除上述几个主要因素外，还与电流的频率、电流通过人体的途径、人的体质状况等因素有关。工频交流对人体危害最大，直流电比工频交流电危害小，交流电的频率越高，危害越小。从左手到脚的触电电流路径最危险。

2. 触电的预防方法

实际工作中，由于电气设备安装或维护不当以及工作人员的疏忽大意或违反操作规程，很容易造成人身触电事故。为了有效地防止触电事故的发生，必须采取以下安全措施。

(1) 使人体不易接触和接近带电导体。将带电导体置于一定高度或者加保护遮栏，使人体接触不到带电导体。如地面 1～10 kV 架空线路经过居民区时，对地面最小距离为 6.5 m；在进底车场，其敷设高度距轨面不得低于 2.2 m。电气设备外盖与手把之间，设置可靠的机械闭锁装置，以保证合上外盖前，不能送电；不切断电源，不能开启外盖。操作高压回路必须戴绝缘手套、穿绝缘靴等，以防触电。

(2) 人体接触较多的电气设备采用低电压。人体接触机会多的电气设备造成触电的机会也多，为了保证用电安全，应采用较低电压供配电。例如，井下手持煤电钻工作电压不得超过 127 V，控制回路和安全行灯的工作电压不得超过 36 V 等。

(3) 设置保护接地或接零装置。当电气设备的绝缘损坏时，可能使正常情况下不带电的金属外壳或支架带电，如果人体触及这些带电的金属外壳或支架，便会发生触电事故。为了防止这种触电事故的发生，应采取有效的保护措施，对正常未带电的金属外壳和支架可靠接地或接零，以确保人身安全。

(4) 设置漏电保护装置。电气设备或线路在绝缘损坏时才有触电的危险。所以，应设置漏电保护装置，使之不断地监测线路的绝缘状况，在绝缘电阻降到危险值时，或人身触电时，自动切断电源，以确保安全。

3. 触电后的急救

在供配电系统中，尽管采取了上述有效的预防措施，但由于人为因素、设备问题等也会偶然发生触电事故。当万一出现触电事故时，为了有效地抢救触电者，要做到"两快、一坚持、一慎重"。

"两快"是指快速切断电源和快速进行抢救。因为电流通过人体所造成的危害程度主要取决于电流的大小和作用时间的长短，因此抢救触电者最要紧的是快速切断电源。当出事地点没有电源开关时，若是 380 V 以下的低压线路，可用木棒、绳索等绝缘体拨开电源线或直接将触电者拉脱电源；若是高压线路，则应用相应等级的绝缘等物品使触电者脱离电源。

触电者脱离电源后，应立即进行抢救，不能消极地等待医生到来。如果伤员是一度昏迷，尚未失去知觉，则应使伤员在空气流通的地方静卧休息。如果呼吸暂时停止，心脏暂时停止跳动，伤员尚未真正死去，或者只有呼吸，但比较困难，此时必须立即采用人工呼吸法和心脏按压法进行抢救。

1) 人工呼吸法

人工呼吸法是用人工的方法代替伤员肺的活动，供给氧气，排出二氧化碳。最常用且效果最好的方法是口对口人工呼吸法，如图 10-32 所示。它的操作简单，一次吹气量可达 1 000 mL 以上。具体操作步骤和方法如下：

(1) 使伤员仰卧并把头侧向一边，张开伤员的嘴巴，清除口腔中的血块、异物、假牙和呕吐物等，以使呼吸道畅通，同时解开衣领，松开紧身衣服，使其胸部自然扩张。

(2) 抢救者在伤员的一侧，一手捏紧伤员的鼻孔，避免漏气，用手掌的外缘顺势压住额部；另一只手托在伤员的颈后，将颈部上抬，使其头部充分后仰（在颈下可垫以东西）。

(3) 急救者以图 10-32 (a) 所示的方法，先吸一口气，然后紧凑伤员的嘴巴，向他大口吹气，时间约 2 s。

(4) 吹气完毕后，立即离开伤员的嘴，并松开捏紧鼻孔的手，这时伤员的胸部自然回

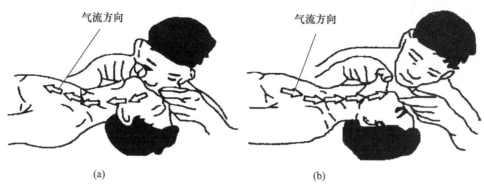

图 10-32 口对口人工呼吸法
(a) 步骤一；(b) 步骤二

缩，气体从肺内排出，如图 10-32 (b) 所示，时间约为 3 s。

按以上步骤连续不断地操作，每分钟约 12 次。如果伤员张嘴有困难，可紧闭其嘴唇，将口对准其鼻孔吹气，效果也可。

2) 心脏按摩法

心脏按摩法又叫胸外心脏挤压法，如果触电者心跳停止，就必须进行心脏按摩，以达到推动其体内血液循环的目的。具体操作方法如下：

(1) 使伤员仰卧于平整的木板或硬地上，以保证挤压效果，急救者在伤员一侧，或骑跨在伤员的腰部两侧。

(2) 急救者两手相叠，下面一只手的掌根按于伤员胸骨下 1/3 处，四指伸直，中指末端卡在颈部凹陷的边缘。

(3) 急救者用上面的手加压，压时肘关节要伸直，垂直向下挤压，使胸骨下陷 30～40 mm，如图 10-33 (a) 所示，这样可以间接挤压心脏，达到排血的目的。

(4) 挤压后突然放松（注意掌根不要离开胸壁），依靠胸廓的弹性，使胸骨自动复位，心脏扩张，大静脉的血液就能回流到心脏，如图 10-33 (b) 所示。

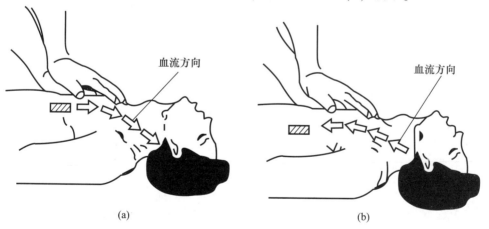

图 10-33 人工胸外心脏按压法
(a) 步骤一；(b) 步骤二

按照上述步骤连续进行操作，成人每分钟挤压 60 次。挤压时定位需正确，用力要适度，以免引起肋骨骨折、气胸、血胸及内脏损伤等并发症。如果伤员的心脏和呼吸都停止了，则两种方法应由两人同时进行。若现场急救只有1个人时，应先做人工呼吸两次，再做心脏按压15次，然后再做人工呼吸，如此反复进行。此时，为了提高抢救效果，吹气和挤压的速度要快些，2次吹气在5 s内完成，15次挤压在10 s内完成。

"一坚持"：坚持对失去知觉的触电者持久连续地进行人工呼吸与心脏按压，在任何情况下，这一抢救工作决不能无故中断，贸然放弃。事实证明，触电后的假死者大有人在，有的坚持抢救长达几小时，竟然能复活。

"一慎重"：慎重使用药物，只有待触电者的心脏跳动和呼吸基本正常后，方可使用药物配合治疗。

 任务实施

触电现场急救

任务实施表如表10-13所示。

表10-13 任务实施表

姓名		专业班级		学号	
任务名称及内容			触电现场急救		
1. 任务实施目的 掌握触电现场急救与处理			2. 任务实施所需的设备、材料 智能模拟人一套、棉纱、医用酒精		
3. 任务完成的时间：2学时			4. 安全生产与文明生产要求 （1）安全、迅速、就地、正确、坚持、严谨； （2）不损坏设备、仪器； （3）模拟人的消毒		
5. 任务实施内容及方法步骤： （1）现场诊断、判断意识。拍打触电者双肩，并大声呼唤触电者，掐人中、合谷穴。诊断时间不少10 s。 （2）判断触电者有无呼吸。救护者贴近触电者口鼻处判断是否有呼吸。并用眼睛看触电者胸部是否有起伏，如没有起伏说明触电者停止呼吸。判断时间不少于5 s。 （3）判断触电者有无心跳，用手轻轻触摸触电者颈动脉（喉结旁2~3 cm）有无脉搏，触摸时间不少于10 s。 （4）报告伤情。 （5）对触电者实行口对口人工呼吸，通畅气道采用抬颌法，切勿用枕头等物品垫在触电者头下，如果口腔有异物，将身体及头部及时偏转，取出口腔异物。人工呼吸时，让触电者头部尽量后仰，鼻孔朝天，救护者一只手捏紧触电者的鼻孔，另一只手拖住触电者下颌骨，使嘴张开，吹气时连续大口吹气两次，每次1~1.5 s。两次吹气后颈动脉无脉搏，可判断心跳停止，立即进行胸外按压。 （6）对触电者实行胸外心脏按压。胸外按压时按压位置要正确，救护者右手的食指和中指沿触电者的右侧肋弓下缘向上，找到肋骨和胸骨的接合处的中点。两手并齐，中指放在切迹中点，食指放在胸骨下部。另一只手的掌根紧贴食指上缘置于胸骨上，即为正确按压位置。胸外按压时救护者跪在触电者一侧肩旁，上身前倾，两肩位于伤者胸骨正上方，两臂伸直，肘关节固定不弯曲，两手掌重叠，食指翘起，利用身体重量，垂直按压，按压力度3~5 cm，按压完放松时手掌上抬但不要离开伤者身体，胸外按压频率为每分钟80~100次，按压和放松时间均等，按压有效时可以触及颈动脉脉搏。人工呼吸和胸外按压同时进行时，如果是单人救护，操作的节奏为：每按压15次后吹气2次（15:2），反复进行；双人救护时，每按压5次后另一人吹气1次（5:1），反复进行。 （7）判断抢救情况。可以触及触电者颈动脉脉搏，则抢救成功					
指导教师评语（成绩）					
				年 月 日	

 **评价总结**

考核按100分制进行,见表10-14。

表10-14 考核标准表

序号	考核项目	考核要求	评分	评分标准	得分
1	判断意识	方法正确	10分	1. 未拍打双肩;未呼唤;未掐人中、合谷穴;未大声呼唤;每项扣2分。 2. 时间少于10 s,动作过重或过轻,扣1~2分	
2	判断呼吸	方法正确	10分	1. 未贴近触电者口鼻判断呼吸起伏,扣3分。 2. 未用眼睛看触电者的胸部起伏,扣3分。 3. 判断时间少于5 s,扣3分	
3	判断心跳	方法正确	10分	1. 触摸颈动脉方法、位置错误,每项扣3分。 2. 判断时间少于10 s,扣3分	
4	报告伤情	方法正确	5分	叙述不准确;语言不清晰,每项扣2分	
5	口对口人工呼吸	方法正确	20分	1. 清理动作不规范;未通畅气道或方法不正确,每项扣2分。 2. 吹气未捏住鼻孔;未侧头吸气;吹起完毕后未松开鼻孔;未包住触电者口;每项扣2分。 3. 无效吹气一次;多吹和少吹一次,每项扣2分。 4. 每次吹气持续2 s左右,否则扣2分	
6	胸外心脏按压	方法正确	20分	1. 按压点位置错误;掌根不重叠;手指未翘起;双肩未伸直;按压未垂直;每项扣2分。 2. 按压幅度(胸骨下陷3~5 cm)不够或频率(80~100次/分钟)不对,每项扣2分。 3. 放松时手根离开胸骨;无效按压一次;多按压和少按压一次;每项扣1分。 4. 按压每周期开始前均要找准按压点,否则扣2分	
7	抢救情况		15分	伤者心跳、呼吸未恢复;抢救未成功,扣15分	
8	文明生产	方法正确	10分	1. 损坏设备扣5~10分。 2. 态度认真、着装整齐、仪表端庄。否则每项扣1分	
指导教师				总分	

思考与练习

一、填空题

(1) 接地电阻包括(　　)、(　　)、(　　)和(　　)四部分。

(2) 防止雷电直击电气设备一般采用(　　)及(　　),防止感应雷击一般采用

（　　）和（　　）。
(3) 当接地体采用角钢打入地下时，其厚度不小于（　　）mm。
(4) 触电是指：（　　　　）。
(5) 触电的形式有：（　　）、（　　）和（　　）3种。
(6) 对电火灾的扑救，应使用（　　）、（　　）、（　　）、（　　）等灭火器具。
(7) 触电现场急救中，以（　　）和（　　）两种抢救方法为主。

二、选择题

(1) 独立避雷针与配电装置的空间距离不小于（　　）。
　　A. 5 m　　　　　　B. 8 m　　　　　　C. 10 m
(2) 35 kV 架空电力线路一般不沿全线装设避雷线，而只要在首末端变电所进线段（　　）内装设。
　　A. 1～1.5 m　　　　B. 2～2.5 m　　　　C. 1.5～2 m
(3) 避雷器的带电部分低于（　　）时应设遮护栏。
　　A. 2 m　　　　　　B. 2.5 m　　　　　C. 3 m

三、简答题

(1) 阀型避雷器的工作原理是怎样的？
(2) 安装避雷器应符合哪些要求？
(3) 人工接地装置有哪些要求？
(4) 什么叫接地电阻？接地电阻可用哪些方法测量？
(5) 如何区分高压、低压和安全电压？具体规定如何？
(6) 人体的电阻一般是多少？
(7) 什么叫漏电？漏电怎么会引起火灾？如何防范漏电？
(8) 发现有人触电应如何抢救？在抢救过程中应注意什么？

项目十一　电　气　照　明

☞ **项目引入**：

电气照明设计是工厂企业供配电设计中一个不可缺少的组成部分，良好的照明是保证安全生产、提高劳动生产效率和产品质量、保障职工视力健康的必要措施。因此，合理地进行照明设计对工矿企业的正常生产和安全有着十分重要的意义。通过此项目的学习，掌握电气照明灯具布置及照度计算和照明供配电系统设计。

☞ **知识目标**：

(1) 理解电气照明技术基本概念。
(2) 掌握常用电光源特点、照明灯具布置要求。
(3) 掌握照明供配电系统设计方法。

☞ **技能目标**：

(1) 会电气照明灯具布置与照度计算。
(2) 能看懂工厂企业照明系统图和平面布置图。
(3) 会照明供配电系统接线与设计。

☞ **德育目标**：

把照明设计运用在室内空间和室外空间中，让空间"活"起来渲染了空间气氛，达到美的空间灯光效果。不仅丰富了艺术感染力，也培养了审美修养的情感，提升了设计美感。

☞ **相关知识**：

(1) 照度和亮度，灯具的选择与布置。
(2) 照度计算，照度标准。
(3) 照明电气布置图。
(4) 照明系统图。

☞ **任务实施**：

(1) 根据教室和要求确定灯数并布置。
(2) 照明供配电系统设计。

☞ **重点**：

(1) 常用电光源、照明灯具与照度计算。
(2) 照明供电系统与负荷照明计算。

☞ **难点**：

照明供电系统与负荷照明计算。

任务一 电气照明灯具布置与照度计算

工厂照明分自然照明和人工照明两大类。电气照明属于人工照明的一种，由于具有灯光稳定、易于控制、调节方便、安全经济等优点，成为现代人工照明中应用最为广泛的一种照明方式。

为了便于掌握照明设计的有关知识，首先介绍电气照明技术中的几个基本概念。

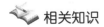相关知识

一、照明技术的有关概念

1. 光、光谱和光通量

1) 光

光是物质的一种形态，是一种辐射波，其波长比无线电波短而比 X 射线长。所有电磁波都有辐射能，发光体发射的辐射能中，仅仅有很少一部分能直接引起视觉，这部分辐射能称为可见光或光，它仅占电磁波谱中很窄的一段。

2) 光谱

把光线中不同强度的单色光，按波长长短依次排列，称为光谱。

光谱的大致范围包括：① 红外线：波长为 780 nm~1 mm；② 可见光：波长为 380~780 nm；③ 紫外线：波长为 1~380 nm。

可见光的波长为 380~780 nm（1 nm = 10^{-9} m）。在可见光范围内，不同波长的光给人的颜色感觉不同，波长从 380~780 nm 依次变化时，能引起红、橙、黄、绿、青、蓝、紫七种颜色的感觉。通常七种不同颜色的光混合在一起即为白光。波长大于 780 nm 的辐射能称为不可见的红外线和各种电磁波；波长小于 380 nm 的辐射能称为不可见的紫外线和各种射线。

实验证明，人眼对各种波长的可见光具有不同的敏感性。正常人眼对于波长为 555 nm 的黄绿色光最敏感，也就是说这种黄绿色光的辐射能引起人眼的最大的视觉。因此，波长越偏离 555 nm，其光辐射的可见度越小。

3) 光通量

光源在单位时间内，向周围辐射出的使人眼产生光感的能量称为光通量，简称光通，用符号 Φ 表示，其单位为流（明）（lm）。

2. 光强及其分布特性

1) 光强

光强是发光强度的简称，它是光源在给定方向上单位立体角内辐射的光通量，用符号 I 表示，单位为坎德拉（cd）。

对于向各个方向均匀辐射光通量的光源，各个方向的光强相等，其值为：

$$I = \frac{\Phi}{\Omega} \qquad (11-1)$$

式中　I——发光强度，cd；

Φ —— 光源在立体角内所辐射的总光通量，lm；

Ω —— 光源辐射光通量的空间立体角，sr（球面度）。

光源辐射光通量的空间立体角为：

$$\Omega = \frac{A}{r} \tag{11-2}$$

式中　A —— 与 Ω 相对应的球表面积，m^2；

　　　r —— 球的半径，m。

2）光强分布曲线

光强分布曲线也称为配光曲线，它是在通过光源对称轴的一个平面上绘出的灯具光强与对称轴之间的角度 α 的函数曲线。

光强分布曲线是用来进行电气计算的一种基本技术资料。对于一般灯具，光强分布曲线是绘制在极坐标上的，如图 11-1 所示。

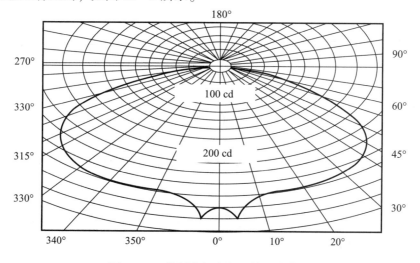

图 11-1　绘制在级坐标上的配光曲线

对于聚光很强的投光灯，其光强分布在一个很小的角度内，其光强分布曲线一般绘制在直角坐标上，如图 11-2 所示。

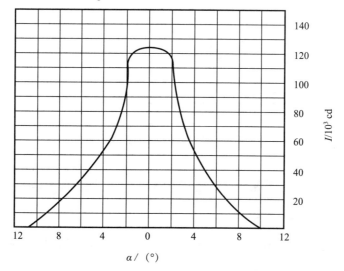

图 11-2　绘制在直角坐标上的配光曲线

3. 照度和亮度

1) 照度

照射于被照面上的光通量密度，即光通量与其所照射的表面积之比称为照度，用 E 表示，它是衡量照明质量的主要指标。

被光均匀照射的平面上的照度为：

$$E = \frac{\Phi}{A} \tag{11-3}$$

式中　E——照度，(lx)；

　　　Φ——被照面积上接收到的光通量，lm；

　　　A——被照面积，m²。

如果被照面上的光通量分布不均匀时，则被照面上某点的照度为

$$E = \frac{\mathrm{d}\Phi}{\mathrm{d}A} \tag{11-4}$$

式中　$\mathrm{d}\Phi$——入射到 $\mathrm{d}A$ 面积素的光通量素；

　　　$\mathrm{d}A$——被照面积素。

2) 亮度

发光体在视线方向单位投影面上的发光强度称为亮度，用符号 L 表示，单位为 cd/m²。设表面法线方向的光强为 I，而人眼视线与发光体表面法线成 α 角，如图 11-3 所示。则视线方向的光强为 $I_\alpha = I\cos\alpha$，视线方向的投影面为 $A_\alpha = A\cos\alpha$，由此可见发光体在视线方向的亮度为：

$$L = \frac{I_\alpha}{A_\alpha} = \frac{I\cos\alpha}{A\cos\alpha} = \frac{I}{A}$$

可见，亮度值与视线方向无关。

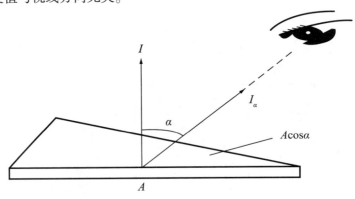

图 11-3　亮度概念说明

3) 发光效率

照明灯的发光效率是指光源发出的全部光通量 Φ 与其全部输入功率 P 之比。即：

$$\eta = \frac{\Phi}{P} \tag{11-5}$$

式中　η——发光效率，lm/W；对于一般白炽灯 $\eta = 6.5 \sim 19$ lm/W；对于荧光灯，$\eta = 25 \sim 55$ lm/W；

P——照明灯的输入功率，W。

4. 光的吸收、反射及透射

当光通过媒质传播时，一般都会发生吸收、反射及透射等现象，如图 11-4 所示。

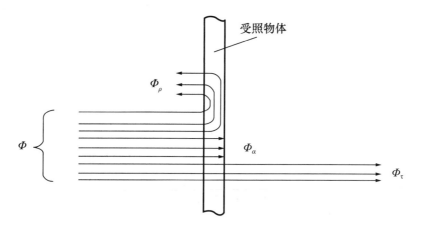

图 11-4 光通量投射到物体上情况

1）光的吸收

媒质中传播时，光的强度越来越弱。在这个过程中，光的一部分能量转变为其他形式的能量（如热能），这就是媒质对光的吸收。通常用吸收系数 a 来表征媒质对光的吸收作用，吸收系数是被媒质吸收的光通量 Φ_a 与入射到媒质上的光通量 Φ 之比。即：

$$a = \frac{\Phi_a}{\Phi} \tag{11-6}$$

不同的媒质对光的吸收是不同的，而且与光在媒质中的光程（即媒质吸收层的厚度）有关，光程越大，吸收也越大。

2）光的反射

一种媒质传播到另一种媒质时，有一部分或全部自分界面射回原来的媒质，这种现象叫作光的反射。

用反射系数 ρ 来表征物体对光的反射能力，反射系数等于自物体反射的光通量 Φ_ρ 与入射到物体上的光通量 Φ 之比。即：

$$\rho = \frac{\Phi_\rho}{\Phi} \tag{11-7}$$

表 11-1 列出了不同物质的反射系数。比较表中数据可知，由于煤和岩石的反射系数远远低于其他物质，所以矿井内需要加强人工照明，以便增加照度。

3）光的透射

光从一种媒质射入另一种媒质，并从这种媒质穿透出来的现象叫光的透射。用透射系数 τ 来表示在透射前后光通量的变化，透射系数是透过媒质的光通量 Φ_τ 与投射到媒质上的光通量 Φ 之比。即：

$$\tau = \frac{\Phi_\tau}{\Phi} \tag{11-8}$$

表 11-1　不同物质的反射系数

物质名称	反射系数	物质名称	反射系数
抹灰并用大白粉刷的顶棚和屋面	0.70~0.80	钢板地面	0.10~0.30
白珐琅瓷	0.60~0.75	混凝土地面	0.10~0.25
砖墙或混凝土屋面喷白	0.50~0.60	沙岩、铁矿岩	0.21~0.37
墙、顶棚为水泥砂浆抹面	0.30	石英岩	0.09~0.18
混凝土屋面板、红砖墙	0.30	石灰岩	0.20~0.30
灰砖墙	0.20	页岩	0.07~0.20
无色透明玻璃（2~6mm厚）	0.08~0.10	煤	0.01~0.03

透射系数与媒质的厚度有关，厚度越大则透射系数越小。

一般来说，光线投射到物体上都会同时发生反射、透射和吸收现象。按能量守恒定律，则：

$$\Phi = \Phi_a + \Phi_\rho + \Phi_\tau$$

等式两边同除以 Φ 得：

$$\frac{\Phi_a}{\Phi} + \frac{\Phi_\rho}{\Phi} + \frac{\Phi_\tau}{\Phi} = 1$$

则：

$$a + \rho + \tau = 1 \tag{11-9}$$

式（11-9）说明物体的反射系数、透射系数和吸收系数之和等于1。

二、照明的方式和种类

1. 照明方式

在工厂企业或变电所中，照明方式可分为一般照明、局部照明和混合照明。

（1）一般照明：供照度要求基本上均匀的场所的照明。

（2）局部照明：仅在工作地点加强照度的照明。

（3）混合照明：一般照明和局部照明组合而成的照明。

对于工作密度很大而对光照方向无特殊要求的场合，宜采用一般照明；对局部地点需要高照度并对照射方向有要求时，宜采用局部照明；对工作位置需要较高并对照射方向有特殊要求的场所，宜采用混合照明。

2. 照明种类

照明按其用途可分为工作照明、事故照明、值班照明、警卫照明和障碍照明等。

（1）工作照明：正常工作时的室内外照明。

（2）事故照明：工作照明因各种原因熄灭后，供工作人员暂时继续工作用和疏散人员使用的照明。

（3）值班照明：非生产时间内供值班人员使用的照明。

（4）警卫照明：警卫地区周围的照明。

（5）障碍照明：在高层建筑上或基建施工、开挖路段时，作为障碍标志用的照明。

工作照明一般可以单独使用,也可以和事故照明、值班照明同时使用,但要分开控制。事故照明应该装设在可能引起事故的设备、材料周围及主要通道和入口处,并在灯的明显部位涂以红色,且照度不应小于工作照明所规定的照度的10%,三班倒生产的重要车间及有重要设备的车间和仓库等场所应装设值班照明;障碍照明一般用红色闪烁灯。

三、常用电光源与照明灯具

在工厂照明中,目前用于照明的电光源按其发光原理可分为两大类:一类是热辐射光源,如白炽灯和卤钨灯(包括碘钨灯和溴钠灯);另一类是气体放电光源,如日光灯、高压汞灯和钠灯等。

为了合理、安全地用光通量,获得足够的照度和舒适的照明,通常在电光源外附加一些附件(如罩、架等)。光源与附件的组合称为灯具。

1. 热辐射光源

利用物体加热时辐射发光的原理所制成的光源称为热辐射光源。目前常用的热辐射光源有以下几种。

1)白炽灯

白炽灯是使用最普通的热辐射光源,靠电流加热灯丝到白炽状态而发光。图 11-5 是普通白炽灯的构造简图。它由玻璃泡壳、灯丝、固定灯丝的支架、引线和灯头等组成。它的结构简单,价格低,使用方便,而且显色性好,因此无论在工厂、企业还是城乡,应用都很广泛。它的缺点是发光效率较低,使用寿命较短(一般为 1 000 h)且不耐振。当电源电压大于其额定电压时会大大缩短其使用寿命。

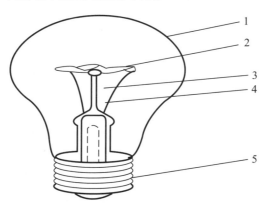

图 11-5 白炽灯的构造简图
1—玻璃泡壳;2—灯丝;3—支架;4—引线;5—灯头

2)卤钨灯

卤钨灯是在白炽灯泡内充入少量卤族元素或卤化物气体,利用卤钨循环原理来提高灯的效率和使用寿命,其发光效率比白炽灯高30%。图 11-6 是卤钨灯的结构图,它由灯脚、灯丝、灯丝固定支架和石英玻管等组成。为了使灯管温度均匀,防止出现低温区,以保持卤钨循环顺利进行,卤钨灯必须水平安装,倾角不得大于4°,而且不允许进行人工冷却(如电扇吹、水淋等),否则将严重影响灯的使用寿命。

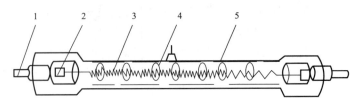

图 11-6 卤钨灯的结构图

1—灯脚；2—铝箔；3—灯丝（钨丝）；4—支架；5—石英玻管

卤钨灯在工作时管壁温度可达 600 ℃，所以不能与易燃物靠近。卤钨灯的耐振性和耐电压波动性比白炽灯差，如使用方法正确其寿命比白炽灯长。卤钨灯的显色性很好，使用也很方便。

2. 气体放电光源

利用气体放电时发光的原理所做成的光源称为气体放电光源。目前常用的气体放电光源有：荧光灯、高压汞灯、高压钠灯、金属卤化物灯和氙灯。

1）荧光灯

荧光灯俗称日光灯，其结构如图 11-7 所示。它由玻璃制成的细长灯管、装在灯管两端的灯丝、灯管内壁涂的白色荧光粉和灯头、灯脚等组成。

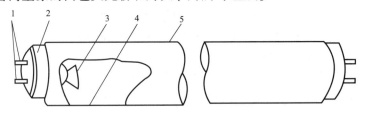

图 11-7 荧光灯的结构

1—灯脚；2—灯头；3—灯丝；4—荧光粉；5—玻璃管

荧光灯是一种气体放电光源，它利用汞蒸气在外加电压作用下产生弧光放电，发出少许可见光和大量紫外线，紫外线又激发灯管内壁涂覆的荧光粉，使其发出大量的可见光。所以一般荧光灯的发光效率比白炽灯高 3~4 倍，其使用寿命也比白炽灯长，但荧光灯的显色性较白炽灯差。特别是它的频闪效应，容易使人产生错觉，将一些旋转的物体误为不动的物体，对安全生产不利，因此在有旋转机械的车间里很少采用。如果要在此环境中使用荧光灯，必须设法消除其频闪效应。消除频闪效应的简便方法是在一个灯具内，安装两根或三根灯管，而每根灯管分别接到不同相的线路上。

普通荧光灯电路主要由镇流器、启辉器和荧光灯管组成，为了改善功率因数还可以并联电容器，如图 11-8 所示。此时荧光灯的调动是靠接通电源时，启辉器辉光放电使 U 形双金属片受热膨胀与静触极接触，接通灯丝加热电路；启辉器两电极接触停止放电后，U 形电极因冷却而与静触极分开，切断电路；由于电流的突然消失，在镇流器上产生比电源电压高许多的感应电势，该电势与电源电压共同作用，使灯管内的惰性气体电离而放电，辐射出的紫外线激发灯管内的荧光粉后，发出可见光。

普通荧光灯电路由于铁芯线圈式镇流器，耗能大、有噪声、频闪效应严重，已很少使用。目前常用节能式荧光灯，它的荧光灯管就是普通荧光灯，只是将铁芯线圈式镇流器换成了电子镇流器。采用电子镇压流器后，因无铁芯损耗，所以耗能大为降低。而且

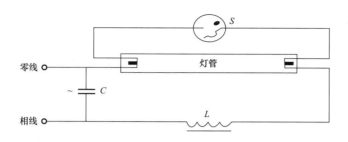

图 11-8　荧光灯的典型电路

电子镇压流器工作时对外呈容性,从而可改善电网的功率因数。节能灯是通过电子镇流器将 50 Hz 的交流电变成 25 kHz 的高频电源来点燃荧光灯管的。其启辉迅速(2 s 内即可点亮灯管),启辉电压低,发光效率高(为普通荧光灯的 2 倍),无噪声,无 50 Hz 的频闪现象。

荧光灯的光效高,寿命长,但使用附件较多,不适宜安装在频繁启动的场合。

2)高压汞灯

高压汞灯又称高压水银荧光灯,它是普通荧光灯的改进产品,属于高气压的汞蒸气放电光源。它不需启辉器来预热灯丝,但使用时必须串联相应功率的镇流器,其结构如图 11-9 所示。在工作时,第一主电极与辅助电极(触发极)间首先击穿放电,使管内的汞蒸发,导致第一主电极与第二主电极间击穿,发生弧光放电,使管壁的荧光物质受激发,产生大量的可见光。

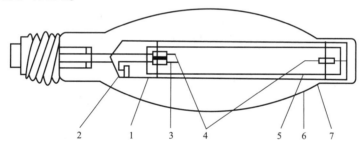

图 11-9　高压汞灯结构图

1—支架及引线；2—启动电阻；3—启动电源；4—工作电源；5—放电管；6—内荧光涂层；7—外玻壳

图 11-10 是一种需外接镇流器的高压汞灯的工作线路图。高压汞灯的光效比白炽灯高 3 倍左右,寿命也长,但对电压的要求较高,不宜装在电压波动较大的线路上。

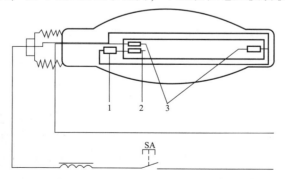

图 11-10　高压汞灯工作线路图

1—启动电阻；2—启动电源；3—工作电源

3) 高压钠灯

高压钠灯是利用高气压的钠蒸气放电发光，光呈淡黄色，其辐射光谱集中在人眼较为敏感的区域，所以它的光效比高压汞灯还要高1倍，且寿命长，但显色性较差，启动时间较长。其结构如图11-11所示，其接线与高压汞灯相同。

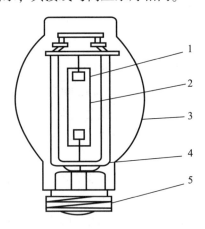

图11-11 高压钠灯结构
1—主电极；2—放电管；3—外玻壳；4—消气剂；5—灯头

4) 金属卤化物灯

金属卤化物灯是在高压汞灯的基础上为改善光色而发展起来的新型光源。它不仅光色好，而且光效高，受电压影响也较小，是目前比较理想的光源。

其发光原理为，在高压汞灯内添加某些金属卤化物，靠金属卤化物的循环作用，不断向电弧提供相应的金属蒸气，金属原子在电弧中受电弧激发而辐射该金属的特征光谱线。选择适当的金属卤化物并控制它们的比例，可制成各种不同光色的金属卤化物灯。这种灯可用于商场、广场和体育馆等。

5) 氙灯

氙灯为惰性气体放电灯，高压氙气放电时能产生很强的白光，接近连续光谱，和太阳光十分相似，故称为"小太阳"。适用于广场、车站和大型屋外配电装置等。

3. 各种照明光源的主要技术特性

光源的主要技术特性有光效、寿命、色温等，有时这些技术特性相互矛盾，在实际选用时，一般考虑光效高、寿命长，其次考虑显色指数、启动性能等次要指标。

常用照明光源的主要技术特性比较见表11-2。

4. 电光源的选择

电光源可根据表11-2电光源的特性和使用场所对照明的要求选择。一般情况下，应尽量选择发光效率高、使用寿命长的照明灯。在显色性要求高的场所应选择显色指数高的电光源。在电压波动大的场所应选择光通量受电压变化影响小的电光源。在温度变化大的场所应选择光通量受温度变化影响小的电光源。在有振动的场所应选择耐振性能好的电光源。

表 11-2 常用照明光源的主要技术特性比较

特性参数	火炬灯	卤钨灯	荧光灯	高压汞灯	高压钠灯	金属卤化物灯	长弧卤灯
额定功率/W	15~1 000	500~2 000	6~125	50~1 000	35~1 000	125~3 500	1 500~10 000
发光效率/(lm·W^{-1})	10~20	20~25	40~90	40~70	90~120	60~90	20~40
使用寿命/h	1 000	1 000~1 500	3 000~5 000	3 500~6 000	6 000~12 000	1 000~2 000	1 000
显色指数 R_a/%	97~99	95~99	75~90	30~50	20~25	65~90	95~97
启动稳定时间	瞬时	瞬时	1~4 s	4~8 min	4~8 min	4~8 min	瞬时
再启动时间	瞬时	瞬时	1~4 s	5~10 min	10~15 min	15~15 min	瞬时
功率因数	1	1	0.33~0.7	0.44~0.67	0.44	0.4~0.6	0.4~0.9
频率效应	无	无	有	有	有	有	有
表面亮度	大	大	小	较大	较大	大	大
电压变化对光通的影响	大	大	较大	较大	大	较大	较大
环境温度对光通的影响	小	小	大	较小	较小	较小	小
耐振性能	较差	差	较好	好	较好	好	好
所需附件	无	无	镇流器 启辉器	镇流器	镇流器	镇流器 触发器	镇流器 触发器
适应场合	地面和井下一般照明	地面大面积且无振动的建筑物照明	地面和井下最经济的电光源	高度 5 m 以上的厂房、广场和道路的照明	对照度要求高，对光色要求低的场合，如煤场、露天场地等		

四、灯具的选择与布置

合理地选择与布置灯具，可以使电光源发出的光通量得到更充分的利用和更合理的分配，还可以防止眩光（眩光是指由于亮度太大而造成视觉的不适）以及保护灯泡不受外界潮气和外力的影响，并可增加美感等。

1. 灯具的类型

（1）按灯具的配光特性分类。裸露的灯泡发出的光线是射向四周的，为了充分利用光能，加装灯罩后使光线重新分配，称为配光。按灯具的配光特性来进行分类有两种：一种是传统的分类法；另一种是国际照明委员会提出的分类法。

传统分类是根据灯具的配光曲线形状进行分类，可以分为下面几种：正弦分布型、广照型、漫射型、配照型、深照型和特深照型。

国际照明委员会的分类是根据灯具向下和向上投射光通量的百分比进行分类，可以分为：直接照明型、半直接照明型、均匀漫射型、半间接照明型和间接照明型。

（2）按灯具的机构特性分类。按结构特点分可以分为开启型、闭合型、封闭型、密闭型和防爆型。

开启型：光源与外界空间直接接触（没有灯罩）。

闭合型：灯罩将光源包合起来，但内外空气能够自由流通。

封闭型：灯罩固定处加以一般密封，内外空气仍可有限流通。

密闭型：灯罩固定处加以严密封闭，内外空气不能流通。

防爆型：灯罩及其固定处均能承受要求的压力，能安全使用在有爆炸危险性介质的场所。

2. 灯具的选择

工厂企业所用灯具的类型，应根据使用场所的特点和对照明的要求选择，而且应尽量选择高效的灯具。

（1）根据配光特性选择灯具。在一般公用和民用建筑物内，通常采用半直接照射型和均匀漫射型照明灯具，使整个室内的空间照度均匀。在生产厂房多采用直接照射型灯具，使作业面得到充分的照度。在室外一般多采用均匀漫射灯具。

（2）根据环境条件选择灯具。为了保证灯具使用上的安全与经济，对不同的环境条件应选择不同结构的灯具。

在空气较干燥和少尘的工作场所，采用开启型灯具。在空气潮湿和多尘的工作所，可采用防水、防尘的各种封闭型灯具。在含有大量尘埃或有腐蚀性气体的工作场所，采用密封型灯具。有爆炸危险的工作场所，可根据危险程度选用增安型或防爆型灯具。在有机械碰撞的工作场所采用带有保护网罩的灯具。闭合型灯具，如吊灯和吸顶灯等，可用在门厅、走廊、会议室等处。

3. 室内灯具的布置

灯具的布置就是确定灯具在室内的空间位置。灯具布置的合理与否直接影响到光投射方向、作业面的照度、眩光和阴影的限制及美观大方的效果。

（1）灯具的悬挂高度。悬挂高度是指电光源距作业面的垂直距离。灯具如果悬挂过高，将降低作业面上的照度，要达到规定的照度，则必须增大光源功率，不够经济，而且更换与维护也不方便。灯具如果悬挂过低，会产生眩光，增大阴影，而且也不安全。室内灯具至悬挂点的距离称为悬垂距离，一般为 0.3～1.5 m，大多取 0.7 m。

根据限制眩光的要求，室内一般照明灯具对地面的最低悬挂高度，应不低于表 11-3 中规定的数值。其他可参考国家《工业企业照明设计标准》的规定来确定。

（2）室内灯具的平面布置。室内灯具的平面布置要求：保证最低照度及均匀性，光线的射向适当，无眩光和阴影；安装维修方便；布置整齐美观，并和建筑空间协调；安全、经济、美观等。一般照明灯具的平面布置主要采取以下两种布置方案：

① 均匀布置。灯具在整个工作间内均匀布置，其布置与生产设备的位置无关。均匀布置的灯具可排列成正方形、矩形或菱形，如图 11-12 所示。

表11-3 工业企业室内一般照明灯具距地面的最低悬挂高度

光源种类	灯具形式	灯具保护角	光源功率/W	最低悬挂高度/m
白炽灯	有反射罩	10°~30°	≤100 150~200 300~500	2.5 3.0 3.5
白炽灯	乳白玻璃漫射罩	—	≤100 150~200 300~500	2.5 3.0 3.5
荧光灯	有反射罩	—	≤40 >40	2.0 3.0
荧光灯	无反射罩	—	≤40 >40	2.0 3.0
高压汞灯	有反射罩	10°~30°	<125 125~250 ≥400	3.5 5.0 6.0
高压汞灯	无反射罩带隔栅	>30°	<125 125~250 ≥400	3.0 4.0 5.0
金属卤化钨灯、高压钠灯、混光光源	有反射罩	10°~30°	<150 150~250 250~400 >400	4.5 5.5 6.5 7.5
金属卤化钨灯、高压钠灯、混光光源	有反射罩带隔栅	>30°	<150 150~250 250~400 >400	4.0 4.5 5.5 6.5

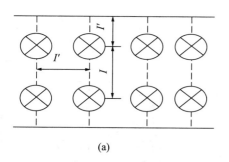
(a)

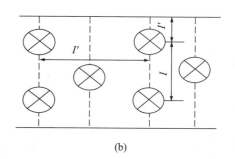
(b)

图11-12 灯具的均匀布置
(a)矩形布置；(b)菱形布置

② 选择布置。灯具的布置与作业面的位置相关，大多是按作业面对称布置，力求在作业面能获得最有利的光通方向和消除在作业上的阴影。

由于均匀布置较选择布置更为整齐美观，且使整个工作间照度较为均匀，因此工作间内的一般照明大多采用均匀布置，在部分需要加强照度的地方可增加局部照明。

（3）灯具的布置间距。灯间的距离与其悬挂高度的比值 L/H，称为距高比。灯具布置的合理与否，主要取决于距高比。距高比越小，照度均匀性越好，但经济性差；距高比越大，照度均匀性就越差。合适的距高比可根据灯具的特征查有关技术手册。一般较合理的距高比为 1.4~1.8。

五、照度标准

照度是决定照明效果的重要指标。在一定范围内，照度增加会使视觉能力提高，同时使经济性下降。为了提高劳动生产率和产品质量，保护职工的健康，在工作场所及其他活动环境的照明必须有足够的照度。有的工作环境除设有一般照明外，还应增设局部照明，即形成混合照明。

新建、扩建或改建的工业企业照明可按国标 GB 50034—1992 来确定其照度；对一般生产车间和工作场所工作面上的照度值可按表 11-4、表 11-5 和表 11-6 来确定最低照度值。

表 11-4 工作场所作业面上的照度标准

视觉作业特征	识别对象的最小尺寸 d/mm	视觉作业分类 等级	亮度对比	照度范围/lx 混合照明			一般照明		
特别精细作业	$d < 0.15$	I	小	1 500	2 000	3 000			
			大	1 000	1 500	2 000			
很精细作业	$0.15 < d \leq 0.3$	II	小	750	1 000	1 500	200	300	500
			大	500	750	1 000	150	200	300
精细作业	$0.3 < d \leq 0.6$	III	小	500	750	1 000	150	150	300
			大	300	500	750	100	150	200
一般精细作业	$0.6 < d \leq 1.0$	IV	小	300	500	750	100	150	200
			大	200	300	500	75	100	150
一般作业	$1.0 < d \leq 2.0$	V	—	—	150	200	300	50	75	100
较粗糙作业	$2.0 < d \leq 5.0$	VI	—	—	—	—	—	30	50	75
粗糙作业	$d > 5.0$	VII	—	—	—	—	—	20	30	50
一般观察生产过程	—	VIII	—	—	—	—	—	10	15	20
大件存储	—	IX	—	—	—	—	—	5	10	15
有自行发光材料的车间	—	X	—	—	—	—	—	30	50	75

表 11-5 一般生产车间工作面上的照度标准

车间和工作场所		视觉作业等级	照度范围/lx								
			混合照明			混合照明中一般照明			一般照明		
金属机械加工车间	粗加工	Ⅲ乙	300	500	750	30	50	75			
	精加工	Ⅱ乙	500	750	1 000	75	100	100			
	精密加工	Ⅰ乙	1 000	1 500	2 000	100	150	200			
机电装配车间	大件装配	Ⅴ							50	75	100
	小件装配、试车台	Ⅱ乙	500	750	1 000	75	100	150			
	精密装配	Ⅰ乙	1 000	1 500	2 000	100	150	200			
焊接车间	手动焊接、切割、接触焊、电渣焊	Ⅴ							50	75	100
	自动焊接、一般划线	Ⅱ乙							75	10	150
	精密划线	Ⅱ甲	750	1 000	1 500	75	100	150			
	备料（如有冲压、剪切设备参照冲压剪切车间）	Ⅳ							30	50	75
	钣金车间	Ⅴ							50	75	100
	冲压剪切车间	Ⅳ乙	200	300	500	30	50	75	30	50	75
	热处理车间	Ⅹ							0	50	75
锻工车间	熔化、浇铸	Ⅹ							50	50	75
	型砂处理、清理、落砂	Ⅵ							20	30	50
	手工造型	Ⅲ乙	300	500	750	30	50	75			
	机器造型	Ⅵ							30	50	70
木工车间	机房区	Ⅲ乙	100	500	750	30	50	75			
	锯木区	Ⅴ							50	75	100
	木模区	Ⅵ甲	300	500	75	50	75	100			
表面处理车间	电泳涂、喷漆间	Ⅴ							50	75	100
	酸洗间、法兰间、喷砂间	Ⅵ							50	75	100
	抛光间	Ⅲ甲	500	750	1 000	50	75	100	150	200	300
	电镀槽间、喷漆间	Ⅴ							50	75	100
电修车间	一般	Ⅵ甲	300	500	750	30	50	75			
	精密度	Ⅲ甲	500	750	1 000	0	75	100			
	拆卸，清洗	Ⅵ							30	50	75

表 11-6 部分生产和生活场所的照度标准

场所名称		单独一般照明工作面上的照度范围/lx			工作面距地面高度/m
配变电所	变压器室、高压电容器室	20	30	50	0
	高低压配电室、低压电容器室	30	50	75	0
	值班室	75	100	150	0.75
	电缆室（夹层）	10	15	20	—
电源室	电动发电机室、整流室、柴油发电机室	30	50	75	—
	蓄电池室	20	30	50	—
实验室	理化室	100	150	200	0.75
	计量室	150	200	300	0.75
办公室、资料室、会议室、报告厅		75	100	150	0.75
工艺室、设计院室、绘图室		100	150	200	0.75
打字室		150	150	300	0.75
阅览室、陈列室		100	100	200	0.75
医务室		5	100	150	0.75
食堂、车间休息室、单身宿舍		50	75	100	0.75
浴室、更衣室、厕所、楼梯间		10	15	20	0
盥洗室		20	30	50	0

六、照度计算

当工厂企业照明用的灯具的类型、悬挂高度及布置方案初步确定后，就可以根据初步确定的照明方案来计算作业面上的照度，校验照度是否符合规定标准的要求；也可以根据作业面上的照度标准要求来确定灯泡的容量和灯具的数量，然后确定布置的方案。

常用照度计算方法有利用系数法、概算曲线法、比功率法、逐点计算法等，其中概算曲线法是利用系数法的简化。这里只介绍利用系数法和比功率法。

1. 利用系数法

1）利用系数的概念

照明光源的利用系数（用 α 表示）是表征照明光源投射到作业面上的光通量与房间内光源发出的总光通量之比。投射到作业面上的光通量考虑了光通的直射光部分和反射光部分在作业面上的总照度。根据定义利用系数应表示为：

$$\alpha = \frac{\Phi_e}{n\Phi} \tag{11-10}$$

式中　α ——利用系数；
　　　Φ_e ——投射到作业面上的光通量，lm；
　　　Φ ——每盏灯发出的光通量，lm；
　　　n ——房间内的灯数。

2) 利用系数的确定

利用系数 α 的大小取决于照明灯具的特性、房间的形状和大小与被照空间各平面的反射系数的大小等因素。

灯具的发光效率越高，光通越集中，利用系数越高；灯具悬挂越低，则直射光通越多，利用系数越高；墙壁、顶棚及地面颜色越浅，则反射光通越多，利用系数越高；房间的面积越大，越接近于正方形，则直射光通越多，因此利用系数也越高。

从以上分析可知，利用系数除与反射系数有关外，还与受照空间特征有关。房间的受照空间特征可用参数"室空间比"来表征。室空间比 RCR 可按下式确定，即：

$$RCR = \frac{5h_{RC}(l+b)}{lb} \quad (11-11)$$

式中 h_{RC} ——室空间的高度（灯具至作业面的空间高度，如图 11-13 所示），m；

l ——房间的长度，m；

b ——房间的宽度，m。

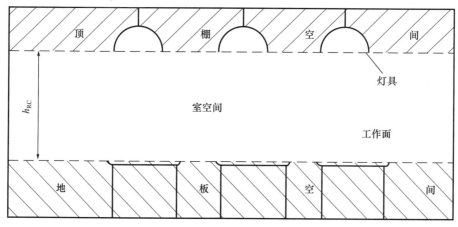

图 11-13 室空间高度示意图

根据墙壁、顶棚的反射系数，室空间比和灯具的形式查表即可求出该条件下的利用系数。表 11-7 给出了 $GC_1-A（B）-1$ 型配照灯，采用功率为 150 W 的白炽灯时的利用系数 α 与反射系数和室空间比的关系。该灯具的最大允许距高比为 1.25。

表 11-7 $GC_1-A（B）-1$ 型配照灯的利用系数 α

反射系数	顶棚 ρ_c	70%			50%			30%			0%
	墙壁 ρ_w	50%	30%	10%	50%	30%	10%	50%	30%	10%	0%
室空间比 RCR	1	0.85	0.82	0.78	0.82	0.79	0.76	0.78	0.76	0.74	0.70
	2	0.73	0.68	0.63	0.70	0.66	0.61	0.68	0.63	0.60	0.57
	3	0.64	0.57	0.51	0.61	0.55	0.50	0.59	0.54	0.49	0.46
	4	0.56	0.49	0.43	0.54	0.48	0.43	0.52	0.46	0.42	0.39
	5	0.50	0.42	0.36	0.48	0.41	0.36	0.46	0.40	0.35	0.33
	6	0.44	0.36	0.31	0.43	0.36	0.31	0.41	0.35	0.30	0.28
	7	0.39	0.32	0.26	0.38	0.31	0.26	0.37	0.30	0.26	0.24
	8	0.35	0.28	0.23	0.34	0.28	0.23	0.33	0.27	0.23	0.21
	9	0.32	0.25	0.20	0.31	0.24	0.20	0.30	0.24	0.20	0.18
	10	0.29	0.22	0.17	0.28	0.22	0.17	0.27	0.21	0.17	0.16

3) 根据利用系数计算工作面上的实际平均照度

随着灯具的使用，光源本身的光效要逐渐降低，灯具也要陈旧脏污，被照场所的墙壁和顶棚也有污损的可能，从而使作业面上的光通量有所减少。在计算作业面上的实际平均照度时，应计入一个小于1的"减光系数k"。因而作业面上的实际平均照度为：

$$E_{av} = \frac{\alpha k \Phi n}{A} \qquad (11-12)$$

式中 E_{av} ——实际平均照度，lx；

　　　k——减光系数，根据照明场所的清洁度一般取0.6~0.8；

　　　α——利用系数；

　　　Φ——每盏灯发出的光通量，lm；

　　　n——灯的盏数；

　　　A——受照房间的面积，m²。

若已知平均照度、房间的特征和灯具的形式及功率，则可求出所需灯具的盏数。即：

$$n = \frac{E_{av}A}{\alpha k \Phi} \qquad (11-13)$$

4) 利用系数法计算实际平均照度

利用系数法计算实际平均照度的步骤具体如下：

① 根据灯具的布置，确定室空间的高度。

② 计算室空间比 RCR。

③ 确定反射系数（查表）。

④ 确定利用系数 α（查相应的表）。

⑤ 根据有关手册查布置灯具的光通量 Φ。

⑥ 根据设计手册查出减光系数 k。

⑦ 计算实际平均照度。

[例10-1] 某机械加工车间的平面面积为 32×20 m²，屋顶离地面高度为5 m，柱间距为4 m。作业面离地0.75 m，拟采用 GC_1-A-1 型配照灯（每盏装150 W白炽灯）作车间的一般照明。车间顶棚的反射系数 $\rho_c = 0.5$，墙壁的反射系数 $\rho_w = 0.3$，试选择灯具的数量并确定灯具的布置方案，并计算车间的实际平均照度。该车间的照度标准为75 lx。

[解]

(1) 确定布置方案。查表11-3，150~200 W的白炽灯最低距地悬挂高度为3m，因此可设灯具的悬挂高度为0.5 m，则室空高度为：

$$h_{RC} = 5 - 0.75 - 0.5 = 3.75 \text{ (m)}$$

该灯具的最大距高比为1.25，即 $L/h_{RC} = 1.25$，则灯具间的合理距离为：

$$L \leq 1.25 h_{RC} = 1.25 \times 3.75 = 4.688 \text{(m)}$$

初步确定灯具布置方案如图11-14所示。

该布置方案的实际距离为：

$$L = \sqrt{4 \times 4} = 4 \text{(m)} < 4.688 \text{(m)}$$

满足距高比要求。

此时，灯具的个数 $n = 5 \times 8 = 40$（个）。

(2) 利用系数法计算照度。

① 计算室空间比 RCR, 即:

$$RCR = \frac{5h_{RC}(l+b)}{lb} = \frac{5 \times 3.75 \times (32+20)}{32 \times 20} = 1.523$$

② 确定利用系数。已知车间顶棚的反射系数 $\rho_c = 0.5$,墙壁的反射系数 $\rho_w = 0.3$。查表 11-7 并用插值法计算得利用系数 $\alpha = 0.722$。

③ 确定灯具的光用量。查白炽灯的技术数据功率为 150 W 的灯泡其光通 $\Phi = 2\,090\,\text{lm}$。

④ 确定减光系数。取 $k = 0.7$。

⑤ 计算实际平均照度,即:

$$E_{av} = \frac{\alpha k \Phi n}{A} = \frac{0.722 \times 0.7 \times 2\,090 \times 40}{32 \times 20} = 66.02\,(\text{lx})$$

计算结果满足照度要求。

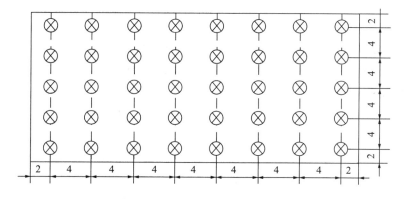

图 11-14 灯具布置方案

2. 比功率法

比功率就是单位面积上照明光源的安装功率。为了简化计算,根据不同的照度要求、不同的房间面积、灯具的类型和灯具的悬挂高度,确定出单位面积上的电光源的安装功率,并制成表格。设计计算时根据单位面积上所需的安装功率,计算照明光源总功率的方法,称比功率法或单位容量法。

各种型号灯具的比功率可从有关设计手册中查得,表 11-8 给出了配照灯的比功率参考值。设计时从表中查出不同条件下的比功率,然后求出室内的总安装容量。即:

表 11-8 配照灯的比功率参考值　　　　　　　　　　　　　(单位: W/m²)

灯具距作业面的高度/m	被照面积/m²	白炽灯的平均照度/lx						
		5	10	15	20	30	50	75
3~4	10~15	4.3	7.5	9.6	12.7	17	26	36
	15~20	3.7	6.4	8.5	11	14	22	31
	20~30	3.1	5.5	7.2	9.3	13	19	27
	30~50	2.5	4.5	6.0	7.5	10.5	15	22
	50~120	2.1	3.8	5.1	6.3	8.5	13	18
	120~300	1.8	3.3	4.4	5.5	7.5	12	16
	300 以上	1.7	2.9	4.0	5.0	7.0	11	15

续表

灯具距作业面的高度/m	被照面积/m²	白炽灯的平均照度/lx						
		5	10	15	20	30	50	75
4~6	10~17	5.2	8.9	11	15	21	33	48
	17~25	4.1	7.0	9.0	12	16	27	37
	25~35	3.4	5.8	7.7	10	14	22	32
	35~50	3.0	5.0	6.8	8.5	12	19	27
	50~80	2.4	4.1	5.6	7.0	10	16	22
	80~150	2.0	3.3	4.6	5.8	8.5	12	17
	150~400	1.7	2.8	3.9	5.0	7.0	11	15
	400 以上	1.5	2.5	3.5	4.0	6.0	10	14

$$P_\Sigma = PA \tag{11-14}$$

式中 P_Σ——全部灯泡的安装容量，W；

P——单位面积的安装容量，W/m²；

A——被照面积，m²。

再根据单个灯泡的容量，确定出所需安装的灯泡盏数，或根据所需布置的灯泡盏数，计算出每个灯泡所需的容量。

[例 11-2] 试用比功率法确定例 11-1 中车间所需照明灯的盏数。设平均照度 $E_{av} = 75$ lx。

[解] 由 $H = 5$ m，$E_{av} = 75$ lx 及 $A = 32 \times 20 = 640$ (m²)，查表 11-5 可得 $P = 14$ W/m²。因此该车间所需一般照明的安装总容量为

$$P_\Sigma = PA = 14 \times 640 = 8\ 960\ (\text{W})$$

采用 150 W 白炽配照灯的盏数应为

$$n = \frac{P_\Sigma}{150} = \frac{8\ 960}{150} = 59.7\ (\text{盏})$$

考虑到均匀布置，采用 60 盏灯。这样，实际照度大于设计照度。

任务实施

根据教室和要求确定灯数并布置

任务实施表如表 11-9 所示。

表 11-9 任务实施表

姓名		专业班级		学号	
任务名称及内容	1. 教室的面积为 11.5×6.5 m²，照明器离地高度为 3.1 m，课桌面离地 0.8 m。拟采用 GC_1-A-1 型配照灯（220 V、150 W 白炽灯）作为教室一般照明。房间反射系数 $\rho_w = 0.3$（墙），$\rho_c = 0.2$（地），减光系数 k 取 0.7。试用利用系数法确定灯数，并进行布置。 2. 某仪表装配车间长 60 m，宽 15 m，照明灯安装在屋架下面，吸顶安装离地 12 m，工作面离地 0.8 m，顶棚有效反射率为 50%，墙面有效反射率设为 50%，采用 GC5-1、B-4 型照明器 15 个，内装 400 W 荧光高压汞灯（光效为 50 lm/W），要求工作面的最低平均照度为 90 lx，试校验能否满足照度要求（对 GC5-1、B-4 型照明器，$RCR = 2$，$\alpha = 0.53$；$RCR = 3$，$\alpha = 0.56$；$RCR = 4$，$\alpha = 0.40$；$RCR = 5$，$\alpha = 0.35$；$RCR = 6$，$\alpha = 0.31$）					

续表

任务实施步骤及过程：
收获体会：
指导教师评语（成绩）   年　月　日

 评价总结

根据任务一电气照明灯具布置与照度计算，结合任务实施表和收获体会进行评议总结，并填写成绩评议表（表11-10）。

表11-10　成绩评议表

评定人/任务	任务评议	等级	评定签名
自己评			
同学评			
指导教师评			
综合评定等级			

　　　年　　　月　　　日

任务二　照明供配电系统设计

目前，在照明装置中，采用的都是电光源，为了保证电光源正常、安全、可靠地工作，同时便于管理维护，又利于节约电能，就必须有合理的供配电系统和控制方式予以保障。

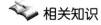 相关知识

一、照明供配电系统

1. 照明供配电电压

正常照明和事故照明灯的工作电压一般为 220 V。照明线路的供配电一般采用 380/220 V 三相四线制中性点直接接地的供配电系统，只有在线路电流不超过 30 A 时，方可采用 220 V 单相供配电线路。

对空间狭窄、特别潮湿、易触电的危险场所，以及人经常接触的手提行灯、局部照明

灯，应采用安全电压供配电。矿井井下的照明采用 127 V 电压。

照明电压的质量对照明灯的寿命和光通影响很大，为此要求灯泡的端电压不应超过其额定电压 5%；远离变电所的场所难以满足 5% 的要求时，允许为 10%；对应急照明、道路照明、警卫照明及电压为 12~42 V 的照明电压允许降低 10%。

2. 照明供配电网络

照明供配电网络由馈线、干线和分支线组成，如图 11-15 所示。

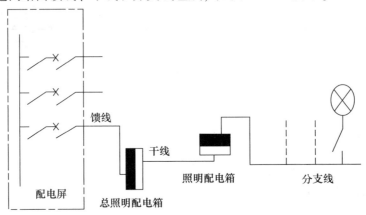

图 11-15　照明线路的基本形式

馈线是指将电能从变电所低压配电屏送到总照明箱的线路；干线是指将电能从配电箱送到各个照明箱的线路；分支线是指由干线分出，将电能送到每一个照明配电箱的线路，或从照明箱接到各灯的线路。照明供配电网络的接线方式有树干式、放射式和混合式。其中，以放射式和树干式的混合式为多。

3. 照明供配电方式的选择

我国照明供配电一般采用 380/220 V 的 TN—S 或 TN—C 的交流网络供配电。

1）正常照明

一般由动力与照明共用的变压器供配电，如图 11-16（a）所示。在照明负荷较大的情况下，照明电也可以由单独的变压器供配电。当生产厂房的动力采用"变压器—干线"供配电，对外有低压联络母线时，照明电源接于变压器低压侧总开关之后；对外没有联络母线，照明电源接于变压器低压侧总开关之前，如图 11-16（b）所示；当车间变电所低压侧采用放射式配电系统时，照明电源接于低压配电屏的照明专用开关上，如图 11-16（c）所示；对负荷稳定的厂房，动力和照明可以合用供配电线路，但应在电源进户处将两者分开，如图 11-16（d）所示。

2）事故照明

供继续工作或疏散人员的事故照明应接于与正常照明不同的电源。当正常照明因故停电时，事故照明电源应立即自动投入。有时为了节约照明线路，事故照明可以取自正常照明线路，但其配电线路与控制开关应分开安装。

3）局部照明

机床和固定工作台的局部照明可接自动力线路，移动式局部照明应接自正常照明供配电线路。

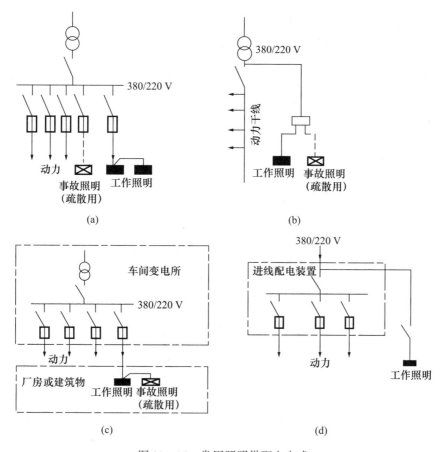

图 11 – 16 常用照明供配电方式

(a) 方式一；(b) 方式二；(c) 方式三；(d) 方式四

4）室外照明

室外照明应与室内照明线路分开供配电，室外照明应由室内低压配电屏引出专用回路供配电。当室外照明的供配电距离较远时，可采用由不同区域的变电所分区供配电。

4. 电气照明的平面布置

为了施工和安装的需要，设计时应绘制电气照明平面布置图，如图 11 – 17 所示。其对应的照明供配电系统如图 11 – 18 所示。

从图 11 – 17 中可以看出，绘制照明电气布置图应该注意下面几点：

（1）标明配电设备和配电线路的型号；灯具的平均照度以及灯具的位置、数量、灯具的型号、灯泡的容量、安装的高度和安装方式等。按国标的规定，灯具的标注格式为：

$$a - b \frac{c \times d \times l}{e} f$$

式中　a——灯的数量；

b——灯具型号或编号；

c——每盏灯具的灯泡数量；

d——灯泡的容量，W；

e——灯具的悬挂高度，m（无，表示为吸顶灯）；

f——安装方式（B 为壁式、X 为线吊式、L 为链吊式、G 为管吊式等）；

l——光源的种类（B 为白炽灯，L 为卤钨灯，Y 为荧光灯，G 为高压汞灯，N 为高压钠灯，JL 为金属卤化物灯，X 为氙灯）。

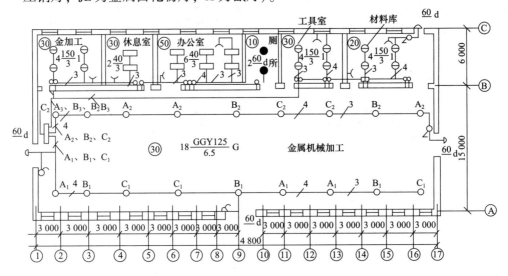

图 11-17 某车间一般照明电气平面布置图

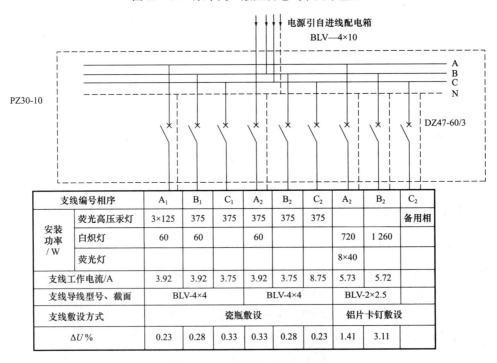

图 11-18 某车间照明系统图

（2）照明灯具的图形符号应该按国标 GB 4728—1985 规定绘制。

（3）必须表示配电设备的位置、编号及型号规格等。

（4）配电线路也应该标注。

（5）如果某种型号规格及敷设方式、部位都相同的线路较多时，可在动力平面图中统一标注，而每一条配电干线首端，只需要标注熔体电流或自动空气开关电流脱扣器的电流值。

（6）照明平面布置图还应该与照明系统图一致，配合使用。

二、照明负荷计算

照明负荷一般采用需要系数法计算。即：

$$P_{30} = K_d P_e \tag{11-15}$$

式中 P_{30}——计算负荷，W；

K_d——需要系数，计算照明支线时取 1，照明干线的需要系数见表 11-11；

P_e——总安装容量，W，包括镇流器、触发器等附件消耗的功率。如三相负荷不平衡，取最大一相负荷的 3 倍。

表 11-11 计算照明干线时采用的需要系数

类 别	K_d
生产厂房	0.8～1.0
办公室、实验室	0.7～0.8
生活区、宿舍	0.6～0.8
仓库	0.5～0.7
道路照明、事故照明	1

三相线路计算电流为：

$$I_{30} = \frac{P_{30}}{\sqrt{3}\, U_N \cos\varphi} \tag{11-16}$$

单相线路计算电流为：

$$I_{30\varphi} = \frac{P_{30\varphi}}{\sqrt{3}\, U_\varphi \cos\varphi} \tag{11-17}$$

式中 U_N、U_φ——分别为额定线电压、相电压，V；

P_{30}、$P_{30\varphi}$——分别为三相、单相计算负荷，W；

$\cos\varphi$——光源的功率因数（表 11-2）。

三、照明线路导线及保护装置的选择

（1）照明线路导线的选择。室内照明线路导线一般采用塑料或橡皮绝缘电线，井下采用电缆。

导线的截面应按导线的长时允许电流、线路的允许电压损失、导线的机械强度选择和校验，导线的截面还应不小于保护装置所允许的最小截面。当采用气体放电光源时，因其三次谐波电流较大，所以三相四线系统中的中性线截面应按最大一相的电流选择。机械强度允许的最小截面和保护装置允许的最小截面请见有关设计手册。

（2）照明线路保护装置的选择。照明供配电系统一般采用熔断器或低压断路器进行短路和过负荷保护。在三相四线制的中性线上不能装设熔断器。对单相线路，当有接零的设备时，零线上不能装设熔断器。考虑到均匀布置，采用 60 盏灯。这样，实际照度大于设计照度。

 **任务实施**

由学生结合实际情况自由选题进行照明供配电系统设计,如对某学院照明供配电系统设计等,由任课教师指导,并填写表 11-12。

任务实施的步骤:

(1) 选题;

(2) 照明供配电系统设计并提交设计报告;

(3) 答辩。

表 11-12 设计任务书

姓名		专业班级		学号	
任务名称(或设计题目)					
设计主要内容:					
设计收获与不足:					
指导教师评语(成绩) 年　月　日					

评价总结

根据学生设计报告,采用答辩的形式进行综合评议总结,并填写成绩评议表(表11-13)。

表 11-13 成绩评议表

评定人/任务	任务评议	等级	评定签名
自己评			
同学评			
指导教师评			
综合评定等级			

　　　年　　　月　　　日

思考与练习

一、填空题

(1) 在工厂企业或变电所中,照明方式可分为(　　　)、(　　　)和(　　　)。
(2) 照明按其用途可分为(　　　)、(　　　)、(　　　)、(　　　)和(　　　)等。
(3) 照明灯具的平面布置主要采取两种布置方案(　　　)、(　　　)。
(4) 室内照明线路导线一般采用(　　　)或(　　　)电线,井下采用(　　　)。
(5) 照明供电网络由(　　　)、(　　　)和(　　　)组成。

二、选择题

(1) 热辐射光源是(　　　)。
　　A. 荧光灯　　　B. 高压汞灯　　　C. 高压钠灯　　　D. 卤钨灯
(2) 当灯具悬挂高度在4m及以下时,宜采用(　　　)。
　　A. 荧光灯　　　B. 高强气体放电灯　C. 白炽灯
(3) 事故照明应采用(　　　)。
　　A. 白炽灯　　　B. 荧光高压汞灯,金属卤化物灯　　　C. 高压钠灯

三、简答题

(1) 什么叫光通、光强和照度?
(2) 电光源按发光原理可分为哪两种类型?
(3) 在选择和布置灯具时,应注意哪些问题?
(4) 对照明供电电压、照明电源和照明线路有何要求?为什么?
(5) 照明设计有哪些要求?

参考文献

［1］ 焦留成. 供配电设计手册［M］. 北京：中国计划出版社，1999.
［2］ 戴瑜兴. 民用建筑电气设计手册［M］. 北京：中国建筑工业出版社，2003.
［3］ 中国建筑东北设计院. 民用建筑电气设计规范［M］. 北京：中国计划出版社，1984.
［4］ 韩风. 建筑电气设计手册［M］. 北京：中国建筑工业出版社，1991.
［5］ 周文俊. 电气设备实用手册［M］. 北京：中国水利水电出版社，1999.
［6］ 雍静. 供配电系统［M］. 北京：机械工业出版社，2003.
［7］ 朱林根. 现代建筑电气设备选型技术手册［M］. 北京：中国建筑工业出版社，1999.
［8］ 唐海. 建筑电气设计与施工［M］. 北京：中国建筑工业出版社，2000.
［9］ 周乐挺. 工厂供配电技术［M］. 北京：高等教育出版社，2007.
［10］ 胡光甲. 工厂电器与供电［M］. 第2版. 北京：中国电力出版社，2006.
［11］ 刘介才. 工厂供电［M］. 北京：机械工业出版社，2006.
［12］ 陈小虎. 工厂供电技术［M］. 北京：高等教育出版社，2006.